普通高等院校基础课“十三五”应用型规划教材

数据库基础及应用

（SQL Server 2012）

DATABASE FOUNDATION AND APPLICATION

主　编　魏善沛　何海江
副主编　黄华军　陈宇拓　辛动军　张艳
参　编　隋秋梅　全璐琳

机械工业出版社
China Machine Press

图书在版编目（CIP）数据

数据库基础及应用（SQL Server 2012）/ 魏善沛，何海江主编．—北京：机械工业出版社，2017.6
（普通高等院校基础课“十三五”应用型规划教材）

ISBN 978-7-111-57110-0

I. 数…　II. ①魏…　②何…　III. 关系数据库系统 - 高等学校 - 教材　IV. TP311.138

中国版本图书馆 CIP 数据核字（2017）第 140870 号

本书基于 SQL Server 2012 数据库系统，介绍了数据库的一般概念，重点介绍在可视化环境下对数据库、数据库表、视图等的创建、操作以及使用 Transact-SQL 语言的查、改、增、删操作等。本书对数据库数据的导入、导出、分离、附加、备份、还原做了一般性介绍，同时介绍了存储过程和触发器，还介绍了命令行实用程序 sqlcmd 和 PowerDesigner。在数据库设计开发原理部分介绍了必要的理论知识。读者通过阅读本书，能够熟练掌握 SQL Server 数据库系统的开发，并得到一定的理论指导。

本书可作为高等院校计算机技术、软件工程、电子商务或其他相关专业的专业基础课或基础课的教学用书，也可作为其他培训机构选用的教材或辅助教材。

出版发行：机械工业出版社（北京市西城区百万庄大街 22 号　邮政编码：100037）

责任编辑：孟宪勐　　责任校对：殷　虹

印　　刷：北京瑞德印刷有限公司　　版　　次：2017 年 9 月第 1 版第 1 次印刷

开　　本：185mm × 260mm　1/16　　印　　张：23.25

书　　号：ISBN 978-7-111-57110-0　　定　　价：49.00 元

凡购本书，如有缺页、倒页、脱页，由本社发行部调换

客服热线：(010) 88379210　88361066　　投稿热线：(010) 88379007

购书热线：(010) 68326294　88379649　68995259　　读者信箱：hzjg@hzbook.com

前　言

数据库自20世纪60年代发展以来，于20世纪80年代逐渐成熟，并在我国得到广泛应用。由于计算机技术的不断进步，数据库技术、面向对象、多媒体、人工智能、计算机网络、云计算、大数据等技术相互渗透和融合，推动了数据库技术的全面提升，使它的应用更加深入，发展更加迅速，且呈现出与各种学科相互渗透、相互结合的发展趋势。作者认为高校数据库技术的教学，最好采用从感性到理性，再到感性的教学模式，即实践认知——理论提升——实践应用，具体手段是简单的“查询”操作——关系数据模型——设计开发。

本书分为三篇：基础应用篇、设计开发篇和新技术篇，共15章。在先后顺序上与其他教材不同的是，本书将关系代数、关系模型等放在数据库的基本概念和对SQL Server 2012数据库系统的操作之后，遵从实践——认识——再实践的理念。先“概述”后“软件、语句练习”，若是专业教学，则再讲“数据库理论”，否则可以略去，使本教材既适用于专业基础课教学，又适用于基础课教学。本书对重要的知识做了较详细的描述，对次要的内容做一般介绍。通过书中提供的样例应用（如VB下、C#下、Web下等），读者可以选择使用多种宿主语言调用数据库，了解更多的应用。读者通过阅读本书，能够掌握SQL Server数据库系统的开发技术，并能获得一定的理论指导。

本书体系结构

- 基础知识概述，建立数据模型概念，引入SQL Server 2012数据库系统。
- 从可视化和语句两个方面（层次）讲解数据库技术及应用。
- 应用关系数据库设计理论或PowerDesigner解决较复杂的数据库应用系统设计。
- 实际应用举例。

本书主要内容

1. 基础应用篇

- 数据库的基本概念。
- 层次模型、网状模型，重点介绍关系模型的基本概念。
- SQL Server 2012 数据库系统。
- Transact-SQL 语言的一般操作及应用。
- 可视化环境下对数据库、数据表、视图等的创建和操作。
- 使用 Transact-SQL 语言的查、改、增、删操作。
- 数据库数据的导入、导出、分离、附加、备份、还原。
- 存储过程和触发器。
- 命令行实用程序 sqlcmd。

2. 设计开发篇

- 关系代数、元组关系演算和域关系演算的概念，给出与之对应的 T-SQL 语句。
- 关系模型中的三类完整性约束。
- 函数依赖、关系模式的分解。
- 关系模式的规范化。
- 数据库应用系统的设计开发，数据流图、数据字典等。
- 概念结构设计（E-R 模型）、逻辑结构设计、物理结构设计。
- PowerDesigner 下的正向和逆向工程。
- 数据库中的事务处理。
- SQL Server 2012 数据库的完整性约束和完整性控制。
- 数据库的安全威胁和安全控制。
- 数据库的故障分类和故障的基本恢复方法、恢复策略。
- SQL Server 2012 数据库的并发控制和锁的概念。

3. 新技术篇

- Web 数据库的基本概念、访问接口、连接技术，SQL Server 2012 下的实例。
- 新应用领域对数据库技术的需求。
- 几种典型的数据库新技术及特征。
- NoSQL 数据库简介。

- 数据仓库、数据挖掘简介及实际案例。

本书特色

本书先易后难，循序渐进，围绕应用，注重细节，理论与实际相结合，从可视化界面入手，经初步认知到语句编程的熟练掌握。主要顺序：数据库原理概述，SQL Server 2012，Transcat-SQL，实用程序 sqlcmd，关系运算和关系数据库设计理论，数据库应用系统设计，PowerDesigner 与数据库设计，各种新技术和 Web 数据库设计。本书遵从将复杂的知识、技术尽可能地用简洁明了的语言描述，尽可能做到：知识以描述清楚为准则；技术以实用、够用为准则。另一特点是将实际应用中的功能模块，经调整植入本书，如 Web 数据库设计实例；将论文成果的实际案例，经调整后植入本书，如数据挖掘应用。作者提供绿海星网站（www.csasp.net），在“教学资料 / 教辅资料”栏目中提供了 SQL Server 的参考资料等内容。

本书适用对象

读者应熟悉计算机基础知识，最好能熟悉 Microsoft Windows Server 2008，Microsoft Visual Studio 2010 等，这将非常有利于掌握本书的知识。本书由浅入深，样例、样句充实，读者易掌握各知识点。即使是毫无编程经验的读者，通过阅读本书也能较好地掌握 Transcat-SQL 的编程方法，完成对数据库的查、改、增、删操作，在强化学习某种宿主语言后，设计开发较为完善的数据库管理系统。

本书可作为高等学校计算机技术、软件工程、电子商务或其他相关专业的专业基础课或基础课的教学用书，也可作为其他培训机构选用的教材或辅助教材。

教学建议

本书分为三篇的主要目的之一就是满足不同层次的教学要求。作为基础课的数据库教学可以仅讲授“基础篇”（第 1 章～第 8 章），若须扩展可加授“新技术篇”（第 14 章～第 15 章）；“设计开发篇”是特为专业基础课的讲授提供的，一般的基础课教学建议略去。作为两个层次、三种教学形式，建议教学课时分配如下。

1. 基础课教学

建议理论课时 24/48（周 2/4），实习课时 12/24。若计划理论课时为 36，则可做适当调整。建议各章课时分配如下：

- 第 1 章　数据库概述　2/3 课时
- 第 2 章　SQL Server 2012　1/2 课时
- 第 3 章　SQL Server 2012 的数据库管理　2/5 课时
- 第 4 章　SQL Server 2012 的数据表　4/6 课时
- 第 5 章　SQL Server 2012 的查询、索引和视图　5/8 课时
- 第 6 章　SQL Server 2012 下使用 Transact-SQL 语言　6/10 课时
- 第 7 章　SQL Server 2012 的存储过程和触发器　3/6 课时
- 第 8 章　SQL Server 2012 的命令行实用程序　1/2 课时
- 第 14 章　Web 数据库技术　0/4 课时
- 第 15 章　数据库技术的延展　0/2 课时

2. 专业基础课教学

建议理论课时 48（周 4），实验课时 48，建议实验课时不少于总课时的 1/2，并建议在讲授第 3 章时，安排实验课。建议各章课时分配如下（受课时所限，部分小节内容建议自学）：

- 第 1 章　数据库概述　1 课时
- 第 2 章　SQL Server 2012　1 课时
- 第 3 章　SQL Server 2012 的数据库管理　1 课时
- 第 4 章　SQL Server 2012 的数据表　4 课时
- 第 5 章　SQL Server 2012 的查询、索引和视图　5 课时
- 第 6 章　SQL Server 2012 下使用 Transact-SQL 语言　7 课时
- 第 7 章　SQL Server 2012 的存储过程和触发器　4 课时
- 第 8 章　SQL Server 2012 的命令行实用程序　2 课时
- 第 9 章　关系运算　6 课时
- 第 10 章　关系数据库设计理论　4 课时
- 第 11 章　SQL Server 2012 的应用系统设计　6 课时
- 第 12 章　PowerDesigner 与数据库设计　2 课时
- 第 13 章　SQL Server 2012 的数据库恢复与保护　2 课时
- 第 14 章　Web 数据库技术　2 课时
- 第 15 章　数据库技术的延展　1 课时

本书的写作得到了机械工业出版社田学超、高伟两位老师的热心指点和帮助，在此深表感谢。还要感谢我的家人，特别是我的妻子隋秋梅女士对我的写作给予的无微不至的关怀。在此还要感谢同事们的关心和帮助，并感谢为本书提出建议和录入、校稿的李津、王烁、李胜芳、李扬、刘石丰、唐娇、胡媚等。

虽说作者尽了最大努力撰写此书，但由于学识浅薄，难免挂一漏万。不周之处，尚请读者批评指正，谢谢！

魏善沛

2017年7月于汇贤居

目　录

新技术篇

基础应用篇

本篇导读

本篇介绍了数据库的基本概念、数据库系统的三级模式和两级映像。从客观的现实世界到数据模型，对比层次模型和网状模型，重点介绍了关系模型的基本概念。

接下来，本篇着重讲述 SQL Server 2012 的基本知识、一般操作以及 Transact-SQL（简称 T-SQL）语言。简要介绍了 SQL Server 2012 的安装与结构，较详细地描述了 SQL Server Management Studio 管理器的常用方法。重点学习在 SQL Server 2012 环境下数据库创建、数据表创建、数据操作和视图创建等。重点学习 T-SQL 语言的查改增删功能。本篇对数据库数据的导入、导出，分离、附加，备份、还原做了一般性介绍，同时介绍了存储过程和触发器，最后介绍了命令行实用程序 sqlcmd。而对于习惯了图形界面的读者来说，sqlcmd 可能会令其吃惊。从本篇出发，掌握基本的数据模型，掌握 SQL Server 2012 数据库系统的一般使用方法，为建立通用型数据库管理系统的整体架构奠定基础。本篇概念、技术较多，是学习数据库的基础，须牢固掌握。

第1章

数据库概述

数据库技术是计算机科学中一个十分重要的分支，其应用领域早已覆盖各行各业，与我们的生活息息相关，已经成为我们生活中不可缺少的、非常重要的一门技术。数据库的建设规模、数据库信息量的大小和使用频度已经成为衡量一个国家信息化程度的重要标志。

本书主要从计算机应用类专业、信息类专业以及其他公共课数据库基础课程教学的需求出发，介绍数据库、数据库系统、数据库管理系统的基本概念、基本原理和基本技术，以及相关管理信息系统设计、开发的基本方法。

1.1 基本概念

数据库（database，DB）是指在数据库系统（database system，DBS）中按照一定方式组织、存储在外部设备上的，能被多个用户共享，并与应用程序相对独立的相关数据集合。建立数据库的目的是为数据管理和数据处理提供环境支持。下面我们从数据、信息、数据管理、数据处理及其区别等方面出发，对数据库系统的基本概念进行详细的介绍。

1.1.1 数据、数据管理及数据处理

数据（data）、数据库、数据库管理系统（database management system，DMS）、数据库系统是与数据库技术密切相关的基本概念。数据是数据库系统研究和处理的基本对象。数据表示信息，信息通过数据来表示，信息与数据既有区别又有联系，密不可分。

1. 数据

数据是描述事物的符号记录。数据的基本形式是数字、字符和字符串。大多数人简单地认为数据就是数字，如56、100、57.03、−9、￥617、US$100等。其实，数字是最简单的一种数据，是人们对数据传统和狭义的理解。广义的数据还应该包括，文本、报表、图形、图像、音频、视频等记录。

我们通常可以直接用语言来描述事物，如描述某校一位同学的基本情况：学号，张

小三，男，1998年3月24日出生于上海市，计算机系软件工程专业，2016年入学。而在计算机中，我们常这样表述：

201602001，张小三，男，19980324，上海市，计算机系，2016

这里将学生的学号、姓名、性别、出生日期、出生地、所属院系、入学时间等组织在一起，组成一条记录。这就是对学生数据描述的一条数据库记录。记录是计算机中表示和存储数据的一种格式或一种方法。

数据的表现形式时常不一定能完全表达数据的内容，而需要经过解释，数据和关于数据的解释是密不可分的。如56，可以是某人的体重，也可以是某个班的人数，还可以是某个序号。数据的解释是指对数据含义的说明，数据的含义称为数据的语义，数据与其语义是密不可分的。数据可以通过观察、测量和考核等手段获得。

2. 信息

信息（information）在不同的应用领域，有其不同的含义。美国信息资源管理专家霍顿（F. W. Horton）给信息下的定义是："为了满足用户决策的需要而经过加工处理的数据"。简单地说，信息是经过加工的数据，或者说，信息是数据处理的结果。信息具有普遍性、依附性、有序性、相对性、可度量性、可扩充性、可存储性、可传输与携带性、可压缩性、可替代性、可扩散性、共享性、时效性、传递性、价值相对性等特征。

3. 数据与信息

数据是用以表示信息的符号或载体；信息是经过加工之后并对客观世界和生产活动产生影响的数据，是数据的内涵，是对数据语义的解释。数据是现象，而信息更反映实质。信息只有借助数据符号的表示，才能被人们感知、理解和接受。

信息和数据是两个不同的概念，但它们相互联系，密不可分。信息始于数据，而数据被赋予主观的解释而转换为信息。所以在实际应用中，人们不再严格区分什么是数据、什么是信息，进而也不再区分数据处理和信息处理。

4. 数据管理与数据处理

对数据的收集、整理、组织、存储、维护、检索、传送等操作过程称为数据管理。数据处理是对数据加工、整理、计算、传播等一系列活动的总称，其基本目的是从大量、杂乱无章、难以理解的数据中抽取并导出对于某些特定的应用来说是有价值的、有意义的数据，借以作为决策的依据。数据管理是数据处理不可或缺的组成部分，是数据处理的基础。

1.1.2　数据库、数据库管理系统及数据库系统

数据库、数据库管理系统和数据库系统是三个各不相同的概念，简单地说，它们之间的联系就是数据库系统包括数据库和数据库管理系统，如图1-1所示。

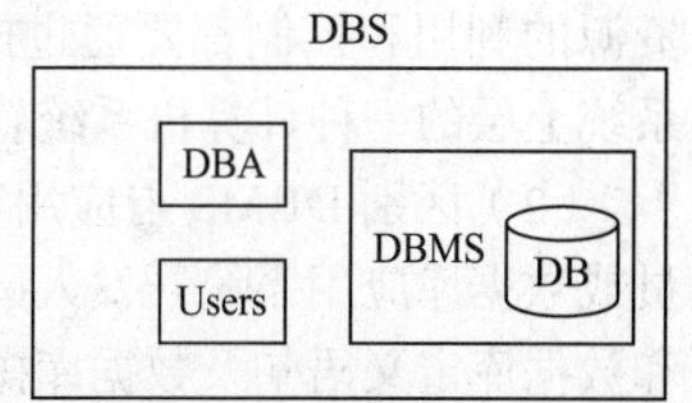

图1-1　DBS，DBMS以及DB之间的关系

1.1.2.1　数据库

顾名思义，数据库（database，DB）就是存放数据的仓库（注意有别于数据仓库，请参见第15章）。严格地说，数据库是"按照数据的结构来组织、存储和管理数据的仓

库”。数据库中的数据按一定的模型组织、描述和储存，具有较小的冗余度、较高的数据独立性和易扩展性，并可为各种用户共享。其三个基本特点就是，永久存储、有组织和可共享。

1.1.2.2 数据库管理系统

数据库管理系统（database management system，DBMS）是建立、管理和维护数据库的软件系统，是一种位于应用软件和操作系统之间，实现数据库管理功能的系统软件。

1. DBMS 的主要功能

（1）定义数据库。DBMS 提供数据定义语言（data define language，DDL），用户通过它可以方便地对数据库中的数据对象进行定义。用户可以定义数据库的外模式、概念模式和内模式（请参阅第 1.2.1 节）；定义外模式与概念模式之间、概念模式与内模式之间的映射；定义有关的约束条件和访问规则等。

（2）操纵数据库。DBMS 提供数据操纵语言（data manipulation language，DML），用户运用它可以实现对数据库的基本操作，如查询、修改、增加、删除等。

（3）控制数据库。DBMS 提供控制机制，实现对数据库中数据的安全性控制和完整性控制，多用户数据库环境下的并发性控制，数据库的运行控制，数据库故障的恢复等。

（4）维护数据库。DBMS 提供数据库维护机制，实现对备份数据的载入，数据库中数据的转储，数据库的恢复和重组，数据库运行性能的监视等。

（5）通信功能。DBMS 提供与操作系统、分时系统及远程作业的连接和通信接口，实现与操作系统协同处理数据的流动，提供各功能部件和逻辑模块之间数据传输的缓冲机制与通信功能。

2. DBMS 与应用软件和操作系统之间的关系

数据库管理系统处于计算机体系结构中的层次及与其他系统之间的关系如图 1-2 所示。

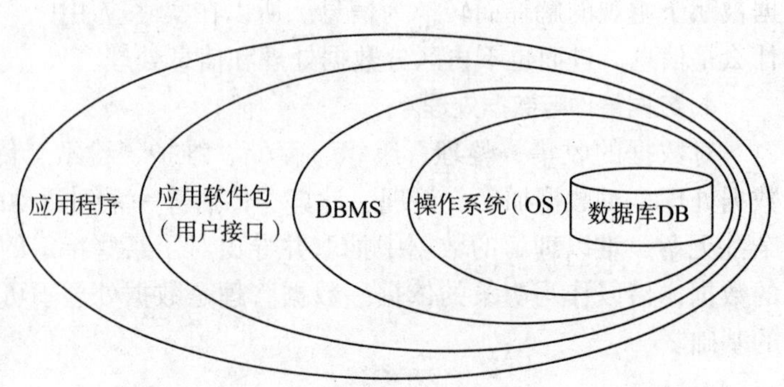

图 1-2 DBMS 的所处位置及与其他者之间的关系

（1）区别 DBMS 与操作系统。操作系统负责计算机系统的进程、作业、存储器、设备和文件管理等，是计算机系统软件的基础与核心。DBMS 对计算机硬件资源和相关软件资源的利用和控制都要通过操作系统的相应控制和管理机制去实现。DBMS 是位于操作系统上层的一种计算机系统软件。

（2）区别 DBMS 与应用程序。这里的应用程序仅指那些在数据库建立后，应用程序员或数据库应用系统开发人员按数据库授予（或定义的）外模式局部逻辑结构，用主语言和数据库定义语句及数据库操纵语句编写的对数据库中数据进行操作和运算处理的程序。

显然，这些应用程序中用到的数据库定义语句和数据库操纵语句，都是由 DBMS 的功能模块实现的，所以 DBMS 是位于应用程序下层的一种计算机系统软件。DBMS 属于系统软件，而其他类应用程序明显处于 DBMS 的外层。

1.1.2.3 数据库系统

数据库系统（database system，DBS），也称数据库应用系统（database application system，DBAS）是指在计算机系统中引入数据库后的系统，一般以数据库、数据库管理系统（及开发工具）、应用系统、数据库管理员（database administrators，DBA）、用户（users）等构成。DBS是以计算机为开发应用平台，以OS、DBMS、某种程序语言和实用程序等为软件环境，以某一应用领域的数据管理需求为应用背景，采用数据库设计技术，建立的一个按照数据库方法存储和维护数据的、可独立运行、并为用户提供数据支持和管理功能的应用软件系统，如图1-3所示。

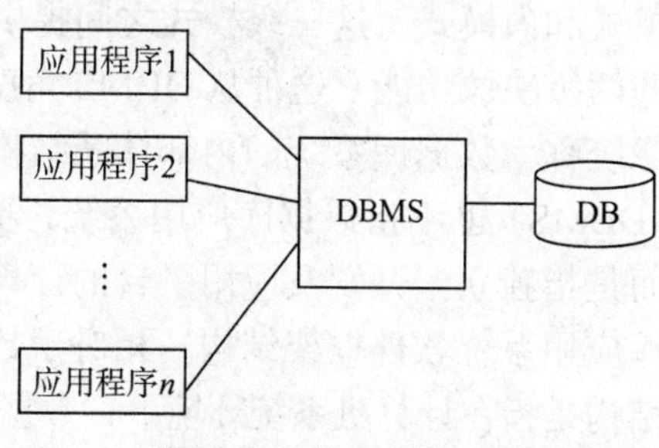

图1-3 数据库系统应用程序与DBMS和DB之间的关系

教务管理、教学管理数据库系统，企业管理数据库系统等，都属于数据库系统。人们有时将数据库系统软件（数据库软件产品）简称为数据库系统，如SQL Server 2012数据库系统。所以当我们看到有关“数据库系统”“数据库”等术语时，应依据上下文的内容来理解其具体含义。

1.1.2.4 数据库管理技术的产生和发展

在数据管理应用需求的推动下，在计算机硬软件发展的基础上，数据库管理技术经历了人工管理阶段、文件系统阶段和数据库系统阶段。这三个阶段的比较如表1-1所示。

表1-1 数据库管理技术的三个阶段比较

		人工管理阶段	文件系统阶段	数据库系统阶段
背景	应用背景	科学计算	科学计算、数据管理	大规模数据管理
	硬件背景	无直接存取存储设备	磁盘、磁鼓	大容量磁盘、磁盘阵列
	软件背景	没有操作系统	有文件系统	有数据库管理系统
	处理方式	批处理	联机实时处理、批处理	联机实时处理、分布处理、批处理
特点	数据的管理者	用户（程序员）	文件系统	数据库管理系统
	数据面向的对象	某一应用程序	某一应用	现实世界（一个部门、企业、跨国组织等）
	数据的共享程度	无共享，冗余度极大	共享性差，冗余度大	共享性好，冗余度小
	数据的独立性	不独立，完全依赖程序	独立性差	具有高度的物理独立性和一定的逻辑独立性
	数据的结构化	无结构	记录内有结构，整体无结构	整体结构化，用数据模型描述，易扩充
	数据的控制能力	应用程序自己控制	应用程序自己控制	由数据库管理系统提供数据安全性、完整性、并发控制和恢复能力

在计算机中，文件系统是通过把它管理的程序和数据组织成一系列文件的方法来实现对程序和数据的管理的。就其中存储数据的组织方式而言，文件分为有结构文件和无结构（非结构化）文件两种。数据库实质上是由若干个有结构文件组成的统一体。由于有结构文件通常特指的是数据库，所以在一般情况下，当人们讲到文件和文件系统时，他们指的都是那些其内容为非结构化或半结构化的文件。

总之，数据库系统的特点是显而易见的，其主要体现在数据结构化、共享性好、冗余度小、易用性和易扩充性好、独立性强等方面。

1.2 数据库系统内部体系结构

从数据库管理系统的角度看，数据库系统一般采用三级模式结构——外模式、概念模式和内模式。这三级模式之间提供了外模式与概念模式之间、概念模式与内模式之间的两级映像功能。这种从DBMS角度看到的数据库系统的三级模式结构及模式之间的映像统称为数据库系统的内部体系结构。注意，此处的数据库系统既不指数据库管理系统（DBMS）也不指数据库应用系统，更不是数据库（或由若干数据表组成的数据库文件），而是指独立于开发及应用平台的计算机和应用领域背景的概念性的、抽象意义上的数据库应用系统软件框架结构。相对于数据库系统的内部体系结构，数据库系统的外部体系结构是指在计算机系统环境下，数据库管理系统及其数据库应用系统的体系结构。

1.2.1 数据库系统的三级模式结构

为了使用户能抽象地访问数据、逻辑地组织数据、高效最佳地存储数据，数据库系统提供了三级模式结构，即外模式、概念模式和内模式。在数据库的发展过程中，具有代表性的系统和标准化组织就数据库的结构给出了一些研究报告，制定了一些标准，从不同的角度对数据库的三级模式结构进行了分析和规范，出现了一些同义的术语。所以外模式又称为子模式、外模型；概念模式又称为模式、逻辑模式；内模式又称为存储模式。数据库系统的三级模式结构如图1-4所示。

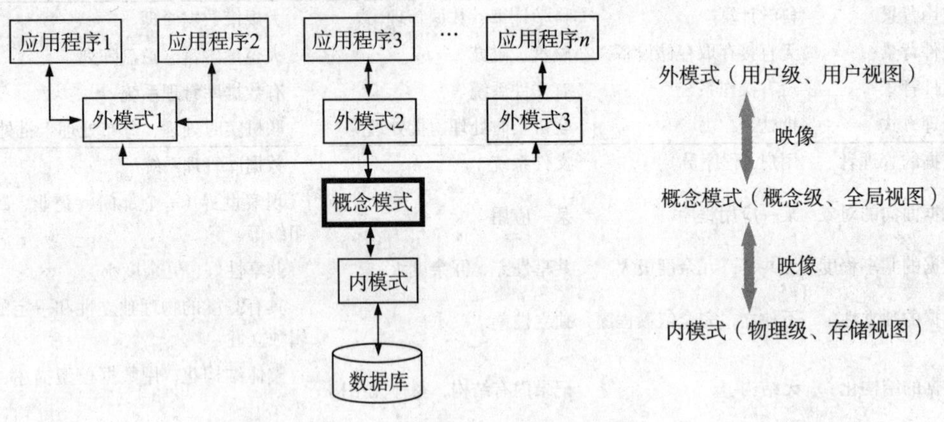

图1-4 数据库的三级模式结构

1. 概念模式

概念模式（conceptual schema）又称模式或逻辑模式，对应于概念级。它是对数据库中全部数据的内容、整体逻辑结构及约束的抽象描述与定义。它由若干个概念记录类型组成，还包含记录间的联系，数据的完整性、安全性和其他数据控制方面等的要求，但它不涉及存储结构和访问技术等细节问题。概念模式体现了全局、整体的数据观点，它的主体是数据库的数据模型（请见第1.4节）。在第1.4.2节中，表1-3～表1-9组成了一个较简单的大学管理数据库系统的概念模式，据此，我们可以给出它们的关系模式，见图 1-5。图中的“#”号表示该属性为主键（主键的概念请参见第 1.4.2 节）。

学生关系模式 ST：	S#，SNAME，SSEX，SBIRTH，SPLACE，SCODE#，SCOLL，CLASS，SDATE
专业关系模式 SS：	SCODE#，SSNAME
课程关系模式 C：	C#，CNAME，CLASSH
设置关系模式 CS：	SCODE#，C#
学习关系模式 SC：	S#，C#，GRADE
讲授关系模式 TH：	T#，C#
教工关系模式 T：	T#，TNAME，TSEX，TBIRTH，TTITLE，TSECTION，TTEL

图 1-5 表 1-3 ～表 1-9 所表示的概念模式

2. 外模式

外模式（external schema）又称子模式，对应于用户级。它是对所有用户使用部分的逻辑描述，体现了应用程序员对数据库的数据观点。外模式是从概念模式导出的一个子集。外模式由若干个外部记录类型组成，这些外部记录类型由部分基本表和视图组成。

在一个大型数据库系统中，考虑到不同用户的应用需求，某个应用程序员一般只会用到数据模型中的一部分关系模式（二维表的表头部分，详见第 1.4.2 节），在许多情况下甚至只关心某些关系模式中的若干属性（二维表的纵列，详见第 1.4.2 节）而并非整个关系模式。也就是说，应用程序员感兴趣的只是数据模型中的若干关系模式和一些关系模式中的某些属性。系统的外模式确定以后，程序员在编写相关部分的应用程序时，无须关心概念模式，只须按外模式的结构操纵数据库，对其进行增删改查即可。所以，从逻辑上讲，外模式是概念模式的逻辑子集。

【例 1-1】 在图 1-5 的概念模式中，教学管理人员（用户 1）可能需要按图 1-6a 查询汇总上课安排数据；学生（用户 2）可能需要按图 1-6b 查询各门课的学习成绩，并按图 1-6c 查询所学课程的平均成绩。这三种视图对应的关系模式如图 1-6d 所示。显然，这三个关系模式在图 1-5 的概念模式中是不存在的。教学安排关系模式由表 1-5“课程关系表”的所有属性和表 1-9“教工关系表”的“教师姓名”“所属教研室”属性组成。课程成绩关系模式由表 1-3“学生关系表”的“学号”“姓名”属性和“课程关系表”的所有属性及表 1-7“学习关系表”的“分数”属性组成。平均成绩关系模式除选择表 1-3“学生关系表”中的“学号”“姓名”属性外，“平均分数”属性是根据“学习关系表”中的所学课程的“分数”属性的值计算出来的。这三个新建的关系模式就是不同的外模式。对于应用程序员来说，虽然在数据库中并不存在这样的关系模式，但可以通过定义如图 1-6d 所示的外模式，使得在编写应用程序时，直接使用这样的（外）模式进行数据查询操作，就像数据库中有这样的关系模式一样，直接查询例中所述的教学安排汇总情况、学生各门课的成绩和所学课程的平均成绩。

课程号	课程名	课时	任课教师	任课教研室

a）视图 1

学号	姓名	课程号	课程名	课时	分数

b）视图 2

学号	姓名	平均分数

c）视图 3

教学安排关系模式：	TA（C#，CNAME，CLASSH，TNAME，TSECTION）
课程成绩关系模式：	CG（S#，SNAME，C#，CNAME，CLASSH，GRADE）
教学安排关系模式：	A-GRADE（S#，SNAME，AVG（GRADE））

d）以上三种视图对应的关系模式

图 1-6　外模式样例

3. 内模式

内模式（internal schema）又称存储模式，对应于物理级。它是数据库中全体数据的内部表示或底层描述，是数据库最低一级的逻辑描述，描述了数据在存储介质上的存储方式和物理结构，规定了数据的内部记录类型、记录寻址技术、文件的组织方式和数据控制方面的细节等。

数据库的三级模式结构是对数据库数据的逻辑抽象，通过这种对数据的抽象处理，使得用户和应用程序员不必关心数据在计算机中的存储细节，减轻了他们使用系统的负担，而把具体的数据组织任务留给了数据库管理系统。

4. 基本表

基本表（basic table）简称表或基表，又称物理表、数据库表，是对一个关系模式、属性、元组的具体描述（见表 1-3 ～表 1-9）。日常生活中我们见到的大部分二维表格都可以看成基本表的体现，如：职工名单、报名表、学生成绩单、书目等。

5. 索引

索引（index）就是对数据库表的一个或多个属性值进行排序的一种结构。我们可以理解为，索引创建了一种特殊的查询目录（索引技术请参阅第 11 章）。索引是大多数数据库系统提供的加快系统执行速度，减少系统磁盘访问（I/O）次数的内模式机制之一。SQL Server 2012 关系数据库系统，还采用了聚簇数据存储方法。其基本思想是：把查询频次比较高的，具有一个或多个公共列（一般是指主键属性列）的一个或多个表（关系）存放在一起，让它们在物理存储上靠得很近，并使具有相同主键值的各行存放在一起，因而改进了系统的查询性能。另外，聚簇存储方式不仅使具有相同主键值的所有行被放在一起，而且同一主键值只存储一次，因而可以大大节省存储空间。

6. 视图

视图（view）是从一个或几个基本表（或视图）导出的表。视图是一个虚表，并不包含任何物理数据。和数据表相同的是，视图包含一系列被程序设计者选择的属性列和数据行。视图也是程序员依据概念模式提供给数据用户的外模式，它丰富了基本表的表达。

1.2.2 数据库系统的两级映像

对一个数据库系统而言，只有物理级数据库是客观存在的，它是数据库操作的基础，概念级数据库不过是物理数据库的一种逻辑的、抽象的描述（概念模式），用户级数据库则是用户与数据库的接口，它是概念级数据库的一个子集（外模式）。

1. 三级数据库结构

数据库的三级模式是数据在三个级别（或层次）上的抽象，要使用户能抽象、逻辑、高效地访问、组织、存储数据，仅有上述数据库的三级模式仍是不够的，数据库管理系统在这三级模式之间还提供了两级映像功能（见图 1-4），自动地实现三级模式之间的联系和转换。用户级数据库与外模式相对应，反映了数据库的局部逻辑结构，是用户看到和使用的数据库。概念级数据库与概念模式相对应，反映了数据库的全局逻辑结构，是所有外模式的一个最小并集，涉及的仍是数据库中所有数据对象的逻辑关系。存储级数据库与内模式相对应，反映了数据库存储结构的组织。由此可见，三级数据库的实质仍是数据库的三级模式结构，与三级模式结构的概念不同的是，三级数据库同时强调数据库体系结构中的三级模式之间的转换，即数据库体系结构中的两级映像（见图 1-4）。

数据库三级模式结构之间的转换由外模式与概念模式之间的映像和概念模式与内模式之间的映像实现。DBMS 的中心任务之一就是实现三级数据库模式之间的转换，把用户对数据库的操作转化到物理级去执行。

2. 外模式与概念模式之间的映像

外模式与概念模式之间的映像存在于外模式与概念模式之间，用来定义外模式与概念模式之间的对应关系，这种对应关系通常是在定义外模式时，由外模式定义语句实现的。由于外模式是由部分基本表和视图构成的，若想建立课程成绩的外模式 CG（见图 1-6），可用视图定义语句“CREATE VIEW”实现（见例 1-2）。

【例 1-2】 使用 T-SQL 语句创建课程成绩外模式 CG。

```
CREATE VIEW CG
    AS SELECT ST.S#, ST.SNAME, C.C#, C.CNAME, C.CLASSH, SC.GRADE
        FROM ST, SC, C
        WHERE ST.S#=SC.S# AND SC. C#=C.C#
        GROUP BY ST.S#, ST.SNAME, C.C#, C.CNAME, C.CLASSH, SC.GRADE;
```

说明：T-SQL 语句的详细描述请见第 6 章。“#”表示该属性为主键。这段语句在 SQL Server 2012 中使用“新建查询”，创建了名为 CG 的视图，该视图包含了学号（S#）、姓名（SNAME）、课程号（C#）、课程名（CNAME）、课时（CLASSH）和分数（GRADE）六个属性。学号（S#）和姓名（SNAME）选自学生关系 ST，课程号（C#）、课程名（CNAME）和课时（CLASSH）选自课程关系 C，分数（GRADE）选自学习关系 SC。该视图的创建条件是满足学生关系中的学号（S#）与学习关系中的学号（S#）相同，且学习关系中的课程号（C#）与课程关系模式中的课程号（C#）相同。

由上述外模式（视图）定义示例可知，当数据库全局逻辑结构（概念模式）因某种原因修改时，只要没有改变概念模式中与外模式定义相关的属性及与其关系模式名的隶属关系，就可保持外模式不变，即无须修改应用程序。若在概念模式中，改变了与外模式定义相关的关系模式名和其属性的隶属关系，还可通过修改外模式定义语句，改变外模式与概念模式的对应关系，而保持外模式不变，也无须修改应用程序。这样就实现了数据库的逻辑数据独立，请参阅第 11 章。

3. 概念模式与内模式之间的映像

概念模式与内模式之间的映像存在于概念模式与内模式之间，用来定义概念模式与内模式之间的对应关系。

当数据库的内模式由于某种需求，需要改变物理块的大小或改变数据的物理组织方式时，怎样尽量保持概念模式不变？例如，如果在数据库的使用过程中发现某个或某些数据项的使用频数很高，为了提高访问效率，我们不妨新建一个相对该数据项的“索引”。此时我们需要对概念模式与内模式之间的映像做必要的修改，使概念模式尽可能地保持不变，也就是说，尽可能地不因内模式的改变而改变概念模式，将对外模式的影响降至最小；尽可能地在内模式改变时，不修改应用程序。这使得数据物理存储独立于应用程序，实现数据库的物理数据独立性。

1.3 现实世界的数据描述

计算机信息处理的对象是现实生活中的客观事物。在数据管理和数据处理中，对数据和信息的抽象、描述，涉及不同的领域范畴。人们生活和感触的是一个真实的客观世界（现实世界）。在人们头脑中，客观世界的反映将形成一个概念性的世界（信息世界），通过对概念世界的抽象、描述和赋予主观的解释，即可转换成数据世界，这样我们就完成了对现实世界的数据描述。

1. 现实世界

现实世界（real world）是存在于人们头脑之外的客观世界。现实世界包括宇宙、地球、山脉、河流等一切自然存在的客观物体和自然现象，也包括人类社会进步与发展的演变过程和各种生产活动。我们可以狭义地将现实世界看作各个事物、各种现象、各个单位的实际情况，例如一个大学或大学生、一个企业或员工、一个工厂或一个仓库等。现实世界是人们认识世界、认识事物的源泉。

2. 信息世界

信息世界（information world）是现实世界在人们头脑中的反映，是现实世界的概念化，也称为概念世界。现实世界中存在的和人们关心的任何“事情”在信息世界中被抽象为实体。人们对信息世界中的实体及实体之间的联系的抽象，形成了概念模型（信息模型）。概念模型是对现实世界数据描述的第一层抽象。实现现实世界到信息世界的抽象，是数据库概念结构设计中的重要步骤，我们将以目前最为流行的实体–联系模型（请参阅第 11.4 节）作为概念模型予以介绍。

3. 数据世界

数据世界（data world）是在信息世界（概念模型）基础上的进一步抽象，是信息世界的信息化和数据化，反映了数据之间的联系和数据的共性特征，形成了描述数据世界的数据模型。传统的数据模型包括层次模型、网状模型和关系模型。实体－联系模型向关系模型的转换，即可实现由实体—联系模型描述的概念模型（信息世界）向由关系模型描述的数据模型（数据世界）的转换（请参阅第 11.5 节）。

总之，现实世界、信息世界和数据世界三者的关系是：通过对现实世界的概念化，就可将其转化到信息世界；通过对信息世界的形式化，就可将其转换到数据世界。

1.4 数据模型

数据是数据库系统研究和处理的基本对象，所以对数据进行描述，进而建立其与数据库的结构化存储形式（数据模型）之间的对应关系是十分必要的。

1.4.1 基本概念

数据模型实质上是现实世界中的各种事物及各事物之间的联系，是用数据及数据间的联系来表示的一种方法。在数据库技术中，数据模型通常由数据结构、数据操作和数据约束三部分组成，用以精确描述数据库系统的静态特征、动态特征和完整性约束条件，它是一种概念的集合。

1. 数据结构

数据库的基本数据结构包括应用所涉及的对象、对象具有的特征和对象间的联系。符合某一个数据模型的任一数据库的逻辑结构必定是、也仅仅是由这些数据结构建立起来的。数据结构是所描述对象类型的集合，它描述了数据库系统的静态特征。

2. 数据操作

数据操作是指对数据结构中的任何对象、实例，允许执行的操作的集合。通常对数据库的操作有查询和更新（插入、删除、修改）两大类操作，这些操作反映了数据的动态特征，也反映了现实世界的变化。

3. 数据的约束条件

数据的约束条件是一组完整性的约束规则。数据的约束条件是对数据静态特征和动态特征的限定，定义了相容的数据库状态的集合及可允许的状态变化，保证了数据库中数据的正确、有效和相容。例如，某大学规定学生成绩有 4 门以上不及格者将不能授予学士学位；男职工的退休年龄是 60 周岁；女职工的退休年龄是 55 周岁。

由此可见，一个数据库的数据模型，实际上给出了计算机系统上的静态描述和动态模拟现实世界信息结构及其变化的方法。数据模型不同，描述和实现的方法也不相同。典型的传统数据模型有关系模型、层次模型和网状模型。

1.4.2 关系模型

1970 年美国 IBM 公司 San Jose 研究室的研究员埃德加·弗兰克·科德（Edgar Frank Codd）博士，发表了题为“大型共享数据库的关系模型”的论文，为数据库系统奠定了理论基础。他首次提出了关系数据库（relational database，RDB）的概念，定义了“关系数据库就是一些相关的二维表和其他数据库对象的集合”。该定义指出，关系数据库中的所有信息都存储在二维表格中；一个关系数据库可能包含多个表；除了这种二维表外，关系数据库还包含一些其他对象，如视图等。鉴于埃德加·弗兰克·科德博士的杰出工作，他获得了 1981 年美国计算机协会（association for computing machinery，ACM）颁发的图灵奖（A. M. Turing Award）。

关系模型是目前最重要的一种数据模型。关系数据库系统采用关系模型作为数据的组织方式，具有模型结构简单、数据表示方法统一、语言表述一体化、数据独立性高等特点。

1. 基本概念

关系模型（relational model）又简称关系，就是用二维表结构表示数据及数据之间联系的数据模型。按照数据模型的 3 个要素，关系模型由关系数据结构、关系操作集合和关系完整性约束 3 个部分组成（其中后两个概念将在后续章节中介绍）。表 1-3 ～表 1-9 中的表格分别表示了学生关系、专业关系、课程关系、（专业）设置（课程）关系、（学生）学习（课程）关系、（教师）讲授（课程）关系、教工关系。

就关系模型的基本概念，对一些常用术语做如下描述。

（1）关系（relation）。每一个二维表格称为一个关系，请参见表 1-3 的学生关系 ST。

（2）元组（tuple）。表中的每一行称为一个元组。元组有时也称为记录。元组是构成关系的数据。

（3）属性（attribute）。表格中的每一列称为一个属性。属性有时也称为字段。

（4）属性值。表中行和列交会处的元素，称为该行对应元组在该列对应属性上的取值，简称为属性值。属性值相当于记录中的一个数据项。

（5）值域。某属性的取值范围称为该属性的值域。属性值通常被限定在某个值域内，如“学号”的值域是字符串的某个子集；性别的值域为｛男，女｝，花括号表示一个集合。关系中的每个属性都必须有一个对应的值域，不同属性的值域可以相同。

（6）分量。元组中的一个属性值称为元组分量，简称分量。

（7）关系的状态。关系的状态即关系的实例，是指某个特定时刻关系的内容，有时也称为关系的当前值。一个关系实例中的元组的个数，称为该关系实例的基数。

（8）关系模式。在二维表格结构表示的关系中，每个表格的表头那一行称为一个关系模式（relational schema）。更确切地说，关系模式就是关系的框架，即关系的型，或记录格式，关系是值。

每个关系模式有一个对应的关系模式名，每个属性有一个对应的属性名，一个关系的属性名就是该关系的关系模式，关系模式是对关系的描述。一般我们表示为：

关系模式名（属性名 1，属性名 2，…，属性名 n）

关系模型要求关系必须是规范化（关于“规范化”的概念请参见第 10.7 节）的，即要求关系必须满足一定的规范条件，而最基本的一个条件，就是保证关系的每一个分量必须是一个不可再分的数据项。也就是说，不允许表中有表，请参见表 1-2 中的“应发工资”和“扣除”，在这两个分量下，仍可分解出其他数据项。

表 1-2 一个表中有表的工资表

职工号	姓名	职称	应发工资			扣除		实发
			基本	津贴	职务	房租	水电	
T020201	孙向前	教授	3 800.00	2 000.00	900.00	210.00	280.00	6 210.00
…	…	…	…	…	…	…	…	…

表 1-3 ～表 1-9 是某学校教学管理数据库中的部分关系模型样例，后续的实例演示均基于这些关系模型。除了特别说明以外，我们约定，一般用字母 R，S，或其后跟数字，如 R1，R2，S1，S2 等，表示关系模式名；用大写字母 A，B，C 等表示单个属性；用大写字母 X，Y，Z 等表示属性集；用小写字母表示属性值。

表 1-3　学生关系表 ST

学号	姓名	性别	出生日期	出生地	专业代码	所属学院	班级	入学时间
201401001	孙老大	男	19950911	昆明市	J0202	计算机系	201401	2014 年 9 月
201401002	常老二	女	19960131	乌鲁木齐	J0203	计算机系	201401	2014 年 9 月
201401003	张小三	男	19960324	上海市	J0201	计算机系	201401	2014 年 9 月
201402001	李小四	女	19960722	长春市	J0202	计算机系	201402	2014 年 9 月
201402002	王小五	男	19951105	湖北宜昌	J0203	计算机系	201403	2014 年 9 月
201402003	赵小六	女	19960611	湖南衡阳	J0202	计算机系	201402	2014 年 9 月
201403001	钱小七	男	19970203	广州市	J0203	计算机系	201403	2014 年 9 月

表 1-4　专业关系表 SS

专业代码	专业名称	专业代码	专业名称
J0201	软件工程	J0203	信息管理
J0202	计算机科学	J0204	网络工程

表 1-5　课程关系表 C

课程号	课程名	课时	课程号	课程名	课时
C020101	数据库原理	54	C020301	Web 数据库技术	72
C020102	离散数学	48	C020302	软件工程	54
C020201	数据结构	54	C020401	软件测试	48
C020202	计算机网络基础	54			

表 1-6　设置关系表 CS

专业代码	课程号	专业代码	课程号
J0201	C020101	J0202	C020301
J0201	C020201	J0203	C020301
J0201	C020202	J0203	C020302
J0201	C020301	J0204	C020101
J0202	C020201	J0204	C020401
J0202	C020202		

表 1-7　学习关系表 SC

学号	课程号	分数	学号	课程号	分数
201401001	C020101	92	201402001	C020101	90
201401001	C020102	92	201402001	C020102	93
201401001	C020301	88	201402002	C020301	95
201401002	C020101	78	201402003	C020301	85
201401002	C020202	90	201403001	C020302	92
201401003	C020202	75			

表 1-8 讲授关系表 TH

教工号	课程号	教工号	课程号
T020101	C020102	T020202	C020202
T020102	C020101	T020301	C020301
T020201	C020201		

表 1-9 教工关系表 T

教工号	姓名	性别	出生日期	职称	教研室	电话
T020101	赵东伟	男	19550911	教授	J0202	602111
T020102	钱贤美	女	19660131	副教授	J0203	602112
T020201	孙向前	男	19600324	教授	J0201	603111
T020202	李晓月	女	19720722	讲师	J0202	603112
T020301	张旭君	男	19591105	副教授	J0203	604111
T020302	王碧娴	女	19680611	讲师	J0202	604112

例如，学生关系模式和课程关系模式可分别表示为：

- 学生关系模式（学号 #，姓名，性别，出生日期，出生地，专业代码 #，所属院系，班级，入学时间）
- 课程关系（课程号 #，课程名，课时）

为了表述方便，通常将汉字形式的关系模式名和属性名用字母或字符串表示，例如学生关系模式和课程关系模式可分别简写成：

- ST（S#，SNAME，SSEX，SBIRTH，SPLACE，SCODE#，SCOLL，CLASS，SDATE）
- C（C#，CNAME，CLASSH）

S# 表示学号，SNAME 表示姓名，SSEX 表示性别，SBIRTH 表示出生日期，SPLACE 表示出生地，SCODE# 表示专业代码，SCOLL 表示所属院系，CLASS 表示班级，SDATE 表示入学时间；C# 表示课程号，CNAME 表示课程名，CLASSH 表示课时。其余各表的关系模式及简写形式如下，含义显而易见。

- 专业关系模式（专业代码 #，专业名称）

SS(SCODE#,SSNAME)

- 设置关系模式（专业代码 #，课程号 #）

CS(SCODE#,C#)

- 学习关系（学号 #，课程号 #，分数）

SC(S#,C#,GRADE)

- 讲授关系模式（教工号 #，课程号 #）

TH(T#,C#)

- 教工关系模式（教工号 #，姓名，性别，出生日期，职称，教研室，电话）

T(T#, TNAME, TSEX, TBIRTH, TTITLE, TSECTION, TTEL)

我们对应现实生活中的单张表格与关系模型中使用的术语，做了一个较粗略的对比（见表 1-10）。

表 1-10 术语对比

一般表格的术语	关系术语
二维表（单张）	关系模型（简称关系）
表名	关系名
表头（表格的描述）	关系模式
记录或行	元组
列	属性
列名	属性名
列值	属性值
一条记录中的一个列值	分量
表中有表（大表中嵌有小表）	非规范化

2. 关系的键与关系的属性

键有时也称为码或标识码，它是关系模型中属性的集合，可分为：超键、候选键、主键、外键等。

（1）超键（super key）。在关系中能唯一地标识元组的属性集称为关系模式的超键。一个属性可以作为一个超键，多个属性组合在一起也可以作为一个超键。超键是一个"属性集"。

（2）候选键（candidate key）。如果一个属性集能唯一地标识一个关系中的元组，而又不含有多余的属性，则称该属性集为该关系的候选键。候选键就是没有多余属性的超键。那么超键就是带有其他有多余属性的候选键，即候选键带上任意一个其他属性都可被视为超键。

（3）主键（primary key）。当某关系模式只有一个候选键时，该候选键就是主键；当某个关系模式有多个候选键时，被用户选用的那个候选键称为主键。一般把主键简称为键（key），也叫主关键字或主码。主键可分为自然主键（如身份证、电话号码等）和代理主键（如机器的自动编号、ID 号等）。

在任何时刻，关系的主键应具有以下特征（关系的约束条件）：

1）唯一性：主键属性集中的每一个值唯一地确定了关系的一个元组；

2）非冗余性：如果从主键属性集中抽去任一属性，则该属性集不再具有唯一性；

3）有效性：主键中任一属性都不能为空值。

（4）外键（foreign key）。如果关系模式 R 中的某属性子集不是 R 的主键，而是另一关系模式 R1 的主键，则该属性集是关系模式 R 的外键。简单地说，此键在其他关系模式中被作为主键。

【例 1-3】 有学生关系模式 ST1（学号#，姓名，性别），假定学生不重名。那么，主键应该怎么取呢？

超键有：{学号}，{姓名}，{学号，姓名}，{学号，性别}，{学号，姓名，性别}，{姓名，性别}。可见超键的组合是唯一的，但不是最小的。

候选键只可能是{学号}，{姓名}，因为这两个属性集都能唯一标识一个关系的元组，而又没有多余的属性。所以根据集合的概念，应该选{学号，姓名}。

主键是我们在数据库定义的时候，从候选键当中所选择的一个键。我们通常选择学号作为主键。

显然，超键包含着候选键，候选键包含着主键，主键一定是唯一的。

【例 1-4】 用外键来表示多个关系间的联系。对于下面两个关系：

专业关系 SS1（专业代码 #，专业名称）

学生关系 ST1（学号 #，姓名，性别，出生日期，出生地，专业代码 #，班级）

"学生关系"中的属性"专业代码"是"专业关系"的主键，所以"专业代码"相对于"学生关系"来说，是"学生关系"的外键（可参阅第 10.1.2 节）。

【例 1-5】 在学习关系模式 SC（S#，C#，GRADE）中，属性集｛S#，C#｝是 SC 的超键。单独的 S# 不是 SC 的主键，但 S# 是学生关系模式 ST（S#，SNAME，SSEX，SBIRTH，SPLACE，SCODE#，SCOLL，CLASS，SDATE）的主键。所以 S# 对学习关系模式 SC 来说是外键。同理，C# 是课程关系模式 C（C#，CNAME，CLASSH）的主键，C# 对学习关系模式 SC 来说，也是学习关系模式的外键。

（5）主属性（primary attribute）与非主属性（nonprime attribute）。包含在任何一个候选键中的属性称为主属性。不属于任何候选键的属性称为非主属性或非键属性，非主属性是相对于主属性来定义的。

【例 1-6】 在关系模式学生关系 ST1（学号 #，姓名，性别，出生日期，班级）中，假定学生不重名。集合｛学号 #，姓名｝为主属性；而｛性别，出生日期，班级｝为非主属性。

最简单的情况是由单个属性组成的主键。最极端的情况是关系模式的所有属性组是这个关系的候选键，并称其为全键（all-key）。

1.4.3　层次模型

用树形结构来表示各类实体以及实体间的联系，称为层次模型（hierarchical model）。

层次模型是数据库系统中最早出现的数据模型，层次数据库系统采用层次模型来组织数据。1968 年 IBM 公司推出的 IMS(information management system）数据库管理系统，曾作为层次数据库系统的典型代表被广泛应用。

在数据库中层次模型应满足下列两个条件：

（1）有且仅有一个节点（node）无双亲，这个节点称为根节点（root node）；

（2）根节点以外的其他节点有且仅有一个双亲节点（parents node）。

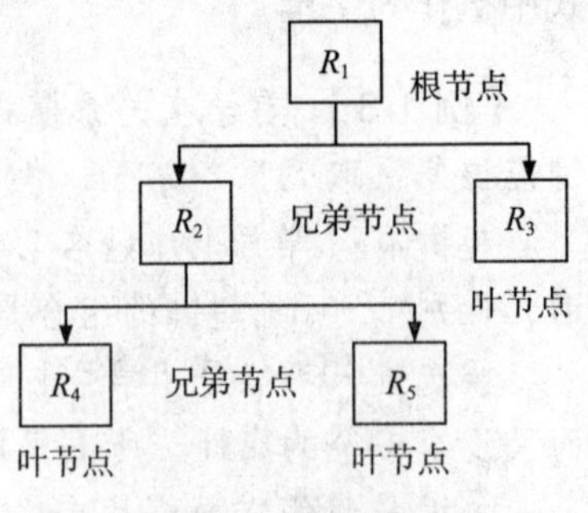

图 1-7　层次模型示例

在层次模型中，每个节点表示一个记录类型，记录（类型）之间的联系用节点之间的连线表示，这种联系是父子之间的一对多的联系。同一双亲的子女节点（child nodes）称为兄弟节点；没有子女节点的节点，称为叶节点（leaf node）（见图 1-7）。在图 1-7 中，R_1 为根节点，R_2 和 R_3 为兄弟节点，是 R_1 的子女节点；R_4 和 R_5 为兄弟节点，是 R_2 的子女节点，R_3，R_4 和 R_5 为叶节点。层次模型的基本特点是，任何一个给定的记录值只有在按其路径查看时，才能显示出它的全部意义，没有一个子女记录值能够脱离双亲记录值而独立存在。

图 1-8 是一个有四个记录类型的教师学生层次模型。记录类型是根节点，由系编号、系名、系主任名、地点，四个字段组成。它有两个子女节点——教研室和在校学生。记录类型教研室既是子女节点，又是教师的双亲节点，它由教研室编号、教研室名两个字段组成。记录类型学生由学生的学号、姓名、性别、成绩四个字段组成。记录类型教师由教工号、姓名、研究方向、电话、住址五个字段组成。学生和教工是叶节点，它们没有子女节点。由系到教研室、由教研室到教工、由系到学生均是一对多的联系。由于现实世界中，本身就存在着许多自然的层次关系，且结构清晰、容易理解，所以层次模型成为数据库系统中最早出现的数据模型。

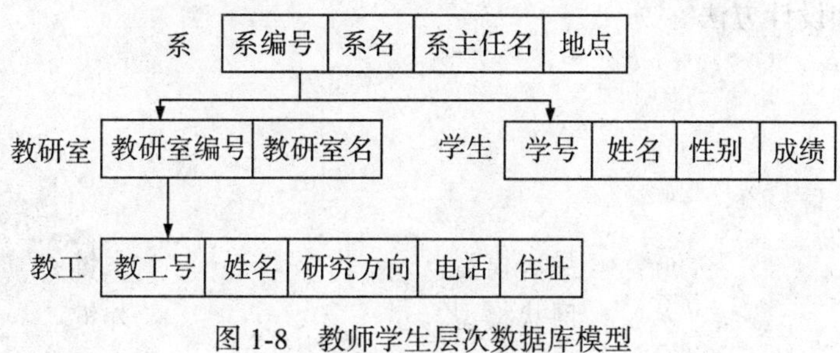

图 1-8　教师学生层次数据库模型

1.4.4　网状模型

用有向图结构来表示各类实体以及实体间的联系，称为网状模型（network model），也称为网状结构。网状数据模型中的每个节点与层次模型一样，也代表一种记录类型。这里用箭头表示，从箭头尾部的记录类型到箭头的记录类型间的联系是一对多的联系，且这些节点满足以下条件：

（1）允许一个以上的节点无双亲节点；

（2）一个节点可以有多于一个的双亲节点。

网状模型是继层次模型后出现的又一典型的数据库数据模型。网状模型是一种比层次模型更具普遍性的结构。它去掉了层次模型的两个限制，允许多个节点没有双亲节点，允许节点有多个双亲节点。此外，它还允许两个节点之间有多种联系（我们称为复合联系）。因此，网状模型更能表示事物之间的复杂联系，更能直接地描述现实世界。我们从中也可以看出，层次模型实际上是网状模型的一个特例。图 1-9 是网状模型结构的一些典型例图。

1.5　小结

关系模型有以下特点：

（1）关系模型必须是一张二维表；

（2）关系模型必须规范化，属性不可再分；

（3）同一关系模型中不允许出现相同的属性

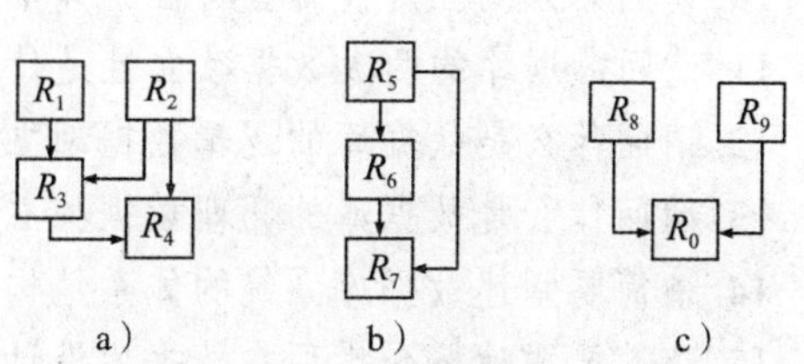

图 1-9　网状模型结构

名，不允许出现相同的元组；

（4）同一关系模型中属性的次序可以交换，元组的次序可以交换；

（5）同一属性（列）的分量必定来自同一个域，是同一类型的数据。

超键、候选键、主键、外键是重要的概念，应该熟练掌握。

由于层次数据库系统和网状数据库系统的应用涉及许多与系统的查询、更新及数据库事务运行不相干的底层结构细节问题，使得应用程序的编程变得十分复杂。与网状模型和层次模型不同，关系模型运用数学方法研究数据库的结构和定义数据库的操作，具有模型结构简单、数据表示方法统一、语言表述一体化、数据独立性高等特点，已被证明是一种发展前景十分广阔的数据库模型。鉴于关系模型的独特优势，从 20 世纪 80 年代中期开始，数据库市场已基本被关系数据库系统的产品所取代。本书仅介绍关系数据库的系统原理和设计方法。

习题 1

1. 请解释下列术语。

信息	层次模型	主键
数据	网状模型	外键
数据管理	关系模式	主属性
数据处理	元组	非主属性
数据库	属性	外模式
数据库管理系统	属性的值域	概念模式
数据库系统	分量	内模式
数据模型	超键	基本表
关系模型	候选键	视图

2. 请简要描述数据库与文件系统的区别。
3. 请简述信息的基本特征。
4. 请写出数据与信息的区别与联系。
5. 请写出数据库系统的三个基本要素。
6. 请简要描述 DBMS 与应用软件及操作系统之间的关系。
7. 请问属性、字段、数据项三者的区别与联系是什么？
8. 请问关系模式、记录类型、元组三者的区别与联系是什么？
9. 请问层次模型、网状模型和关系模型各自的主要特点有哪些？
10. 请问关系的主键有哪些特性？并举例说明各个特性所表示的含义。
11. 请问数据库的两级数据独立性是什么？
12. 请问什么是数据库的逻辑数据独立性？
13. 请问什么是数据库的物理数据独立性？
14. 请简要阐述数据库系统的体系结构设计成三级的意义。
15. 请简要描述概念模型在数据库设计中的意义。

16. 请简述外模式与概念模式的关系。

17. 有一学生信息模式为：

ST2（学号，姓名，性别，年龄，院系，专业）

假设学生无重名，请在下列属性集中选出，不能作为超键的属性集合；能作为候选键的属性集合。

（1）{学号}

（2）{学号，姓名}

（3）{学号，年龄，院系}

（4）{学号，院系，专业}

（5）{院系，专业}

（6）{年龄，院系}

（7）{姓名，性别}

（8）{姓名，专业}

18. 请按关系模型的要求，规范化表1-11。

表 1-11　题 18 所用表格

教工号	姓名	职称	籍贯		应发工资			扣除		实发
			省	市/县	基本	津贴	职务	房租	水电	
T020503	陈东升	教授	广东	深圳	6 500.0	3 200.0	1 000.0	410.0	580.0	9 710.0
…	…	…	…	…	…	…	…	…	…	…

第2章 SQL Server 2012

2.1 SQL Server 2012 简介

SQL Server 2012 是微软推出的新一代数据库产品，它不仅延续现有数据平台的强大能力，全面支持云技术与平台，并且能够快速构建相应的解决方案，实现私有云与公有云之间数据的扩展与应用的迁移。SQL Server 2012 为企业基础架构提供专门针对关键业务应用的多种功能与解决方案，以及最高级别的可用性。它支持来自不同网络环境的数据交互，全面的自助分析等创新功能。针对大数据以及数据仓库，SQL Server 2012 提供从数TB 到数百 TB 全面的端到端的解决方案。SQL Server 2012 包含企业版（enterprise)、商业智能版（business intelligence)、标准版（standard)、专业版（web)、开发版（developer）和精简版（express）6 个版本，通常我们使用企业版或开发版。图 2-1 给出了 SQL Server 的数据库结构。

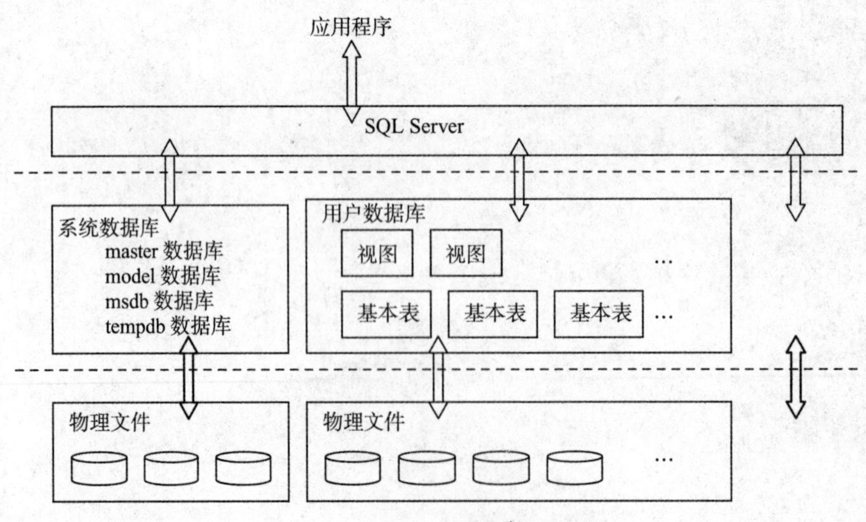

图 2-1　SQL Server 的数据库结构

SQL Server 2012 主要提供如下服务：

（1）通过 AlwaysOn 提供所需运行时间和数据保护；

（2）通过列存储索引获得突破性和可预测的性能；

（3）通过用于组的新用户定义角色和默认架构，帮助实现安全性和遵从性；

（4）通过列存储索引实现快速数据恢复，以便更深入地了解组织；

（5）通过 SSIS 改进、用于 Excel 的 Master Data Services 外接程序和新 Data Quality Services，确保更加可靠、一致的数据；

（6）通过使用增强 SQL Azure 和 SQL Server 数据工具的数据层应用程序组件（DAC）奇偶校验，优化服务器和云间的 IT 开发人员的工作效率，从而在数据库、商业智能（business intelligence，BI）和云功能间实现统一的开发体验；

（7）大数据支持，微软宣布了与 Hadoop 提供商 Cloudera 的合作。一是提供 Linux 版本的 SQL Server ODBC 驱动。主要的合作内容是微软开发 Hadoop 的连接器，也就是 SQL Server 跨入了 NoSQL（请参阅第 15 章）领域。

2.1.1 SQL Server 2012 安装

安装 SQL Server 2012 须检查计算机的硬件和软件要求、系统配置、安全等事宜。可以使用 SQL Server 2012 安装向导运行安装程序，或从命令提示符安装。安装向导提供初次安装 SQL Server 2012 指南，包括功能选择、实例名称规则、服务账户配置、强密码指南以及设置排序规则的方案等。我们也可以将组件添加到 SQL Server 2012 的实例，或从 SQL Server 早期版本升级到 SQL Server 2012，还可以在安装程序完成之后，使用图形化实用工具和命令提示实用工具配置 SQL Server。

1. 软件要求

SQL Server 2012 对 Microsoft Windows 操作系统和 Microsoft Visual Studio 版本有要求，其具体的详细部署可参阅：安装 SQL Server 2012 的硬件和软件要求（http://go.microsoft.com/fwlink/?linkid=195092）。SQL Server 2012 支持 FAT32 文件系统，但不建议在此系统上安装 SQL Server 2012，因为它没有 NTFS 文件系统安全。本书使用的软件部署如下：

- Microsoft Windows Server 2008 R2 SP1
- Microsoft Server Service Pack2
- Microsoft .NET Framework 4.0（Web 安装程序）
- Microsoft Visual Studio 2010 Service Pack1
- Microsoft SQL Server 2012 Express

2. 硬件要求（32 位）

SQL Server 2012 在 32 位平台上运行的要求与 64 位平台上的要求有所不同，表 2-1 显示了其在 32 位平台上安装和运行的配置要求（本书为节省篇幅仅列出企业版、开发版和标准版三个版本）。

3. 安装

前面的各项要求完备之后，可以将下载的 SQL Server 2012 压缩包准备好，以便开始安装。双击解压文件夹内的“setup.exe”后，单击“全新 SQL Server 独立安装或向现有安装添加功能”选项，或单击“从 SQL Server 2005、2008 或 2008R2 升级”（见图 2-2），系统将打开 SQL Server 2012 的安装程序，并检测当前环境是否符合 SQL Server 2012 的安装条件。

表 2-1 系统配置

配置	要求
内存	最小值：Express 版本：512MB，其他版本：1GB 建议：Express 版本：1GB，其他所有版本：4GB 或以上
CPU 速度	最小值：x86 处理器：1.0GHz，x64 处理器：1.4GHz 建议：2.0GHz 或更快
CPU 类型	x64 处理器：AMD Opteron、AMD Athlon 64、支持 Intel EM64T 的 Intel Xeon、支持 EM64T 的 Intel Pentium IV x86 处理器：Pentium Ⅲ兼容处理器或更快

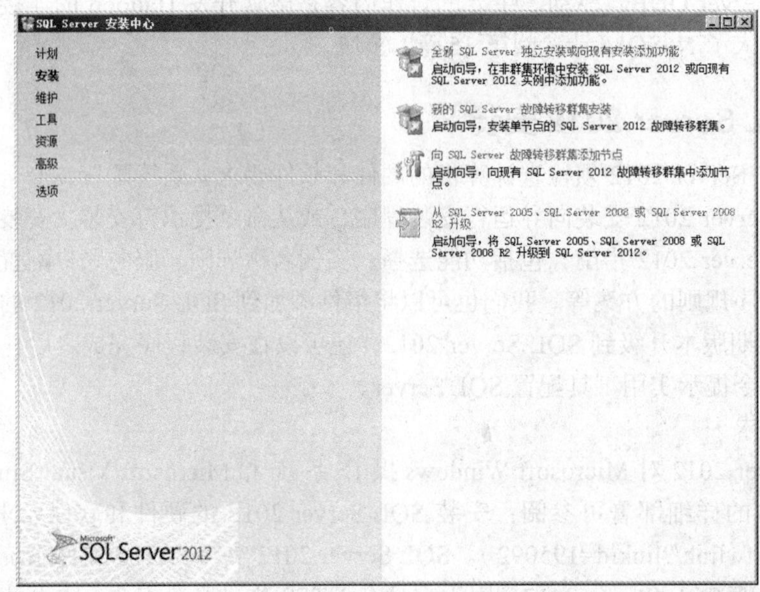

图 2-2　SQL Server 安装中心

一般情况下，选择默认项安装系统即可（本节介绍的是升级安装）。若安装时出现图 2-3 所示的状况，则表示仍有部分配置未满足 SQL Server 2012 的要求，此时根据图 2-3 给出的“失败”提示，下载相应的补丁程序将系统配置完善。安装完成之后的显示界面如图 2-4 所示。单击“关闭”，完成安装。更详细的描述读者可参阅其他相关资料。

4. 验证安装

SQL Server 2012 安装完成后，数据库服务将自动启动。可以打开 Windows 任务管理器，看到一个已运行的进程 sqlserver.exe（见图 2-5），也可以打开 Windows 的服务列表，打开“控制面板 / 管理工具”或“管理工具 / 计算机管理 / 服务和应用程序”，双击“服务”，查找服务 SQL Server（MSSQLSERVER），其状态为“已启动”，启动类型为“自动”（见图 2-6）。通过这两种方式可以判断数据库服务是否已经成功安装运行。如果服务没有运行，通过右键单击“服务”再单击“启动”，以启动该服务。如果服务无法启动，则请检查服务属性中的 .exe 路径。确保指定的路径中存在 .exe。

图 2-3　安装 SQL Server 2012 的“失败”状态

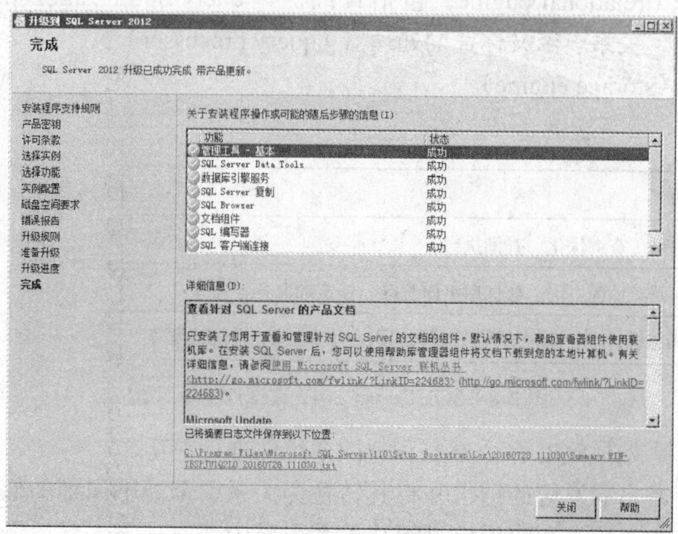

图 2-4　安装完成

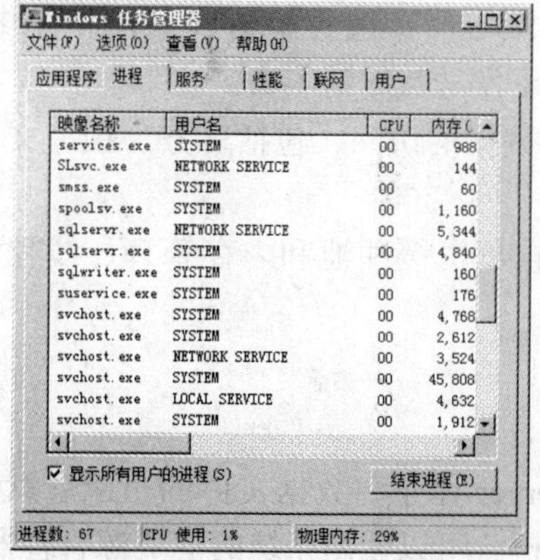

图 2-5　已运行的进程 sqlserver.exe

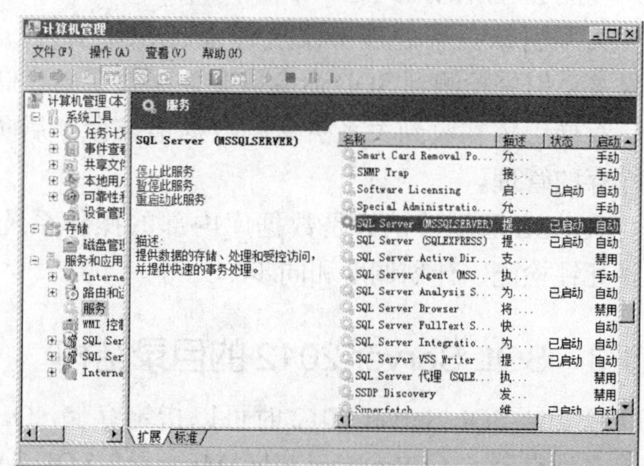

图 2-6　Windows 的“服务”列表

2.1.2 SQL Server 2012 的组件及架构

SQL Server 2012 功能模块众多，从总体来说可分成两大模块：数据库模块和商务智能模块。数据库模块除数据库引擎外，还包括以数据库引擎为核心的 Service Broker、复制、全文搜索、通知服务等功能组件。而商务智能模块由集成服务（integration services）、分析服务（analysis services）和报表服务（reporting services）三大组件组成。各组件之间的关系如图 2-7 所示。

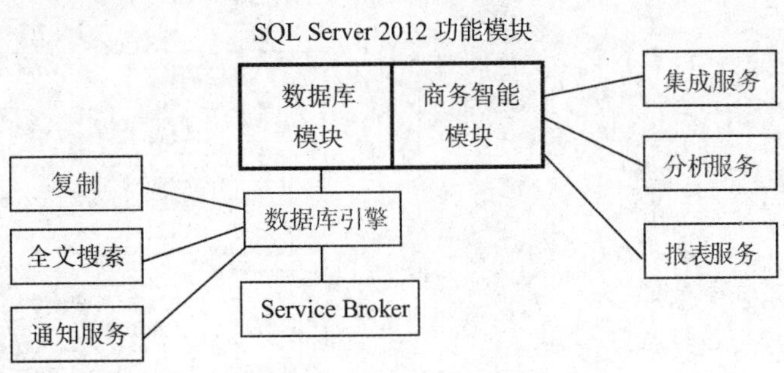

图 2-7 SQL Server 2012 功能模块

SQL Server 2012 数据库引擎有四大组件（见图 2-8）。

- 协议层（protocol layer）
- 关系引擎（relational engine，包括查询优化 query optimization 和查询执行 query execution），关系引擎又称查询处理器（query processor）
- 存储引擎（storage engine）
- SQLOS

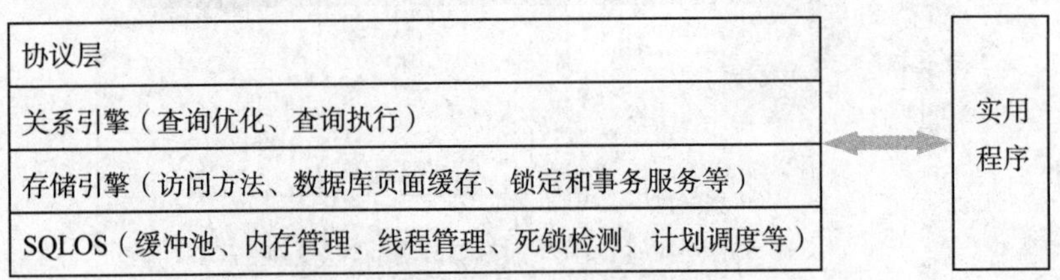

图 2-8 SQL Server 2012 数据库引擎架构

任何客户端提交的 SQL 命令都要和这四个组件进行交互。

协议层接受客户端发送的请求并将其转换为关系引擎能够识别的形式。同时，它也能将查询结果、状态信息和错误信息等从关系引擎中获取出来，然后将这些结果转换为客户端能够理解的形式返回给客户端。

关系引擎负责处理协议层传来的 SQL 命令，对 SQL 命令进行解析、编译和优化。如果关系引擎检测到 SQL 命令需要数据就会向存储引擎发送数据请求命令。

存储引擎在收到关系引擎的数据请求命令后负责数据的访问，包括事务、锁、文件和缓存的管理。

SQLOS 层则被认为是数据库内部的操作系统，它负责缓冲池和内存管理、线程管理、死锁检测、计划调度和同步单元等。

2.1.3 SQL Server 2012 的目录结构

在安装 SQL Server 2012 时可以指定存储 SQL Server 程序和数据文件的目录。默认安装文件夹是“C:\Program Files\Microsoft SQL Server”，可以使用系统的“资源管理器”访问该文件夹，并查看 SQL Server 2012 的目录结构，验证 SQL Server 文件的存储位置。

在安装目录"C:\Program Files\Microsoft SQL Server\MSSQL10.SQLEXPRESS\MSSQL"（这里安装的是精简版 Express，其他版本略有不同）文件夹下有以下主要目录。

（1）Backup：该目录最初为空。它是 SQL Server 创建磁盘备份设备的默认存储位置，实际备份时，可以为备份数据指定其他的存储位置。若把备份数据存储在本默认目录，那么源数据和备份数据将存储在同一个物理硬盘中，这在实际应用中是不可取的。

（2）Binn：存储着 Windows 客户和服务器的可执行文件、在线帮助文件和扩展存储过程的 DLL 文件。

（3）Data：此文件夹内默认存储所有数据库的数据文件和日志文件，其中包括 SQL Server 的系统数据库文件，如 master 数据库、model 数据库等。

（4）JOBS：存储临时作业的输出文件，该目录初期为空。

（5）Log：是 SQL Server 存储日志文件的位置，所有提示、警告和错误信息也都存储在这里。每次 SQL Server 服务启动时都会创建一个新的日志文件。只保留最新的六个文件，其余的会被自动删除。

（6）Repldata：存放数据库复制中的快照文件，该目录初期为空。

（7）Template Data：该文件夹内暂存系统数据库文件和日志，以及其他相关文件。

2.2 SQL Server Management Studio 管理器

SQL Server Management Studio（SSMS）是一个功能强大且灵活的应用工具，是 SQL Server 2012 数据库产品最重要的组件。用户可以通过该工具完成 SQL Server 2012 数据库的主要管理、开发和测试任务。

2.2.1 启动 SQL Server Management Studio

SQL Server 2012 安装完成之后，启动 SSMS 工具的具体步骤如下（本书使用的操作系统是 Microsoft Windows Server 2008 R2 SP1）。

（1）选择"开始 / 所有程序 /Microsoft SQL Server 2012"，单击"SQL Server Management Studio"。

（2）在"连接到服务器"对话框（见图 2-9）中，查看默认设置（通常情况下用户不必改变默认设置），单击"连接"按钮。

（3）SQL Server Management Studio 启动后，显示两个主要窗口，如图 2-10 所示。一个是"对象资源管理器"，另一个是"文档窗口"。

1）"对象资源管理器"包括与其连接的所有服务器的信息，是服务器中所有数据库对象的树状视图。

2）"文档窗口"可能包含查询编辑器和输出结果的浏览窗。初始状态下，显示空白页。"文档窗口"是界面中最大的部分。

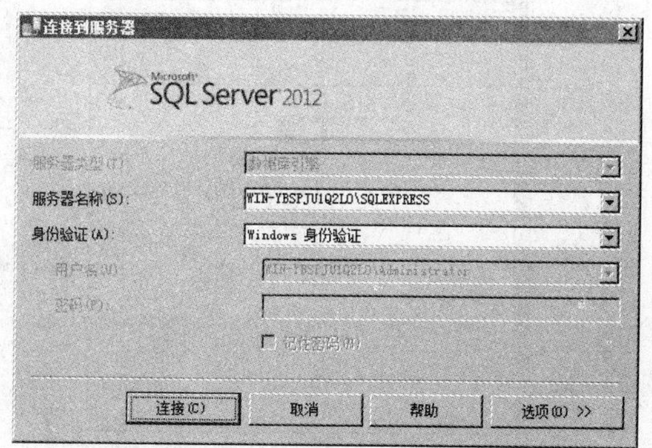

图 2-9　"连接到服务器"对话框

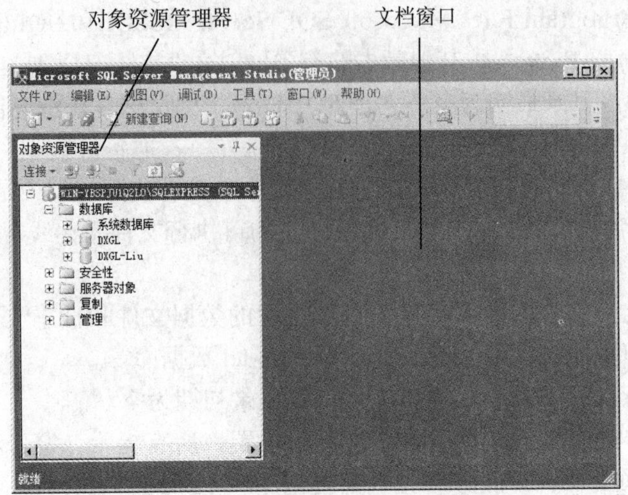

图 2-10　SQL Server Management Studio 主界面

2.2.2　连接已注册服务器和对象资源管理器

用户可以在连接之前注册服务器，也可以在“对象资源管理器”中进行连接时注册服务器，或打开“已注册的服务器”窗口注册服务器。在“已注册的服务器”窗口中注册服务器的步骤如下。

（1）如果“已注册的服务器”窗口未打开，则须在菜单栏选择“视图”，单击“已注册的服务器”，打开“已注册的服务器”窗口（见图 2-11）。

（2）在“已注册的服务器”窗口内右击“本地服务器组”，弹出快捷菜单，选择“新建服务器注册”。

（3）在打开的“新建服务器注册”对话框（见图 2-12）中的“常规”选项卡下，进行“登录”信息和“已注册的服务器”信息的设置。

1）在“服务器名称”文本框中，选择已有的服务器或输入要注册的服务器名称。对于命名实例，应以“服务器名称 [\实例名称]”的格式输入名称。

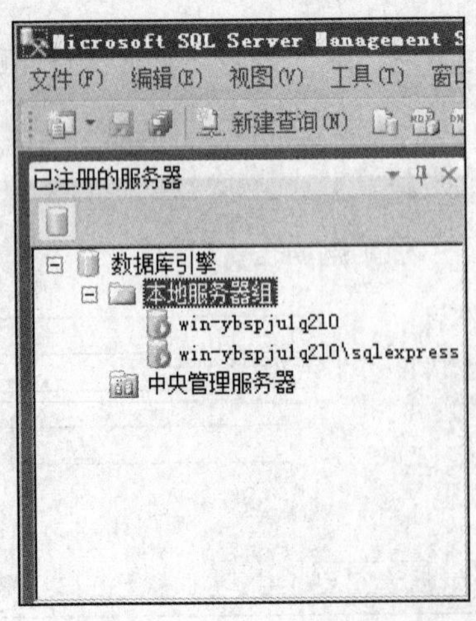

图 2-11　“已注册的服务器”窗口

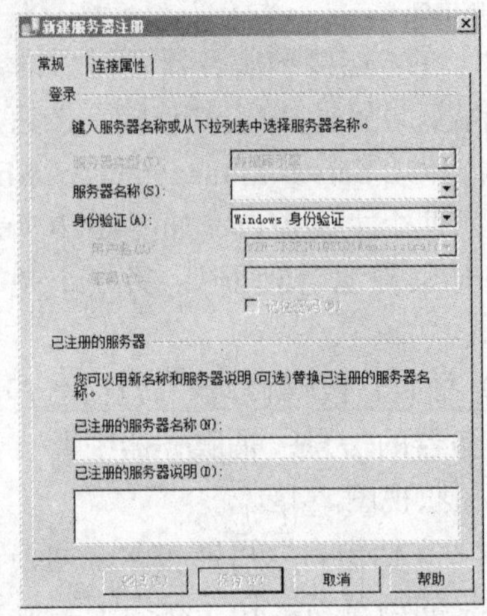

图 2-12　“新建服务器注册”对话框

2）在“身份验证”文本框中，一般选择默认设置“ Windows 身份验证”；如果选择“ SQL Server 身份验证”，则必须填写“用户名”和“密码”，若需要 SSMS 保存密码（不推荐），可选择“记住密码”复选框。

3）系统会在“已注册的服务器名称”文本框中，自动使用“服务器名称”框中的名称；用户可以根据需要，使用一个别名替换默认名称，还可以在“已注册的服务器说明”文本框中，输入附加信息以帮助区分不同的服务器。

4）最后，可以单击“测试”按钮，若测试数据库实例连接正常，则弹出“连接测试成功”对话框。

（4）在“新建服务器注册”对话框（见图 2-12）中，单击“连接属性”选项卡。选项卡中的信息是可选操作，可根据注册的服务器的类型设置连接属性，若选择“默认值”，可直接单击“保存”按钮。

1）在“连接到数据库”列表框中，键入或输入要连接到的数据库名称，或者选择“浏览服务器”选择可用的数据库；若登录账户的默认数据库未曾改过，则 master 数据库即为默认数据库。

2）在“网络协议”列表中，可以选择 Shared Memory，TCP/IP，Named Pipes 协议，一般取默认值。

3）在“网络数据包大小”框中，输入连接到服务器时要使用的数据包大小。

4）在“连接超时值”数值框中，输入连接到服务器的空闲连接在超时之前等待的时间。

5）在“执行超时值”数值框中，输入执行脚本在超时之前等待的秒数。

6）“加密连接”复选框，提供对连接进行加密。

（5）连接成功，在“对象资源管理器”中将显示该数据库实例的全部对象，如图 2-9 所示，展开“数据库”项，可以看见所有的对象。

2.2.3 其他方法启动 SQL Server 2012

除了使用可视化界面启动 SQL Server 2012 以外，我们还可以使用其他几种方法启动 SQL Server 2012，下面逐一介绍。

1. DOS 下直接启动 SQL Server 2012

（1）选择“开始 / 运行”。

（2）在弹出的“运行”对话框内输入“cmd”，单击“确定”按钮。

（3）进入 DOS 的命令行窗口，在提示符下输入“ net start mssqlserver”或“ net start sqlserveragent”，按“回车”键（注意保留字母间的空格）后，均可启动 SQL Server 2012 的数据库服务；这里若使用命令“ net start sqlserveragent”，启动 SQL Server 代理服务，数据库服务必定会随之启动，反之，则不会。

（4）接下来在命令行窗口的提示符下输入“ssms”，按“回车”键，SSMS 被启动。

（5）如果要关闭服务可以键入“ net stop mssqlserver”，此时，数据库服务和 SQL Server 代理服务都将被关闭；当然也可以使用“ net stop sqlserveragent”，仅关闭 SQL Server 代理服务。

（6）DOS 窗口内的命令输入及操作结果如图 2-13 所示。

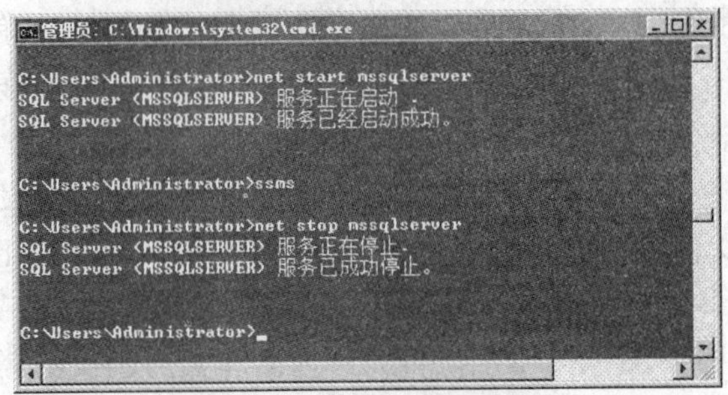

图 2-13　DOS 的命令输入窗口

2. 以启动“服务”的方式启动 SQL Server 2012

（1）选择“开始 / 管理工具 / 服务”。

（2）在弹出的“服务”窗口中，找到“SQL Server Agent”选项并单击（见图 2-14）。

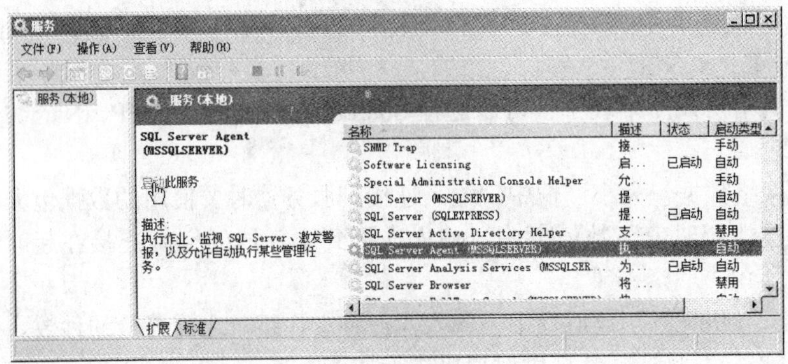

图 2-14　以启动“服务”的方式启动 SQL Server 2012

（3）在服务“扩展”栏，单击“启动”，数据库服务和 SQL Server 代理服务均启动。

（4）若在“服务”窗口中选择“SQL Server”后，单击“启动”，则仅仅启动数据库服务。

（5）若要关闭服务，数据库服务和 SQL Server 代理服务的关系同第一点。

2.2.4　使用查询编辑器

查询编辑器是 SQL Server Management Studio 的最重要的组件之一，主要为数据库管理员使用数据查询语言，编写 Transact-SQL 语句和数据操纵语言，提供一个良好的界面。SSMS 允许用户“脱机编码”，也就是在未连接服务器的情况下，可以在查询编辑器中编写或编辑代码。这一点在服务器不可用或需要节省短缺的服务器或网络资源时尤为突出。

另外，用户还可以直接在查询编辑器中，使用 T-SQL 语句更改与其他 SQL Server 实例的连接，而无须打开新的查询编辑器窗口。

1. 打开查询编辑器

在 SQL Server Management Studio 中，可以有多种方法打开查询编辑器。

（1）单击工具栏的“新建查询”快速打开查询编辑器。

1）单击工具栏的“新建查询”，直接打开查询编辑器。

2）主窗口中以默认名为“SQLQuery1.sql”的形式打开查询编辑器。

3）这种操作适用于临时性的操作，它不被记录到“项目”的解决方案中。

（2）单击工具栏的“数据库引擎查询”打开查询编辑器。

1）单击工具栏的“数据库引擎查询”，SSMS 弹出“连接到数据库引擎”对话框。

2）接下来的操作与（3）中的 5）完全相同。

3）这种操作同样不记录到“项目”的解决方案。

（3）选择菜单栏的“文件”打开查询编辑器。

1）选择菜单栏的“文件 / 新建 / 项目”。

2）在弹出“新建项目”对话框（见图 2-15）中，选择“SQL Server 脚本”，单击“确定”按钮，SSMS 为“项目”建立一个查询文件夹（SQL Server 脚本 *n*，第一次以默认名为“SQLQuery1.sql”的形式打开），其位置是：C:\Users\Administrator\Documents\SQL Server Management Studio\Projects\SQL Server 脚本 1\SQL Server 脚本 1。

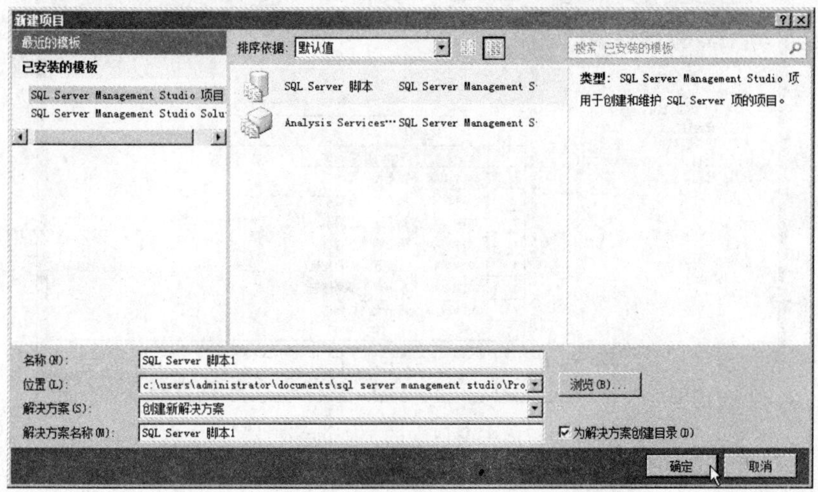

图 2-15 “新建项目”对话框

3）此时，按（1）的方法建立“查询”文件，则该文件将默认保存在“SQL Server 脚本 1”下。

4）之后，可以选择菜单栏的“文件 / 打开 / 项目”，打开“打开项目”文件夹（见图 2-16），选择需要打开的文件。

5）或者，选择菜单栏的“文件 / 打开 / 文件”，选择相应文件打开。

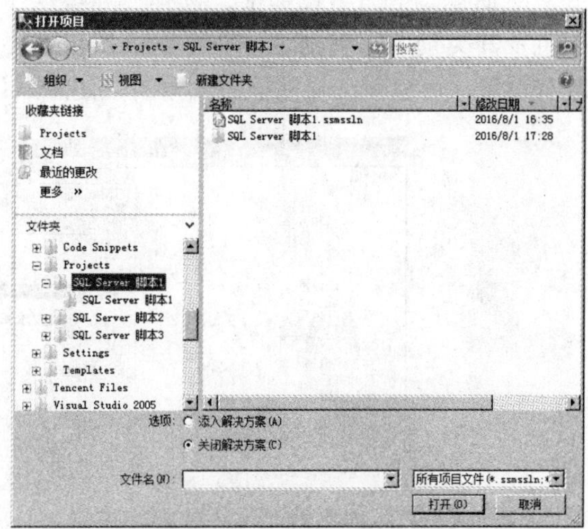

图 2-16 “打开项目”文件夹

【例 2-1】 在大学管理数据库 DXGL 中，查询所有的学生的学号、姓名和出生地。

（1）启动 SSMS 后，单击工具栏的“新建查询”按钮，打开“新建查询”窗口。

（2）在“查询编辑器”（见图 2-17）

中，输入代码（如下），并单击工具栏的“执行”按钮，查询结果见图 2-17 右下方的“结果”窗。

```
USE DXGL
SELECT S#, SNAME, SPLACE FROM ST;
GO
```

说明：这里“USE 语句”用于选择当前要操作的数据库，“USE DXGL”就是将数据库 DXGL 指定为当前数据库；当然，也可以在“可用数据库”栏内，先选定被操作的数据库；分号“;”表示本条语句结束。

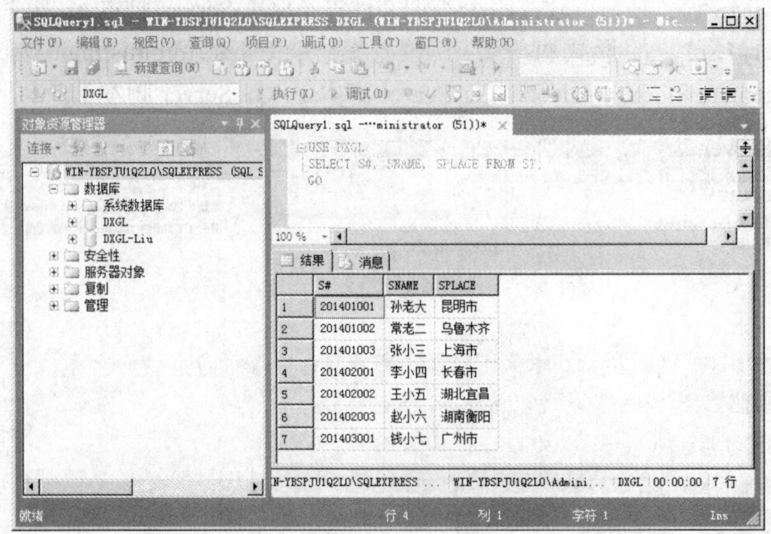

图 2-17 主窗口中的“查询编辑器”

2. 配置编辑器选项

SQL Server 2012 的智能感知功能，可以使得“查询编辑器”中输入的文本按类别显示为不同的颜色。我们可以在 SSMS 菜单栏中选择“工具 / 选项”命令，在弹出的“选项”对话框（见图 2-18）中，选择“环境”下的“字体和颜色”选项，用以查看字体、颜色及其类别的完整列表，并可以根据相应要求配置自定义配色方案。如果要恢复系统原有设置，可以单击对话框右上角的“使用默认值”。

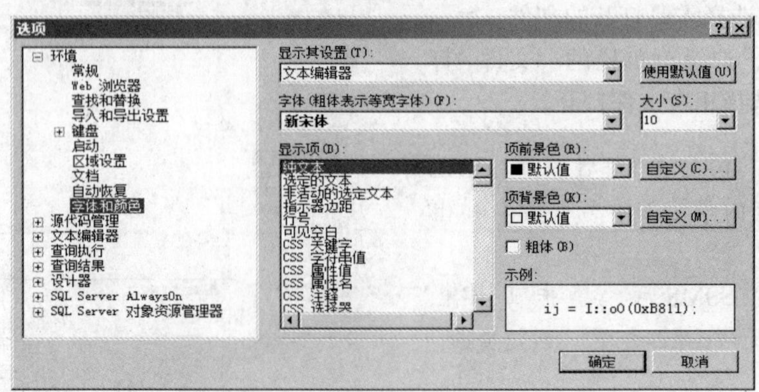

图 2-18 配置“选项”对话框

2.3 小结

通常 SQL Server 2012 企业版用于服务器系统，如 Windows Server 2008 等，精简版常用于教学。验证安装时，若服务无法启动，应检查服务属性中的 .exe 路径，确保指定的路径中存在 .exe。SSMS 是 SQL Server 2012 最重要的组件之一，可以用多种方法启动 SSMS 服务。连接数据库服务器之前，应确认该服务器已经注册，否则，必须先注册。查询编辑器提供了一个使用数据查询语言，编写 Transact-SQL 语句和数据操纵语的界面。同时，SSMS 允许未连接服务器时，在查询编辑器中编写或编辑代码。

习题 2

1. 请问 SQL Server 2012 提供了哪些服务？
2. 请问 SQL Server 2012 架构主要包括哪些？
3. 请问 SQL Server 2012 默认安装文件夹在哪里？
4. 请问 SQL Server 2012 安装文件夹下的主要目录有哪些？
5. 请简述 SQL Server 中数据库引擎实例。
6. 请简述连接 SQL Server 2012 数据库服务器的三种方法。
7. 请简述 SQL Server 2012 的验证安装。
8. 上机练习作业。

（1）上机练习后，请简述注册服务器的步骤。

（2）打开“新建查询”编辑器，输入例 2-1 中的语句。

第3章 SQL Server 2012 的数据库管理

3.1 SQL Server 2012 数据库的存储结构

为保证数据库系统的正常运行和服务品质，相关技术人员针对不同任务，必须对数据库的建立、存储、修改和数据存取等进行相应的管理，以达到最佳状态，来满足客户的需求。数据库的存储结构分为逻辑结构和物理结构。数据库逻辑结构主要应用于面向用户的数据组织和管理，如数据库的表、视图、存储过程、用户权限等。数据库物理结构主要应用于面向计算机的数据组织和管理，如数据文件、表和视图的数据组织方式、磁盘空间的利用和回收、文本和图形数据的有效存储等。

3.1.1 SQL Server 2012 数据库对象

SQL Server 2012 提供了很多逻辑组件，这些逻辑组件通常被称为数据库对象，也就是具体存储数据或对数据进行操作的实体。数据库对象是数据库的组成部分，SQL Server 2012 中最基本的数据库对象是表和视图，其他还有存储过程、用户、角色、规则、默认、用户定义的数据类型，以及用户定义的函数等。这些数据库对象及功能如表 3-1 所示。对数据库的操作可以基本归结为对数据对象的操作，理解和掌握 SQL Server 2012 数据库对象是学习 SQL Server 2012 的捷径。

表 3-1 数据库对象及功能

对象名称	功能
表	由数据的行、列和数据类型组成，格式与工作表相似。行代表一条唯一的记录，列代表记录中的某一个字段，类型定义规定了某个列中可以存放的数据类型
视图	可以限制某个表格可见的行和列，或者将多个表格数据结合起来，作为一个表格显示。一个视图还可以集中其他视图的列，予以显示
存储过程	是一种 Transact-SQL 语句，其被编译成一个执行计划，常用于性能优化和控制访问等
用户	在数据库内，对象的全部权限和所有权由用户账户控制。用户账户与数据库相关
角色	指对数据具有相同的访问权限，是数据库的一个对象

（续）

对象名称	功能
规则	实现 check 约束从而保证数据的完整性
默认	默认是针对一个表上的一个列值设置的，它决定没有被指定为任何值时使用该值
用户自定义数据类型	是一种自定义的数据类型，它基于某个预先定义的数据类型，可以用来建立对程序员更有意义的表结构，有助于确保存放数据的相似类的列都具有相同的数据类型
用户自定义函数	是一个由一条或多条 Transact-SQL 语句构成的子例行程序，用于封装代码以便重用。一个函数可以有最多 1 024 个输入参数。用户定义的函数可以取代视图和存储过程

3.1.2 SQL Server 2012 数据库文件及文件组

3.1.2.1 数据库文件

数据库文件是存放数据库数据和数据库对象的文件。SQL Server 2012 中组成数据库的文件主要有三种类型：主数据文件、次数据文件、事务日志文件，以及文件流数据文件、文件表（filetable）文件和全文索引文件。

1. 主数据文件

一个数据库可以有一个或多个数据文件，当有多个数据文件时，有一个文件被定义为主数据文件（primary database file），扩展名为 .MDF。它用来存储数据库的启动信息和部分或全部数据，一个数据库只能有一个主数据文件。

2. 次数据文件

次数据文件（secondary database file）包含除主数据文件外的所有文件，扩展名为 .NDF。它用来存储主数据文件未存储的其他数据。使用次数据文件来存储数据的优点在于，可以在不同的物理磁盘上创建次数据文件，并将数据存储在这些文件中，这样可以提高数据处理的效率。另外，如果数据库超过了单个 Windows 文件的最大容量，可以使用次数据文件，这样数据库就能继续增长。一个数据库可以有零个或多个次数据文件。

3. 事务日志文件

事务日志文件（transaction log file）是用来记录数据库更新情况的文件，扩展名为 .LDF。例如，使用 INSERT，UPDATE，DELETE 等语句对数据库进行操作都会记录在此文件中，而 SELECT 等语句对数据库内容不会影响的操作，则不会记录在案。一个数据库可以有一个或多个事务日志文件。

4. 文件流数据

文件流（filestream）是基于 SQL Server 的应用程序，在文件系统中存储非结构化的数据，例如文档、图片、音频、视频等。文件流主要以 varbinary（max）数据类型存储数据。

5. 文件表

SQL Server 2008 引入了文件流数据，SQL Server 2012 的文件表做了进一步增强，它可以让应用程序通过引入文件表，整合其存储和数据管理组件，允许非事务性访问，提供集成的对非结构化数据和元数据的全文搜索和语义搜索。

6. 全文索引

全文索引（full-text search）用于检索字段中是否包含指定的关键字，类似搜索引擎的功能，其内部的索引结构采用与搜索引擎相同的倒排索引结构，其原理是对字段中的文本进行分词，然后为每一个出现的单词记录一个索引项，这个索引项中保存了所有出现过该单词的记录的信息，也就是说在索引中找到这个单词后，就知道哪些记录的字段中包含这个单词。因此适用于大文本字段的查找。

3.1.2.2 数据库文件的存储形式

图 3-1 是 SQL Server 2012 常用数据库文件的存储形式。每个数据库在物理上分为数据文件和事务日志文件，这些数据文件和事务日志文件存放在一个或多个磁盘上，且不与其他文件共享。

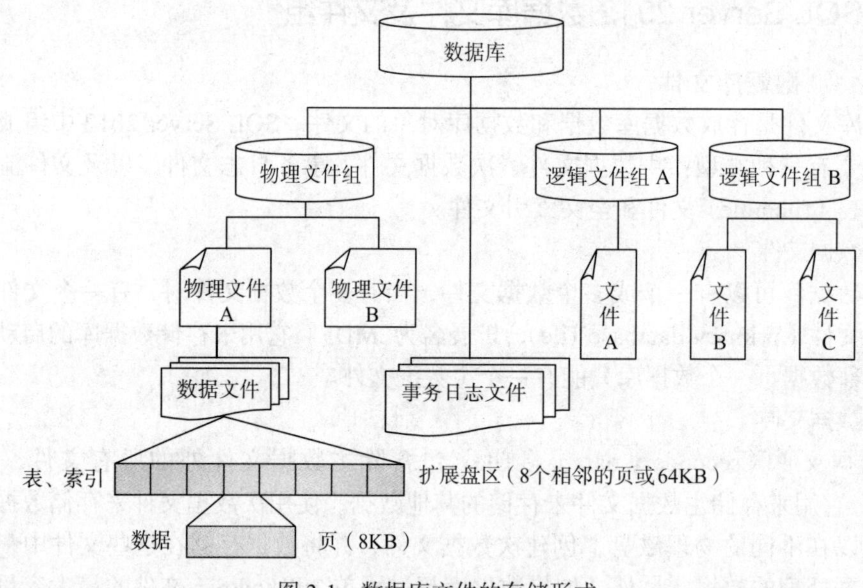

图 3-1　数据库文件的存储形式

1. 数据文件

SQL Server 2012 将一个数据文件中的空间分配给表格和索引，每块有 64KB 空间，称为“扩展盘区”。一个扩展盘区由八个相邻的页（或 64KB）构成。有两种类型的扩展盘区：统一扩展盘区和混合扩展盘区。每个扩展盘区都由页组成。页是 SQL Server 2012 中数据存储的基本单位，每个页的大小为 8KB。页的大小决定了数据库表的一行数据的最大大小。共有八种类型页：数据页、索引页、文本 / 图像页、全局分配映射表页、页空闲空间、索引分配映射表页、大容量更改映射表页和差异更改映射表页。

2. 事务日志文件

事务日志文件驻留在与数据文件不同的一个或多个物理文件中，包含一系列事务日志记录而不是扩展盘区分配的页。

3.1.2.3 数据库文件组

出于分配和管理的目的，可以将数据库文件分成不同的文件组，即数据库文件组（database file）。系统可以通过控制在特定磁盘驱动器上放置的数据和索引来提高自身的输入输出性能。每个文件组有一个组名。在 SQL Server 2012 中有主文件组和用户定义的文件组。

1. 主文件组

每个数据库有一个主文件组。主文件组中包含所有的系统表。当建立数据库时，主文件组包括主数据文件和未指定组的其他文件。一个文件只能存在于一个文件组中，一个文件组也只能被一个数据库使用。

2. 用户定义的文件组

用户定义的文件组是指用户首次创建数据库或以后修改数据库时明确创建的任何文件组。创建这类文件组，主要用于将数据文件集合起来，以便管理、数据分配和放置。

每个数据库中都有一个文件组作为默认文件组运行。如果在数据库中创建对象时没有指定对象所属的文件组，对象将被分配给默认文件组。不管何时，只能将一个文件组指定为默认文件组。默认文件组中的文件必须足够大，能够容纳未分配给其他文件组的所有对象。如果没有指定默认文件组，则主文件组是默认文件组。

3.2 使用 SSMS 创建数据库

3.2.1 概述

SQL Server 2012 将数据库分为两类：系统数据库和用户数据库。系统数据库存储 SQL Server 专用的、用于管理自身和用户数据库的数据，也就是相关的 SQL Server 系统信息。用户数据库是用户为自身的应用所创建的数据库，用于存储用户的数据。数据库是 SQL Server 存储和管理数据的对象。

在安装 SQL Server 2012 时，系统会创建四个系统数据库（master，model，msdb 和 tempdb），另可根据需求为系统安装示例数据库，如 AdventureWorks2012。SQL Server 2012 中，一个数据库至少应包含一个数据文件和一个事务日志文件。数据文件是存放数据库数据和数据库对象的文件。当一个数据库有多个数据文件时，有一个文件被定义为主数据文件。日志文件用于保存恢复数据库所需的所有日志信息。为了有效地管理和分配数据，通常将数据库文件组织在一起形成文件组。

SQL Server 2012 数据库取消了系统表，取而代之的是系统视图。无论是系统数据库还是用户数据库，都包含系统视图。系统视图存储着有关 SQL Server 行为信息的数据。可以通过打开“系统数据库 /master/ 视图 / 系统视图”查阅系统视图。

1. master 数据库

master 数据库是 SQL Serve 中最重要的数据库。它记录了 SQL Serve 系统的所有信息，包括所有可用的数据库，以及为每一个数据库分配的空间、使用中的进程、用户账户、活动的锁、系统错误等信息和系统存储过程等。master 数据库和它的事务日志存储在 master.mdf 和 mastlog.ldf 文件中，路径一般是 C:\Program Files\Microsoft SQL Server\MSSQL10.SQLEXPRESS\MSSQL\DATA。由于该数据库的重要性，所以不允许用户随意修改。如果对 SQL Server 的修改影响到 master 数据库，就应该立即备份 master 数据库。

2. model 数据库

model 数据库的主要作用是为新的数据库充当模板，用户新建数据库是 model 的副本。可以对 model 数据库进行修改，包括添加用户定义数据类型、规则、默认和存储过程，对 model 数据库的任何修改都会自动地反映到新建的数据库中。model 数据库存储在 model.mdf 中，事务日志存储在 modellog.ldf 中，其路径同 master 数据库。

3. msdb 数据库

msdb 数据库由 SQL Server 代理服务使用，用来管理警报、任务调度和记录操作员的操作。它还存储 SQL Server 管理数据库的每一次备份和恢复的历史信息。msdb 数据库存储在 msdbdata.mdf 中，事务日志存储在 msdblog.ldf 中，其路径同 master 数据库。

4. tempdb 数据库

tempdb 数据库是被所有 SQL Server 数据库和数据库用户共享的数据库。它用来存储临时信息，例如查询一个未建索引的表时创建的临时索引信息。任何因用户行为而创建的临时表都会在该用户与 SQL Server 断开连接时删除。另外，所有在 tempdb 中创建的临时表都会在 SQL Server 停止和重启时删除。tempdb 数据库存储在 tempdb.mdf 和 templog.ldf 中，其路径同 master 数据库。

5. AdventureWorks2012 数据库

AdventureWorks2012 数据库是 SQL Server 2012 数据库的示例数据库，该数据库以一个虚拟的大型公司的商业数据应用为背景，展现 SQL Server 2012 的企业应用数据库。该示例数据库在其设计和管理上有许多独到之处，非常适合学习、测试和分析研究，有利于理解和应用 SQL Server 2012 数据库的各种功能、特性与数据库的结构设计。如果选择的是默认安装，系统将不会安装 AdventureWorks2012 数据库。

3.2.2 创建数据库

创建数据库是创建数据库表及其他数据库对象的第一步。在 SQL Server 中创建数据库，既可以使用 SQL Server Management Studio 创建，又可以使用 Transact-SQL 语言创建。创建 SQL Server 2012 数据库最简单的方法是使用 SQL Server Management Studio 工具，这比使用 T-SQL 语句创建数据库更加便利。在 SSMS 工具中，用户可以对数据库的大部分特性进行设置，此时创建数据库，需要确定数据库的名称、所有者、数据库大小以及存储该数据库的文件和文件组，一般情况下只须给定数据库名就可以了。

【例 3-1】 依图 1-5，使用 SSMS 创建大学管理数据库 DXGL。

（1）启动 SSMS 工具，连接数据库服务器，打开“对象资源管理器”。

（2）右击“对象资源管理器”中的“数据库”对象，在弹出的快捷菜单上选择“新建数据库”，系统将显示“新建数据库”对话框，如图 3-2 所示。

（3）单击“新建数据库”对话框中的“常规”选项卡，进行数据库属性设置。

① 在“数据库名称”文本框中输入要建立的数据库的名称：DXGL。注意，数据库的名称必须遵循 SQL Server 的命名规范，并且不能与已有的数据库名重复。系统会自动为该数据库建立数据文件 DXGL.mdf 和日志文件 DXGL_log.ldf 两个数据库文件，默认存储在“安装目录 \Microsoft SQL Server\MSSQL10.SQLEXPRESS\MSSQL\DATA”目录下。

② 在“数据库文件”列表中修改 DXGL 数据文件的逻辑名称为 DXGL（一般情况不必修改），根据需求修改数据文件和日志文件的初始大小、自动增长方式及存储路径等。

③ 如须添加新的数据文件或日志文件，可单击“添加”按钮，在“逻辑名称”栏输

入要添加的新文件名；在“文件类型”栏选择“数据”和“日志”。添加数据文件时，“文件组”栏可选择 PRIMARY 组或新创建一个新文件组，再选择文件增长方式等，单击“确定”按钮完成数据库新文件的添加；也可以从数据库中删除所选文件，但是用户无法删除主数据文件和主日志文件。

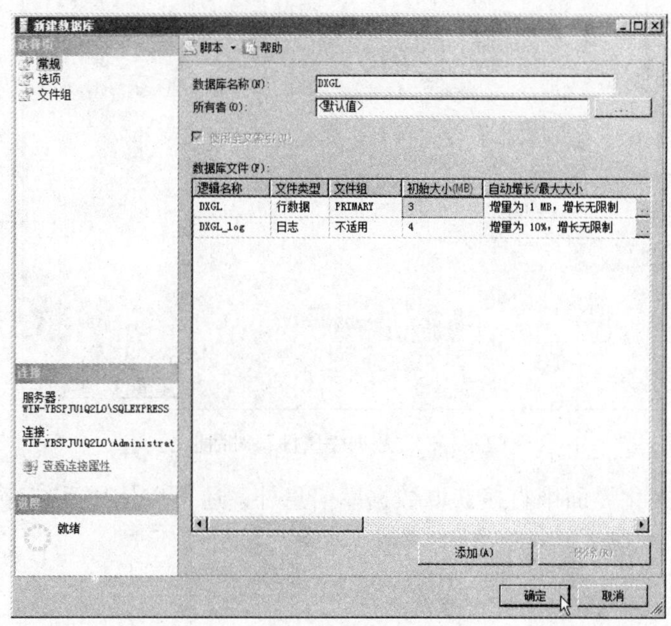

图 3-2 “新建数据库”对话框

（4）单击“确定”按钮，SQL Server 完成数据库的创建。在“对象资源管理器”中双击“数据库”对象，或单击“+”，展开的“数据库”对象，均可以看到新建的 DXGL 数据库。

3.2.3 获取数据库信息

数据库的信息包括数据库的详细信息（所有者、创建日期、大小、可用空间、用户数、文件存放路径、恢复模式、用户和角色、使用权限等）、数据库的基本信息（关系图、表、视图、存储过程、触发器、安全性以及它们的个数、参数等）、数据库表信息、列信息等，这里我们通过“对象资源管理器”查看数据库的详细信息。

在 SQL Server“对象资源管理器”中展开“数据库”，选择已建好的数据库“DXGL”右击，弹出快捷菜单（见图 3-3）。在图 3-3 中，单击“属性”，弹出“数据库属性”对话框（见图 3-4）。在图 3-4 的“选择页”栏目中有：常规、文件、文件组、选项、权限、扩展属性等项目。单击不同的项目，可以查看或修改数据库 DXGL 的不同参数。

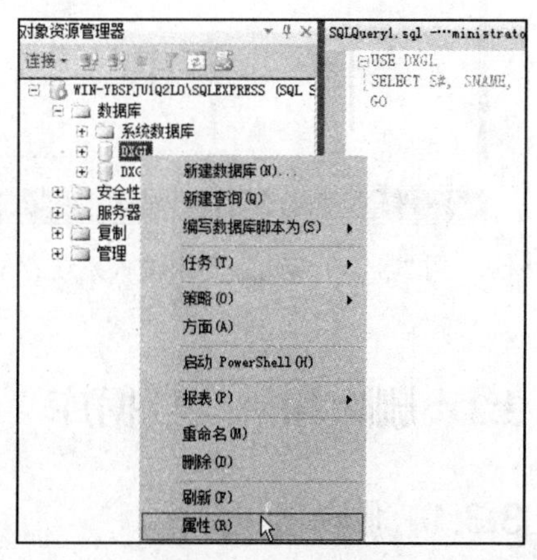

图 3-3 右击“DXGL”后的快捷菜单

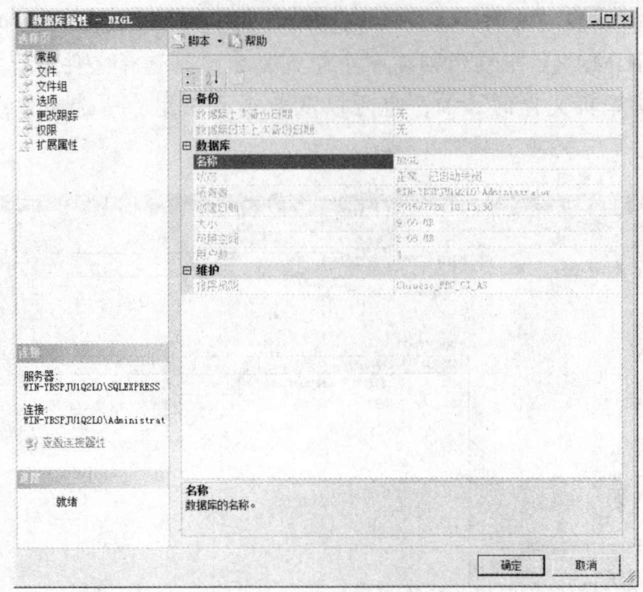

图 3-4 “数据库属性”对话框

除可以在可视化界面中直接获取数据库信息外，还可以使用系统存储过程读取数据库信息。

【例 3-2】 在 SSMS 中，使用系统存储过程读取数据库信息。

（1）启动 SSMS 工具，连接数据库服务器，进入 SSMS 主界面。

（2）打开“新建查询”命令窗口，输入 Transact-SQL 语句：sp_helpdb DXGL；（详情请参阅第 6 章），如图 3-5 所示。

（3）单击工具栏“执行”按钮，出现如图 3-6 所示的查询结果。

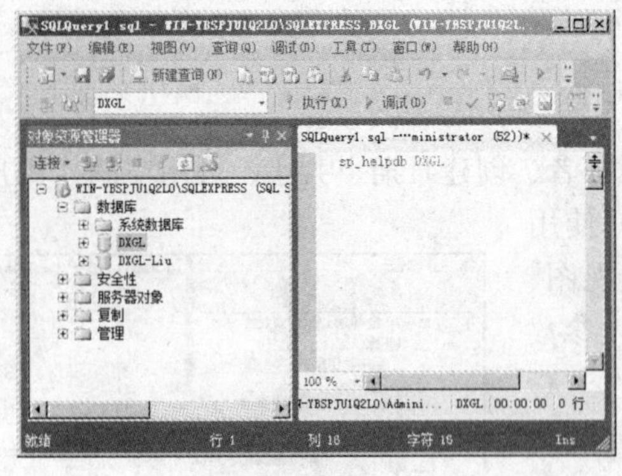

图 3-5 在新建查询中输入系统存储过程

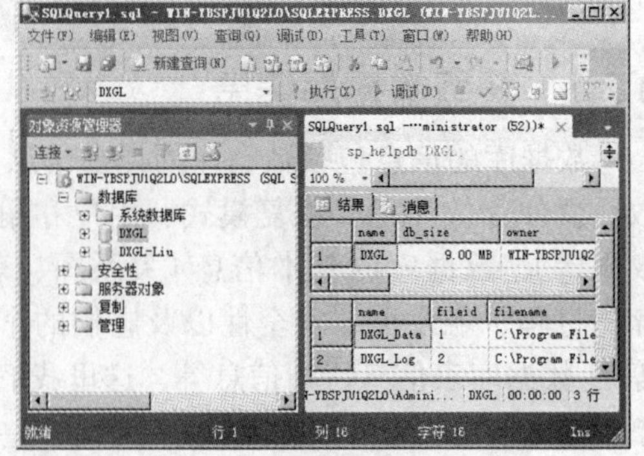

图 3-6 执行后的查询结果

3.3 删除和修改数据库

3.3.1 删除数据库

为了避免残存的数据库占用大量的磁盘空间，可以删除那些已经丧失作用的数据库。

删除数据库一定要谨慎，一定要经多方协商确认以后方可删除，但最好也做一个备份，以防不测。

在可视化界面删除数据库的操作非常简单，选择要删除的数据库右击鼠标（见图 3-3），在弹出的快捷菜单中，单击“删除”，系统弹出“删除对象”对话框（类似图 3-4），单击“确认”按钮，所选择的数据库被删除。当然，我们还可以使用 T-SQL（将在第 6 章介绍）或使用其他方法删除数据库。

3.3.2 修改数据库

数据库初次建立之后，可能会有一些不完善的地方，需要我们做一些更改。这时，可以选择要修改的数据库右击鼠标，在弹出的快捷菜单（见图 3-3）中单击“属性”，系统弹出“数据库属性”对话框（见图 3-4）。用户根据不同需求，修改相应的内容。

在“数据库属性”对话框的“选择页”中，单击不同的选项，可以在显示窗口中查看或修改相关内容。通常窗口中显示为灰色的部分是不可以修改的，而其他部分一般都可以更改，但无特殊情况，一般均使用系统的默认设置，也就是说一般不会修改这些参数。

但当数据库大小增加到最大文件大小还不能满足要求时，则需要进一步扩充数据库。一般采用扩充数据文件、日志文件和添加数据文件、日志文件两种方法。若在数据存储过程中，某些过大的数据库可能造成系统空间的浪费，这时需要对数据库进行空间的收缩，以释放必要的空间。SQL Server 2012 提供了对数据库以及数据库中的每个文件进行收缩的功能，也包括收缩数据文件和日志文件。

【例 3-3】 扩充数据库 DXGL。

（1）如图 3-4 所示，在数据库 DXGL 的属性对话框中，切换至“文件”选项界面。

（2）在“数据库文件”栏下的“初始大小”栏目中，根据需求将数据库文件和日志文件增加至合适值。

（3）若想进一步增加文件的上限，可以对“自动增长”栏目进行设置。这里，只要系统的磁盘空间还有剩余，文件就可以增长。

例 3-3 是通过增加文件的初始大小和最大值来实现对数据库的扩充，此方法比较直观，但缺点是增加的文件在磁盘空间上可能不会连续存放，这将降低对数据库访问的效率。

【例 3-4】 使用添加数据库文件和日志文件的方法扩充数据库 DXGL。

（1）在图 3-7 的“文件”选项界面，单击“添加”按钮。

（2）“数据库文件”栏目将增加一行，

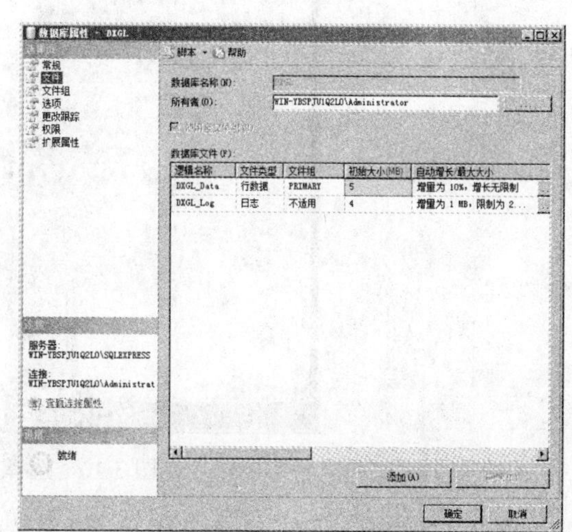

图 3-7 “文件”选项界面

用户在“逻辑名称”下，给定文件名，如：DXGL-1（见图 3-8）；在“文件类型”下拉框中选择“行数据”。

（3）准备添加日志文件。再次单击“添加”按钮，给定文件名，如：dxgl-1-log（见图 3-9）；在“文件类型”下拉框中选择“日志”。

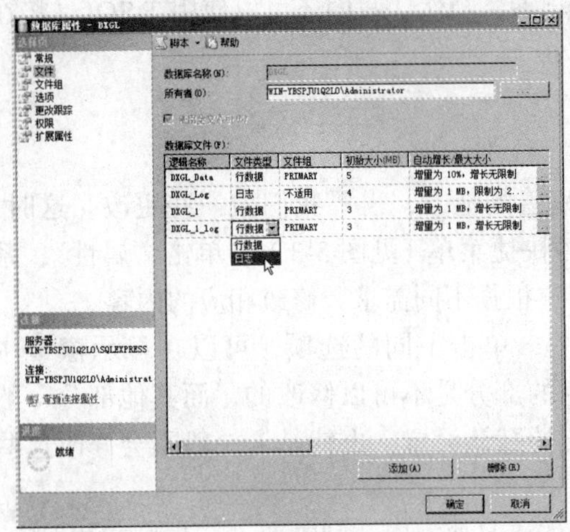

图 3-8　添加数据库文件

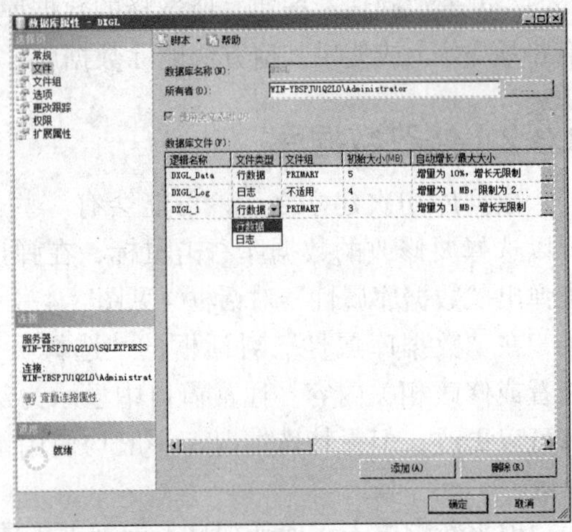

图 3-9　添加日志文件

（4）完成数据库文件和日志文件添加后，单击“确定”按钮，完成操作。

【例 3-5】 收缩数据库 DXGL。

（1）在“对象资源管理器”中右击数据库 DXGL（见图 3-10）。

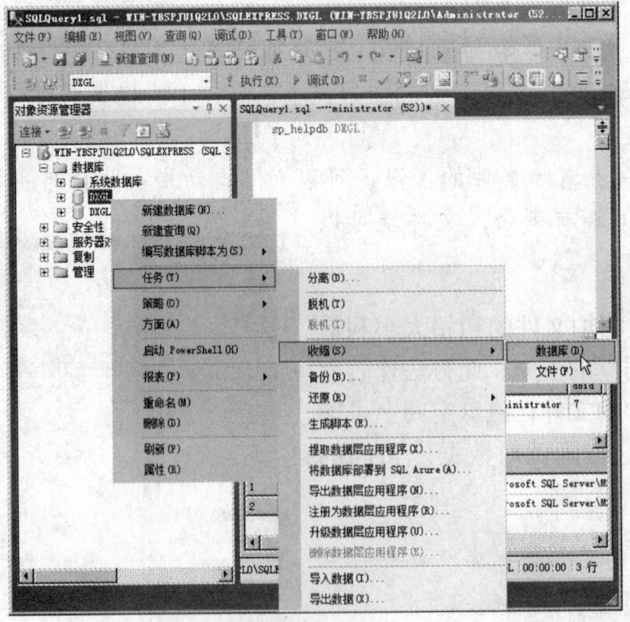

图 3-10　选择“数据库”命令

（2）在弹出的快捷菜单中选择“任务 / 收缩 / 数据库”单击，弹出“收缩数据库”对话框（见图 3-11）。

（3）若需要指定数据库的收缩量，则选择“收缩操作”栏下的相应操作。

（4）若不需要收缩整个数据库，用户可以仅收缩单个数据库文件；在图 3-10 中的最后一步选择“文件”选项，单击即可。

（5）此时，在弹出的“收缩文件”对话框（见图 3-12）中，选择相关操作（如将原有文件大小改为一般最小的 2M），单击“确定”按钮，完成操作。

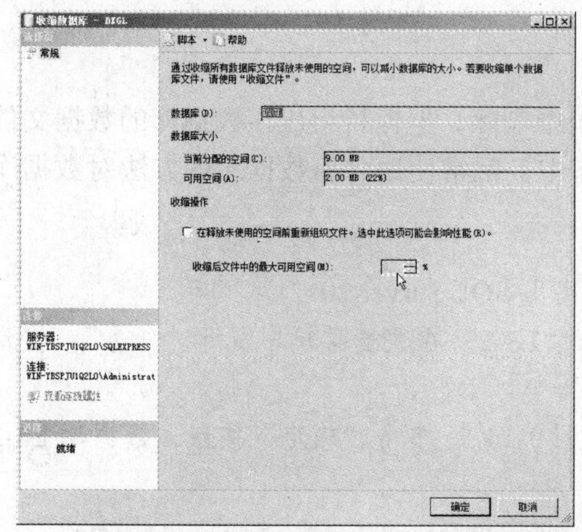

图 3-11 “收缩数据库”对话框

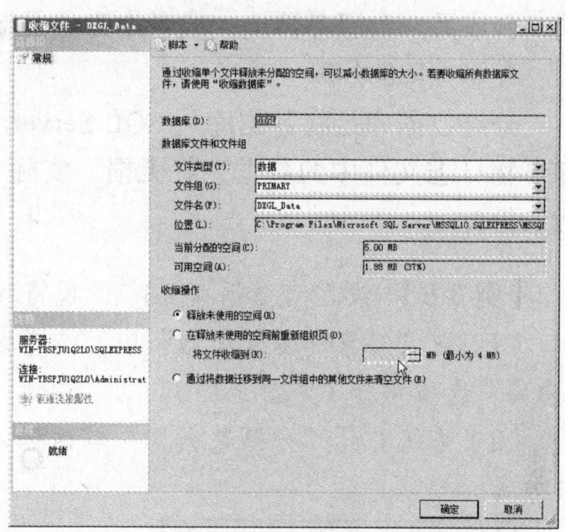

图 3-12 “收缩文件”对话框

3.3.3 SQL Server 2012 的事务日志

事务日志是数据库的重要组件，如果系统出现故障，就可能需要使用事务日志将数据库恢复到一致状态（可参阅第 13 章）。每个 SQL Server 2012 数据库都具有事务日志，用于记录所有事务以及每个事务对数据库所做的修改。删除或移动事务日志以前，必须完全了解此操作带来的后果。必须定期截断事务日志以避免它被填满。但是，一些因素可能延迟日志截断，因此监视日志大小很重要。某些操作可以以最小日志量进行记录以减少其对事务日志大小的影响。SQL Server 2012 事务日志主要支持的操作包括：

（1）恢复个别的事务；

（2）在 SQL Server 启动时恢复所有未完成的事务；

（3）将还原的数据库、文件、文件组或页前滚至故障点；

（4）支持事务复制；

（5）支持备份服务器解决方案。

其特征有以下几项。

（1）事务日志是作为数据库中的单独的文件或一组文件实现的。日志缓存与数据页的缓冲区高速缓存是分开管理的，因此可在数据库引擎中生成简单、快速和功能强大的代码。

（2）日志记录和页的格式不必遵守数据页的格式。

（3）事务日志可以在几个文件上实现。通过设置日志的 FILEGROWTH 值可以将这些文件定义为自动扩展。这样可减小事务日志内空间不足的可能性，同时减少管理开销。相关内容请参阅 ALTER DATABASE（Transact-SQL）。

（4）重用日志文件中空间的机制速度快且对事务吞吐量影响最小。

3.4 数据库的分离与附加

SQL Server 2012 允许分离数据库的数据文件和事物日志文件，然后再将它们附加到同一台或另一台服务器上，或者作为备份保留。

1. 数据库的分离

分离数据库是将数据库从 SQL Server 系统中剔除，但保持组成该数据库的数据文件和事物日志文件中的数据完好无损。实际工作中，常常使用分离数据库的方法对数据库做备份。

【例 3-6】 设已有数据库 L3-2，现将其分离出 SQL Server 2012。

（1）在“对象资源管理器”中，右击数据库 L3-2，在快捷菜单中展开“任务”，找到“分离”选项单击（见图 3-13）。

（2）系统打开“分离数据库”对话框（见图 3-14），单击“确定”按钮，数据库 L3-2 被分离。

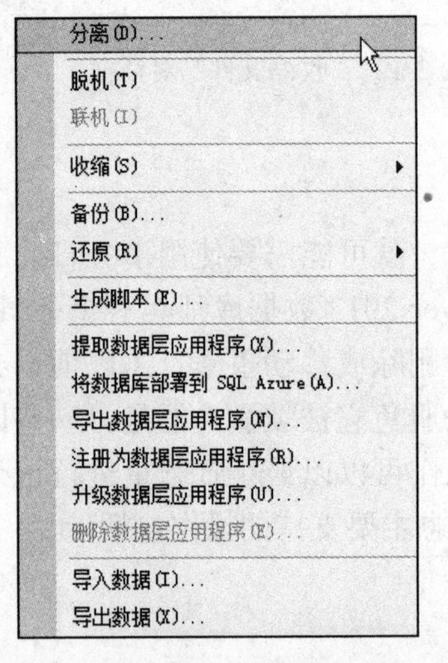

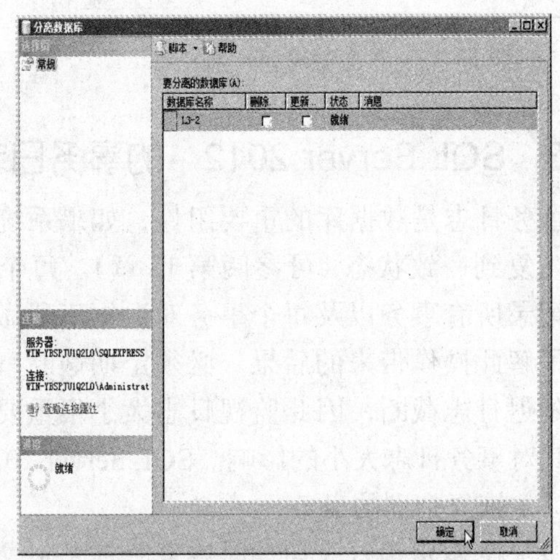

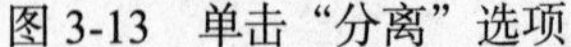

图 3-13 单击“分离”选项　　图 3-14 “分离数据库”对话框

（3）一般可以在目录“C:\Program Files\Microsoft SQL Server\MSSQL10.SQLEXPRESS\MSSQL\DATA”下（其他版本略有不同），看到被分离的数据文件（L3-2.mdf）和事务日志文件（L3-2_log.ldf）。

2. 数据库的附加

附件数据库是分离数据库的逆操作。通过附件数据库，可以将没有加入 SQL Server 服务器的数据库文件添加到服务器之中。

这种操作可以很方便地将分离后的数据库在 SQL Server 服务器之间组成新的数据库。

【例 3-7】 将分离的数据文件（L3-2.mdf）和事务日志文件（L3-2_log.ldf）附加到 SQL Server 2012。

(1) 在“对象资源管理器”中，右击“数据库”，在快捷菜单中单击“附加”选项(见图 3-15)。

(2) 系统打开“附加数据库”对话框(见图 3-16)，单击“添加”按钮，系统弹出“定位数据库文件”对话框(见图 3-17)，找到数据库 L3-2.mdf，单击“确定”按钮。

(3) 系统返回“附加数据库”对话框(见图 3-18，此时已连接附加数据库)，单击“确定”按钮，完成附加数据库。

(4) 此时，在“对象资源管理器”的“数据库”栏目的数据库列表中已出现数据库 L3-2。

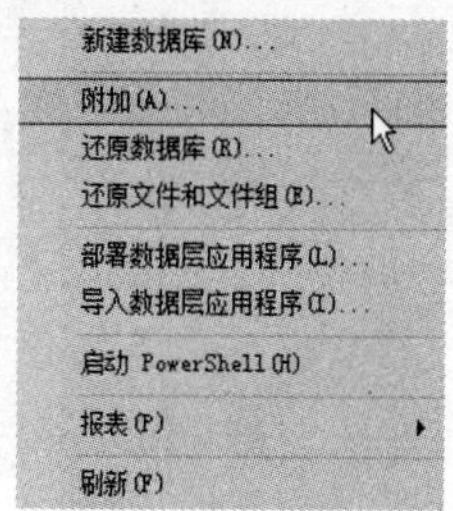

图 3-15 单击“附加”选项

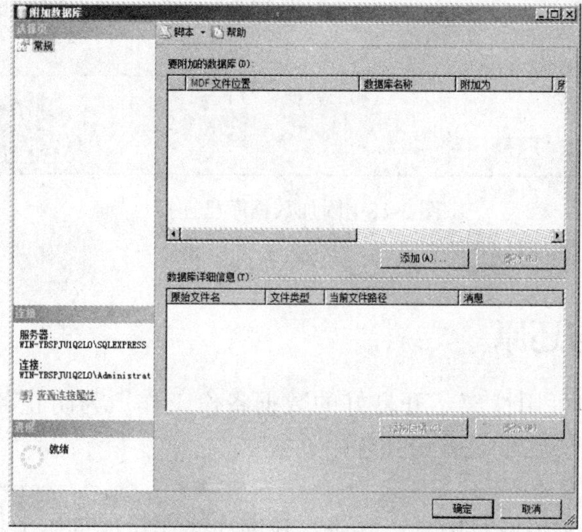

图 3-16 “附加数据库”对话框

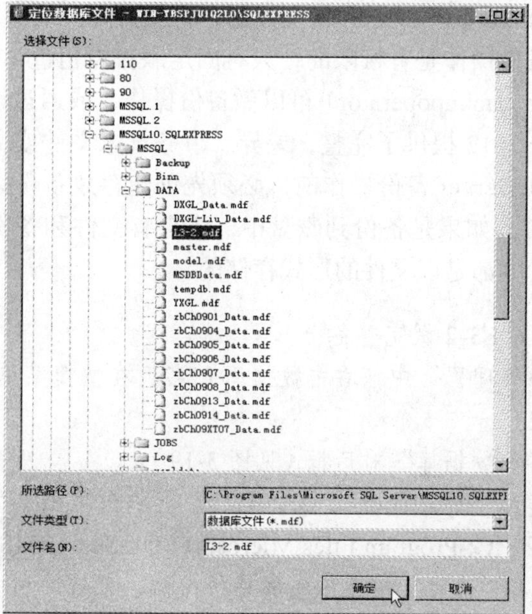

图 3-17 “定位数据库文件”对话框

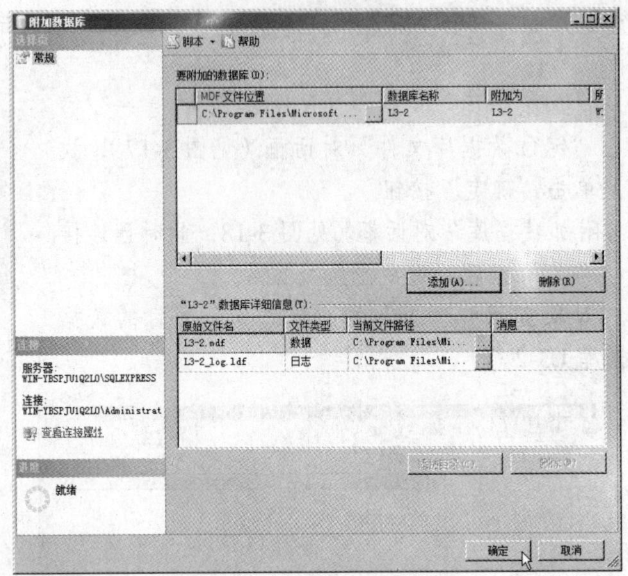

图 3-18　附加数据库已连接

3.5　数据备份与还原

数据的安全性和可用性离不开良好的数据备份工作。为防止各种不测（详见第 13 章），其最有效的一种方法就是备份和还原数据库。

1. 数据库的备份

数据对现代企业来说就是财富，其所有数据均保存在计算机中，一旦丢失轻则影响业务，重则造成企业倒闭的可怕悲剧。所以，作为数据的副本，数据库的备份十分重要，即使系统发生故障或崩溃，仍可还原和恢复数据，将损失降至最低。

SQL Server 进行备份操作是有权限的，只有固定服务器角色（sysadmin）和固定数据库角色（db_owner，db_backupoperator）可以做备份操作，或通过给其他角色授权，允许其做备份。SQL Server 2012 提供了完整、差异、事务日志文件或文件组四种不同类型的备份。其次，在做 SQL Server 备份操作前，必须先创建存放备份数据的备份设备，备份设备可以是磁盘或磁带。如果是备份到磁盘中，将会有文件和备份设备两种形式。但无论是哪种形式，在磁盘中都是以文件的形式存储的。

【例 3-8】 对数据库 L3-2 做完整备份。

（1）在“对象资源管理器”中，右击数据库 L3-2，在快捷菜单中展开“任务”，找到“备份”单击（见图 3-13）。

（2）系统弹出“备份数据库”对话框（见图 3-19）。

（3）选择“备份类型”为“完整”，在“目标”栏内选取默认的“磁盘”项，存放路径不变，保持默认路径“C:\Program Files\Microsoft SQL Server\MSSQL10.SQLEXPRESS\MSSQL\Backup\”，单击“确定”按钮，完成备份操作，系统弹出备份已成功完成对话框（见图 3-20）。此时，在默认的存储目录下，可找到备份的数据库文件：L3-2.bak。

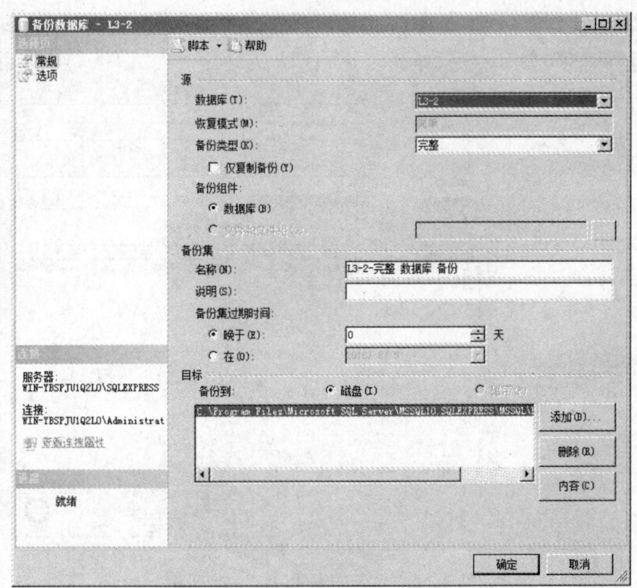

图 3-19 “备份数据库”对话框

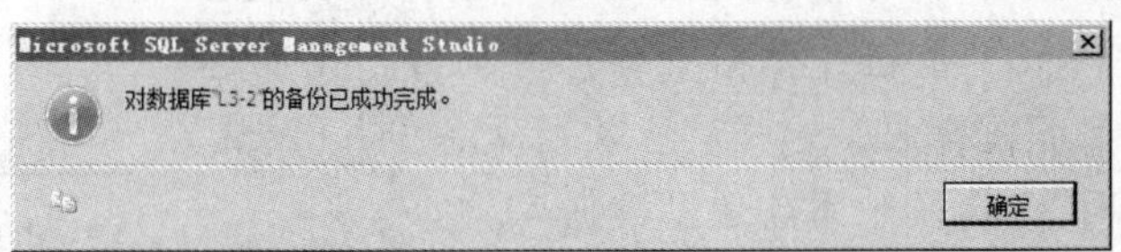

图 3-20 备份已成功

2. 数据库的还原

数据还原是数据备份的逆向操作。当数据库或数据遭受破坏、故障或丢失，或者因维护业务或数据的远程处理从一个服务器向另一个服务器复制数据库时，需要执行还原数据库的操作。执行还原操作，可以重建创建备份数据库完成时数据库中存在的相关文件，但无法还原备份文档之后对数据库做的所有修改（为验证这一点，读者可以在完成数据库 L3-2 的备份之后，对其中的任意一个数据表做一个改动，然后看看还原以后，有何变化）。

【例 3-9】 在更改数据库 L3-2 中的数据之后，还原数据库，查看数据的变化。

（1）完成数据库 L3-2 的备份之后，新建一个数据表 abc，并关闭，退出对数据库 L3-2 的所有操作。

（2）在“对象资源管理器”中，右击“数据库 L3-2”，在快捷菜单中单击“还原 / 数据库”（见图 3-13）。若数据库 L3-2 已被删除，则右击“数据库”，在快捷菜单中单击“还原数据库”（见图 3-15）。

（3）系统打开“还原数据库”对话框（见图 3-21），在“源”栏下的“数据库”文本框内填入“L3-2”，在“目标”栏下的“数据库”文本框内也填入“L3-2”，单击“确定”按钮，完成还原数据库操作，系统弹出图 3-22 对话框。

（4）此时，可打开数据库列出所有的数据库表，新建的数据表 abc 并不在新还原的数据库中。

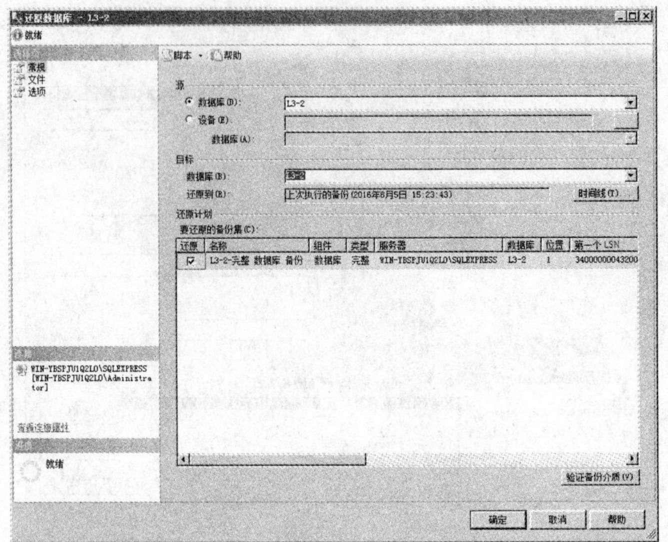

图 3-21 “还原数据库”对话框

（5）SQL Server 2012 也可依据时间点还原数据库，在图 3-21 中，单击“时间线”按钮，弹出“备份时间线”对话框（见图 3-23）。用户可根据需求，选择“上次所做备份”（默认）或“特定日期和时间”，选择时间点还原数据库。

图 3-22 还原已成功

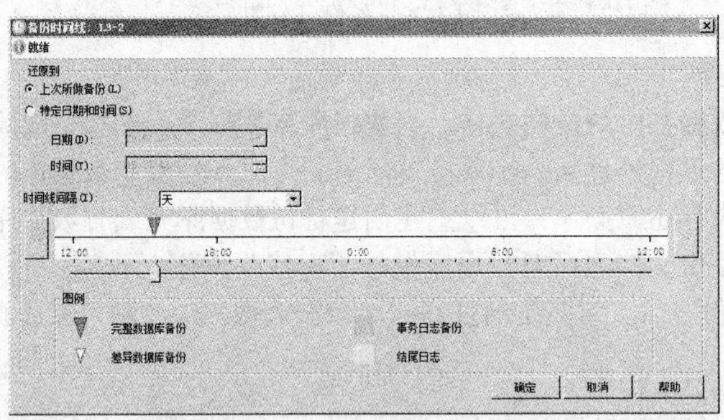

图 3-23 “备份时间线”对话框

SQL Server 2012 还可以选用备份或还原“文件和文件组”的方式备份或还原数据库，读者可参阅其他资料。

3.6 小结

数据库管理是有关建立、存储、修改和存取数据库中信息的技术，是指为保证数据库系统的正常运行和服务质量，有关人员须进行的技术管理工作。

除可在 SSMS 中，以可视化的方法建立或删除数据库以外，还可通过 T-SQL 语句创建或删除数据库（见第 6 章）。

如果将数据库文件和日志文件的初始大小设置得更小，这种操作不被 SQL Server 认可，即此设置无效。

数据文件是数据库中用于存储数据的操作系统文件，它保存了数据库中的全部数据。其中，主数据文件是数据库的起点，指向数据库中的其他文件。每个数据库有且仅有一个主数据文件，而次数据文件可以有多个或没有。

事务日志文件是在创建数据库时被创建的，其推荐的扩展名是 .ldf。事务日志文件包含用于恢复数据库的所有日志信息。若数据库出现故障或出现崩溃，可以把数据库按照事务日志文件恢复到最近的状态，从而最大限度地减少损失。

事务日志文件不属于任何文件组。文件组中的文件不自动增长，除非文件组中的文件全都没有可用空间。

分离数据库实际上是将数据库从 SQL Server 中删除，但可以获得该数据库完好无损的数据文件和事务日志文件。在实际应用中，它是备份数据库的一种手段。

习题 3

1. SQL Server 2012 数据库的存储结构分为________和________。
2. SQL Server 2012 数据库最基本的对象是________和________。
3. 一个数据库至少应包含一个________文件和一个________文件。
4. 请问 SQL Server 2012 提供了哪些服务？
5. 请问 SQL Server 中数据库引擎实例是什么？
6. 请问 SQL Server 2012 包括哪两类数据库？其作用是什么？
7. 数据库逻辑结构主要应用于什么方面？请举例。
8. 数据库物理结构主要应用于什么方面？请举例。
9. 请问 SQL Server 2012 数据库的主数据文件有何特征？其扩展名是什么？
10. 请问 SQL Server 2012 数据库的次数据文件有何特征？其扩展名是什么？
11. 请问 SQL Server 2012 数据库除最基本的表和视图对象以外，还有包括哪些对象？
12. 请问 SQL Server 2012 数据库文件包含哪三种类型的文件？
13. 请问数据库的存储结构是怎样区分的？
14. 请问 SQL Server 2012 事务日志文件的主要作用是什么？
15. 请问 SQL Server 2012 事务日志文件主要操作有哪些？其特征是什么？
16. 上机练习作业。

（1）创建一个名为 DXJX 的大学教学管理数据库，并查看与之相关的事务日志文件。

（2）对数据库 DXJX 做修改，改变数据库文件的存放路径。

（3）对数据库 DXJX 数据库做分离与附加。

（4）对数据库 DXJX 数据库做完全备份。

（5）先删除数据库文件 DXJX，然后再还原。

（6）为什么要使用文件组？它的优缺点分别有哪些？(上网查询)

第 4 章

SQL Server 2012 的数据表

4.1 数据表的创建与删除

建立数据库最重要的一步是创建其中的数据表，即决定数据库包含哪些表，每个表包含哪些字段，每个字段的数据类型等。在 SQL Server 中，创建数据表和创建数据库一样，既可以使用 SQL Server Management Studio，又可以使用 Transact-SQL 语言（请参阅第 6 章）。在 SQL Server 2012 中，使用 SQL Server Management Studio 工具可以完成数据表的建立、修改、维护和数据操作等绝大多数工作，这是数据库管理员经常使用的操作。

4.1.1 数据表的创建

通过 SQL Server Management Studio 工具，用户可以方便地创建数据表，使用表设计器建立数据表结构。

【例 4-1】 根据图 1-5，在已创建的大学管理数据库 DXGL 内，创建学生关系表 ST。

（1）启动 SSMS 工具，在“对象资源管理器”中，选择“数据库”对象中的 DXGL 数据库。

（2）在展开的 DXGL 数据库下右击“表”对象，在弹出的快捷菜单上单击“新建表”，系统将弹出“表设计器”（见图 4-1），依据学生关系表 ST 构建表结构。

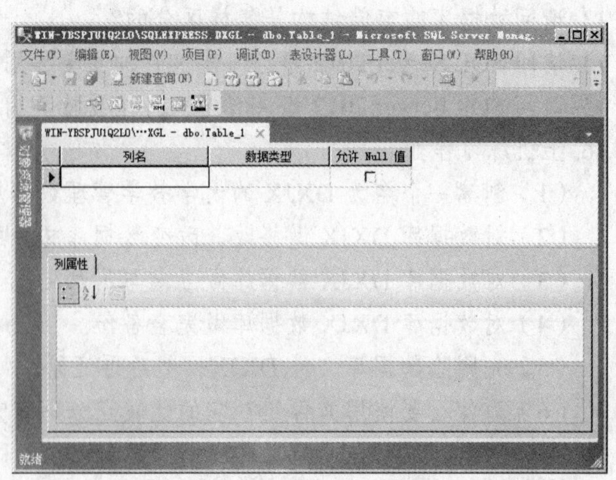

图 4-1 “新建数据库”对话框

（3）按 F4 键（或在菜单栏单击

“视图/属性窗口”)，在 SSMS 工具中弹出“属性”窗口，该窗口显示创建的数据表的一些属性信息，用户可以通过该窗口设置表的架构等信息(见图 4-2)。

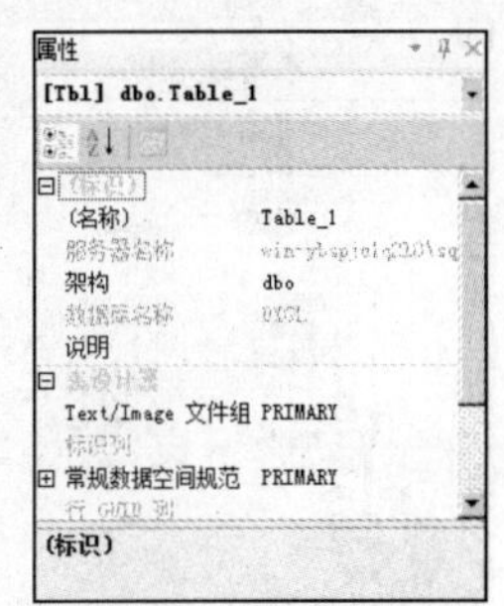

图 4-2 “属性”窗口

(4) 在“表设计器”中依次输入学生关系表 ST 的各个属性，包括列名、数据类型、是否允许为空值等。

(5) 在菜单栏单击“文件/保存”，弹出“选择名称”对话框(见图 4-3)，输入名称 ST(用户为数据表命名)，单击“确定”按钮，完成数据表的创建。

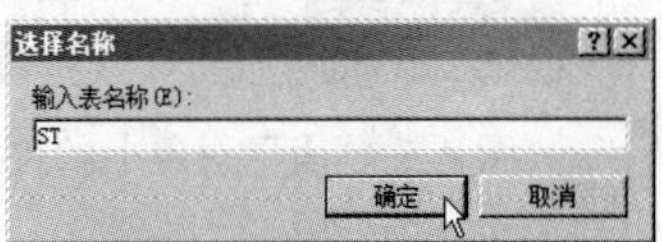

图 4-3 “选择名称”对话框

(6) 在“对象资源管理器”的 DXGL 数据库下的“表”对象中，用户可以查看到刚创建的数据表 ST，此时数据表 ST 仅仅是一个表结构；若须修改表结构，可以右击数据表 ST，选择“设计”，在打开的表结构中按需更改或添加。

(7) 在“对象资源管理器”的 DXGL 数据库下的“表”对象中，右击数据表 ST，选择“编辑前 200 行”(见图 4-4)，依据表 1-3，填入数据并保存，完成数据库表的创建。

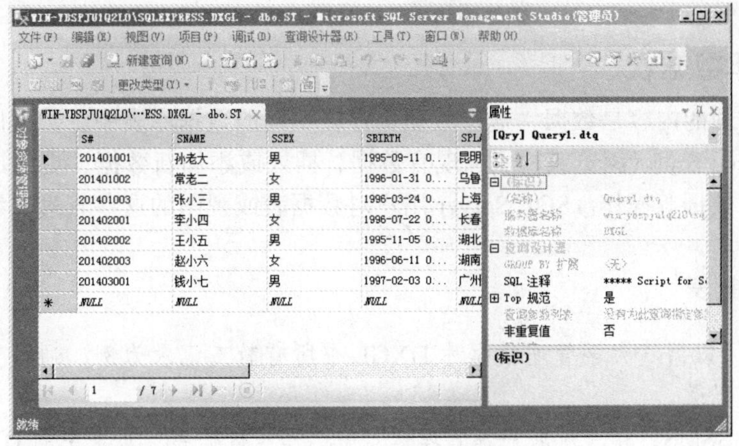

图 4-4 在 ST 表中填入数据

4.1.2 数据表的删除

数据库的表被删除后，该表的结构定义，表中的所有数据以及表的索引、触发器、约束等都将从数据库中永久删除，因此，在实际工作中，对表的删除一定要格外小心。

【例 4-2】 删除大学管理数据库 DXGL 中的教工副表 TF(预先做的一个教工复制表 TF)。

(1) 启动 SSMS，在“对象资源管理器”中选择“数据库”对象中的 DXGL 数据库，并展开。

(2) 在 DXGL 数据库展开的“表”对象中，找到表 TF，并右击，在弹出的快捷菜单上选择“删除”命令(见图 4-5)，弹出“删除对象”对话框(见图 4-6)，单击“确定”按钮，完成数据库表的删除操作。

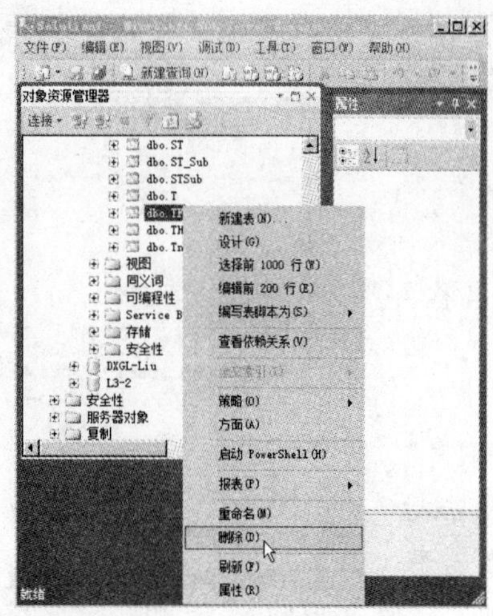

图 4-5 “表”对象上的快捷菜单

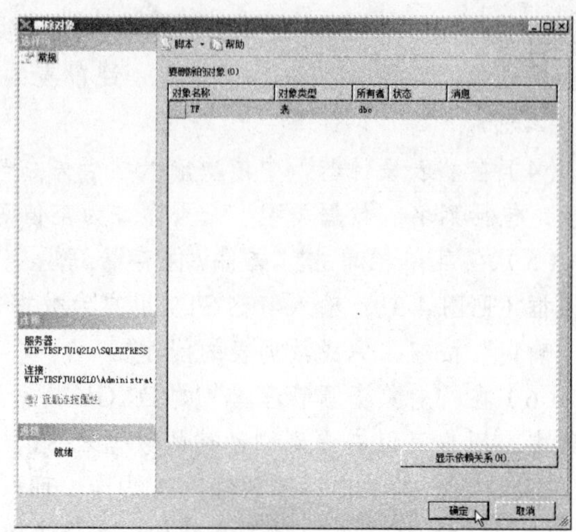

图 4-6 “删除对象”对话框

4.2 数据表的管理与维护

4.2.1 操作数据表

数据库管理的内容是数据，这些数据保存在不同的数据库表中。数据库表的管理主要是指对表进行查询（浏览或检索）现有数据、插入或添加新数据、更改或更新现有数据、删除现有数据等操作。SQL Server 用户对数据表或视图的这些管理、维护，是最基本的操作。

1. 浏览数据表

【例 4-3】 以浏览大学管理数据库 DXGL 中所有教工记录为例，通过 SSMS 浏览数据表 T 的所有记录。

（1）启动 SSMS，在“对象资源管理器”中选择“数据库”对象中的 DXGL 数据库。

（2）在 DXGL 数据库下的“表”对象中右击表 T，在弹出的快捷菜单上选择“编辑前 200 行”命令（见图 4-5）。

（3）在“文档窗口”中将显示教工关系表 T 的前 200 行记录（见图 4-7）。

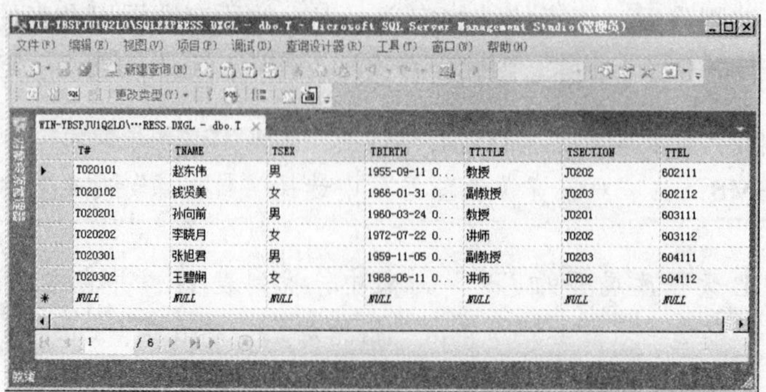

T#	TNAME	TSEX	TBIRTH	TTITLE	TSECTION	TTEL
T020101	赵东伟	男	1955-09-11 0...	教授	J0202	602111
T020102	钱灵美	女	1966-01-31 0...	副教授	J0203	602112
T020201	孙向前	男	1960-03-24 0...	教授	J0201	603111
T020202	李晓月	女	1972-07-22 0...	讲师	J0202	603112
T020301	张旭君	男	1959-11-05 0...	副教授	J0203	604111
T020302	王慧娴	女	1968-06-11 0...	讲师	J0202	604112
NULL	NULL	NULL	NULL	NULL	NULL	NULL

图 4-7 教工关系表 T 的所有记录

2. 插入数据

【例 4-4】 在教工关系表 T 中插入新进教师陈伟豪，教工号、性别、出生日期、职称、教研室和电话，分别为 T030401、男、1984-03-24、助教、D0301 和 606333。

（1）接例 4-3，在数据表 T 的最后一行将光标定位到标有“*”的数据行（见图 4-7），然后逐列输入对应的数据。由于本表中有不允许为空的列，输入行记录时，请完整地一次输入（输入“出生日期”时，必须按所给格式输入，若输入值为：19840324，则系统提示出错）。

（2）输入完毕后，即可完成添加新记录的操作。

3. 修改数据

使用 SSMS 工具修改数据时，在打开的数据表中，先定位要修改的数据记录项，然后对其相关列的值进行修改；当然也可以直接选中需要修改的相关值做修改。

4. 删除数据（记录）

使用 SSMS 工具删除数据记录时，首先定位要删除的数据记录项，然后右击，在弹出的快捷菜单中，单击“删除”命令；此时，在弹出的删除记录提示对话框中（见图 4-8），单击“确定”按钮，删除记录项；也可以定位要删除的数据记录项后，直接按“ Delete 键”，删除记录项。

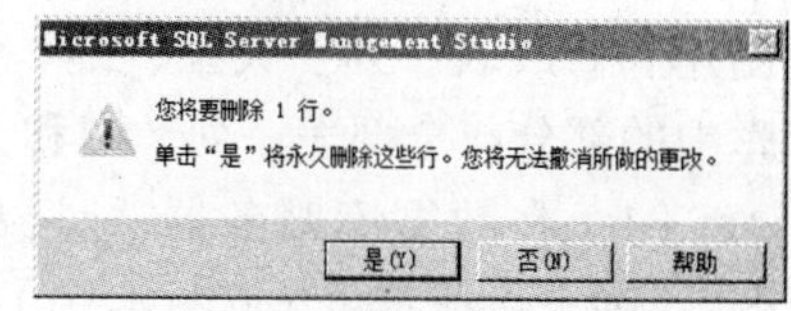

图 4-8 删除记录提示对话框

日常数据管理最基本的一项工作就是维护数据表。SQL Server Management Studio 工具提供的图形界面非常方便地帮助用户完成这些工作。

5. 修改数据表

在创建了一个表之后，随着应用环境和应用需求的变化，有时需要对表结构、约束或其他列的属性进行修改。如果数据库表已经存在，可以进行的修改操作包括，更改表名、添加新的列、删除已有的列和修改已有列的属性（包括列名、数据类型、长度、默认值以及约束等）。更改表名的操作在 SSMS 工具的“对象资源管理器”中实施，只须右击要修改的表，在弹出的快捷菜单上选择“重命名”命令（见图 4-5），即可修改表名。重命名一个表将导致引用该表的存储过程、视图、触发器无效，必须慎重。

其余几项修改操作均在“表设计器”中进行。右击要修改的表，在弹出的快捷菜单上选择“设计”命令（见图 4-5），即可弹出“表设计器”，用户在表设计器中可以对数据表的各列及其属性进行添加、删除和修改。

【例 4-5】 为教工关系表 T 增加一个新属性 GZ(工资)，设其数据类型为 numeric（8，1），允许为空值。

（1）启动 SSMS，在“对象资源管理器”中选择“数据库”对象中的 DXGL 数据库。

（2）在 DXGL 数据库下的“表”对象中展开表 T，右击“列”对象，在弹出的快捷菜单上选择“新建列”命令（见图 4-9），弹出“表设计器”窗口。

图 4-9 增加新属性（列）

（3）在“表设计器”的空白行中，输入列名为 GZ，数据类型为 numeric（8,1），允许为空值。

（4）修改完成后，单击“保存”按钮即可。

【例 4-6】 删除教工关系表 T 中增加的属性 GZ。

（1）启动 SSMS，在“对象资源管理器”中选择“数据库”对象中的 DXGL 数据库。

（2）在 DXGL 数据库下的“表”对象中展开表 T 的“列”对象，右击要删除的 GZ 列，在弹出的快捷菜单上选择“删除”命令，弹出“删除对象”对话框，单击“确定”按钮，GZ 列被删除。

（3）或者在“表设计器”内直接选择 GZ 所在行右击，在弹出的快捷菜单上选择“删除列”命令，完成删除操作。

4.2.2 使用数据库关系图创建关系

数据库关系图是以图形的方式显示部分或全部数据库结构的关系图。关系图可用来创建和修改表、列、关系、键、索引和约束。可创建一个或更多的关系图，以显示数据库中的部分或全部表、列、键和关系。

（1）在数据库服务器“对象资源管理器”中选择 DXGL 展开，右击“数据库关系图”，弹出快捷菜单（见图 4-10）。

（2）在快捷菜单上单击“新建数据库关系图”，系统弹出“添加表”对话框（见图 4-11）。

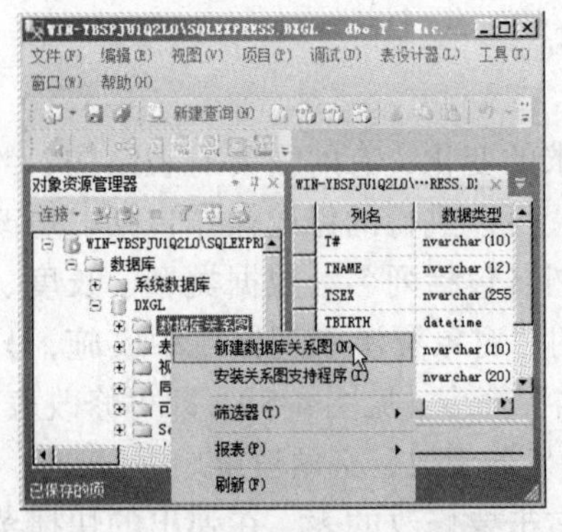

图 4-10 新建关系图快捷菜单

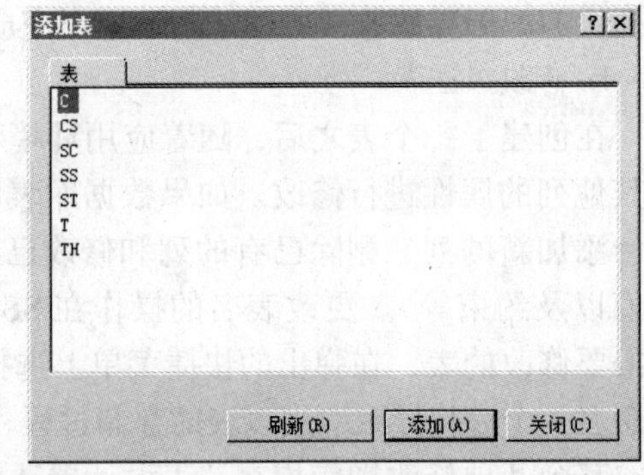

图 4-11 “添加表”对话框

（3）在“表”列表栏中选择需要添加的表（如 ST 表），再单击“添加”按钮或直接双击表 ST，再添加 SS 表（这里应将需要建立关系的所有表添加进来）。添加的表以图形方式显示在新建的数据库关系图中，图 4-12 是两个表的示例。

（4）建立两个表的关系。点击 ST 表的“SCODE#”拖住不放，移动鼠标至 SS 表的“SCODE#”处，释放鼠标（见图 4-13）。需要注意的是，“SCODE#”必须在 SS 表中设置为主键。

（5）系统弹出“表和列”对话框（见图 4-14），关系名不更改的话，可取默认名，单击“确认”按钮即可。

（6）系统弹出“外键关系”对话框，一般可单击“确定”按钮完成（见图 4-15）。此时，系统已建立两个表的联系，并用一条连接线将两张表连接起来（若将鼠标指针移至连接线上，系统将显示两张表的连接关系，如图 4-16 所示）。

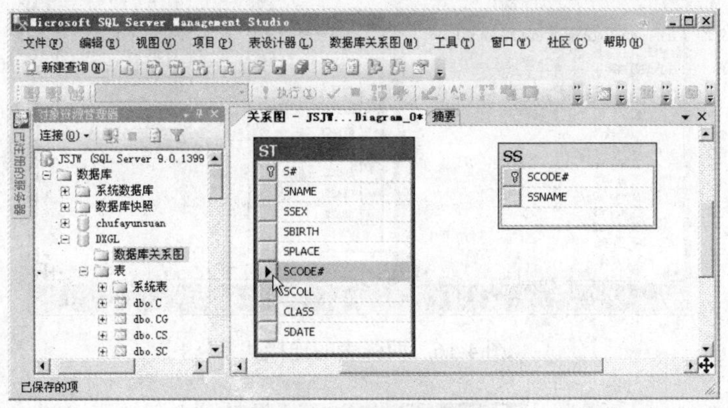

图 4-12　添加了两张表

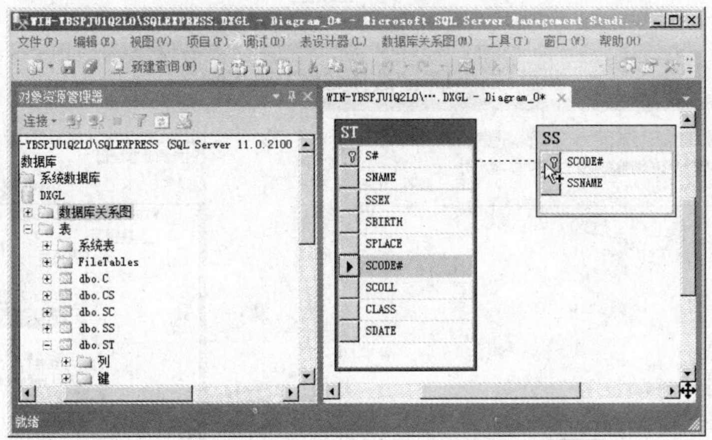

图 4-13　鼠标在 SS 表的"SCODE#"上释放

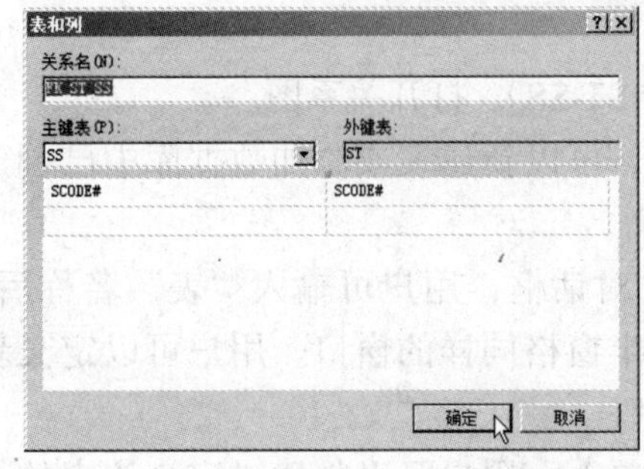

图 4-14　"表和列"对话框

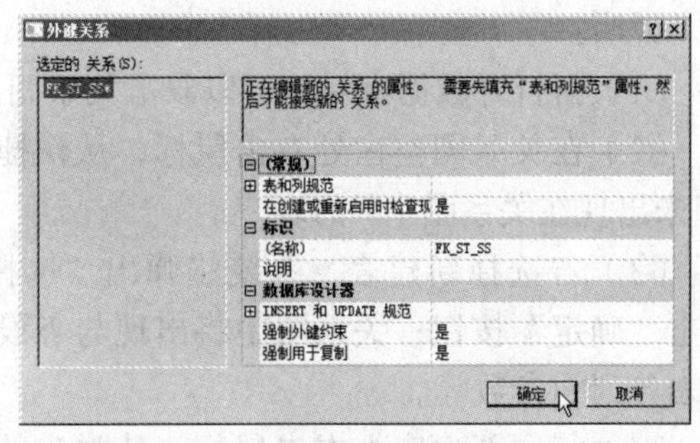

图 4-15　"外键关系"对话框

（7）完成之后，单击"保存"按钮，系统弹出"选择名称"对话框（见图 4-17），用户将填入关系图名称。

（8）这里填入"ST-SS"单击"确定"按钮，系统接着弹出"保存"对话框（见图 4-18），一般单击"是"按钮即可。到此，系统将完成数据库关系图的创建（见图 4-19）。

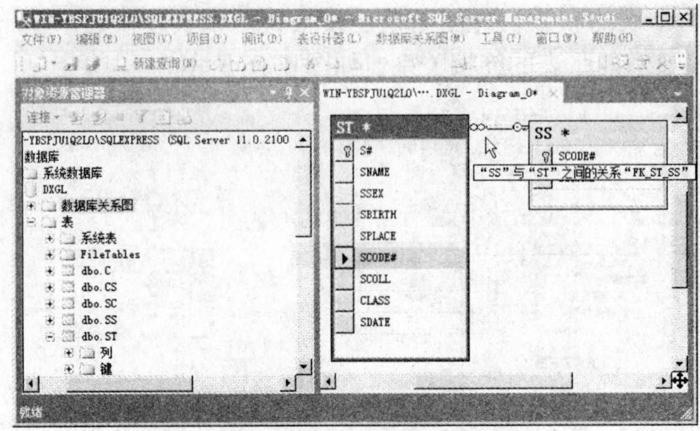

图 4-16　两张表的连接关系

图 4-17　“选择名称”对话框

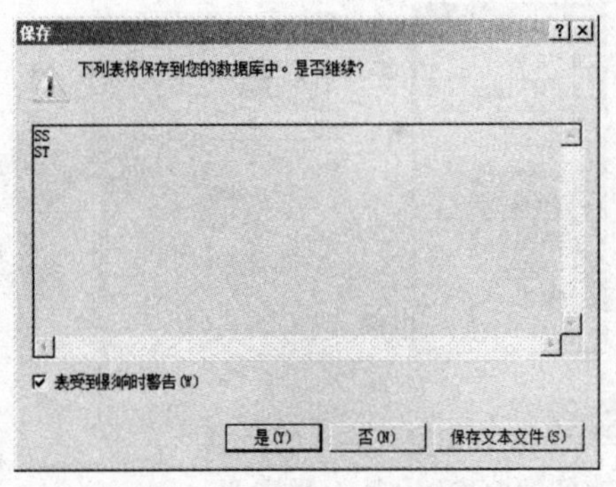

图 4-18　“保存”对话框

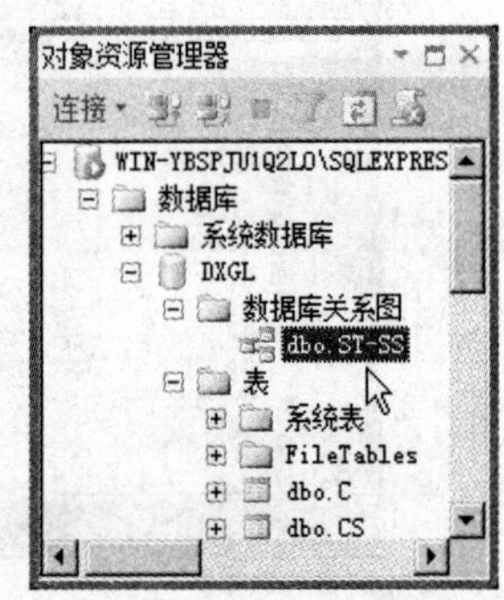

图 4-19　新添加的关系图

说明：

（1）新打开数据库时，可以双击关系图名（如：ST-SS），打开关系图。

（2）在关系图空白处右击鼠标，从快捷菜单中，可以新建表或添加数据库中已创建(但未出现在关系图中）的表。

（3）若选择新建表，系统将弹出“选择名称”对话框，用户可输入“表”名称后，单击“确定”按钮；关系图中将出现与表设计器上半窗格同样的窗口。用户可以定义新建表各列的参数等。

（4）若在新建表上右击鼠标，从弹出的快捷菜单上，用户可以创建或定义该表的关系、键、索引和约束等。

（5）从弹出的快捷菜单上，用户还可以直接选择“从数据库中删除表”或“从关系图中删除”两种方式删除该表。前者提示数据库将永久删除数据表，确认后将永久删除该数据表；后者，仅仅是从当前关系图中移除该表。当然，也可以选中关系图中的任意表，单击“Delete”键，删除关系图中的表。

（6）首次运行数据库创建数据库关系图时，系统可能会弹出图 4-20 所示提示对话框，用户只须单击“是”按钮即可。

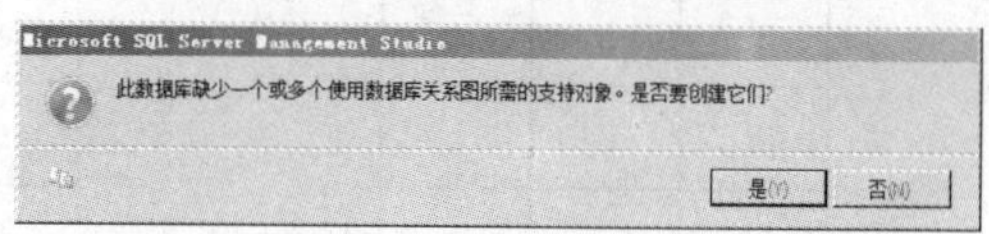

图 4-20　初次建立关系图时弹出的提示信息

4.2.3　数据完整性管理

数据的完整性是指数据库中数据的正确性、有效性和一致性。

（1）正确性：数据的合法性，如数值型数据只能包含数字不能含有字母等。

（2）有效性：数据是否处在定义域的有效范围之内，如整数就不可能包括小数。

（3）一致性：当事务完成时，必须使所有数据都具有一致的状态。如某人对一个表中的某些数据进行了更新操作，但还未提交，这时另一用户读取该表的数据，此时就出现了读取一致性的问题。

通俗地讲，数据的完整性就是限制数据库中的数据表可输入的数据，防止数据库中存在不符合语义规定的数据和防止因错误信息的输入、输出造成无效操作或错误信息。

数据库作为一种共享资源，在使用过程中保证数据的安全、可靠、正确、可用，的确是一个非常重要的问题。数据库的完整性保护可以保证数据的正确性、有效性和一致性（详细内容请参阅第 13.3 节）。

【例 4-7】 数据的完整性管理。

（1）若在学生关系表 ST 中，设定了学号 S# 为主关键字，且 ST 表中已有学生的学号 S# 为 201401003，则该数据库中就不允许其他学生再使用该学号。

（2）假如，ST 表中的学号范围取值为 201401001 ～ 201401100，则 201401000 属于不合法数据。

（3）假如，用户甲对某表进行了更新操作，用户乙在甲还没有提交前读取表中数据，而且是大批量的读取（若耗时 2 分钟），但在这 2 分钟内用户甲却做了提交操作，这样就有可能产生数据不一致。DBMS 必须保证数据的一致性，以使得用户乙读取的数据是修改前的一致数据，然后下次再读取时就是更新后的数据。

4.3　数据的导入与导出

SQL Server 2012 可以非常方便地与各种数据库或数据文件交换数据，也就是可以从 SQL Server 2012 将数据库数据导出为其他数据库数据或数据文件。反之，可以从其他数据库数据或数据文件向 SQL Server 2012 导入数据。这就是 SQL Server 2012 的导入和导出。要查看能与 SQL Server 2012 相互导入导出的数据库或数据文件，可以在“SQL Server 导入和导出向导”对话框中点开“数据源”查阅（见图 4-24）。

【例 4-8】 将 Excel 表 L4-8（内有三个表，即关系 R_1，R_2，R_3，见图 4-21）导入 SQL Server 2012。

（1）在“对象资源管理器”中，先创建一个同名的数据库 L4-8。

（2）右击该数据库，在快捷菜单中展开“任务”，找到“导入数据”单击（见图 4-22）。

A	B	C
a	b	c
a	d	e
f	d	c

a）关系 R_1

A	B	C
a	d	c
f	d	c
f	d	e

b）关系 R_2

D	E
g	h
i	j

c）关系 R_3

图 4-21 三个关系 R_1，R_2 和 R_3

（3）系统打开“SQL Server 导入和导出向导”欢迎页（见图 4-23），可以勾选复选框，以便下次进入向导时，不再显示欢迎页；单击“下一步”，进入“选择数据源”对话框（见图 4-24）。

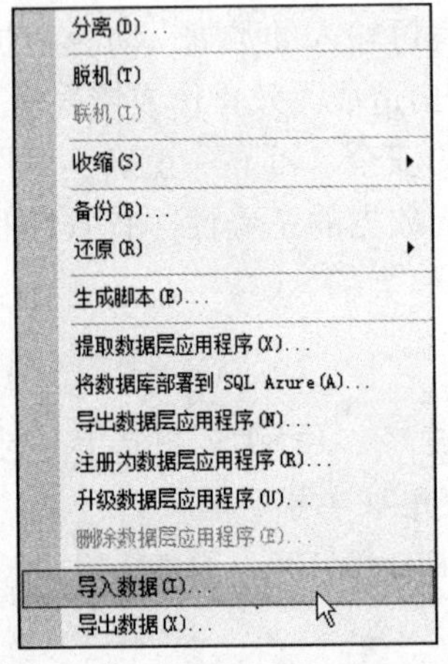

图 4-22 单击“导入数据”

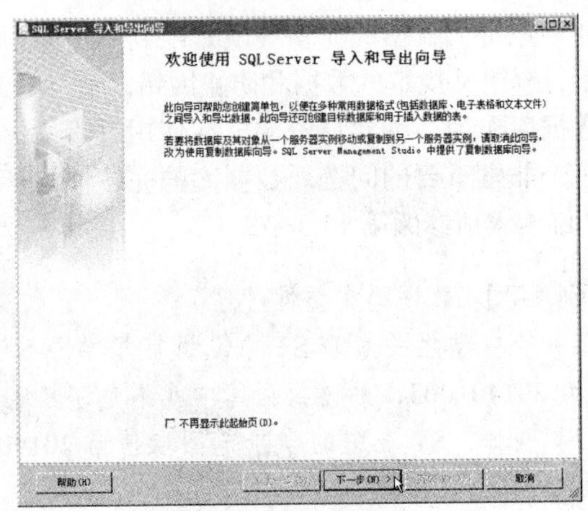

图 4-23 欢迎页面

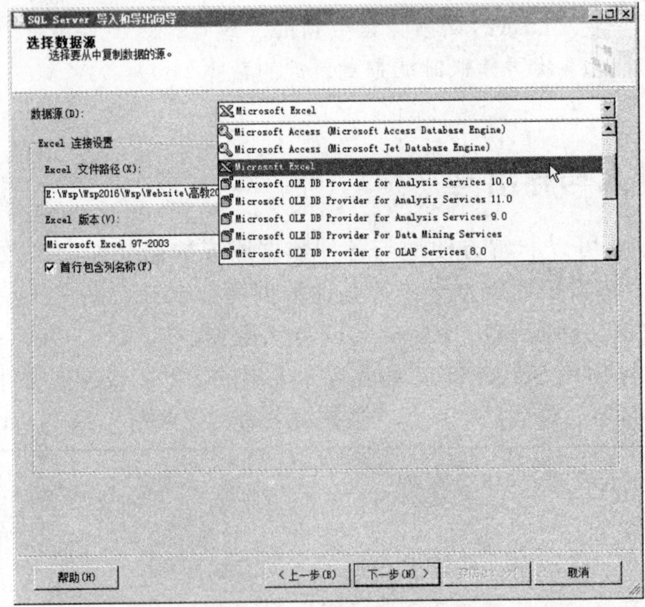

图 4-24 “选择数据源”对话框

（4）在“数据源”下拉框中选择“Microsoft Excel”（不同的数据源可取不同的选项）；在“Excel 连接设置”框内，给定 Excel 文件所在的路径、Excel 版本，一般情况勾选“首行包含列名称”。单击“下一步”，进入“选择目标”对话框（见图 4-25）。

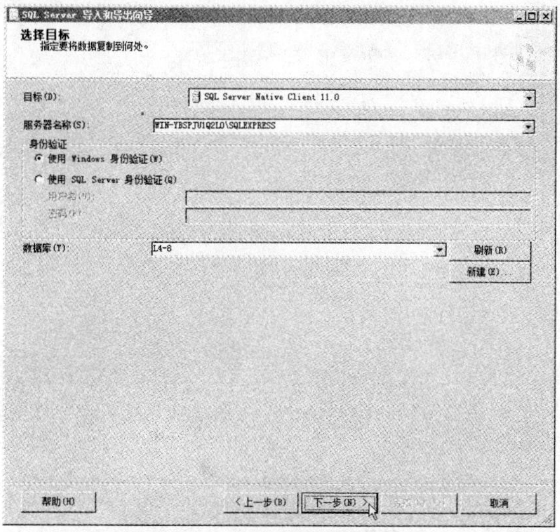

图 4-25 “选择目标”对话框

（5）由于首选的是“导入数据”，所以本页各个选项一般就取默认值（见图 4-25），单击“下一步”，进入“指定表复制或查询”对话框（见图 4-26），一般取默认的“复制一个或多个表或视图的数据”。

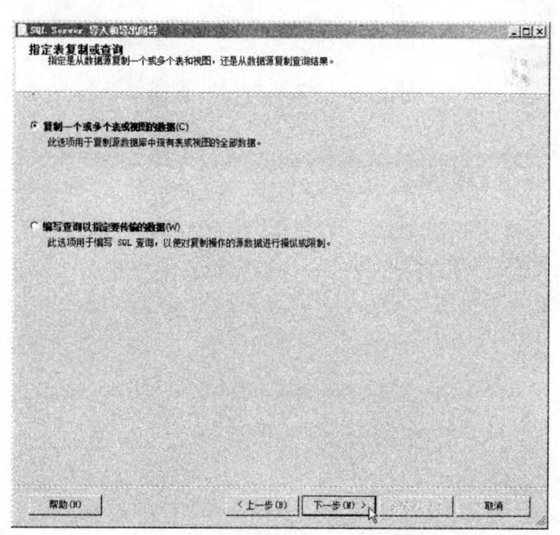

图 4-26 “指定表复制或查询”对话框

（6）单击“下一步”，进入“选择源表和源视图”对话框（见图 4-27），一般情况勾选不带“$”的源表名。若须更改表名，可以单击“目标”栏下的指定表名，直接修改即可（此处更改表名为 R1，R2 和 R3）。可以单击“预览”按钮，查看数据表（见图 4-28）。单击“下一步”，进入“运行包”对话框（见图 4-29，SQL Server 2012 版本不同，对话框略有不同）。

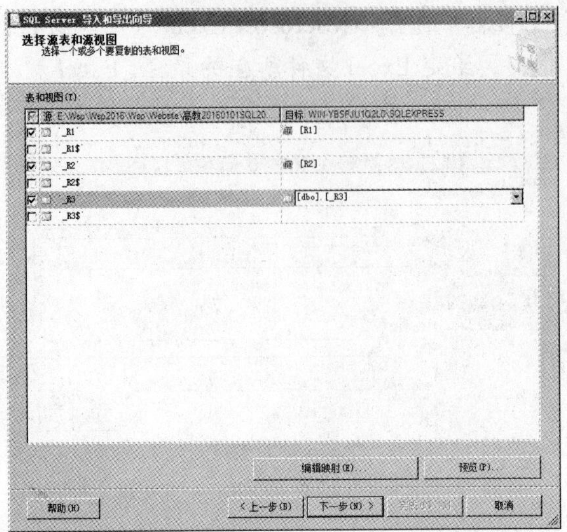

图 4-27 “选择源表和源视图”对话框

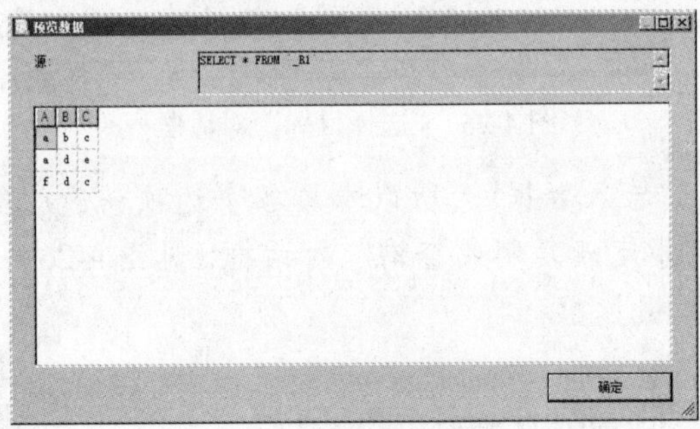

图 4-28 “预览数据”页面

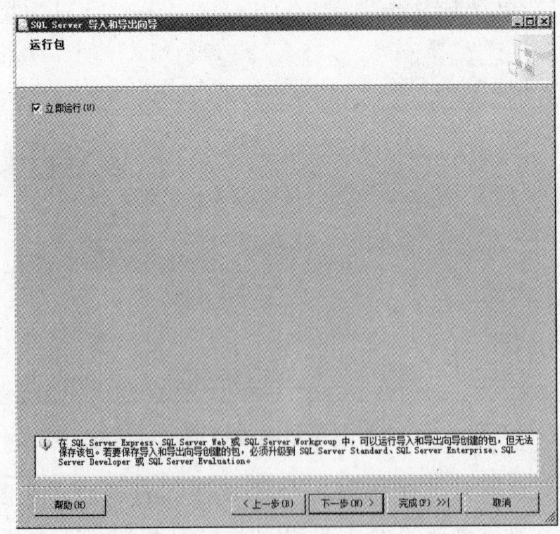

图 4-29 “运行包”对话框

（7）在“运行包”对话框中，单击“下一步”按钮，进入“完成该向导”页面（见图 4-30），单击“完成”按钮。

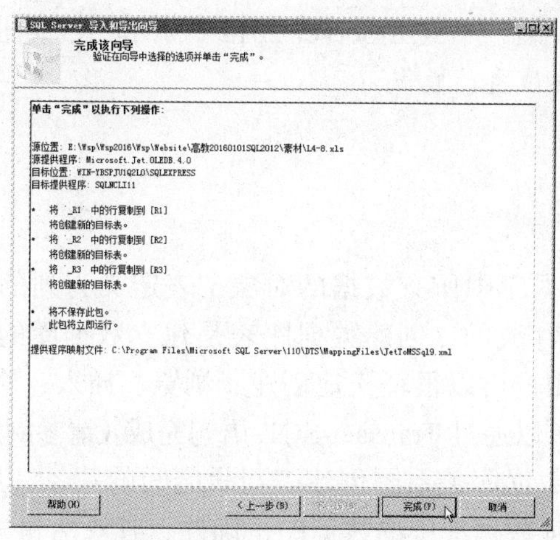

图 4-30 “完成该向导”页面

（8）系统显示“正在执行操作”（见图 4-31），如果一切正确，则显示“执行成功”页面（见图 4-32），单击“关闭”按钮，完成从 Excel 到 SQL Server 2012 的数据导入。

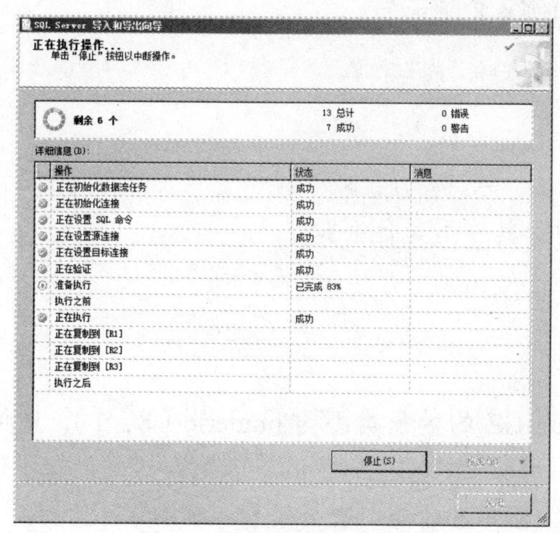

图 4-31 “正在执行操作”页面

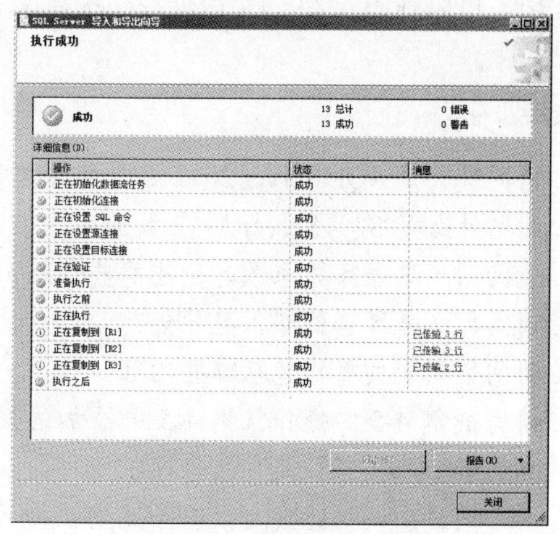

图 4-32 “执行成功”页面

（9）在“对象资源管理器”中，展开数据库 L4-8，展开表，打开表 R1，检查导入后的数据是否正确（见图 4-33）。

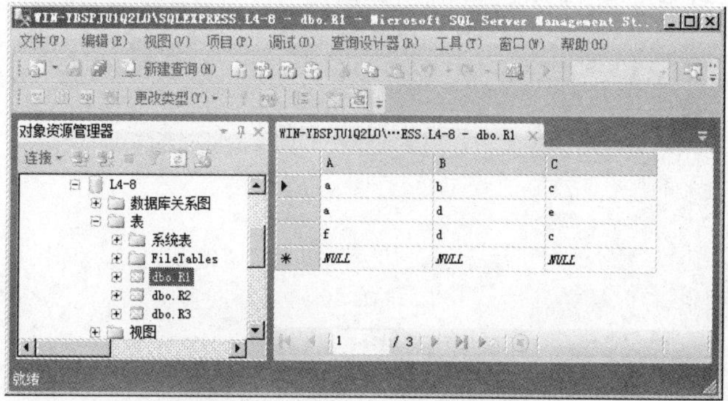

图 4-33 展开 SQL Server 数据库表

（10）可以用类似的操作将 SQL Server 2012 的数据表，导出到 Excel 等其他数据库或数据文件，读者可以尝试自己操作。

4.4 小结

数据库表是包含数据库中所有数据的对象，表定义为列的集合。数据在表中是按行和列的组织排列形式存放的。创建数据库表是建立数据库的最重要环节之一。通过 SSMS 的可视化界面，用户可以很轻松地创建、浏览、插入、修改、删除数据表或数据表的数据。当然这些也可以通过 Transact-SQL 语句完成（请参阅第 6 章）。

可以通过 SSMS 的数据库关系图创建表与表之间的关系，用以保证数据的完整性。数据的完整性就是要保证数据库中的数据的正确性、有效性和一致性，防止错误信息的发生。

SQL Server 2012 与其他数据库有着很强的“亲和”能力，可以将其他数据库的数据转为已用（导入），也可以将自身的数据转换出去（导出）。具体与哪种数据库的数据导入导出，可以在图 4-24 的“数据源”中查阅，如例 4-8 所示。

习题 4

1. 请问什么是 SQL Server 2012 数据库的数据表？
2. 请问什么是 SQL Server 2012 数据库的关系图？其作用是什么？
3. 请问创建数据库关系图时应注意些什么？
4. 请问什么是数据的导入与导出？
5. 请问数据表的操作包括哪些内容？
6. 请完成例 4-5 的操作，例 4-5 中添加的属性列 GZ 的数据类型为 numeric（8，1），请问 numeric 中的“8”是什么含义？
7. 请举例说明，可能发生数据不完整性的三个方面（正确性、有效性和一致性）。
8. 上机练习作业。

（1）使用 SSMS 工具创建大学教学管理数据库中的所有基本表（参考表 1-3 ～表 1-9）。

（2）使用 SSMS 工具创建两个表的关系图，如：表 T 与表 TH。

（3）请将表 T 的数据导出到 Access 数据库。

第 5 章
SQL Server 2012 的查询、索引和视图

5.1 概述

查询是数据库应用最擅长、最常用、使用最多的功能，而索引是数据表中数据和相应的存储位置的列表，是基本表的“目录”。索引依表而存在，主要目的是提高在表或视图中查找数据的速度和完整性检查。视图是原始数据库数据（基本表或其他视图）的一种变换，是查看表中数据的另外一种呈现形式。它就是一个虚拟的数据表，该数据表中的数据记录是由查询语句的查询结果而得出的，所以视图可以理解为保存后的查询。

5.2 使用“查询设计器”的查询

我们在第 2.2.4 节中已经了解了“查询编辑器”，在“查询编辑器”的窗口中输入 T-SQL，便可以得到查询结果。这里的“查询”主要是指使用“查询设计器”的查询，而“查询设计器”与“查询编辑器”略有不同，它通过图形化界面给出输入信息，获得输出结果，非常方便用户查看指定条件的数据记录等。我们看到，“查询编辑器”类似于“查询设计器”的一个窗口，即在“查询设计器”窗口右击鼠标，选择“窗格”，会看到“SQL”命令选项，若打开此窗口，便可以写 T-SQL 语句（相关操作见例 5-1）。

“查询设计器”从上到下分成“关系图”窗格、“条件”窗格、“SQL”窗格和“结果”窗格四个窗格（见图 5-1）。

（1）“关系图”窗格：以可视化图形的方式显示数据表、视图以及表间关系等数据对象。

（2）“条件”窗格：对可用的数据表、列、视图以及别名等信息进行设置的操作界面。

（3）“ SQL”窗格：展示了通过操作页面处理而自动生成的 T-SQL 语句，该部分的 T-SQL 语句也可以直接通过手工编制来实现。

（4）“结果”窗格：用于以表格的形式显示视图或查询的执行结果。

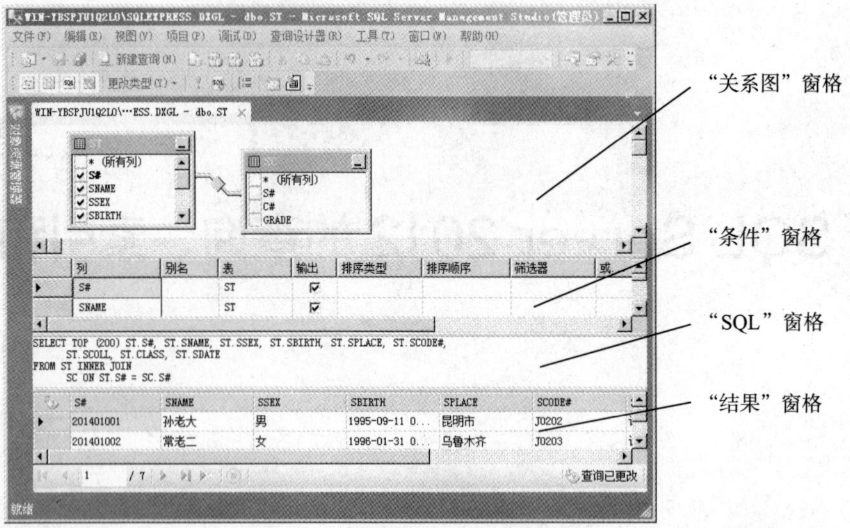

图 5-1 “查询设计器”的四个窗格

5.2.1 查询的创建及使用

使用“查询设计器”可以非常方便地以表格化的形式生成查询和查询的结果。

【例 5-1】 查询所有选修离散数学课（课程号为 C020102）的学生的学号、姓名和课程号。

（1）启动 SSMS，在“对象资源管理器”中选择“数据库”对象中的 DXGL。

（2）展开数据库 DXGL，展开“表”对象，右击“表”对象中的 ST 表，在弹出的快捷菜单上选择“编辑前 200 行”命令，SSMS 将在“结果”窗格中显示 ST 表的查询结果，同时，菜单栏会增加一栏“查询设计器”。

（3）单击菜单栏的“查询设计器”，或在“查询设计器”窗口中右击鼠标，弹出快捷菜单，选择“窗格”，单击“关系图”命令，打开“关系图”窗格，ST 表将显示其中；此时，窗口中共有“关系图”和“结果”两个窗格。

（4）在“关系图”窗格空白处右击鼠标，单击“添加表”命令，弹出“添加表”对话框（见图 5-2），选择 SC 表，单击“添加”按钮，“关系图”窗格中将显示 ST 表和 SC 表以及它们之间的关联关系。

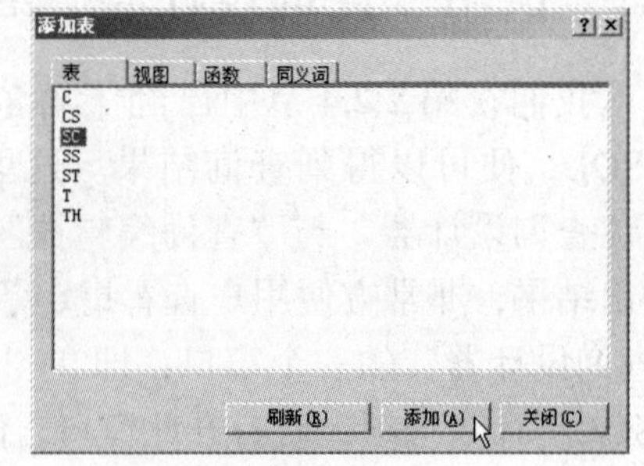

图 5-2 “添加表”对话框

（5）继续在窗口中右击鼠标，选中“窗格”菜单命令（见图 5-3），依次选择“条件”窗格和“SQL”窗格，这样，我们一共打开了“关系图”

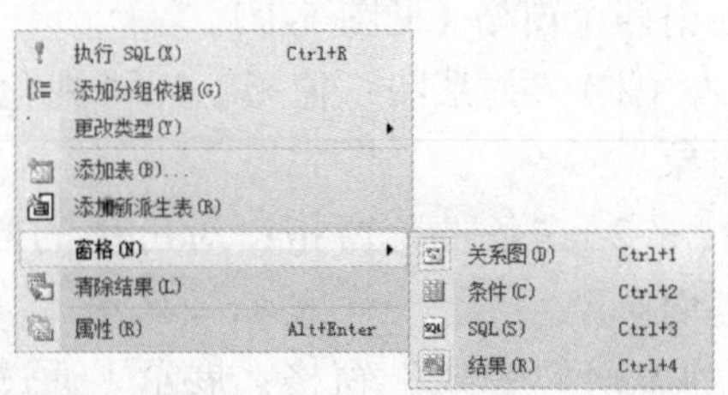

图 5-3 快捷菜单

“条件”“SQL”和“结果”四个窗格（若在“窗格”菜单中再次单击某个窗格选项，则将其关闭）；接下来我们进行查询设置。

1）依题意，由于查询结果是学生的学号和姓名，在“关系图”窗格中，应勾选 ST 表中的 S#，SNAME 两复选框和 SC 表中的 C# 复选框。“条件”窗格和“SQL”窗格自动反映出同样的操作结果。

2）依题意，在“条件”窗格对 SC 表设置条件（设置查询条件“选修了离散数学课，课程号为 C020102”），在“列”项选择表 SC 的列 C#，在“筛选器”项输入条件“=‘C020102’”。

3）在“条件”窗格的“输出”项设置输出结果，勾选 S#，SNAME 和 C# 的复选框。

4）点击 ST 表的属性 S#，并拖动鼠标至 SC 表的属性 S# 处松开，建立 ST 表和 SC 表的关联（这一步是在没有设置主键的情况下的操作，若已设置主键这个关联早已由系统自动执行了）。

（6）在 SSMS 工具的菜单栏中选择“查询设计器 / 执行 SQL”命令，运行查询（也可以在任意一个窗格中右击鼠标，在弹出的快捷菜单中选择“执行 SQL”）；查询结果会在“结果”窗格中，以指定条件的数据记录形式显示。

（7）还可以在打开“查询设计器”后，打开“查询设计器”的四个窗格，在“SQL”窗格内直接输入 T-SQL 语句：

```
SELECT ST.S#,ST.SNAME,SC.C# FROM ST
   INNER JOIN SC ON ST.S# = SC.S#
   WHERE SC.C#='C020102';
```

在按钮栏单击“执行”按钮后，在其他窗格内会有相应的输出结果（见图 5-4）。

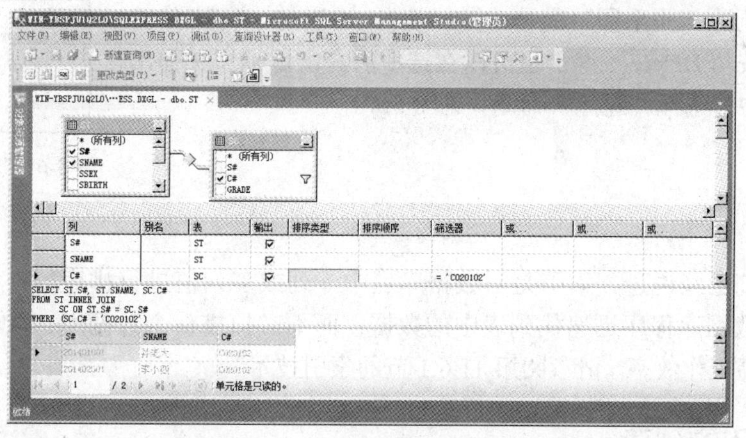

图 5-4 例 5-1 的查询设置和查询结果

说明：“INNER JOIN”等值连接，返回两个表中连接字段相等的行，详见第 9 章。

5.2.2 使用语句的查询

第 5.2.1 节中的查询是建立在数据表环境下的查询，我们还可以在“SQL”窗格中直接使用 T-SQL 语句完成查询操作。图 5-5 给出了一条查询 ST 表中所有男生的语句，其查询结果显示在“结果”窗格。但由于“查询设计器”是在进入数据表以后出现的，所以，这里输入的查询语句不能被保存成查询文件，如果要建立可保存的查询文件可参阅第 2.2.4 节（也就是从“查询编辑器”进入），这样，所写的查询代码就可以作为一个文件得以保存。

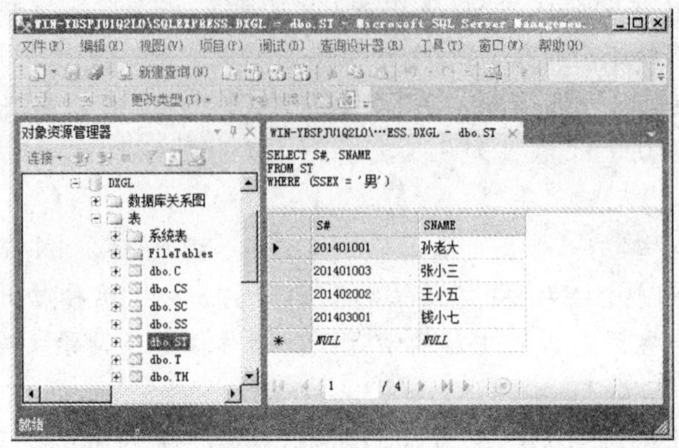

图 5-5 在“SQL”窗格中输入查询语句

5.2.3 删除查询

从上面的章节中我们知道，“查询设计器”是在进入数据表以后才出现的，可视化界面的四个窗格也是“依附”所调用的数据表而打开的。在这种环境下，我们建立了查询。这种查询如果需要删除，其实也是非常简单的，只须在任意窗格中右击鼠标，在弹出的快捷菜单（见图 5-3）中，逐一选择“关系图”“条件”“SQL”或“结果”窗格，系统将依次关闭它们，不过只能关闭其中的三个。

如果要删除“关系图”窗格中的“表”，可以选中待删除的“表”，直接按“Delete”键，也可以在选中后右击鼠标，在弹出的快捷菜单中，选择“删除”命令（见图 5-6）。

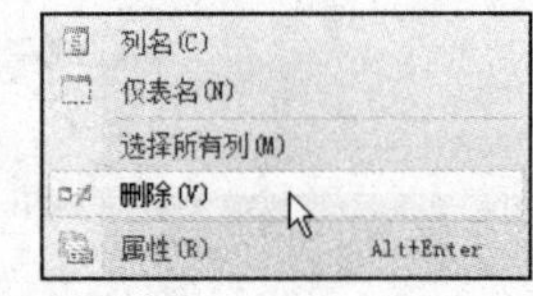

图 5-6 “删除”快捷菜单

5.3 索引

前面我们已经说过，索引是对数据库表中一列或多列值进行排序的一种结构。运用索引可以使数据库程序迅速找到表中的数据，而不必扫描整个数据库，从而大大节省查找时间，提高工作效率（请参阅第 11.6.1 节的索引技术）。

5.3.1 索引的创建

建立索引的主要目的就是，加速数据检索，加速连接、排序和分组等操作，决定查询优化器的选择，使查询更快捷，强制实行唯一性，保证表中的数据不重复。SSMS 为方便操作索引，提供了简单的图形化界面。

【例 5-2】 在大学管理数据库中，为学生关系 ST 在学号 S# 列上建立唯一聚簇索引，要求学号按升序排列。

（1）启动 SSMS，打开大学管理数据库 DXGL。

（2）在“表”对象中选择学生关系表 ST，单击“设计”菜单命令，打开表结构；在菜单栏中单击“表设计器”。

（3）在“表设计器”弹出的快捷菜单中，选择“索引 / 键”菜单项，系统显示“索引 / 键”对话框（见图 5-7）。

（4）单击“添加”按钮。“选定的主 / 唯一键或索引”列表将显示新索引的系统分配名称“IX_ST*”，如图 5-8 所示，然后依次设置索引的相关属性。

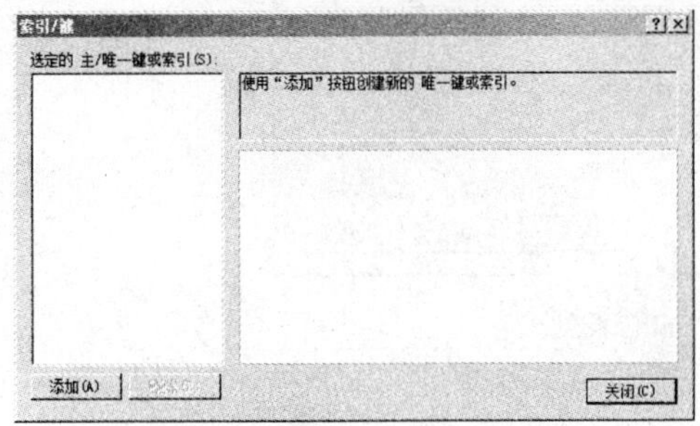

图 5-7 “索引 / 键”对话框

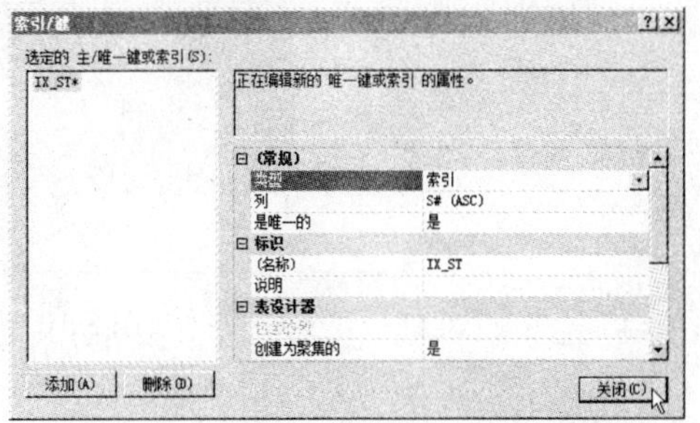

图 5-8 在“索引 / 键”对话框中设置

1）在对话框“常规”栏，选择“类型”，从右侧属性下拉列表中选择“索引”项。

2）在“列”选项下，选择要进行索引的列“S#”学号，指定索引是以升序（ASC）排列此列的值。最多可选择 16 列，为获得最佳性能，一般为每个索引选择一列或两列。

3）继续，单击“是唯一的”选项，从右侧属性下拉列表中选择“是”项。

4）在下面的“表设计器”栏，单击“创建为聚集的”选项，从右侧属性下拉列表中选择“是”。

（5）在设置完成后，单击“关闭”按钮，关闭“索引 / 键”对话框。

（6）单击按钮栏的“全部保存”按钮，完成索引设置。

（7）右击“索引”项，单击“刷新”，可见“IX_ST（聚集）”已在索引列表中。

（8）第二种建立索引的方法是，在展开的 ST 表下，右击“索引”项，选择“新建索引”项，单击“聚集索引”，在弹出的“新建索引”对话框（见图 5-9）中，给出“索引名称”（如：ST-SY），勾选“唯一”，单击“添加”按钮，在弹出的“选择要添加到索引中的表列”中勾选“S#”，单击“确定”按钮（见图 5-10），返回“新建索引”对话框，在此对话框中，单击“确定”按钮，完成新索引的创建。

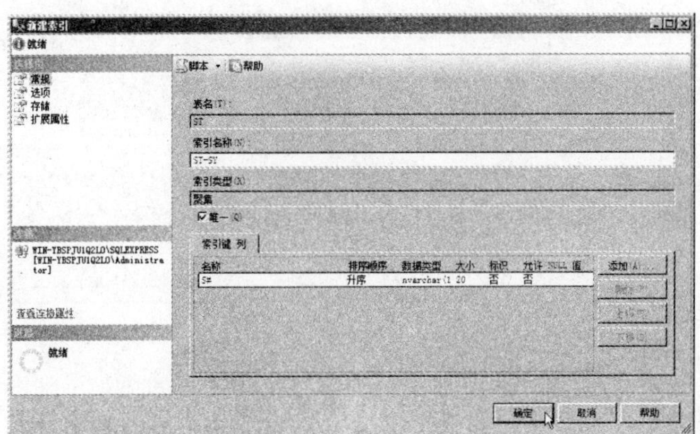

图 5-9 “新建索引”对话框

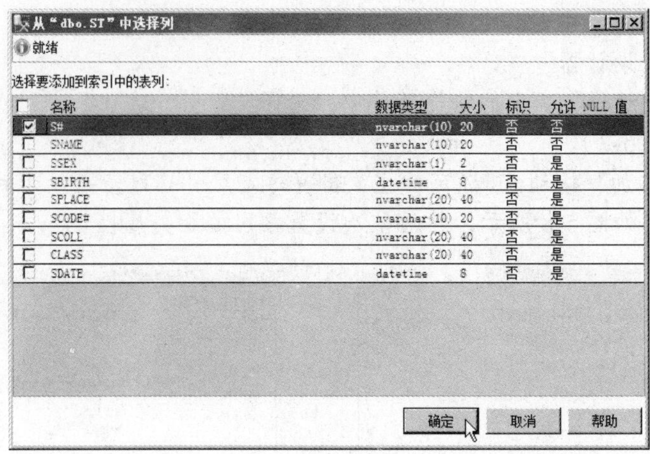

图 5-10 勾选添加的表列

5.3.2 索引应用

索引分布在数据库的表中，用户可以通过 SSMS，或者系统的目录视图等工具，查看数据库中的所有索引（请参阅第 6.2.4 节）。

【例 5-3】 在大学管理数据库中，查看学生关系 ST 中的索引。

（1）启动 SSMS，打开大学管理数据库 DXGL。

（2）在“表”对象中，展开学生关系 ST 表的“+”号，展开“索引”目录，右击须查看的“索引”项，单击快捷菜单中的“属性”命令。（**若 ST 表处于打开状态，快捷菜单中的“属性”将呈现灰色，即不可用状态。**）所以，操作之前应关闭 ST 表。

（3）系统弹出“索引属性”对话框（见图 5-11），用户可以在该对话框中查看索引的各种属性，并可对其做一定的修改。

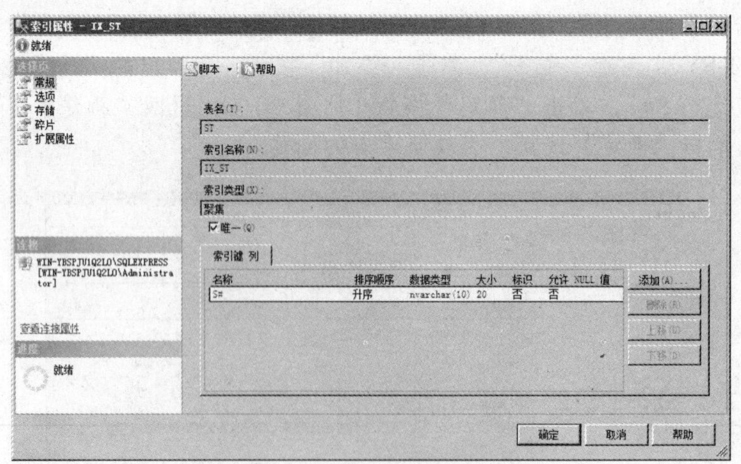

图 5-11 “索引属性”对话框

【例 5-4】 使用在学生关系 ST 中建立的索引（更改“列”选项查看结果）。

（1）打开“新建查询”窗口，输入查询语句：

```
SELECT S#,SNAME,SBIRTH,SCODE# FROM ST;
```

（2）执行后，显示按学号 S# 升序排列的结果（见图 5-12）。

（3）打开“索引 / 键”对话框，（操作见例 5-2，图 5-8），在“常规”栏的“列”中，更改所选的“列”项。

（4）单击“列”项最右端的扩展按钮，在弹出的“索引列”对话框（见图 5-13）中，选择 SBIRTH“出生日期”，单击“确定”按钮。

	S#	SNAME	SBIRTH	SCODE#
1	201401001	孙老大	1995-09-11 00:00:00.000	J0202
2	201401002	常老二	1996-01-31 00:00:00.000	J0203
3	201401003	张小三	1996-03-24 00:00:00.000	J0201
4	201402001	李小四	1996-07-22 00:00:00.000	J0202
5	201402002	王小五	1995-11-05 00:00:00.000	J0203
6	201402003	赵小六	1996-06-11 00:00:00.000	J0202
7	201403001	钱小七	1997-02-03 00:00:00.000	J0203

图 5-12 按学号 S# 升序排列

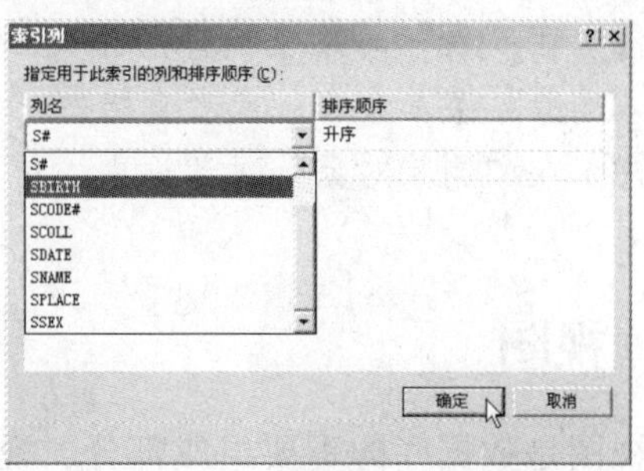

图 5-13 “索引列”对话框

（5）在“常规”栏的“是唯一的”项中，更改为“否”选项。

（6）在“索引 / 键”对话框单击“关闭”按钮，并在窗口的按钮栏单击“保存”按钮。

（7）运行（1）中相同的查询语句。执行后，显示按出生日期 SBIRTH 升序排列的结果（见图 5-14）。

（8）再次更改“列”项为 SCODE# 专业代码，“是唯一的”项，仍选择“否”。

（9）运行（1）中相同的查询语句。执行后，显示按专业代码 SCODE# 升序排列的结果（见图 5-15）。

	S#	SNAME	SBIRTH	SCODE#
1	201401001	孙老大	1995-09-11 00:00:00.000	J0202
2	201402002	王小五	1995-11-05 00:00:00.000	J0203
3	201401002	常老二	1996-01-31 00:00:00.000	J0203
4	201401003	张小三	1996-03-24 00:00:00.000	J0201
5	201402003	赵小六	1996-06-11 00:00:00.000	J0202
6	201402001	李小四	1996-07-22 00:00:00.000	J0202
7	201403001	钱小七	1997-02-03 00:00:00.000	J0203

图 5-14 按 SBIRTH 升序排列

	S#	SNAME	SBIRTH	SCODE#
1	201401003	张小三	1996-03-24 00:00:00.000	J0201
2	201402003	赵小六	1996-06-11 00:00:00.000	J0202
3	201402001	李小四	1996-07-22 00:00:00.000	J0202
4	201401001	孙老大	1995-09-11 00:00:00.000	J0202
5	201402002	王小五	1995-11-05 00:00:00.000	J0203
6	201401002	常老二	1996-01-31 00:00:00.000	J0203
7	201403001	钱小七	1997-02-03 00:00:00.000	J0203

图 5-15 按 SCODE# 升序排列

说明：从本例中我们了解到，建立好的索引，是当执行 SQL Server 查询时才起作用的，例 5-2 中的索引是建立在 ST 表、学号 S# 列上的唯一聚簇索引。所以，执行例 5-4 中的语句后，查询结果是按学号 S# 做升序排列；更改列选项，执行语句后，分别按出生日期 SBIRTH 和专业代码 SCODE# 做升序排列（分别见图 5-14 和图 5-15）。在实际操作中，SQL Server 数据库索引可以提高查询效率，但也会占去一些系统资源，所以用户必须确定所建立的索引，实际运行中是否被 SQL Server 使用，否则的话，没有必要建立该索引。

5.3.3 删除索引

对于一张数据库表，不宜建立太多的索引，根据经验一般最多四五个。太多的索引将会占据数据库中大量的空间，增加备份要求的时间。同时，太多的索引会给数据的插入、修改、删除操作带来大量的额外负担，对数据库性能造成不利影响。况且，一个不能被有效使用的索引，在修改数据时，只会浪费空间和增加不必要的负担。

在 SSMS 的图形界面下可以非常轻松地删除那些不必要的索引。

【例 5-5】 在大学管理数据库中，删除学生关系 ST 中的索引。

（1）启动 SSMS，打开大学管理数据库 DXGL。

（2）在“表”对象中选择学生关系 ST 表，展开“索引”目录，右击想删除的索引，选择“删除”菜单命令；或者直接按“Delete 键”（**注意，本操作必须关闭表**）。

（3）在“删除对象”对话框中，单击“确定”按钮，完成删除。

5.4 视图

视图是数据库的重要组成部分。视图由数据库中满足一定条件约束的数据组成，它可以由某个或某些表中满足一定条件的行组成，还可以由若干个表，经过一定的运算形成。视图可以定义在表上，也可以定义在另外的视图上。数据库中只存放视图的定义，而不存放视图所对应的数据，数据仍存放在定义视图的基本表（物理表，又称数据库表）中。

5.4.1 视图的创建

使用 SSMS 的查询设计器可以方便、直观地创建视图。

【例 5-6】 在大学管理数据库中，创建教学安排视图 TA，其关系模式（外模式）为(T#, C#, CNAME, CLASSH, TNAME, TSECTION)，给定条件是：教工属于 J0201 教研室，讲授课程：数据库原理或计算机网络基础。

（1）启动 SSMS，在“对象资源管理器”中选择“数据库”对象中的 DXGL 数据库。

（2）在 DXGL 数据库下右击“视图”对象，在弹出的快捷菜单上选择“新建视图”命令，系统将显示“添加表”对话框。

（3）在“添加表”对话框中，选择课程数据表 C 单击“添加”按钮，再次选择教工数据表 T，单击“添加”按钮，关闭“添加表”对话框；查询设计器将以图形窗格的方式显示所选对象以及它们之间的关联关系（见图 5-16）。

（4）在“关系图”窗格中按照输出顺序依次选中视图中所要显示的数据列：表 C 的 C#,CNAME 和 CLASSH，表 T 的 T#,TNAME 和 TSECTION。其他窗格同样反映操作结果。

（5）选择完成以后，在“条件”窗格的“筛选器”列依题意，在“C#”行键入“='C020101' OR ='C020202'”，在“TSECTION”行键入“= 'J0201'”（注意数据两端的单引号），完成简单的视图设计过程。其他窗格同样反映操作结果。

（6）单击工具栏中的“保存”按钮，弹出“选择名称”对话框，输入要定义的视图名称 TA，单击“确定”按钮，完成视图 TA 的创建。

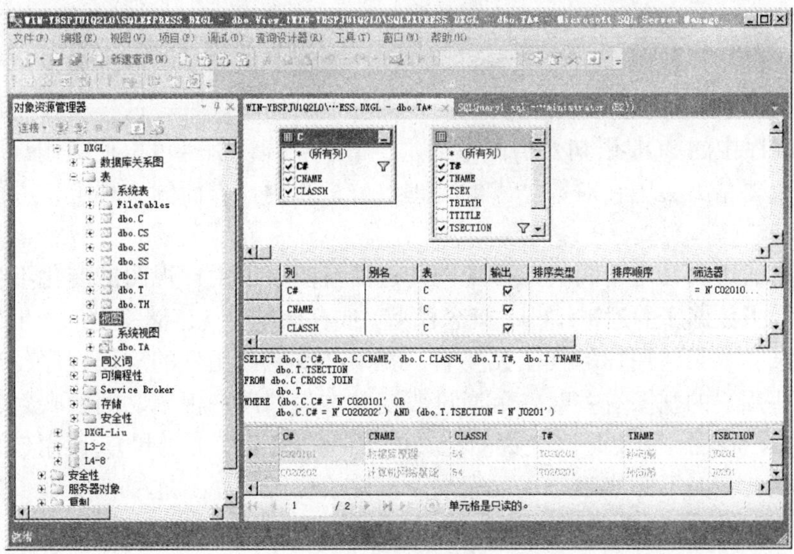

图 5-16 创建视图 TA

（7）可以在任意窗格单击鼠标右键，选择“执行”，则在“结果”窗格中显示视图 TA 的执行结果（见图 5-17）。

C#	CNAME	CLASSH	T#	TNAME	TSECTION
C020101	数据库原理	54	T020201	孙向前	J0201
C020202	计算机网络基础	54	T020201	孙向前	J0201

图 5-17 视图 TA 的执行结果

（8）在 DXGL 数据库下可以查看“视图”对象。展开的 DXGL，展开“视图”，右击“TA”视图，在弹出的快捷菜单中选择“编辑前 200 行”，对象窗口如图 5-18 所示。

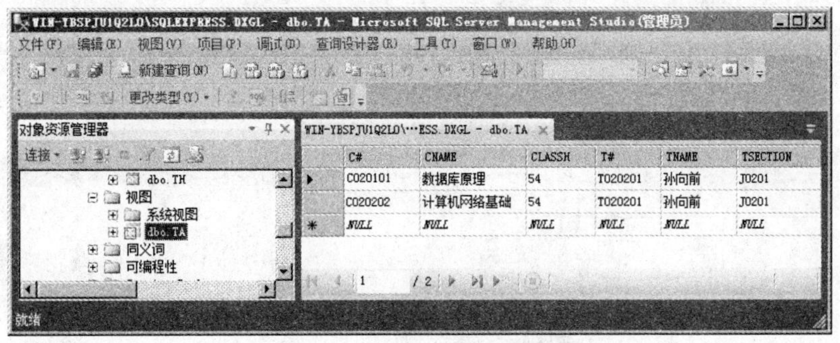

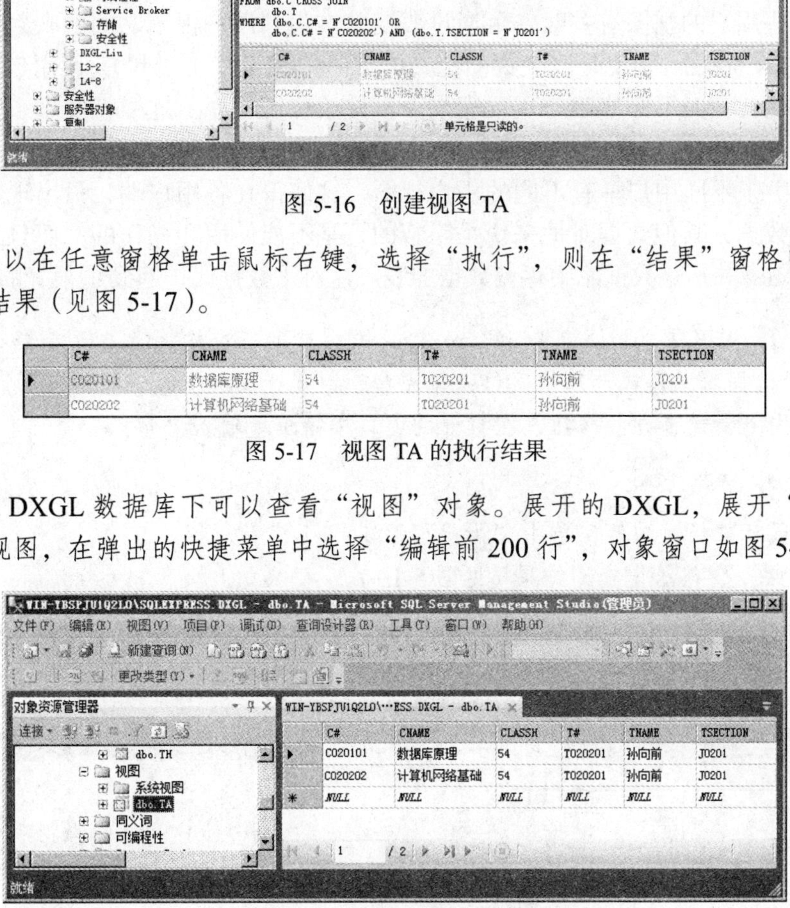

图 5-18 视图 TA 给出的结果

5.4.2 视图应用

对于大多数数据库系统来说，一般都是多个用户同时操作和应用同一系统。由于不同用户在同一组织中负责的业务或工作的侧重面不同，每个用户一般只用到数据库中的一部分数据，视图为每个用户使用自己关心的特定数据提供了可能。进一步讲，是视图为每个用户提供了特定的应用数据界面，所以一般把视图称为用户视图。

用户视图给数据库应用系统的设计提供了极大的优越性。在一个数据库应用系统的设计中，一般要为不同的用户设计满足其工作需求的应用程序，为不同用户的应用程序建立各自所需的用户视图。用户视图的建立，会使在应用程序中用到并反复出现的含有复杂关系连接和投影的查询语句被简单的视图查询语句所代替。这样不仅简化了用户接口，使应用程序中的 SQL 语句变得简单明了，清晰可读；而且可以使应用程序员把编写应用程序的主要精力集中在对数据库的处理、分析和用户界面的实现上，方便应用程序的设计。

由于不同的用户具有不同的用户视图，这样就使一个用户视图的变化不会影响另一些用户视图。当数据库的逻辑结构（概念模型）或存储结构（存储模型）发生变化，并且这些变化与某一或某些用户的视图无关时，就不必改变该用户的应用程序；当这些变化与某一或某些用户的视图有关时，可通过改变基本表到用户视图之间的映射关系，即通过重新定义用户视图（主要是改变视图定义语句中的 SELECT 语句），使用户视图保持不变或稍有变化，从而不必修改应用程序或少量修改应用程序。这样就实现了数据库的逻辑数据独立性。

另外，由于不同用户享有不同的用户视图，这使得在各用户端，只出现用户自己关心的那部分数据，其他数据对他来说是隐蔽的，是不能使用和操作的。而且系统给用户使用的是视图，并不是数据库中存储数据的表。这对于数据保护起到了很好的隔离作用。

【例 5-7】 视图建立后，可以和基本表一样对其进行查询操作。利用教学安排视图 TA 查询讲授数据库原理或计算机网络基础课程，且属于 J0201 教研室的教师。

（1）单击“新建查询”按钮，在打开的窗口中简单地输入语句：

```
SELECT  *  FROM  TA;
```

（2）用鼠标选择语句后，单击“执行”按钮；

（3）“结果”窗格给出查询结果（见图 5-19）。

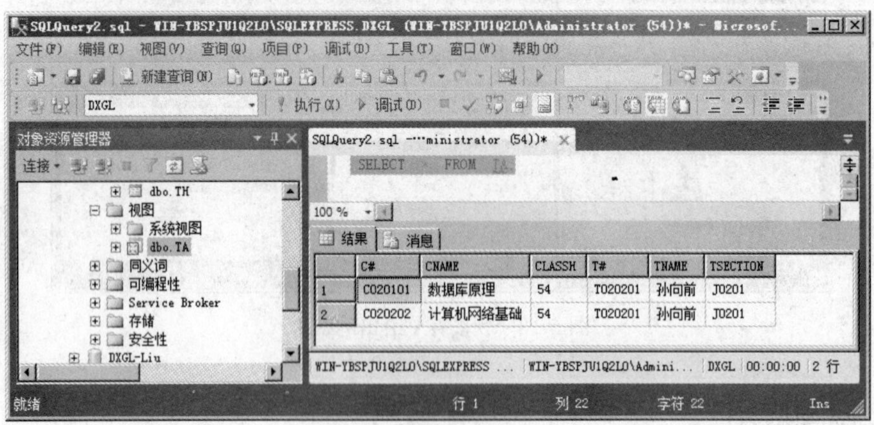

图 5-19　查询视图 TA

5.4.3　修改和删除视图

建立的视图在使用一段时间以后可能会存在不足，用户势必要对其修改，修改视图在 SSMS 下的操作可参考例 5-8。

【例 5-8】 在大学管理数据库 DXGL 中，修改教学安排视图 TA。

（1）启动 SSMS，打开大学管理数据库 DXGL。

（2）展开“视图”对象，选中教学安排视图 TA，右击 TA。

（3）在弹出的快捷菜单中（见图 5-20），选择“设计”菜单命令。

（4）系统将切换为与图 5-16 相似的界面，用户根据需要，可在“关系图”“条件”“SQL”窗格的任一个中进行修改，完成操作并保存。

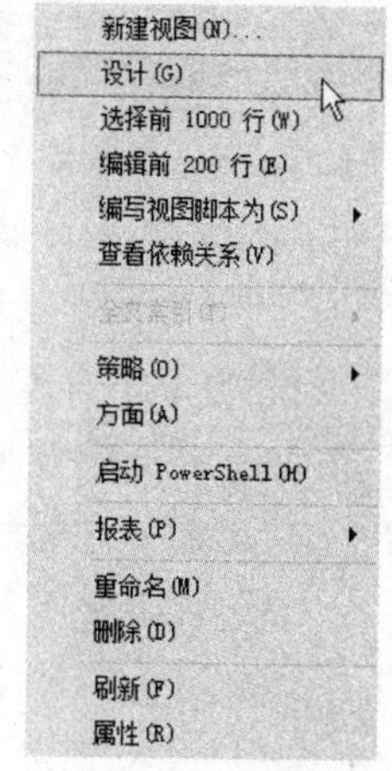

图 5-20 快捷菜单

删除视图在 SSMS 的图形界面下，是一件非常简单的事情。

【例 5-9】 在大学管理数据库 DXGL 中，删除教学安排视图 TA。

（1）启动 SSMS，打开大学管理数据库 DXGL。

（2）展开“视图”对象，选中教学安排视图 TA，右击 TA，选择“删除”菜单命令；或者在选中 TA 时，直接按“Delete 键”。

（3）在“删除对象”对话框中，单击“确定”按钮，完成视图删除任务。

5.5 小结

查询、索引、视图，是访问数据库使用相对最多的操作。这里的查询主要是指使用“查询设计器”的查询，而使用“查询设计器”，仅仅是 SQL Server 查询的一种方法。索引是对数据库表中一个或多个字段的值进行排序而创建的一种分散存储结构。建立索引的目的主要是加快数据检索、连接，优化查询，强制实行唯一性等操作。视图是一种数据库对象，是从一个或多个表或视图中导出的虚拟表。需要再次强调的是，视图所对应的数据并不真正地存储在视图中，而存储在它所引用的表中，被引用的表称为基表（基本表），视图的结构和数据是对基表进行查询操作的结果。视图的操作可以通过权限加以控制。

习题 5

1. 请解释下列术语。

数据库表	物理表
基本表	索引
虚表	视图
临时表	查询设计器
逻辑表	查询编辑器

2. 请问数据库表与基本表有什么区别？
3. 请问物理表与逻辑表有什么区别？
4. 请问虚表与临时表有什么区别？
5. 请问视图与基表有何关系？
6. 请问为什么要建立索引？

7. 请问索引有什么特征？怎样使用索引？

8. 请简述索引对数据库查询的影响。

9. 为什么要建立视图？建立视图的主要优点有哪些？

10. 上机练习作业。

（1）在大学管理数据库 DXGL 中，使用查询设计器，完成查询。

1）查询没有选修离散数学课（课程号为 C020102）的学生的学号、姓名和课程号。

2）查询所有选修软件工程课（课程号为 C020302）的学生的学号、姓名。

（2）在大学管理数据库 DXGL 中，为学习关系 SC 在“分数”GRADE 列上建立聚簇索引，要求“分数”按降序排列。

（3）在大学管理数据库 DXGL 中，为教工关系 T 在“职称”TTITLE 列上建立聚簇索引，要求“职称”由高至低排列（请考虑，怎样做这种文字的排序索引）。

（4）在大学管理数据库 DXGL 中，创建教师教学视图 JX，其关系模式（外模式）为 (T#，TNAME，TSECTION，C#，CNAME)，给定条件是：教工属于 J0201 教研室，讲授课程是数据结构或 Web 数据库技术。查询结果如图 5-21 所示。

	T#	TNAME	TSECTION	C#	CNAME
▶	T020201	孙向前	J0201	C020201	数据结构

图 5-21　第 10 题第（4）小题的查询结果

（5）在大学管理数据库 DXGL 中，创建学生成绩查询视图 CJST，其关系模式为（ST#，SNAME，C#，CNAME，GRADE），给定条件是：学生学号为 201401002。查询结果如图 5-22 所示。

	S#	SNAME	C#	GRADE	CNAME
▶	201401002	常老二	C020101	78	数据库原理
	201401002	常老二	C020202	90	计算机网络基础

图 5-22　第 10 题第（5）小题的查询结果

第6章 SQL Server 2012 下使用 Transact-SQL 语言

Transact Structured Query Language（Transact-SQL 语言，简称 T-SQL）是使用 SQL Server 2012 数据库的核心，是由微软公司在 Sybase 数据库的基础上发展起来的一种结构化查询语言。T-SQL 是 ANSI 和 ISO SQL 标准的 Microsoft SQL Server “方言”或扩展，是 SQL 在 Microsoft SQL Server 上的增强版，中文理解为：SQL Server 专用标准结构化查询语言增强版。它是用来让应用程序与 SQL Server 沟通的主要语言，是应用程序和存储过程与 SQL Server 交互的工具，加上聚合函数、系统存储过程，以及结构化程序设计（如 IF，WHILE 等），让程序设计更有弹性。T-SQL 只能通过 SQL Server 数据库引擎来分析和运行对应的实例，包括创建和管理数据库对象查询、修改、增加和删除数据。用户可以利用 T-SQL 语言实现 SQL Server 2012 数据库产品提供的所有功能。

6.1 T-SQL 语法简介

SQL Server 2012 支持的 T-SQL 内容相当丰富，限于本书的内容及篇幅，本节仅对 T-SQL 的语法等做简单的介绍，详细内容请读者参考其他参考书或帮助文档。

1. 标识符

每一个对象都由一个标识符来唯一地标识（见例 5-8 语句中的 TA）。对象标识符是在定义对象时创建的，该标识符随后用于引用该对象。标识符有常规标识符和分隔标识符两种。常规标识符的第一个字母，必须是所有统一码标准中规定的字符，包括 26 个英文字母 a ～ z 和 A ～ Z，以及一些语言字符，如汉字等，或者是下划线“_”“@”和“#”等。T-SQL 中某些处于标识符开始位置的符号具有特殊意义，如以“@”开头的标识符表示局部变量或参数；以“#”开头的标识符表示临时表或过程；以“##”开头的标识符表示全局临时对象。某些函数名会以“@@”开始，我们使用时要避免混淆。

2. 常量与变量

常量，也称为文字值或标量值，表示一个特定数据值的符号。常量的格式取决于它表示的值的数据类型。SQL Server 2012 中的常量有字符串常量（'China'）、二进制常量（0xAD）、日期时间常量（'April 15, 2015'，'04:24 PM'）、数值常量（2016，199.9，$99）、逻辑数据常量（0, 1）等。

变量用于临时存放数据，变量中的值随着程序的运行而改变，变量有名称与数据类型两个属性。变量的命名使用常规标识符。SQL Server 2012 中有局部变量和全局变量两类。

3. 函数

函数是一组编译好的 T-SQL 语句，它们可以带一个或一组数值作为参数，也可以不带参数。它可以返回一个数值、数值集合，或执行一些操作。函数能够重复执行一些操作，从而避免不断地重写代码。SQL Server 2012 有内置函数、用户定义函数和常用函数三种。

4. 表达式

表达式是运算对象与运算符的组合。运算符用来执行数据对象之间的数学运算或比较操作。T-SQL 表达式的运算符有算术运算符、位运算符、逻辑运算符、比较运算符和连接运算符五类。

5. 语句块

语句块是使用 BEGIN...END 包括起来的一组完成特定操作的一个逻辑单元。在 BEGIN...END 中，可以嵌套定义另一逻辑单元的 BEGIN...END 语句块。BEGIN 和 END 必须单独占一行。语法格式如下：

```
BEGIN
    {T-SQL 语句 | 语句块 }
END
```

6. 注释与续行符

T-SQL 中使用两种方法来声明注释，一种是单行注释（--），另一种是多行注释（/* */）。单行注释用于语句行的末尾，多行注释可以跨越多行注释。如：

```
BEGIN              -- 该语句块用于完成特定的操作，本注释位于语句末尾
/*   SET @ErrorSaveVariable = @@ERROR
        PRINT 'Error encountered, ' +
        CAST(@ErrorSaveVariable AS VARCHAR(10))      本处注释掉了三行语句 */
END
```

T-SQL 使用反斜杠“\”作为续行符。在编写语句时，为了使语句排列整齐有时需要使用续行符断句（但须注意，不可随意断句），如：

```
UPDATE SC SET GRADE=110 WHERE S#='20140\
    3001' AND C#='C020302'              /* 激活触发器，但语句出错 */
```

7. 循环、选择控制语句

SQL Server 2012 提供了多种根据条件改变程序流程的控制语句。WHILE 语句根据条件表达式控制 T-SQL 语句或语句块重复执行；IF...ELSE 语句根据条件执行语句块；

CASE 结构是一个函数，使用 CASE 函数代替多个嵌套的 IF...ELSE 语句应该更加合适，CASE 函数只能作为一个表达式在另一个语句中使用；GOTO 语句允许程序立即转移，增加了程序的灵活性，但会破坏程序结构化，一般不推荐使用；RETURN 语句控制程序执行流程返回；WAITFOR 语句指定 T-SQL 语句的时间或时间间隔。

（1）WHILE 循环语句的语法格式。

```
WHILE boolean_expression                          /* 条件表达式为真时，进入循环 */
    {sql_statement\statement_block}               /* 若为 SELCET 语句，必须用圆括号 */
       [BREAK]                                    /* BREAK 终止循环并跳出循环体 */
    [sql_ statement\statement_block]
       [CONTINUE]                                 /* 使 WHILE 循环重新开始执行 */
```

（2）IF...ELSE 语句的语法格式。

```
IF boolean_expression                             /* 条件表达式为真时执行 */
    {sql_statement\statement_block}
       [ELSE
    {sql_ statement\statement_block}]             /* 条件表达式为假时执行 */
```

（3）CASE 函数。

1）简单 CASE 函数，将某个表达式与一组简单表达式进行比较以确定结果。

```
CASE input_expression                             /* 计算表达式 */
    WHEN when_expression THEN result_expression
       [...n]
    [ELSE else_result_expression]
END
```

2）CASE 搜索函数，CASE 计算一组逻辑表达式以确定结果。

```
CASE
    WHEN boolean _expression THEN result_expression
       [...n]
    [ELSE else_result_expression]                 /* 条件表达式为假时执行 */
END
```

（4）GOTO 跳转语句。

```
GOTO lable        /* lable 是 GOTO 的入口，lable 必须符合标识符规则 */
```

（5）RETURN 语句。

```
RETURN [integer_expression]                       /* RETURN 语句返回一个整型值 */
```

（6）WAITFOR 语句。

```
WAITFOR {DELAY 'time'\TIME 'time'}                /* DELAY 延时，TIME 间隔 */
```

6.2　T-SQL 的基本应用

6.2.1　使用 T-SQL 创建和删除数据库

1. 创建数据库

除了在 SSMS 的图形用户界面中创建数据库外，还可使用 T-SQL 语句来创建数据库。与界面方式创建数据库相比，命令方式更为常用，使用也更为灵活。

在 T-SQL 语言中，使用 CREATE DATABASE 语句创建数据库，其基本语法格式如下：

```
CREATE DATABASE database_name
    [ ON [ PRIMARY ] [ <filespec> [ ,...n ] [ , <filegroup> [ ,...n ] ]
    [ LOG ON { <filespec> [ ,...n ] } ] ]
    [ COLLATE collation_name ]
    [ WITH <external_access_option> ] ]
    [;]
```

说明：

（1）T-SQL 语句可能包含多个组成部分，而且其中的大部分单词都是大写形式，这些单词是表述 T-SQL 语句的关键字。T-SQL 并不要求关键字大写，这只是本书的约定，在于帮助读者快速识别 T-SQL 语句中的关键字。除关键字外，T-SQL 语句的语法还包括其他内容：

1）方括号：表示其中的语法是可选的，如语句中的 ON PRIMARY 子句就是可选的。

2）尖括号：表示占位符的信息。在实际创建语句时，占位符将被适当的 T-SQL 元素或标识符代替，如在定义 CREATE DATABASE 语句时，可以用 logical_file_name，os_file_name 等替代占位符。

3）大括号：表示可以把元素组合在一起，这时必须首先决定如何处理大括号中的内容，然后决定如何加入到语句中，如关键字组“PRESERVE | DELETE”包括在大括号内，必须首先选择 PRESERVE 或 DELETE，然后处理整行代码。

4）竖线：表示“或”的关系，如上关键字组中，可以选项是 PRESERVE 或 DELETE。

5）三个句点：表示可以根据需要重复的子句，如可以根据需要在 LOG ON 后跟多个定义日志文件的 <filespec> 项列表。

6）冒号 / 等号 ::=（两个冒号加上一个等号，见下）：表示符号左边的占位符由符号右边的语法定义。

（2）database_name：是新创建的数据库名称。数据库名称在 SQL Server 的实例中必须唯一，并且符合标识符规则。

（3）ON 子句：用于指定数据库的数据文件和文件组。记号 [,...n] 表示可以有 *n* 个与前面相同的描述。如 <filespec>[,...n]，表示可以出现 *n* 个 <filespec>。

（4）PRIMARY：用于指定该关键字后的 <filespec> 项定义的数据文件为数据库的主文件。若不指定主文件，则 CREATE DATABASE 语句中列出的第一个数据文件将成为主文件。一个数据库只能有一个主文件。

（5）<filespec>：定义文件属性。其描述主要给出文件的逻辑名、存储路径、大小及增长特性（详情请参考 T-SQL 帮助文档）。其语法定义为：

```
<filespec> ::=
    { (NAME = logical_file_name ,
    FILENAME = 'os_file_name'
    [ , SIZE = size [ KB | MB | GB | TB ] ]
    [ , MAXSIZE = { max_size [ KB | MB | GB | TB ] | UNLIMITED } ]
```

```
    [ , FILEGROWTH = growth_increment [ KB | MB | GB | TB | % ] ]) [ ,...n ]
    }
```

1）logical_file_name：引入文件时 SQL Server 中使用的逻辑名称。

2）'os_file_name'：创建文件时由操作系统使用的路径和文件名。

3）size：指定文件的初始大小。可以使用千字节（KB）、兆字节（MB）、千兆字节（GB）或兆兆字节（TB）后缀。默认值为 MB。size 是整数值。

4）max_size: 指定文件可增大到的最大大小。如果未指定 max_size，则文件将一直增加，直到磁盘已满。

5）UNLIMITED: 指定文件将增长到磁盘充满为止。在 SQL Server 2012 中，指定为不限制增长的日志文件的最大大小为 2TB，数据文件的最大大小为 16TB。

6）growth_increment：指定文件的自动增量。该值可以以 MB，KB，GB，TB 或百分比（%）为单位指定。如果未在数量后面指定单位，则默认值为 MB。如果指定 %，则增量大小为发生增长时文件大小的指定百分比。如果未指定具体的增量，则数据文件的默认增长值为 1MB，日志文件的默认增长为 10%，并且最小值为 64KB。

（6）<filegroup>：定义文件组的属性，语法格式为：

```
<filegroup> ::=
    {FILEGROUP filegroup_name [ DEFAULT ] <filespec> [ ,...n ] }
```

其中，filegroup_name 是文件组的逻辑名称，<filespec> 的描述同上。

（7）LOG ON：指定存储数据库中事务日志的磁盘文件（日志文件）。<filespec> 的描述同上。如果没有指定 LOG ON，系统将自动创建一个日志文件，其大小为该数据库的所有数据文件大小总和的 25% 或 512KB，取两者之中的较大者。

（8）COLLATE collation_name：指定数据库的默认排序规则。排序规则名称既可以是 Windows 排序规则名称，也可以是 SQL 排序规则名称。

（9）WITH <external_access_option>：表示外部与数据库之间的双向访问。

【例 6-1】 创建营销管理数据库，数据库名为 YXGL，它包含一个数据文件和一个事务日志文件，其中主数据库文件逻辑名称为 YXGL_data，数据文件的操作系统文件名称为 YXGL.mdf，数据文件初始大小为 3MB，自动增长为 1MB，无增长限制（具体大小值由 SQL Server 不同版本决定，下同）。日志逻辑文件名称为 YXGL_log，事务日志的操作系统文件名称为 YXGL.ldf，日志文件初始大小为 4MB，可按 10% 增量增长，无增长限制。在"新建查询"窗口内输入如下代码：

```
USE master;
GO
-- 验证数据库 YXGL 是否存在，如果存在则删除
IF DB_ID('YXGL')IS NOT NULL
    DROP DATABASE YXGL;        -- 删除原有的数据库
GO
--SQL Server 默认数据文件的位置
DECLARE @data_path nvarchar(256);
SET @data_path=(
SELECT SUBSTRING(physical_name,1,CHARINDEX('master.mdf',
LOWER(physical_name))-1)
```

```
FROM master.sys.master_files
WHERE database_id=1 AND file_id=1);

-- 执行 CREATE DATABASE 语句创建 YXGL 数据库
EXECUTE
(
'CREATE DATABASE YXGL
ON
    (NAME=YXGL_data,
    FILENAME='''+@data_path+ 'YXGL.mdf'',
    SIZE=5,
    MAXSIZE=200,
    FILEGROWTH=5%)
LOG ON
    (NAME =YXGL_log,
    FILENAME='''+@data_path+'YXGL.ldf'',
    SIZE=5MB,
    MAXSIZE=50MB,
    FILEGROWTH=2MB)'
);
GO
```

执行以上脚本程序，如数据库创建成功，则窗口显示消息“命令已成功完成”（见图 6-1）。

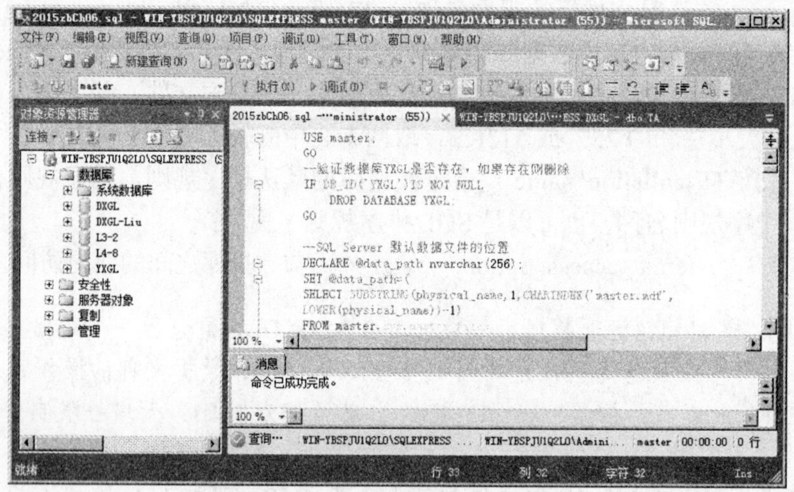

图 6-1　创建营销管理数据库 YXGL

2. 删除数据库

（1）使用 T-SQL 语句删除数据库，也是比较方便、灵活的。在“新建查询”窗口内输入代码，在命令栏单击“执行”，完成操作。执行代码如下：

```
DROP DATABASE YXGL;          -- 删除营销管理数据库 YXGL
```

（2）如果要使用 T-SQL 语句删除多个数据库，应注意语句的格式。先建立三个数据库 YX1，YX2 和 YX3，仍然在“新建查询”窗口内输入代码，其代码如下：

```
DROP DATABASE YX1, YX2, YX3;          -- 一条语句删除三个数据库
```

说明：执行代码后，右击“对象资源管理器”中的“数据库”，在弹出的快捷菜单中选择“刷新”命令；再展开“数据库”目录，以上建立的三个数据库 YX1，YX2 和 YX3 已不在数据库目录中了。

6.2.2 使用 T-SQL 创建及维护表

1. 创建数据表

SQL 数据库是表的集合，所以用户要建立数据库时就要定义表。在 T-SQL 语言中，表的创建由 CREATE TABLE 语句实现，其基本语法格式为（详情请参考 T-SQL 帮助文档）：

```
CREATE TABLE
    [ database_name . [ schema_name ] . | schema_name . ] table_name
    ( { <column_definition> | <computed_column_definition> }
    [ <table_constraint> ] [ ,...n ] )
    [ ON { partition_scheme_name ( partition_column_name ) | filegroup
    | "default" } ]
    [ { TEXTIMAGE_ON { filegroup | "default" } ]
    [ ; ]

<column_definition> ::=
    column_name <data_type>
    [ COLLATE collation_name ]
    [ NULL | NOT NULL ]
    [
    [ CONSTRAINT constraint_name ] DEFAULT constant_expression ]
    | [ IDENTITY [ ( seed ,increment ) ] [ NOT FOR REPLICATION ]
    ]
    [ ROWGUIDCOL ] [ <column_constraint> [ ...n ] ]
```

说明：

（1）database_name：表示数据库名称。表示为该数据库创建新表，若未指定数据库名称，则默认为当前数据库创建新表。

（2）schema_name：新建表所属架构的名称。

（3）table_name：新建数据表的名称。

（4）column_name：新建表中列的名称，在表中必须唯一。

（5）<computed_column_definition>：表示计算列的值的定义，如计算列的值的表达式。

（6）<table_constraint>：表示表的完整性约束的占位符。可以为列的完整性约束条件选择下列一个参数。

```
[NULL|NOT NULL|PRIMARY KEY|DEFAULT|CHECK|UNIQUE|NOT NULL UNIQUE]
```

1）NULL：用于指出该列可以为空值，其含义是指该列的值还没确定（例如在学习关系 SC 中，当某课程还没有开设或还没有考试时，其中的“分数 GRADE”列可以为空值，即可以先不输入数据），NULL 不分类型。NULL 不同于数值型列的 0，也不同于字符型列的空格。零和空格都是一个具体的值，而 NULL 是空值，在通常情况下不占存储空间。

2）NOT NULL：用于指出该列不能为空值，即该表中的所有元组在该列必须有确定的值。每一个表中至少应有一个列的可选项为 NOT NULL。如果在表的完整性约束部分定义有主键，则除主键以外的所有其他列的可选项都可以是 NULL，因为主键列已隐含可选项为 NOT NULL。

3）PRIMARY KEY：表示通过唯一索引对给定的一列或多列强制实体完整性的约束。每个表只能创建一个 PRIMARY KEY 约束。当表中只有一列是主键时，只要在说明该列的数据类型之后添加 PRIMARY KEY 即可。T-SQL 规定，主键列具有唯一且非空的值。也就是说，定义为主键的列已经隐含具有 NOT NULL 选项和 UNIQUE 选项，所有在主键列中可以省略 NOT NULL 选项。

4）UNIQUE：表示通过唯一索引为指定的一列或多列提供实体完整性约束。一个表可以有多个 UNIQUE 约束。

5）CHECK：表示通过限制可输入到一列或多列中的可能值来强制域完整性的约束。

（7）partition_scheme_name：表示分区架构的名称。

（8）filegroup：表示文件组。

（9）TEXTIMAGE_ON：该关键字表示将用户定义类型（text，ntext，image，xml，varchar 等）的列存储于指定的文件组。

（10）FOREIGN KEY：表示为列中的数据提供引用完整性约束。FOREIGN KEY 约束要求列中的每个值都存在于所引用的表的对应被引用列中。FOREIGN KEY 约束只能引用在所引用的表中是 PRIMARY KEY 或 UNIQUE 约束的列，或所引用的表中在 UNIQUE INDEX 内的被引用列。

对应上述基本语法，我们通常可以简单地描述如下：

```
CREATE TABLE 表名
    (<列名1><数据类型>[<列1的完整性约束>][,
    <列名2><数据类型>[<列2的完整性约束>],
    …,
    <列名n><数据类型>[<列n的完整性约束>],
    [<表的完整性约束>]])[;]
```

【例 6-2】 使用 T-SQL 的主键约束，创建营销管理数据库中的产品表 Sale。

表的主键约束子句格式为：

```
PRIMARY KEY(<主键列名1>[, <主键列名2>, …,<主键列名r>])
```

创建 Sale 表的语句为：

```
CREATE TABLE YXGL.dbo.Sale          /* 语句中的dbo不能省略 */
    (S# CHAR(9), C# CHAR(7), PRICE NUMERIC(8, 1) DEFAULT(0),
    PRIMARY KEY(S#, C#));
```

说明：S#，C#，PRICE 分别表示产品编号、厂家和价格。价格 PRICE 属性可先不输入数据，但不能将它设置成空值（NULL），因为当对 PRICE 进行运算操作时会出现错误，所以可给其设置默认值 0。

【例 6-3】 对例 6-2 的产品表 Sale 使用外键约束，重新定义表为 SaleF。

表的外键约束子句，格式为：

```
FOREIGN KEY(<列名1>) REFERENCES <表名>(<列名2>)
```

本子句定义了一个列名为“<列名1>”的外键，它与表“<表名>”中的“<列名2>”相对应，且“<列名2>”在表“<表名>”中是主键。

```
CREATE TABLE SaleF          /* 没有加 .dbo，默认数据库必须是 YXGL */
    (S# CHAR(9), C# CHAR(7), PRICE NUMERIC(8, 1) DEFAULT(0),
    PRIMARY KEY(S#,C#),
    FOREIGN KEY(C#) REFERENCES CJ(C#));
```

说明：在建立SaleF表之前，还须建立一个厂家关系表CJ（语句见下）。其中，Sale表的主键是由编号S#和厂家C#组成的合成主键，且厂家C#又被定义成产品表Sale的外键，它在表CJ中是主键。创建厂家关系表CJ：

```
CREATE TABLE YXGL.dbo.CJ
    (C# CHAR(7), PRICE NUMERIC(8, 1) DEFAULT(0),
    PRIMARY KEY(C#));
```

【例6-4】 对例6-2的产品表Sale既使用外键约束，又加CHECK约束，表为SaleFC。

```
CREATE TABLE SaleFC
    (S# CHAR(9), C# CHAR(7), PRICE NUMERIC(8, 1) DEFAULT(0),
    PRIMARY KEY(S#, C#),
    FOREIGN KEY(C#) REFERENCES CJ(C#),
    CHECK(PRICE BETWEEN 0 AND 100));
```

说明：表检验约束CHECK子句的含义和格式与列检验约束相同，不同的是，表检验约束CHECK子句是一个独立的子句，而不是子句中的一部分。表检验约束CHECK子句中的<值的约束条件>不仅可以是一个条件表达式，还可以是一个包含SELECT的T-SQL语句。刚创建的新表是一个没有数据的空关系表，接下来的工作就是装填数据。用T-SQL语句插入数据的方法详见第6.3节。“BETWEEN AND”语句的描述请见例6-21。

最后需要指出的是，在T-SQL的交互式命令工作方式中，每一个T-SQL语句又可看作一条SQL命令，所以习惯上有时称“语句”，有时称“命令”。

2. 修改表

利用T-SQL语句，对表的修改包括更改表名、修改列、增删列等。

（1）更改表名。更改表名的语句格式为：

```
sp_Rename <原表名> <, 新表名>;
```

【例6-5】 将ST表改名为STMC（学生名册）。

```
sp_Rename ST, STMC;          -- 更改表名的语句
sp_Rename 'ST', 'STMC';      -- 或者加单引号
```

（2）修改列的定义。修改属性列的定义语句（ALTER TABLE）只用于修改列的类型

和长度，列的名称不能改变，若想更改列的名称可以使用 sp_Rename。当表中已有数据时，缩短列的长度应谨慎。使用 T-SQL 语句修改列定义时没有警示提示，而使用 SSMS 图形化界面修改列定义时系统会有警示提示。修改列定义语句格式为：

```
ALTER TABLE <表名> ALTER COLUMN <列名> <新的数据类型及其长度>;
```

【例 6-6】 修改学生关系表 ST 中的姓名 SNAME（10）为 SNAME（12），即长度增加 2。

```
ALTER  TABLE  ST  ALTER COLUMN  SNAME  nvarchar(12);
```

若要更改列的名称可以使用语句（将学生姓名属性 SNAME 更改为 SNAMEX）：

```
sp_Rename 'ST.SNAME', 'SNAMEX';          -- 更改表的列名，必须加单引号
```

或

```
sp_Rename 'ST.SNAME', 'ST.SNAMEX';       -- 这样更改后，表的列名变成 [ST.SNAMEX]
```

（3）增加与删除列。在表的最后一列后面增加新的一列，但不允许将一个列插入到原表的中间。增加列和删除列的语句格式为：

```
ALTER TABLE <表名> ADD <增加的列名> <数据类型>;
ALTER TABLE <表名> DROP COLUMN <删除的列名>;
```

其中，新增加的列后不能有可选项“[NOT NULL]”，也就是说，新增加的属性列不能定义为“NOT NULL”。表在增加了一个列后，原来的元组在新增加的属性上的值都被定义为空值。并不是所有的属性列都可以直接删除，无法删除的列包括：用于索引的列；用于 CHECK，FOREIGN KEY，UNIQUE 或 PRIMARY KEY 约束的列；绑定的列等。

【例 6-7】 给学生关系表 ST 增加两个新属性 SROOM char（5）和 SROOMKEY char（2）。

```
ALTER TABLE ST ADD SROOM char(5), SROOMKEY char(2);     -- 在 ST 表中新增两个属性列
```

【例 6-8】 删除学生关系表 ST 中增加的属性 SROOM 和 SROOMKEY，以及删除 ST 表中主键时系统提示出错。

```
ALTER TABLE ST DROP column SROOM, SROOMKEY;  -- 删除 ST 表的新增属性列
ALTER TABLE ST DROP column S#;               -- 删除 ST 表的主键列 PRIMARY KEY，失败
```

3. 撤销表

表的撤销就是将不再需要的表或定义有错误的表删除掉。当一个表被撤销时，该表中的数据也一同被撤销（删除）。若该表有约束、绑定或其他关联，则必须先取消这些内容后，才能使用 DROP TABLE 撤销表。撤销表的语句格式为：

```
DROP  TABLE  <表名>  [, ..., 表名n];
```

【例 6-9】 删除 YXGL 数据库中的关系表 Sale 和 SaleF。

```
DROP TABLE YXGL.dbo.Sale;          -- 删除 YXGL 中的 Sale 表
DROP TABLE YXGL.dbo.CJ;            -- 删除 YXGL 中的 CJ 表失败，撤销被引用关系后成功
```

6.2.3 使用 T-SQL 创建视图

使用 T-SQL 创建视图，可以使用语句 CREATE VIEW 定义来实现，其语句格式为：

```
CREATE VIEW <视图名> [(<视图列名表>)]
    AS <SELECT 语句>
    [WITH READ ONLY |WITH CHECK OPTION];
```

其中，<视图列名表>是一个可选项，当选择该项时，<视图列名表>就是新定义的视图的各个列的名称，它们与 SELECT 语句选择的数据项（SELECT 查询结果中的列）一一对应；当不选择该项时，新定义的视图的列名就与 SELECT 语句选择的数据项的列名相同。当选择 [WITH READ ONLY] 可选项时，表示该视图被定义为只读，不能进行插入、删除和修改操作。当选择 [WITH CHECK OPTION] 可选项时，用户名必须保证每当向该视图中插入或更新数据时，插入或更新的数据能够从该视图查询出来。根据作者多年的实践经验，在多个表上建立视图的目的一般是为了方便查询和保证逻辑数据的独立性。只有在单个表上建立的视图，且该视图的属性列个数或与表的属性列个数相同，或少于表的属性列个数，但当所少的各列所对应的表的列是可为空值（NULL）的列时，才可在该视图上进行插入（元组）数据和删除（元组）数据的操作。

【例 6-10】 用 T-SQL 实现教学安排视图 TA（C#，CNAME，CLASSH，TNAME，TSECTION）、课程成绩视图 CG（S#，SNAME，C#，CNAME，CLASSH，GRADE）和学生平均成绩视图 SA_GRADE（S#，SNAME，AVG_GRADE）。

```
CREATE VIEW TA          --(1) 创建教学安排视图
    AS SELECT C.C#, CNAME, CLASSH, TNAME, TSECTION
    FROM C, TH, T
    WHERE C.C# = TH.C# AND TH.T# = T.T#;

CREATE VIEW CG          --(2) 创建课程成绩视图
    AS SELECT ST.S#, SNAME, C.C#, CNAME, CLASSH, GRADE
    FROM ST, C, SC
    WHERE ST.S# = SC.S# AND C.C# = SC.C#;

CREATE VIEW SA_GRADE(S#, SNAME, AVG_GRADE)     --(3) 创建学生平均成绩视图
    AS SELECT TOP 10 ST.S#, SNAME, AVG(GRADE) -- 若仅仅是 SELECT 语句可以去除 TOP 10
    FROM ST, SC
    WHERE ST.S# = SC.S# AND GRADE IS NOT NULL
    GROUP BY ST.S#, SNAME
    ORDER BY ST.S#;
```

说明：可以看出关键字“AS”后的语句就是一条 SELECT 语句。AVG（列名）是求平均值聚合函数（请见第 6.3.1 节）。且按学号 S# 的升序显示所有学生所学课程的平均成绩。所有建立的视图，都可以使用 T-SQL 语句查看，如：SELECT * FROM SA_GRADE。可以看出，建立视图后，使得查询语句变得十分简单。

6.2.4 使用 T-SQL 创建索引

由于索引非常适于包含 SELECT，UPDATE 或 DELETE 语句的各种查询，大多数关系数据库都采用了索引存储组织方式，SQL Server 2012 提供的 T-SQL 同样支持对索引结

构的操作，其主要操作包括建立索引、删除索引和修改索引等。设计良好的索引可以减少磁盘 I/O 操作，降低系统资源消耗，并提高查询的性能。

建立索引

建立索引的语句格式为：

```
CREATE [ UNIQUE ] [ CLUSTERED | NONCLUSTERED ] INDEX index_name
ON <object> ( column [ ASC | DESC ] [ ,...n ] )
[ INCLUDE ( column_name [ ,...n ] ) ]
[ WITH ( <relational_index_option> [ ,...n ] ) ]
[ ON { partition_scheme_name ( column_name )
| filegroup_name
| default
}
]
[ ; ]
```

说明：

（1）UNIQUE: 表示为表或视图创建唯一索引。唯一索引不允许两行具有相同的索引键值。视图的聚集索引必须唯一。

（2）CLUSTERED，NONCLUSTERED: 用于指定是创建聚集索引还是非聚集索引，前者表示创建聚集索引，后者表示创建非聚集索引，默认值为 NONCLUSTERED。

（3）index_name: 索引名，索引名在表或视图中必须唯一，但在数据库中不必唯一。

（4）column: 指定建立索引的一列或多列。指定索引列应注意表或视图索引列的类型不能为大型对象数据类型 ntext，text 或 image 等。通过指定多个索引列可创建组合索引，但组合索引的所有列必须取自同一表。

（5）ASC 表示索引文件按升序建立，DESC 表示索引文件按降序建立，默认设置为 ASC。

（6）INCLUDE（column_name [,...n]）: 指定要添加到非聚集索引的叶级别的非键列。

（7）ON 项：指定分区方案，该方案定义要将已分区索引的分区映射到的文件组。

（8）ON filegroup_name：为指定文件组创建指定索引。

（9）ON default: 为默认文件组创建指定索引。

【例 6-11】 为学习关系 SC 在学号 S# 列和课程号 C# 列上建立唯一索引，要求学号按升序排列，课程号按降序排列。

```
CREATE UNIQUE INDEX SC_INDEX
    ON SC(S# ASC,C# DESC)
```

说明：值得注意的是，一旦为表建立了唯一性索引，系统就不允许该表中有多行在建立唯一性索引的列上同时具有相同的值。也就是说，若欲向建立有唯一性索引的表中插入一条记录，且该记录与表中的某个已有记录在唯一性索引列上有相同值时，系统就会拒绝插入，并产生错误信息提示。例如：

表中已有记录：201401001，C020301，88

若想插入记录：201401001，C020301，92

系统将提示出错信息（见图 6-2）。建议运行此例后，运行例 6-47，注意更改插入的数据。

图 6-2 系统提示出错信息

1. 使用索引查询

【例 6-12】 使用索引查询。利用例 6-11 建立的唯一索引 SC_INDEX，查询学号 S# 为 '201401001' 的学生的课程和成绩。查询结果如图 6-3 所示。

```
USE DXGL;
SELECT *
    FROM SC WITH(INDEX (SC_INDEX))
    WHERE S# ='201401001';
```

结果 | 消息

	S#	C#	GRADE
1	201401001	C020301	88
2	201401001	C020102	92
3	201401001	C020101	92

图 6-3 索引查询结果

2. 查询索引

可以使用 T-SQL 语句查询数据库中的所有索引或属于某个数据库表的索引。

【例 6-13】 使用语句查询数据库下的所有索引（sys.indexes 是系统视图）。

```
SELECT * FROM sys.indexes; 或
SELECT * FROM sysindexes;
```

若要查找某个具体名称的索引可以使用：

```
SELECT object_id, name FROM sys.indexes WHERE name='IX_ST'; 或
SELECT id, name FROM sysindexes WHERE name='SC_INDEX';      -- 查询在例 5-2 建立的索引
```

或使用程序查找：

```
IF EXISTS(SELECT * FROM sysindexes WHERE id=object_id('表名') AND name='索引名')
    PRINT   '该索引存在! '
ELSE
    PRINT   '该索引不存在! '
```

将表名“ST”和索引名“IX_ST”代入上面的代码中，将显示正确的结果。

3. 删除索引

可以使用删除索引语句，删除当前数据库中，不需要的一个或多个关系或 XML 索引。在 SQL Server 2012 中，可以删除聚集索引，并通过指定 MOVE TO 选项将生成的表移动到单个事务中的另一个文件组或分区方案中。删除索引的语句格式为：

```
DROP INDEX<索引名>[ ,...n ]
     [ON<表名>[ ,...n ]];
```

【例 6-14】 使用删除索引语句删除索引 SC_INDEX。

```
USE DXGL;
DROP INDEX SC_INDEX ON SC;
```

4. 建立索引应考虑的一些因素

索引的基本用途是改善数据库的查询性能和保证属性的唯一性。系统维护索引是要付出一定代价的，若维护索引的代价超出查询所获得的好处，则建立索引显然是不可取的。

（1）对于经常需要进行查询、连接、统计操作且记录较多的表应当建立索引，而对于经常执行插入、删除、修改操作或记录数较少的关系应尽量避免建立索引。

（2）一个表上可以建立任意多个索引，但是索引越多，对表内数据更新时为维护索引所需的开销就越大，应当在加速查询和降低更新速度之间做出权衡。显然，一个仅仅用于查询的表建立较多的索引是合算的，但对于一个更新频繁的表则应少建立索引，甚至不建立索引。也就是说，当表上的查询操作要多于更新操作时才建立索引。

（3）通常是在表内装入数据后再建立索引，如果先建立索引再插入数据，那么每插入一个新的记录都要对索引做一次更新，并且要维护 B^- 树和 B^+ 树的平衡。

（4）建立索引的属性选择。

1）在同一表上的不同列上建立索引，其查询效率是不一样的。可以在多个列上建立索引，这在维护多属性唯一性和改善多属性查询速度上是有帮助的。然而，多属性索引中属性的先后次序对查询性能是有一定影响的，应当将最经常用的属性放在索引的最前面。索引属性的先后与表中的先后次序无关。

2）通常应在具有下列应用特点的列上建立索引。

A. 在 WHERE 子句中引用率较高的属性。

B. 连接属性。一般来说，系统在对没有建立索引的表进行连接时，要先分别按连接的列对两个表进行分类排序，再建立连接，因而影响了查询效率。由于建有索引的列的值本身是有序的，所以可直接进行连接，显然大大提高了查询效率。

C. Order By 列。由于建有索引的列的值本身是有序的，所以 Order By 时无须额外开销，从而提高了系统效率。

3）在具有下列应用特点的列上最好不要建立索引：

A. 可为空值（NULL）的列；

B. 被函数引用的列；

C. 只用于没有 WHERE 子句的查询的表；

D. 比较运算符前带有“!”(非）的列；

E. 使用了 GROUP BY 限定词的列；

F. 查询中使用了限定词 DISITINCT 的列等。

其他更详细的描述请读者参考相关书籍和帮助文档。有关数据库的安全性和完整性设计问题，将在第 13.2 节和第 13.3 节做较详细的介绍。

6.3 T-SQL 的查改增删

6.3.1 T-SQL 查询

考虑到学习上的循序渐进和便于理解，本节只介绍单表查询，即在查询语句中只涉及一个表。多表连接查询、嵌套查询等高级查询技术将在后续章节介绍。

1. SELECT 查询语句

SQL 查询语句的基本格式为：

```
SELECT  <列名或列表达式序列>
    FROM  <表名表>
    [WHERE  <条件>]
    [GROUP  BY  <列名表>
    [HAVING  <分组条件>]]
    [ORDER  BY  <列名>  [ASC|DESC]  [,<列名>  [ASC|DESC]]];
```

说明：

（1）只有前两个子句是必需的，其他子句可以根据查询和结果显示要求选择或默认。

（2）若设<列名表>为 A_1，A_2，…，A_n；<表名表>为 R_1，R_2，…，R_m，则上述查询语句的意义可表示成如下的关系代数表达式（请参阅第 9 章）：

$$\pi_{A_1, A_2, \cdots, A_n}\left(\sigma_F\left(R_1 \times R_2 \times \cdots \times R_m\right)\right)$$

（3）当不选择可选项“[WHERE <条件>]”时，SQL 查询语句为无条件查询。当选择可选项“[WHERE <条件>]”时，其中的<条件>用于指定查询所需数据必须满足的条件。

2. 无条件查询

当要查询表中的全部数据，或要查询表中某个或某些特定列上的全部数据时，就要将表中的全部行都选择出来，这时无须任何选择条件，这种查询称为无条件查询。

【例 6-15】 查询教学管理数据库中全体教工的基本信息。

```
SELECT * FROM T;
```

说明：“*”表示表的全部列名。查询结果如图 6-4 所示。

结果 | 消息

	T#	TNAME	TSEX	TBIRTH	TTITLE	TSECTION	TTEL
1	T020101	赵东伟	男	1955-09-11 00:00:00.000	教授	J0202	602111
2	T020102	钱贤美	女	1966-01-31 00:00:00.000	副教授	J0203	602112
3	T020201	孙向前	男	1960-03-24 00:00:00.000	教授	J0201	603111
4	T020202	李晓月	女	1972-07-22 00:00:00.000	讲师	J0202	603112
5	T020301	张旭君	男	1959-11-05 00:00:00.000	副教授	J0203	604111
6	T020302	王碧娴	女	1968-06-11 00:00:00.000	讲师	J0202	604112

图 6-4　无条件查询结果

【例 6-16】 查询教学管理数据库中全部教工的姓名、职称、所属教研室和电话号码。

```
SELECT TNAME, TTITLE, TSECTION, TTEL FROM T;
```

说明：本例的查询结果为四列（教工的姓名、职称、所属教研室和电话），可参考图 6-4。

【例 6-17】 利用聚合函数查询课程关系 C 中的记录数，即开课的总门数。

```
SELECT COUNT(*) FROM C;                    /* 无列名 */
SELECT COUNT(*) AS 开课总数 FROM C;        /* 列名设置为开课总数 */
```

说明：第一条语句的运行结果显示出的列是无列名的；第二条语句添加了 AS 关键字，将列名设置为“开课总数”(见图 6-5)；函数 COUNT (*) 用于统计课程关系中的总记录数。这种能够根据查询结果的记录集，或根据查询结果的记录集中某列值的特点，返回一个汇总信息的函数称为聚合函数。在 T-SQL 语言中，常用的聚合函数如表 6-1 所示。

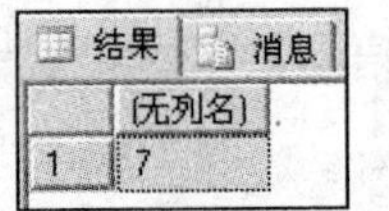

图 6-5　无条件查询结果

表 6-1　常用的聚合函数

聚合函数的名称及格式	说明
COUNT (*)	计算元组的个数
COUNT (列名)	计算某一列中数据的个数
COUNT DISTINCT (列名)	计算某一列中不同值的个数
SUM (列名)	计算某一数据列中值的总和
AVG (列名)	计算某一数据列中值的平均值
MIN (列名)	求 (字符、日期、属性列) 的最小值
MAX (列名)	求 (字符、日期、属性列) 的最大值

【例 6-18】 计算所有学生所有课程的最高分、最低分和平均分数。

```
SELECT MAX(GRADE), MIN(GRADE), AVG(GRADE) FROM SC;
```

说明：本例的运行结果是没有列名的，请根据例 6-17 的语句格式设置列名。

3. 单条件查询

在实际应用的查询语句中，更多的是有条件查询。单条件查询就是 WHERE 子句中只有一个条件表达式的查询，在条件表达式中可以使用的关系比较符如表 6-2 所示。

表 6-2　关系比较符

运算符	含义	运算符	含义
=	等于	<	小于
!= 或 <>	不等于	<=	小于等于
>	大于	IS NULL	是空值
>=	大于等于	IS NOT NULL	不是空值

【例 6-19】 查询所有学习了“Web 数据库技术”(课程号为 C020301) 的学生的学号和成绩。

```
SELECT S#, GRADE FROM SC    /* 单条件查询 */
    WHERE C# = 'C020301';
```

	S#	GRADE
1	201401001	88
2	201402002	95
3	201402003	85

图 6-6　单条件查询

说明：本例中 WHERE 子句中的条件，由唯一的条件表达式“C# =‘C020301’”构成。对应于学习关系表 SC，其查询结果如图 6-6 所示。

表 6-3　逻辑运算符

运算符	含义
NOT	逻辑非
AND	逻辑与
OR	逻辑或

4. 多条件查询

多条件查询是在 WHERE 子句中使用多个条件表达式的查询。在 T-SQL 语言中，WHERE 子句中的多个条件表达式，由表 6-3 中的逻辑运算符将它们组合在一起构成查询条件。WHERE 子句中的优先级顺序为：关系比较符的优先级高于逻辑运算符；逻辑运算符的优先级从高到低依次为 NOT，AND，OR。

【例 6-20】 查询选修了“Web 数据库技术”（课程号为 C020301）或“数据库原理”（课程号为 C020101）的学生的学号、课程号和成绩。

```
SELECT S#, C#, GRADE FROM SC              /* 多条件查询 */
    WHERE C# = 'C020301' OR C# = 'C020101';
```

【例 6-21】 在学习关系 SC 表中，找出“数据库原理”（课程号为 C020101）的成绩在 75 ～ 90 分之间的学生的学号、课程号和成绩，且成绩加 2 分。

```
SELECT S#, C#, GRADE+2 AS NewGRADE FROM SC          /* 多条件查询 2 */
    WHERE C# = 'C020101' AND (GRADE >= 75 AND GRADE <=90);
```

说明：在 T-SQL，把某数值型列的值限定在某个数值区间的比较查询条件（<、<=、>、>=），还可以用比较运算符“BETWEEN…AND”来表示，其格式为：

```
<数值型列名>  BETWEEN  <数值区间下限值>  AND  <数值区间>
```

所以，我们可以把例 6-21 的查询改写为：

```
SELECT S#, C#, GRADE+2 AS NewGRADE FROM SC          /* 多条件查询 3 */
    WHERE C# = 'C020101' AND (GRADE BETWEEN 75 AND 90);
```

当然我们也可以定义 NOT BETWEEN…AND，其含义与 BETWEEN…AND 正好相反，请读者自己练习。

5. 分组查询

在 T-SQL 中，把一行记录按某个或某些列上相同的值分组，然后再对各组进行相应操作的查询方式称为分组查询。分组查询的语句格式为：

```
SELECT  <列名表>
    FROM  <表名表>
    [WHERE  <条件>]
    [GROUP  BY  <列名表>
    [HAVING  <分组条件>]];
```

（1）GROUP BY 子句。GROUP BY 子句用来将列的值分成若干组，从而控制查询的结果排序。

【例 6-22】 计算每一位同学的平均成绩，要求给出学号和平均成绩，运行结果如图 6-7 所示。

结果 | 消息

	S#	平均成绩
1	201401001	90
2	201401002	84
3	201401003	75
4	201402001	91
5	201402002	95
6	201402003	85
7	201403001	92

图 6-7 学生的平均成绩

```
SELECT  S#, AVG(GRADE) AS 平均成绩        /* 计算每一位同学的平均成绩 */
    FROM SC
    GROUP BY S#;
```

说明：本例中“GROUP BY S#”表示将表 SC 按学号 S# 的值分成若干组。显然，分组的结果是将每个学生所学的各门课程分在同一组，根据各组中的记录计算其在分数

GRADE 属性列上的平均值，这样便得到各位同学的平均成绩。

【例 6-23】 由于 GROUP BY 的分组条件是<列名表>，所以还可以按照多个条件进行分组。求学生关系表 ST 中，各专业的男、女人数分别是多少。给出专业号、性别和人数，运行结果如图 6-8 所示。

```
SELECT SCODE#, SSEX, COUNT(*) AS 人数  /* 分组多条件查询 */
    FROM ST
    GROUP BY SCODE#, SSEX;
```

	SCODE#	SSEX	人数
1	J0201	男	1
2	J0202	男	1
3	J0203	男	2
4	J0202	女	2
5	J0203	女	1

图 6-8 分组多条件查询

（2）HAVING 子句。在数据查询中，有时希望按某种条件进行分组。一般情况是由 GROUP BY 子句指出在哪些属性上进行分组，由 HAVING 子句指出分组应满足的条件。

【例 6-24】 查询学生单科成绩大于 90 的人数，以及该科的总人数。

```
SELECT S#, GRADE, COUNT(*)          /* 带 HAVING 子句的条件查询 */
    FROM  SC
    GROUP BY S#, GRADE
    HAVING GRADE> 90;
```

说明：HAVING 子句的作用与 WHERE 子句的作用相似，不同的是 WHERE 子句是检查行记录是否满足条件，只有那些满足 WHERE 条件的行记录才能被选择出来，才能被分组（GROUP BY），才能被排序（ORDER BY）；而 HAVING 子句是用来指出每一组所应满足的条件，只有满足 HAVING 条件的那些组才能被选择出来。因此，HAVING 条件必须描述分组的属性，HAVING 条件必须与 GROUP BY 子句配对使用。

6. 运行结果排序

在一般情况下，SELECT 的查询结果是按查询的自然顺序（行记录在数据库中的存储顺序）给出，行的排列顺序没有确定含义。实际应用中，我们常常希望按照某种约定的顺序给出查询结果，使用 ORDER BY 子句可以实现查询结果的排序功能，其语句格式为：

```
SELECT  <列名表>
    FROM  <表名表>
    [WHERE  <条件>]
    ORDER  BY  <列名>  [ASC|DESC]  [,<列名>  [,ASC|DESC]]…;
```

说明：ORDER BY 子句中的<列名>用于指出查询结果排序所依据的列属性。可选项 [ASC|DESC] 指出是按递增排序（ascending，ASC），或是按递减排序（descending，DESC），系统默认为递增排序。当要按多个列进行排序时，要分别指出各个列名及它们所对应的递增或递减方式。按多个列排序的含义是，先按指定的第一个列排序；第一个列相同时，再按第二个列排序；第二个列相同时，再按第三个列排序，其余依次类推。

【例 6-25】 针对教工表 T，按教研室号递增的顺序显示所有教工的基本信息。

```
SELECT * FROM T                /* 按教研室号升序排列 */
    ORDER BY TSECTION ASC;
```

说明：由于系统默认递增排序，本例中 ORDER BY 子句的 ASC 可以省略。

【例 6-26】 按教研室号递减、教工号递增的顺序显示教工号、教工姓名、教研室号和电话号码（排序的优先顺序以语句中的优先顺序相同）。

```
SELECT T#, TNAME, TSECTION, TTEL FROM T    /* 教研室号按降序排列，教工号按升序 */
    ORDER BY TSECTION DESC, T# ASC;
```

7. 字符串的匹配

在 WHERE 子句的条件表达式中，有时需要对两个字符串的部分字符做比较，而其余字符可以任意。LIKE 比较运算符可以实现这种字符串匹配形式的比较功能。LIKE 比较运算符可以提供两种字符串匹配形式的比较，分别是下划线“_”通配符和百分号通配符“%”。

（1）下划线（_）：在做字符串比较时，如果有一个字符可以任意，则在该字符位置上用下划线替代。

（2）百分号（%）：在做字符串比较时，如果有一个长度大于等于零的子字符串可以任意，则在该子字符串位置上用百分号表示。

【例 6-27】 查询学生关系 ST 中姓张的学生的学号和姓名。

```
SELECT S#, SNAME                          /* 使用 LIKE 查询 */
    FROM ST
    WHERE SNAME LIKE  '张%';
```

说明：在 T-SQL 中，还提供了与 LIKE 含义相反的比较运算符 NOT LIKE，请读者验证。总结查询条件，我们可以得出常用的查询条件表（见表 6-4）。

表 6-4 常用的查询条件

查询条件	运算符	查询条件	运算符
单条件中的比较	=<>, >, >=, <, <=	多条件逻辑组合	NOT, AND, OR
空值与非空值条件	IS NULL, IS NOT NULL	字符串匹配	LIKE, NOT LIKE
属性的取值区间	IN, NOT IN		

6.3.2 常用函数及使用方式

SQL Server 2012 提供的常用函数主要包括字符串函数、数学函数、日期函数、系统函数等，下面分别给出部分常用函数的名称和功能介绍，详情请读者参考其他参考书。

1. 字符串函数

字符串函数主要用于对定义为 char 和 varchar 字符类型的属性进行某种转换或某种运算操作。常用的字符串函数及其功能如表 6-5 所示。其中，除 ASCII（str）和 LEN（str）函数返回数字值外，其余函数基本上都是返回字符（串）值。

表 6-5 常用的字符串函数

函数名称	功能
+	连接字符串
ASCII（str）	取字符串 str 的 ASCII 码值
CHAR（int）	返回 int 对应当 ASCII 码
LEFT（str, n）	从字符串 str 的左端开始取 *n* 个字符

（续）

函数名称	功能
LEN（str）	返回字符串 str 的长度
LOWER（str）	将字符串 str 中的大写字母转换成小写字母
LTRIM（str）	消除字符串 str 左端的空格
NCHAR（int）	返回 int 指定的 Unicode 字符
RIGHT（str, n）	从字符串 str 的右端开始取 *n* 个字符
RTRIM（str）	消除字符串 str 右端的空格
REPLACE（str, str1, str2）	将字符串 str 中的所有 str1 换成 str2
SPACE（int）	返回 int 给定的空格数
SUBSTRING（str, m, n）	从字符串 str 的第 *m* 个字符开始取出 *n* 个字符
UPPER（str）	将字符串 str 中的小写字母转换成大写字母
CAST（expression AS data_type[（length）]）	将一种数据类型的表达式显式转换为另一种数据类型
CONVERT（data_type[（length）],expression[,style]）	按指定格式将数据显式转换为另一种数据类型

【例 6-28】 查询学生姓名中含有“老”字的学生，并列出姓氏和姓名。

```
SELECT SUBSTRING(SNAME, 1, 1) AS 姓氏 , SNAME
    FROM ST
    WHERE SNAME like '%老%'
    ORDER BY SNAME;
```

说明：利用 SUBSTRING 函数截取姓名中的第一个字符，得到学生的姓氏。试想下，可否去掉 ORDER BY 子句，两种情况有何不同。

【例 6-29】 统计各教研室开设课程的门数。

由课程关系模式给出的数据表 C 可知，各门课程号的第一位由字符 C 开头，第二至第五位为教研室编号，第六至第七位是该教研室所开课程的序号。所以仅按课程关系就可以统计出各教研室所开设课程的门数，其查询语句如下：

```
SELECT SUBSTRING(C#, 3, 3) AS 教研室 , COUNT(C#) AS 开课数
    FROM C
    GROUP BY SUBSTRING(C#, 3, 3);
```

2. 数学函数

数学函数能够对数字表达式进行数学运算，主要用于数值类属性列的有关计算，并能够将结果返回给用户，其执行计算后返回数值。常用的数学函数及其功能如表 6-6 所示。

表 6-6 常用的数学函数

函数名称	功能
ABS（numeric_expression）	返回绝对值
ASIN（float_expression）	返回反正弦值
ACOS（float_expression）	返回反余弦值
SIN（float_expression）	返回正弦值
COS（float_expression）	返回余弦值
CEILING（numeric_expression）	返回大于或等于表达式的最小整数

（续）

函数名称	功能
FLOOR（numeric_expression）	返回小于或等于表达式的最大整数
EXP（float_expression）	返回给定数据的指数值
LOG（float_expression）	返回表达式的自然对数
LOG10（float_expression）	返回以 10 为底的常用对数的值
RAND（[integer_expression]）	返回 0 ～ 1 之间的一个随机数
ROUND（numeric_expression, length）	对给定值做四舍五入到指定长度
PI（ ）	返回圆周率
SIGN（numeric_expression）	按给定值是否为正、负和零，返回 1、−1 或 0
SQRT（float_expression）	返回表达式的平方根值
SQUARE（float_expression）	返回表达式的平方

【例 6-30】 求半径为 2cm、高为 2cm 的圆柱体的体积。

```
DECLARE @high float, @radius float        /* 声明变量 */
SET @high = 2
SET @radius = 2
SELECT PI()* SQUARE(@radius)* @high AS '圆柱体积';
GO
```

3. 日期时间函数

日期时间函数是 T-SQL 语言中的标准数据类型，主要用来显示有关日期和时间的信息。日期时间函数执行算术运算与其他函数一样，可以在 SQL 语句的 SELECT 和 WHERE 子句以及表达式中使用。日期时间函数返回字符串、数值或日期和时间值。常用的日期时间函数及其功能如表 6-7 所示。

表 6-7 常用的日期时间函数

函数名称	功能
DATEADD（datepart, number, daten）	将指定日期与一个日期或时间间隔相加，返回一个新值
DATEDIFF（datepart, startdate, endaten）	返回跨两个指定日期的日期和时间边界数
DATENAME（datepart, date）	返回表示指定日期的指定部分的字符串
DATEPART（datepart, date）	返回指定日期的指定部分的整数
GETDATE（ ）	返回系统的当前日期和时间
DAY（date）	返回指定日期天的整数
MONTH（date）	返回指定日期月份的整数
YEAR（date）	返回表示指定日期年份的整数
GETUTCDATE（ ）	返回当前世界时间坐标或格林尼治标准时间 datetime 值

【例 6-31】 查询出生日期在 1996 年 1 月 1 日到 1996 年 12 月 31 日之间的所有学生的学号、姓名和出生日期，并将输出转换成“年 - 月 - 日”的形式，按日期的递增顺序排列。

```
SELECT S#, SNAME, CONVERT(CHAR(11), SBIRTH, 20)      /* 日期时间函数应用 */
    FROM ST
    WHERE SBIRTH BETWEEN '1996-1-1' AND '1996-12-31'
    ORDER BY SBIRTH;
```

说明：查询语句中的日期字符串必须使用单引号，运行结果如图 6-9 所示。CONVERT 是数据类型转换函数（参见表 6-5），其格式为：

```
CONVERT ( data_type [ ( length ) ] , expression [ ,
style ] )
```

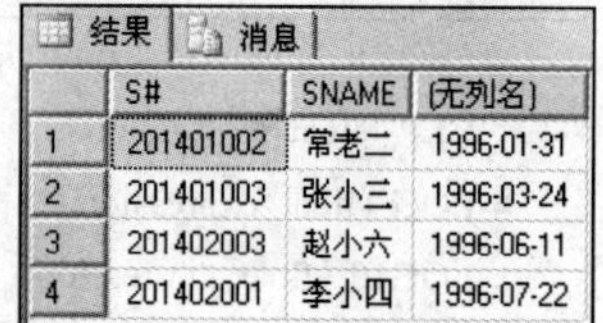

	S#	SNAME	(无列名)
1	201401002	常老二	1996-01-31
2	201401003	张小三	1996-03-24
3	201402003	赵小六	1996-06-11
4	201402001	李小四	1996-07-22

图 6-9 日期时间函数应用

4. 系统函数

系统函数可以显示 SQL Server 服务器、数据库和用户有关的特殊信息，SQL Server 2012 中，常用的系统函数如表 6-8 所示。系统函数可以用于使用表达式的地方，其调用格式为：

```
SELECT <系统函数> [AS <属性名>]
```

表 6-8 常用的系统函数

函数名称	功能
CURRENT_USER	返回当前用户的名称
DB_ID (['database_name'])	返回数据库标识（ID）号
DB_NAME (['database_id'])	返回数据库名称
HOST_ID ( )	返回工作站标识号
HOST_NAME ( )	返回工作站名称
SCHEMA_ID ([schema_name])	返回与架构名称关联的架构 ID
SCHEMA_NAME ([schema_name])	返回与架构 ID 关联的架构名称
STATS_DATE (table_id, index_id)	返回上次更新指定索引的统计信息的日期
SUSER_ID (['login'])	返回用户的登录标识号
SUSER_NAME (['server_user_id'])	返回用户的登录标识名
SYSTEM_USER	返回系统当前登录的登录标识名
USER_ID (['user'])	返回数据库用户的标识号
USER_NAME (['id'])	基于指定的标识号返回数据库用户名

【例 6-32】 系统函数调用。显示当前所使用的数据库名称和它在系统中的标识号。

```
DECLARE @now_dbase char(10), @now_ID int;  /* 显示数据库名称和它在系统中的标识号 */
SET @now_dbase = DB_NAME();
SET @now_ID = DB_ID();
SELECT '当前数据库是：'+ @now_dbase, '系统标号是：'+ CAST(@now_ID AS CHAR(10));
GO
```

说明：CAST 是数据类型转换函数，请参见表 6-5。

5. 综合实例

【例 6-33】 字符串函数应用。针对字符串“I am a student”中的每个字符，假定一个 ASCII 字符集并返回 ASCII 值以及 CHAR 字符。

```
SET TEXTSIZE 0                      -- 指定 SELECT 语句返回数据的最大长度
SET NOCOUNT ON                      -- 不返回受 T-SQL 语句影响的行数
-- 为当前字符串位置和字符串创建变量
DECLARE @position int, @string char(15)
-- 初始化变量
SET @position = 1
```

```
SET @string = 'I am a student.'
-- 输出每个字符的ASCII码值和字符
WHILE @position <= DATALENGTH(@string)    /* DATALENGTH返回表达式的字节数 */
    BEGIN
    SELECT ASCII(SUBSTRING(@string, @position, 1)) As ASCI码值,
        CHAR(ASCII(SUBSTRING(@string, @position, 1))) AS 字母
    SET @position = @position + 1
    END
SET NOCOUNT OFF                       --返回受T-SQL语句影响的行数
GO
```

【例6-34】 由RAND函数生成的四个不同的随机数。

```
DECLARE @counter smallint, @charnum char(10)
SET @counter = 1
WHILE @counter < 5
    BEGIN
        SELECT RAND() 随机数  /* 注意，属性的别名前没有用AS，也没有加引号*/
        SET @counter = @counter + 1
    END
GO
```

说明：注意，SELECT语句中，给定属性的别名前没有用AS，也没有加单引号。

【例6-35】 求1.00～10.00数字之间的平方根。

```
DECLARE @myvalue float;
SET @myvalue = 1.00;
WHILE @myvalue < 5.00
    BEGIN
         SELECT SQRT(@myvalue) "平方根"          /* 属性别名还可以加双引号 */
         SELECT @myvalue = @myvalue + 1
    END;
GO
```

6.3.3 高级查询技术

1. 多表连接查询

截至目前所涉及的查询都仅限于单表上的查询，一般称为一元查询。SQL语言允许用户在同一查询语句中从两个或多个表中查询数据，即在两个表或多个表的连接运算的基础上，再从其连接结果中选取满足查询条件的元组（记录），一般称为二元查询或多元查询。

【例6-36】 查询所有选修了“Web数据库技术”（课程号为C020301）的学生的学号和姓名。

```
SELECT  ST.S#, SNAME
    FROM  ST, SC
    WHERE  ST.S# = SC.S#  AND C# = 'C020301';
```

说明：本例为二元查询，运行结果如图6-10所示。例中查询语句涉及学生关系ST和学习关系SC两个数据表，学生姓名SNAME属性仅出现在ST中，课程号C#属性仅

出现在 SC 中，不会引起二义性，所以在二者前可以不用表名（ST，SC）限定，而学号 S# 则出现在两个表中，所以必须在它的前面加上表名限定。如条件 ST.S# = SC.S# 表示表 ST 学号属性列的属性值学号等于表 SC 学号属性列的属性值学号。

【例 6-37】 查询选修了“数据库原理”课程的学生的学号、姓名和课程名。

```
SELECT ST.S#, SNAME, CNAME
    FROM ST, SC, C
    WHERE ST.S# = SC.S# AND SC.C# = C.C# AND CNAME = '数据库原理';
```

说明：本例是三元查询。查询涉及的数据表是 ST，SC 和 C。运行结果如图 6-11 所示。

结果 | 消息

	S#	SNAME
1	201401001	孙老大
2	201402002	王小五
3	201402003	赵小六

图 6-10 二元查询

结果 | 消息

	S#	SNAME	CNAME
1	201401001	孙老大	数据库原理
2	201401002	常老二	数据库原理
3	201402001	李小四	数据库原理

图 6-11 三元查询

2. 嵌套查询

若在 SELECT 语句的 WHERE 子句中，再嵌入另一个 SELECT 语句，则称这种查询为嵌套查询。WHERE 子句中的 SELECT 语句称为子查询。在 SELECT 语句中仅嵌入一层子查询的语句称为单层嵌套查询；在 SELECT 语句中嵌入多于一层子查询的语句称为多层嵌套查询。

【例 6-38】 查询和孙老大同学（学号为 201401001）同班男生的基本信息（学号、姓名、性别、出生地、班级），并计算人数。

```
SELECT S#, SNAME,SSEX, SPLACE, CLASS, COUNT(*)
    FROM ST
    WHERE CLASS = (SELECT CLASS
        FROM ST
        WHERE S# = '201401001') AND SSEX = '男'
    GROUP BY S#, SNAME,SSEX, SPLACE, CLASS;
```

说明：本例语句的执行顺序是：先执行 WHERE 子句中嵌套的 SELECT 语句，即先从学生关系表 ST 中查找学号等于 201401001 的班级编号，然后以

```
CLASS = 已查询出的班级编号 AND SSEX = '男'
```

为条件，再从学生关系表 ST 中找满足该条件的元组（记录），并使用 COUNT 函数计算人数（此处意义不大，仅为熟悉 GROUP BY 语句）。由于嵌套查询是逐层求解，避开了连接查询的笛卡尔运算（见第 9 章），所以执行效率比较高。其查询结果如图 6-12 所示。试想，能否将本例第二个 WHERE 中的条件由学号换成姓名。

结果 | 消息

	S#	SNAME	SSEX	SPLACE	CLASS	(无列名)
1	201401001	孙老大	男	昆明市	201401	1
2	201401003	张小三	男	上海市	201401	1

图 6-12 嵌套查询

3. 查询中变更表名

在嵌套查询中，当同一个关系既出现在父查询中，又出现在子查询中，且子查询的条件涉及父查询的属性列时，为避免描述上的混淆，一般需要对该关系进行更名描述。更名描述的格式为：

```
旧表名  AS  新表名
```

【例 6-39】 检索成绩比该课程平均成绩低的学生成绩表。运行结果如图 6-13 所示。

```
SELECT S#, C#, GRADE
    FROM SC
    WHERE GRADE<(SELECT AVG(GRADE)
        FROM SC AS new_TB            /* 变更表名 */
        WHERE new_TB.C# = SC.C#);
```

	S#	C#	GRADE
1	201401002	C020101	78
2	201401003	C020202	75
3	201401001	C020301	88
4	201402003	C020301	85

图 6-13 查询中变更表名

说明：本例第一个查询 WHERE 子句中的表 SC，指的是主查询中的表 SC，第二个查询 WHERE 子句中的表 new_TB 是子查询中涉及的表 SC 的新表名。

4. 谓词演算查询

所谓基于谓词演算的查询是指把谓词看作特殊操作符的查询。作为特殊比较操作符的谓词位于 WHERE 子句的条件表达式中，使用谓词演算查询可以使许多本来比较复杂的查询变得更加容易处理，即简化查询语句，同时也可以增强查询语句的某些功能。SQL 语言是一种兼有关系代数和关系演算两者特点的语言，有关这方面的内容我们将在第 9 章中给予描述，这里的谓词演算查询将为第 9 章的关系运算做前期准备。常用的谓词操作符如表 6-9 所示。

表 6-9 常用的谓词操作符

操作符	说明
[NOT] BETWEEN a AND b	指定某属性列的测试区间 [a，b]，NOT 为相反
[NOT] LIKE	指定两个字符串的相等部分，其余用通配符替代，可以任意
ALL	比较标量值和单列集中的值，满足子查询中所有值的记录
ANY	比较标量值和单列集中的值，满足一个条件即可
SOME	比较标量值和单列集中的值，满足集合中的某些值
[NOT] IN	指定某属性列的某值属于子查询集合成员中的一个成员
[NOT] EXISTS	指定一个子查询，测试行是否存在

表 6-9 中的前两个谓词在前面已有介绍，这里不再赘述，其他几个主要谓词及其使用方法将以实例的形式逐一介绍。

（1）使用 [NOT] IN 的查询。由谓词 [NOT] IN 组成的条件表达式格式为：

```
<集合1> [NOT] IN <集合2>
```

说明：若集合 1 中的数据是集合 2 中的成员，那么其逻辑值为 true（条件成立），否则为 false。加 NOT 的含义是，若集合 1 中的数据不是集合 2 中的成员，那么其逻辑值为 true，否则为 false。其中集合 2 可以是一个元组集合，或者是一个 SELECT 子查询，即使用这个子查询的查询结果作为判断条件。

【例 6-40】 利用谓词 IN 查询实现例 6-36，即查询所有选修了“Web 数据库技术”(课程号为 C020301）的学生的学号和姓名。运行结果如图 6-10 所示。

```
SELECT ST.S#, SNAME
    FROM ST
    WHERE S# IN
    (SELECT S#
        FROM SC
        WHERE C# = 'C020301');
```

对于给定的数据表，表 1-3 ～表 1-9 的数据，子查询：

```
SELECT S#
    FROM SC
    WHERE C# = 'C020301';
```

的结果是 S# ={ 201401001, 201402002, 201402003 }，所以本例的查询语句就相当于：

```
SELECT ST.S#, SNAME
    FROM ST
    WHERE S# IN(201401001, 201402002, 201402003);
```

说明：从学生关系 ST 中，找学号属于集合 { 201401001, 201402002, 201402003 } 中的成员，即属于集合内的学生的学号和姓名。若要查询所有没选修“Web 数据库技术”的学生的学号和姓名，只须将例中的谓词 IN 改成 NOT IN 即可，运行结果如图 6-14 所示。

结果 | 消息

	S#	SNAME
1	201401002	常老二
2	201401003	张小三
3	201402001	李小四
4	201403001	钱小七

图 6-14 NOT IN 查询

【例 6-41】 使用 IN 的嵌套查询实现例 6-37，即查询选修了“数据库原理”课程的学生的学号与姓名。

```
SELECT ST.S#, SNAME
    FROM ST
    WHERE S# IN
        (SELECT S#
            FROM SC
            WHERE C# IN
                (SELECT C#
                    FROM C
                    WHERE CNAME = '数据库原理'));
```

说明：本例不可以向例 6-37 一样，在主查询的 SELECT 中，加入课程名 CNAME，因为 IN 子句中不可以用两个或以上的属性列，即在第二个子查询 SELECT 中，不可以用“C#，CNAME”两个属性列。运行结果如图 6-15 所示。

结果 | 消息

	S#	SNAME
1	201401001	孙老大
2	201401002	常老二
3	201402001	李小四

图 6-15 IN 嵌套查询

（2）使用 SOME 和 ANY 谓词。由谓词 SOME 或 ANY 组成的条件表达式格式为：

```
< 列数据 > θ SOME < 集合 >
< 列数据 > θ ANY < 集合 >
```

说明：θ 表示算术比较运算符＜、＜=、＞、＞=、=、！=。表达式所表示的含义是：

比较运算符 θ 左边的数据与右边集合中的某个或某些元素是否满足 θ 运算，满足时逻辑值为 true，否则为 false。在 SQL 语言中，SOME 和 ANY 具有相同的含义，早期的 SQL 语言版本都用的是 ANY，为了避免与英语中 ANY 的意思混淆，新的 SQL 语言版本都将其改为 SOME，在有些商用数据库版本的 SQL 语言中，同时保存了 SOME 和 ANYE 两个谓词。

【例 6-42】 利用 SOME 谓词实现例 6-40，即查询所有选修了"Web 数据库技术"(课程号为 C020301）的学生的学号和姓名。运行结果如图 6-10 所示。

```
SELECT ST.S#, SNAME
    FROM ST
    WHERE S# = SOME        /* SOME 和 ANY 两个子句可以任选一句 */
    /* WHERE S# = ANY */
        (SELECT S#
            FROM SC
            WHERE C# = 'C020301');
```

说明：由本例可见，当 SOME 前面为等号"="时，"= SOME"的作用相当于 IN，SOME 前面还可以用其他的比较运算符，如!=、>、>=、<、<=等。ANY 谓词与 SOME 谓词的用法基本相同。本例中，两条 WHERE 子句可以任选。

（3）使用 ALL 谓词。由谓词 ALL 组成的条件表达式格式为：

```
<列数据> θ ALL <集合>
```

说明：比较运算符 θ 左边的数据，满足右边集合中的所有元素。

【例 6-43】 查询考试成绩大于信息管理专业（专业代码为 J0203）所有学生的课程成绩的学生的基本信息。

```
SELECT ST.S#, SNAME, SSEX, SBIRTH, SPLACE, SCODE#, CLASS
    FROM ST, SC
    WHERE ST.S# = SC.S# AND GRADE>ALL
        (SELECT GRADE
            FROM ST, SC
            WHERE ST.S# = SC.S# AND SCODE# = 'J0203');
```

说明：运行本例，输出的查询结果没有满足条件的记录。改动表 1-7 学习关系表 SC 中的数据，交换倒数第二行和第三行，运行结果如图 6-16 所示。

结果 | 消息

	S#	SNAME	SSEX	SBIRTH	SPLACE	SCODE#	CLASS
1	201402001	李小四	女	1996-07-22 00:00:00.000	长春市	J0202	201402
2	201402003	赵小六	女	1996-06-11 00:00:00.000	湖南衡阳	J0202	201402

图 6-16 ALL 查询

（4）使用 [NOT] EXISTS 查询。[NOT] EXISTS 是一个测试谓词，在形式上类似于一个函数，其格式为：

```
[NOT] EXISTS(<集合>)
```

说明：当集合中至少存在一个元素（非空）时，其逻辑值为 true，否则为 false；加

NOT 的含义是：当集合中不存在任何元素（为空）时，其逻辑值为 true，否则为 false。谓词 EXISTS 是存在量词，通常用于测试子查询是否有返回结果。

【例 6-44】 使用 EXISTS 谓词实现例 6-40，还是查询所有选修了"Web 数据库技术"（课程号为 C020301）的学生的学号和姓名。运行结果与图 6-10 相同。

```
SELECT ST.S#, SNAME
    FROM ST
    WHERE EXISTS
        (SELECT *
            FROM SC
            WHERE SC.S# = ST.S#
                AND C# = 'C020301');
```

【例 6-45】 使用 NOT EXISTS 查询没有选修"Web 数据库技术"（课程号为 C020301）的学生的学号和姓名。运行结果与图 6-14 相同。

```
SELECT ST.S#, SNAME
    FROM ST
    WHERE NOT EXISTS
        (SELECT *
            FROM SC
            WHERE SC.S# = ST.S#
                AND C# = 'C020301');
```

6.3.4 数据的改、增、删

1. 修改数据

在 SQL 语言中，修改数据表中的数据一般由 UPDATE 语句来实现的，其语句格式为：

```
UPDATE  <表名>
SET   <列名 1>=<表达式 1>[,<列名 2>=<表达式 2>,…,<列名 n>=<表达式 n>]
[WHERE  <条件>];
```

说明："<列名 n>=<表达式 n>"指出将列"<列名 n>"的列值修改成<表达式 n>。可选项"[WHERE <条件>]"中的<条件>指定修改有关列的数据时所应满足的条件。若不选该项，则表示无条件修改表中全部元组中相应列的数据。UPDATE 语句不仅可以修改一行数据，还可以同时修改多行数据。

【例 6-46】 更改学生关系表 ST 中的学生姓名，由"孙老大"改为"孙行者"。

```
UPDATE ST
    SET SNAME = '孙行者'
    WHERE S# = '201401001';
```

说明：打开学生关系表 ST，查看学号为 201401001 的学生姓名，运行语句后被更改。

【例 6-47】 改变多条记录的数据。将所有女生的专业改为 J0203。

```
UPDATE ST                /* 修改多条记录的数据 */
```

```
    SET SCODE# = 'J0203'
    WHERE SSEX = '女';
```

说明：运行语句后，学生关系表ST中共有3条受影响的记录，还可以打开ST表确认。

2. 增添数据

向一个新建立的表或已存在的表中，增添（插入）一行元组数据，可以使用INSERT语句。向表中输入一行（单元组）数据的INSERT语句格式为：

```
INSERT  INTO  <表名>
[(列名表)]
VALUES(<值表>);
```

说明：

（1）<列名表>的格式为：<列名1>[，<列名2>，…，<列名m>]。

（2）<值表>的格式为：<常量1>[，<常量2>，…，<常量m>]，用于指出要插入列的具体值。

（3）如果选择可选项“[(<列名表>)]”，表示在插入一个新元组时，只向由<列名n>指出的列中插入数据，其他没有列出的列不插入数据，且“<列名表>”中至少必须包括在表定义中为NOT NULL的列和主键列；并且，<值表>中的属性列值必须与<列名表>中的属性列名一一对应，包括类型也必须一致。如果没有选择可选项[<列名表>]，则默认表中所有的列都要插入数据，且<值表>中的列值也必须与<列名表>中的属性列名一一对应，包括类型。

【例6-48】 在学习关系数据表SC中，插入常老二同学（学号为201401002）的“离散数学”（课程号为C020102）成绩（86分）。

```
INSERT INTO SC
    (S#, C#, GRADE)              /* 此行可以省略 */
    VALUES('201401002', 'C020102',86);
```

说明：打开SC表查看新增的元组。由于插入的元组中属性列的个数、顺序与学习关系表SC的结构完全相同，所以我们可以省略可选项，即语句可简化为：

```
INSERT INTO SC
    VALUES('201401002', 'C020102',86);
```

【例6-49】 如果在创建学习关系SC时已经把分数属性GRADE的值默认定义成0，那么在学生的考试成绩出来之前就可输入学生的学号S#和课程号C#信息，等考试成绩出来后再通过修改表内容来输入成绩。

```
INSERT INTO SC
    (S#, C#)                     /* 此行不可省略 */
    VALUES('201401002', 'C020102');
```

说明：由于S#和C#都是主键属性，所以必须插入这两个属性列的值。而且表名SC后的列名表（S#,C#）是不能省略的。

3. 删除数据

若要删除数据库内的元组（记录），在 T-SQL 语言中，对数据的删除是用 DELETE 语句实现的，其语句格式为：

```
DELETE  [FROM]  <表名>
    [WHERE  <条件>];
```

说明：删除数据库的数据分为删除行数据（元组）和删除列数据（属性）；而一般删除列数据时又有删除整列（包括属性）或删除列数据，保留属性之分。在下述的例题中我们将对此给予描述，详情读者可参考其他参考书。

【例 6-50】 在学生关系表 ST 中删除学号为 201403001 的学生信息。

```
DELETE FROM ST                    /* 删除满足条件的记录 */
    WHERE S# = '201403001';
```

【例 6-51】 删除学习关系表 SC 中 GRADE 列的所有数据，保持属性列不变。

```
UPDATE SC SET GRADE = NULL;         /* 删除 GRADE 列的所有数据，保持属性列不变 */
```

【例 6-52】 删除学习关系表 SC 中的 GRADE 属性列。

```
ALTER TABLE SC DROP COLUMN GRADE;           /* 删除 GRADE 列，包括属性名和数据 */
```

【例 6-53】 删除学习关系表 SC 中的全部信息。

```
DELETE FROM SC;                 /* 删除 SC 的所有数据，保持属性列不变 */
```

【例 6-54】 创建表结构。

```
SELECT * INTO STest FROM ST WHERE 1<>1;            /* 创建 STest 表结构 */
SELECT TOP 0 * INTO SCtest FROM SC;                  /* 创建 SCtest 表结构 */
```

4. 带有子查询的数据插入操作

上面我们介绍了 T-SQL 查、改、增、删最基本的操作，这里介绍的数据插入实质上是数据的导入，其操作的实质是从某个或某些表中查询出所需数据插入到另一个表中。语句格式为：

```
INSERT  INTO <表名>
    [(<列名表>)]
    <子查询>;
```

说明：<子查询>是一个合法的 SELECT 查询语句，其余与“2. 增添数据”中的语句含义完全相同。

【例 6-55】 向已创建表结构的表内填写数据。

```
INSERT INTO SCtest(S#, C#, GRADE)              /* 必须要有表结构 */
    SELECT S#, C#, GRADE FROM SC;
INSERT INTO SCtest                             /* 必须要有表结构，复制内容完全相同 */
    SELECT * FROM SC;
```

说明：本例在运行前必须创建表结构，也就是确定所有的属性列。

【例6-56】 设在大学管理数据库系统DXGL中，要建立某些临时表来辅助有关管理过程。若其中有一个临时表ST_C用于暂存选修了“Web数据库技术”课程的学生的学号、姓名、专业名称和班级，则必须先建立该表，其表结构为：ST_C（S#，SNAME，SSNAME，CLASS）。

则将从有关表中查询出的有关数据组成的记录，增添至该表的插入语句为：

```
INSERT INTO ST_C(S#, SNAME, SSNAME, CLASS)
    SELECT ST.S#, SNAME, SSNAME, CLASS
        FROM ST, SS
        WHERE SS.SCODE# = ST.SCODE# AND S# IN
        (SELECT S#
            FROM SC
            WHERE C# IN
            (SELECT C#
                FROM C
                WHERE CNAME = 'Web数据库技术'));
```

说明：必须在DXGL数据库中存在表ST_C，才能运行本例。可先利用例6-54创建表ST_C，然后运行本例，向表ST_C中增添查询结果所获取的数据。查看本例的运行结果，可在“对象资源管理器”的DXGL中，找到ST_C右击，选择“打开表”，其结果如图6-17所示。

S#	SNAME	SSNAME	CLASS
201401001	孙老大	计算机科学	201401
201402002	王小五	信息管理	201402
201402003	赵小六	计算机科学	201402
NULL	NULL	NULL	NULL

图6-17　表ST_C中增添的查询结果

【例6-57】 设在大学管理数据库系统DXGL中，新建一个临时表用于暂存平均成绩大于等于80分的女同学的学号和平均成绩。临时表的表结构为：S_AVG（S#，AVG_GRADE），则将从相关表中查询出的数据组成的记录，增添至该表的插入语句为：

```
INSERT INTO S_AVG(S#, AVG_GRADE)
    SELECT S#, AVG(GRADE)
        FROM SC
        WHERE S# IN
            (SELECT S#
                FROM ST
                WHERE SSEX = '女')
                GROUP BY S#
                HAVING AVG(GRADE)>=80;
```

说明：本例仍然必须先创建表S_AVG，然后再运行INSERT语句。在“对象资源管理器”中，选择表S_AVG“打开表”，查看运行结果。其结果如图6-18所示。

	S#	AVG_GRADE
▶	201401002	84
	201402003	85
*	NULL	NULL

图6-18　表S_AVG中的查询结果

5. 带有子查询条件的数据更新操作

这里介绍的数据更新与“1. 修改数据”介绍的数据修改实质上是一样的，只是在修改语句的 WHERE 子句中，增加了用子查询表示的条件。其语句格式为：

```
UPDATE  <表名>
    SET  <列名1> = <表达式1> [,<列名2> = <表达式2>,…,<列名n> = <表达式n>]
    WHERE  <带有子查询的条件>;
```

【例 6-58】 考试结束，发现“Web 数据库技术”(课程号为 C020301) 的试题难度过高，经研究决定将课程成绩提高 5%。利用带有子查询条件的数据更新完成操作，其语句为：

```
UPDATE SC
    SET GRADE = GRADE * 1.05
    WHERE C#  IN
        (SELECT C#
            FROM C
            WHERE C# = 'C020301');
```

【例 6-59】 为集中培养重点人才，学校决定在信息管理专业（专业代码为 J0203）中，将各门课程均在 85 分以上的学生单独编班为 201499。

分析：根据题意，需要修改满足条件的学生，在学生关系表 ST 中的“班级”属性。该条件的满足取决于学习关系表 SC，须找出每一门功课都大于 85 分的学生。但在一个表中进行元组数据的比较很难进行，这里我们采用先建立两个临时表 temp1 和 temp2 的方法，在两个临时表中找出符合“每门功课大于 85 分”的条件，然后再做更新操作。其实现语句为：

```
SELECT S# INTO #temp1                          /* 建立临时表 temp1 */
    FROM SC
    WHERE GRADE>85;
SELECT S# INTO #temp2                          /* 建立临时表 temp2 */
    FROM SC
    WHERE GRADE<=85;
UPDATE ST                                      /* 开始做更新操作 */
    SET CLASS = '201499'
    WHERE SCODE# = 'J0203' AND S# IN
        (SELECT DISTINCT S#                    /* 找出 temp1 中有，temp2 中无的记录 */
            FROM #temp1
            WHERE #temp1.S# NOT IN
            (SELECT S#
                FROM #temp2));
```

说明：本例所建立的临时表 temp1 和 temp2 是两个逻辑表，在 DXGL 数据库的列表中是看不到的；若须第二次运行该例，则必须撤销这两个逻辑表（撤销方法见例 6-9）。

6.4 小结

数据库、数据库表以及视图的创建、删除等，既可在 SSMS 中以可视化的方法建立或删除，也可通过 Transact-SQL 语句创建或删除，而且使用语句更快捷简便。对数据库最基本的操作是查、改、增、删，查询又是基本中的基本。实际上对数据库的操作，绝大部分使用的都是查询功能。查询不但有单表查询，可能更多的时候使用多表查询，以便为用户提供更多的视图模式。掌握多表连接查询是掌握数据库操作的最重要的技术之一。

习题6

1. 请解释下列术语。

常量	聚合函数
变量	分组查询
标识符	多元查询
语句块	嵌套查询
函数	谓词演算查询

2. 请解释 SQL Server 中的函数。
3. 请解释 SQL Server 中的表达式。
4. 请写出 Transact-SQL 语言的注释符______和续行符______。
5. 请简述空值（NULL）的含义。
6. 请问主键与列值非空（NOT NULL）有什么区别与联系？
7. 请问 HAVING 子句与 WHERE 子句的区别与联系是什么？
8. 请阐述多条件查询与分组查询的区别。
9. 请思考例 6-21 运行后，基本表的内容是否被修改？
10. 请考虑例 6-33 的英文字符串“I am a student”换成汉字，会有什么结果？
11. 请写出查询全部男生学号和姓名的语句。
12. 请分别写出创建大学管理数据库系统中学生关系表 ST、课程关系表 C、设置关系表 CS 和教工关系表 T 的表定义语句。
13. 请写出给学生关系表 ST 和课程设置关系表 CS 中插入数据记录的插入语句。
14. 请写出满足下列要求的删除语句。
    （1）从学生关系 ST 中删除出生地为“长春市”的所有学生的记录。
    （2）从学习关系 SC 中删除“王小五”同学的所有课程成绩的记录。
    （3）从学生关系 ST 中删除那些在学习关系 SC 中尚无成绩记录的学生记录。
15. 请写出满足下列要求的修改语句。
    （1）把学习关系 SC 中“离散数学”不及格的成绩全部改为 61 分。
    （2）在学习关系 SC 中修改“计算机网络基础”课程的成绩，将所有成绩低于该课程平均成绩的学生成绩提高 5%。
    （3）把学习关系 SC 中低于该门课程平均成绩的课程成绩提高 5%。
16. 请写出查询 1996 年 1 月 1 日以后出生的所有女生的学号和姓名的语句。
17. 请写出查询选修了“Web 数据库技术”课程的所有学生的学号、性别和专业。
18. 请写出至少选修了“赵东伟”老师所讲的一门课程的所有学生的学号、姓名和专业。
19. 请写出语句，学习全部课程的所有学生的学号和姓名。

20. 请写出语句，学生“李小四”学习的全部课程的课程号、课时数和任课老师姓名。
21. 请写出语句，“赵东伟”老师所开全部课程的课程号和课时数。
22. 请写出语句，全部课程的任课老师姓名。
23. 请写出语句，按出生日期的升序找出“软件工程”专业男生的学号、姓名和出生日期。
24. 请写出语句，至少选修了“计算机网络基础”课程的所有学生的学号和姓名。
25. 请写出语句，至少选修了“数据库原理”和“离散数学”两门课程的学生学号和姓名。
26. 请写出语句，没有选修“计算机网络基础”课程的所有学生的学号、姓名和专业名称。
27. 请写出语句，至少有3位学生选修的课程的课程号和课程名。
28. 请将例6-6中的属性列名改回原来的名称。
29. 上机练习作业：
    （1）使用SSMS工具创建大学教学管理数据库中的基本表。
    （2）在SSMS工具的“新建查询”编辑器中检验本章例题。
    （3）根据大学管理数据库DXGL，写出创建下列视图的语句并运行：
        1）创建学习成绩视图GRADE_T，其中属性包括：学号（S#）、姓名（SNAME）、课程号（C#）、课程名（CNAME）、课时（CLASSH）、成绩（GRADE）、任课教工编号（T#）、任课教工名称（TNAME）。
        2）创建教学水平视图TEACH_L，其中属性包括：任课教工编号（T#）、任课教工名称（TNAME）、课程号（C#）、课程名（CNAME）、课时（CLASSH）、平均成绩（AVG_GRADE）。
        3）创建课程成绩视图CG（S#，SNAME，C#，CNAME，CLASSH，GRADE）。

第 7 章

SQL Server 2012 的存储过程和触发器

7.1 概述

存储过程（stored procedure，SP）是一组编译好的 T-SQL 语句。存储过程保存在数据库服务器上，由用户通过指定存储过程名来调用。存储过程可以接受参数或输出参数，返回执行存储过程的状态值，也可以嵌套使用。触发器（trigger，T）是一种特殊的存储过程，它在指定的数据表中的数据发生变化时自动生效。触发器类似于过程或函数，但与过程又有一定的区别。过程是被显示调用的，而触发器是当事件发生时被自动调用的（称之为触发），也就是说是隐式执行的；触发器不可以像存储过程一样通过名称来调用，没有参数或返回值；也就是说，过程可能接受参数，而触发器不能接受参数，它只能通过 INSERT，UPDATE 或者 DELETE 事件来触发执行，因此只能由 SQL Server 来激活。利用数据库触发器可定义和实施任何类型的完整性规则。

7.2 存储过程

7.2.1 存储过程的创建与执行

存储过程分为系统存储过程、用户定义存储过程和临时存储过程。其主要特点有：

（1）模块化编程；

（2）代码执行效率高；

（3）数据查询效率高；

（4）减少网络流量；

（5）调用方便；

（6）安全；

（7）延迟名称解析。

1. 利用 SSMS 创建存储过程

（1）启动 SSMS 工具，连接数据库服务器，打开“对象资源管理器”。

（2）在“对象资源管理器”中，选择“数据库 /DXGL/ 可编程性 / 存储过程”右击，在弹出的快捷菜单上单击“新建存储过程”（见图 7-1），系统将打开“查询”窗口，进入创建存储过程界面（见图 7-2）。

（3）存储过程界面显示的是创建存储过程的模板，用户可以根据需求，主要在语句“ BEGIN...END”之间编写应用程序，其他一般可忽略或略去。

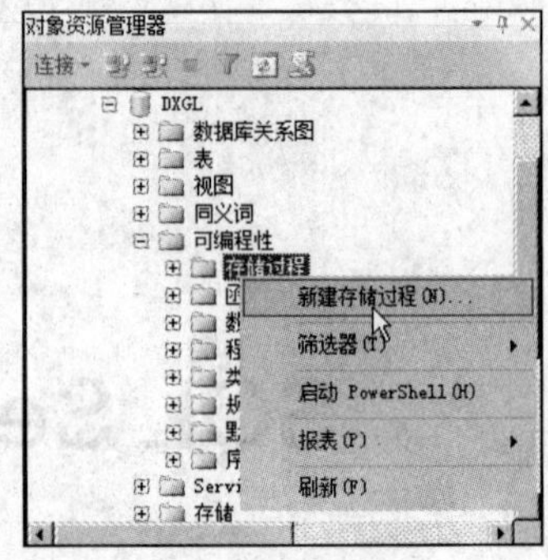

图 7-1　新建存储过程

```
SQLQuery1.sql -...ministrator (55))   2015zbCh07.sql -...ministrator (54))   2015zbCh06.sql -...ministrator (52))
-- ================================================
-- Template generated from Template Explorer using:
-- Create Procedure (New Menu).SQL
--
-- Use the Specify Values for Template Parameters
-- command (Ctrl-Shift-M) to fill in the parameter
-- values below.
--
-- This block of comments will not be included in
-- the definition of the procedure.
-- ================================================
SET ANSI_NULLS ON
GO
SET QUOTED_IDENTIFIER ON
GO
-- =============================================
-- Author:      <Author,,Name>
-- Create date: <Create Date,,>
-- Description: <Description,,>
-- =============================================
CREATE PROCEDURE <Procedure_Name, sysname, ProcedureName>
    -- Add the parameters for the stored procedure here
    <@Param1, sysname, @p1> <Datatype_For_Param1, , int> = <Default_Value_For_Param1, , 0>,
    <@Param2, sysname, @p2> <Datatype_For_Param2, , int> = <Default_Value_For_Param2, , 0>
AS
BEGIN
    -- SET NOCOUNT ON added to prevent extra result sets from
    -- interfering with SELECT statements.
    SET NOCOUNT ON;

    -- Insert statements for procedure here
    SELECT <@Param1, sysname, @p1>, <@Param2, sysname, @p2>
END
GO
```

图 7-2　编辑“新建存储过程”

2. 使用 T-SQL 创建存储过程

创建存储过程的语句格式为：

```
CREATE { PROC | PROCEDURE } [schema_name.] procedure_name [ ; number ]
    [ { @parameter [ type_schema_name. ] data_type }
    [ VARYING ] [ = default ] [ [ OUT [ PUT ]
    ] [ ,...n ]
    [ WITH <procedure_option> [ ,...n ]
    [ FOR REPLICATION ]
    AS { <sql_statement> [;][ ...n ] | <method_specifier> }
[;]
```

在设计存储过程中应遵守以下一些规则。

（1）CREATE PROCEDURE 定义自身可以包括任意数量和类型的 SQL 语句，但以下语句不能在存储过程的任何位置使用。

- CREATE AGGREGATE　　/* 创建一个用户定义的聚合函数 */
- CREATE RULE　　/* 创建名为规则的对象 */
- CREATE DEFAULT　　/* 创建称为默认值的对象 */
- CREATE SCHEMA　　/* 对新架构内创建的表和视图设置权限 */
- CREATE 或 ALTER FUNCTION　　/* 创建 / 更改用户定义函数 */
- CREATE 或 ALTER TRIGGER　　/* 创建 / 更改 DML、DDL 或登录触发器 */
- CREATE 或 ALTER PROCEDURE　　/* 创建 / 更改存储过程 */
- CREATE 或 ALTER VIEW　　/* 创建 / 更改视图 */
- USE database_name　　/* 更改为指定的数据库 */

（2）其他数据库对象均可在存储过程中创建。可以引用在同一存储过程中创建的对象，只要引用时该对象已创建即可。

（3）可以在存储过程内引用临时表。

（4）若在存储过程内创建本地临时表，则临时表仅为该存储过程而存在，退出该存储过程后，临时表将消失。

（5）若执行的存储过程将调用另一个存储过程，则被调用的存储过程可以访问由第一个存储过程创建的所有对象，包括临时表。

（6）若执行对远程 Microsoft SQL Server 2012 实例进行更改的远程存储过程，则不能回滚这些更改，即远程存储过程不参与事物处理。

【例 7-1】 创建存储过程 Teachers，列出每一位上课教师的教工号、姓名和所上的课程。

```
CREATE PROCEDURE Teachers        /* 创建存储过程 Teachers */
AS
BEGIN                             /* 可以省略 BEGIN...END */
    SELECT T.T#, TNAME, CNAME
        FROM T, TH, C
        WHERE T.T# = TH.T# AND C.C#=TH.C#
END
GO
```

3. 存储过程的执行

存储过程是数据库对象之一，类似于其他高级语言中的自定义过程或自定义函数。执行存储在数据库中的存储过程，可以使用 EXECUTE 命令调用或直接使用存储过程名调用。调用存储过程的语句格式为：

```
[ { EXEC | EXECUTE } ]
    {
    [ @return_status = ]
        { module_name [ ;number ] | @module_name_var }
        [ [ @parameter = ] { value
            | @variable [ OUTPUT ]
            | [ DEFAULT ]
    }
]
[ ,...n ]
[ WITH RECOMPILE ]
```

```
}
[;]
```

【例 7-2】 调用例 7-1 创建的存储过程 Teachers，执行结果如图 7-3 所示。

```
EXEC Teachers            /* 调用存储过程 Teachers, 可以省略 EXEC */
```

结果 | 消息

	T#	TNAME	CNAME
1	T020101	赵东伟	离散数学
2	T020102	钱贤美	数据库原理
3	T020201	孙向前	数据结构
4	T020202	李晓月	计算机网络基础
5	T020301	张旭君	Web数据库技术

图 7-3 存储过程的执行结果

7.2.2 存储过程的修改和删除

1. 在 SSMS 下修改存储过程

（1）启动 SSMS 工具，连接数据库服务器，打开“对象资源管理器”。

（2）在“对象资源管理器”中，展开“数据库 /DXGL/ 可编程性 / 存储过程”。

（3）右击选中的存储过程，如：Teachers。

（4）在弹出的快捷菜单上单击“修改”（见图 7-4），系统将打开“查询”窗口，进入存储过程编辑界面，用户按需求修改存储过程。

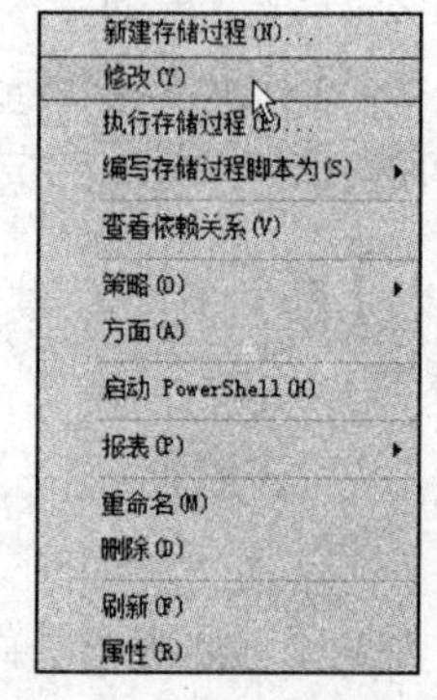

图 7-4 修改存储过程

2. 使用系统存储过程查看用户存储过程

可以根据需求，使用系统存储过程 sp_help，sp_helptext 或 sp_depends 等，查看用户创建的存储过程的相关信息。这三个系统存储过程的作用和语法如表 7-1 所示。其中 sp_depends 相当于单击图 7-4 中的“查看依赖关系”。方括号“[ ]”表示其中内容可以省略。

表 7-1 查看用户存储过程信息的系统存储

系统存储过程	作用	使用
sp_help	查看存储过程的一般信息	sp_help [@objname=] 存储过程名
sp_helptext	查看存储过程的文本信息	sp_helptext [@objname=] 存储过程名
sp_depends	查看存储过程的相关性	sp_depends [@objname=] 存储过程名

3. 使用 ALTER PROCEDURE 语句修改存储过程

使用 ALTER PROCEDURE 语句可以更改以前创建的存储过程，但不会改变权限，也不影响相关的存储过程或触发器。实际上修改存储过程的操作，相当于删除一个旧的存储过程，新建一个新的存储过程，只是存储过程名没有改变而已。修改存储过程的语句格式为：

```
ALTER { PROC | PROCEDURE } [schema_name.] procedure_name [ ; number ]
    [ { @parameter [ type_schema_name. ] data_type }
    [ VARYING ] [ = default ] [ [ OUT [ PUT ]
```

```
] [ ,...n ]
    [ WITH <procedure_option> [ ,...n ] ]
    [ FOR REPLICATION ]
AS
{ <sql_statement> [ ...n ] | <method_specifier> }
```

【例 7-3】 将存储过程 Teachers 修改成显示教工号和教师名的查询。

```
ALTER PROCEDURE Teachers
AS
    SELECT T#, TNAME          /* 查询教工号和教师名 */
    FROM T
GO
```

再次执行例 7-2，发现运行结果已经有别于图 7-3。

4. 删除存储过程

（1）直接删除。在“对象资源管理器”中，展开“数据库 /DXGL/ 可编程性 / 存储过程”，找到准备删除的存储过程（如：Teachers）右击，单击“删除”命令（见图 7-4）或按“Delete”键，在弹出的“删除对象”对话框内，单击“确定”按钮，即可完成操作。

（2）使用语句删除。可以使用 DROP EXECUTE 语句删除当前数据库中一个或多个存储过程或过程组，其语句格式为：

```
DROP { PROC | PROCEDURE } { [ schema_name. ] procedure } [ ,...n ]
```

例句：`DROP PROCEDURE Teachers          /* 删除存储过程 Teachers */`

7.2.3　存储过程应用

存储过程作为一段已编译好的代码被存放于服务器上，其内的具体操作执行内容可以是第 6 章中的大部分 T-SQL 语句。下面我们通过两个例题来了解，调用存储过程完成 T-SQL 的操作。

【例 7-4】 创建数据库 YXGL 的存储过程 Yxdb。

```
CREATE PROCEDURE Yxdb        /* 创建存储过程 Yxdb */
AS
BEGIN
    CREATE DATABASE YXGL
END
GO

EXEC Yxdb                 /* 调用存储过程 Yxdb 创建 YXGL 数据库，可以省略 EXEC */
```

说明：若已建立 YXGL 数据库，请先删除后再执行本例。

【例 7-5】 创建数据库表 Sale 的存储过程 Yxdbt。

```
USE YXGL;
GO

CREATE PROCEDURE Yxtb        /* 创建存储过程 Yxtb */
AS
```

```
BEGIN
    CREATE TABLE YXGL.dbo.Sale          /* 语句中的 dbo 不能省略 */
        (S# CHAR(9), C# CHAR(7), PRICE NUMERIC(8, 1) DEFAULT(0),
        PRIMARY KEY(S#, C#))

END
GO

EXEC Yxtb              /* 调用存储过程 Yxtb 创建 Sale 数据库表 */
```

说明：若已存在数据库表 Sale，请先删除后再执行本例。

7.3 触发器

7.3.1 触发器的创建与执行

触发器分为在触发动作之后触发的 AFTER 触发器和在数据变动之前触发的 INSTEAD OF 触发器两种类型。其特点是：

（1）与表紧密相连；

（2）基于一个表创建，但可针对多个表操作，实现数据库中相关表的级联更改；

（3）不能通过名称被直接调用，更不允许带参数；

（4）当表中数据被修改时，触发事件，自动执行；

（5）可以用于 SQL Server 约束、默认值和规则的完整性检查（请见第 13.3 节），实现更复杂的数据完整性约束；

（6）可以评估数据修改前后的表状态，并根据差异采取对策；

（7）一个表可以存在多个同类触发器（INSERT，UPDATE 或者 DELETE），对于同一个修改语句可以有多个不同的对策用以响应。

1. 利用 SSMS 创建触发器

触发器不可以像存储过程一样通过名称来调用，没有参数或返回值，它只能通过 INSERT，UPDATE 或者 DELETE 事件来触发执行，因此只能由 SQL Server 来激活。

（1）启动 SSMS 工具，连接数据库服务器，打开“对象资源管理器”。

（2）在“对象资源管理器”中，展开“数据库 /DXGL / 表”。

（3）选择任意数据表（如：教工关系表 T），展开，右击“触发器”选项。

（4）在弹出的快捷菜单中单击“新建触发器”命令（见图 7-5），系统打开查询设计器窗口，进入创建触发器界面（见图 7-6）。

（5）创建触发器界面显示的是创建触发器的模板，用户可以根据需求，主要在语句“BEGIN...END”之间编写应用程序，其他一般可忽略或略去。

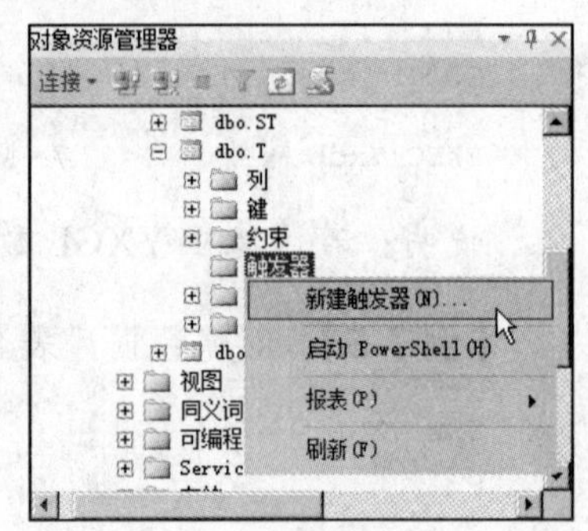

图 7-5 新建触发器

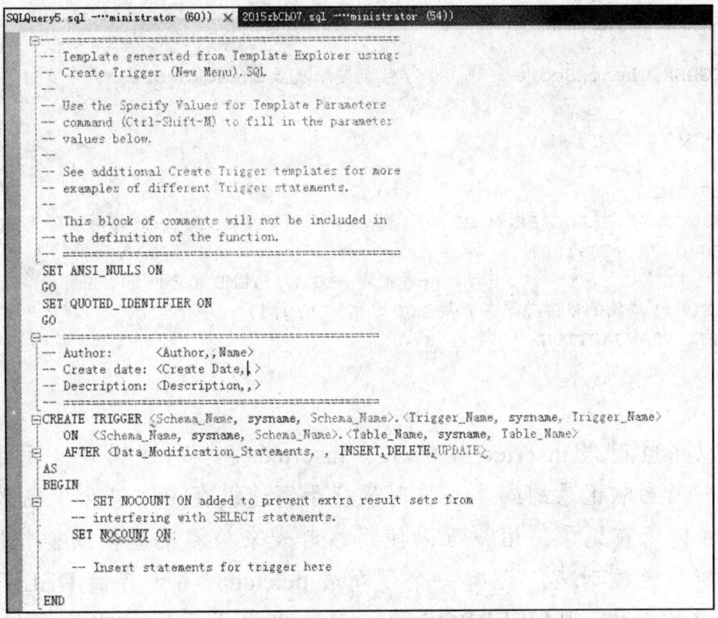

```
SQLQuery5.sql -…ministrator (60))  ×  2015zbCh07.sql -…ministrator (54))
-- ================================================
-- Template generated from Template Explorer using:
-- Create Trigger (New Menu).SQL
--
-- Use the Specify Values for Template Parameters
-- command (Ctrl-Shift-M) to fill in the parameter
-- values below.
--
-- See additional Create Trigger templates for more
-- examples of different Trigger statements.
--
-- This block of comments will not be included in
-- the definition of the function.
-- ================================================
SET ANSI_NULLS ON
GO
SET QUOTED_IDENTIFIER ON
GO
-- =============================================
-- Author:      <Author,,Name>
-- Create date: <Create Date,,>
-- Description: <Description,,>
-- =============================================
CREATE TRIGGER <Schema_Name, sysname, Schema_Name>.<Trigger_Name, sysname, Trigger_Name>
   ON  <Schema_Name, sysname, Schema_Name>.<Table_Name, sysname, Table_Name>
   AFTER <Data_Modification_Statements, , INSERT,DELETE,UPDATE>
AS
BEGIN
    -- SET NOCOUNT ON added to prevent extra result sets from
    -- interfering with SELECT statements.
    SET NOCOUNT ON;

    -- Insert statements for trigger here

END
```

图 7-6　编辑“新建触发器”

2. 使用 T-SQL 创建触发器

触发器是数据库服务器中发生事件时自动执行的特种存储过程。其创建语句格式为：

```
CREATE TRIGGER [ schema_name . ]trigger_name
ON { table | view }
 [ WITH <dml_trigger_option> [ ,...n ] ]
{ FOR | AFTER | INSTEAD OF }
{ [ INSERT ] [ , ] [ UPDATE ] [ , ] [ DELETE ] }
 [ WITH APPEND ]
 [ NOT FOR REPLICATION ]
AS { sql_statement  [ ; ] [ ...n ] | EXTERNAL NAME <method specifier [ ; ] > }
```

【例 7-6】 创建触发器 TeachINSERT，当向教工关系表 T 中插入数据成功后，系统显示“已成功向数据库插入一条记录！”。

```
CREATE TRIGGER dbo.TeachINSERT          /* 创建触发器 TeachINSERT */
    ON T
    AFTER INSERT
AS
BEGIN
    PRINT('已成功向数据库插入一条记录！')
END
GO
```

说明：运行本例创建触发器 TeachINSERT，然后运行下面的语句，检测触发器是否被事件激活。语句中的“dbo.”和“BEGIN...END”可以省略。

```
INSERT INTO T                /* 附属语句，用于检测所创建的触发器 */
   VALUES('T020305','郭齐彪','男','19780305','讲师','J0203','605201')
GO
```

【例 7-7】 为学习关系表 SC 创建触发器 CheckScore，用于检查修改成绩时，成绩是否在有效的 0 ～ 100 范围内。

```
CREATE TRIGGER CheackScore          /* 创建触发器 CheackScore */
    ON SC
    FOR UPDATE
AS
DECLARE @CJ INT
    SELECT @CJ=SC.GRADE FROM SC         /* 可以用 inserted 临时表替代 SC */
    IF (@CJ<0 OR @CJ>100)
BEGIN                          /* 一般使用 BEGIN...END 包含语句，但可以省略 */
    RAISERROR('成绩的取值必须在 0 到 100 之间! ',9,1)
    ROLLBACK TRANSACTION
END
GO
```

说明：可以用临时表 inserted 替代 SC。inserted 是一个逻辑表，用于存储 INSERT 和 UPDATE 语句所影响记录的副本。临时表存于高速缓存中，包含了在激发触发器的操作中插入或删除的所有记录，用户可以使用临时表来检测某些修改操作所产生的效果。不允许用户直接修改临时表。还有一个逻辑表 deleted，用于存储 DELETE 和 UPDATE 语句所影响记录的副本。RAISERROR 语句允许发出用户定义的错误信息，并发往客户端（见图 7-7，其中，"级别 9" 为用户定义的与该消息关联的严重级别，可选值在 0 ～ 18 之间。"状态 1" 可选择 1 ～ 127 之间的任意整数，超出范围将出错）。ROLLBACK TRANSACTION 用于对 BEGIN...END 中间的所有数据库操作的事物进行回退，恢复以前的数据。可以使用下条语句激活触发器，其结果如图 7-7 所示。

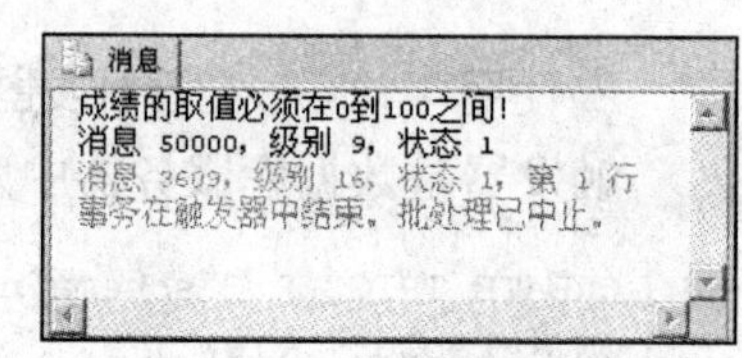

图 7-7　触发器激活的结果

```
UPDATE SC SET GRADE=110 WHERE S#='201403001' AND C#='C020302'   /* 激活触发器 */
```

7.3.2　触发器的修改和删除

1. 修改触发器

可以在查询设计窗口直接修改触发器。启动 SSMS 工具，连接数据库服务器，打开"对象资源管理器"。

（1）在"对象资源管理器"中，展开"数据库 /DXGL/ 表"，在对应表（如：SC 表）中展开"触发器"，右击选择的触发器，如：CheackScore。

（2）在弹出的快捷菜单中选择"修改"（见图 7-8），系统将打开"查询"窗口，进入触发器编辑界面，用户按需求修改触发器语句。

（3）和修改存储过程一样，我们还可以使用语句 ALTER TRIGGER 来修改触发器，如：

图 7-8　修改触发器

```
ALTER TRIGGER CheackScore /* 修改触发器 CheackScore */
    ON SC
    FOR UPDATE
AS
DECLARE @CJ INT
```

```
    SELECT @CJ=inserted.GRADE FROM inserted    /* 用 inserted 替代 SC */
    IF (@CJ>=0 AND @CJ<=100)
        PRINT('成绩输入正确!')
    ELSE
        PRINT('成绩的取值必须在 0 到 100 之间!')
GO
```

2. 删除触发器

像删除存储过程一样，删除触发器也可以使用直接或语句删除。

（1）直接删除。在“对象资源管理器”中，展开“数据库 /DXGL/ 表 /（对应的表）/ 触发器”，找到准备删除的触发器（如：CheackScore）右击，单击“删除”命令（见图 7-8）或按“Delete”键，在弹出的“删除对象”对话框内，单击“确定”按钮，即可完成操作。

（2）使用语句删除。可以使用 DROP TRIGGER 语句删除当前数据库中一个或多个触发器，其语句格式为：

```
DROP TRIGGER schema_name.trigger_name [ ,...n ] [ ; ]
```

例句：`DROP TRIGGER CheackScore          /* 删除触发器 CheackScore */`

7.3.3 触发器应用

触发器不同于存储过程，它不可以直接由系统调用执行。触发器只能是在对指定的表操作时，才有可能被 SQL Server 有效触发激活，从而被执行。

例如，在例 7-7 已建立的触发器 CheckScore 中，执行：

```
UPDATE SC SET GRADE=90 WHERE S#='201403001' AND C#='C020302'    /* 激活触发器 */
```

学号为 201403001，课程号为 C020302 的学生成绩将被改为“90”，并且系统执行完本条语句后，提示“1 行受影响”。若执行：

```
UPDATE SC SET GRADE=190 WHERE S#='201403001' AND C#='C020302'    /* 激活触发器 */
```

由于成绩的取值范围已超出 0 ～ 100，系统将激活触发器，给出出错提示（见图 7-7）。所以触发器是否被激活，完全取决于执行 SQL 语句，对表数据进行操作时，是否满足被激活的条件。当然，这些“条件”是用户事先设计好的，一般作为约束条件来使用。

7.4 小结

前面我们使用 SSMS 的可视化界面和 T-SQL 语言，完成对数据库、数据库表以及视图等的操作，本章我们使用存储过程完成一些相应的操作。存储过程不失为一种安全操作数据库的好方法，同时比在数据库系统中直接操作数据的速度更快，但执行远程存储过程时，须注意远程存储过程不参与事物处理。触发器是事物处理过程中必不可少的选择，可以帮助系统监测数据的正确处理。同时，触发器可以作为完整性约束，辅助用户建立正确的数据表，保证数据的正确性。

习题 7

1. 请问什么是存储过程？它有哪些特点？
2. 请问什么是触发器？它有哪些特点？
3. 请问存储过程与触发器的主要区别是什么？
4. 请将第 6 章习题 6 中的习题 16 ～习题 27 改用存储过程完成。
5. 上机练习作业。

（1）利用存储过程创建数据库 CKGL，要求初始大小为 3MB，最大为 100MB。

（2）利用存储过程在数据库 CKGL 内创建数据库表 ckb，要求至少 4 个字段，第一个字段不能为空，且为主键；最后一个字段为数值型，且名称为范围是 0 ～ 1。

（3）对以上的数据库表 ckb，创建触发器 ckbt，当最后一个字段超出数值范围时，提示“数值超出区域，请重新选择！”。

（4）请思考：在存储过程中能否创建触发器？怎样创建和检测？

（5）请思考：触发器可否调用存储过程？怎样调用？

第 8 章

SQL Server 2012 的命令行实用程序

8.1 概述

SQL Server 2012 除了提供大量的可视化图形管理工具以外，还提供了许多命令行实用程序，表 8-1 列出了 SQL Server 2012 的命令行实用程序［版本不同路径名略有不同，详情可参考：https://msdn.microsoft.com/zh-cn/library/ms162816（v=sql.110）.aspx］。

表 8-1　SQL Server 2012 的命令行实用程序

名称	说明	路径
bcp	用于在 Microsoft SQL Server 实例和用户指定格式的数据文件之间复制数据	x:\Program Files\Microsoft SQL Server\110\Tools\Binn
dta	用于分析工作负荷并建议物理设计结构，以优化该工作负荷下的服务器性能	x:\Program Files\Microsoft SQL Server\110\Tools\Binn
dtexec	用于配置和执行 SQL Server Integration Services（SSIS）包。该命令提示实用工具的用户界面版本称为 DTExecUI，可提供执行包实用工具	x:\Program Files\Microsoft SQL Server\110\DTS\Binn
dtutil	用于管理 SSIS 包	x:\Program Files\Microsoft SQL Server\110\DTS\Binn
Microsoft.AnalysisServices.Deployment	用于将 Analysis Services 项目部署到 Analysis Services 实例	x:\Program Files\Microsoft SQL Server\110\Tools\Binn\VSShell\Common7\IDE
osql	用于在命令提示符下输入 Transact-SQL 语句、系统过程和脚本文件	x:\Program Files\Microsoft SQL Server\110\Tools\Binn
profiler	用于在命令提示符下启动 SQL Server Profiler	x:\Program Files\Microsoft SQL Server\110\Tools\Binn
rs	用于运行专门管理 Reporting Services 报表服务器的脚本	x:\Program Files\Microsoft SQL Server\110\Tools\Binn
rsconfig	用于配置报表服务器连接	x:\Program Files\Microsoft SQL Server\110\Tools\Binn

（续）

名称	说明	路径
rskeymgmt	用于管理报表服务器上的加密密钥	x:\Program Files\Microsoft SQL Server\110\Tools\Binn
sqlagent90	用于在命令提示符下启动 SQL Server 代理	x:\Program Files\Microsoft SQL Server\<instance_name>\MSSQL\Binn
sqlcmd	用于在命令提示符下输入 Transact-SQL 语句、系统过程和脚本文件	x:\Program Files\Microsoft SQL Server\110\Tools\Binn
SQLdiag	用于为 Microsoft 客户服务和支持部门收集诊断信息	x:\Program Files\Microsoft SQL Server\110\Tools\Binn
sqllogship	应用程序可用其执行日志传送配置中的备份、复制和还原操作以及相关的清除任务，而无须运行备份、复制和还原作业	x:\Program Files\Microsoft SQL Server\110\Tools\Binn
SqlLocalDB	针对程序开发人员的 SQL Server 的执行模式	x:\Program Files\Microsoft SQL Server\110\Tools\Binn
sqlmaint	用于执行早期版本的 SQL Server 创建的数据库维护计划	x:\Program Files\Microsoft SQL Server\MSSQL11.SQLEXPRESS\MSSQL\Binn
sqlps	用于运行 PowerShell 命令和脚本。加载和注册 SQL Server PowerShell 提供程序和 cmdlet	x:\Program Files\Microsoft SQL Server\110\Tools\Binn
sqlservr	用于在命令提示符下启动和停止数据库引擎实例，以便进行故障排除等操作	x:\Program Files\Microsoft SQL Server\MSSQL11.SQLEXPRESS\MSSQL\Binn
Ssms	用于在命令提示符下启动 SQL Server Management Studio	x:\Program Files\Microsoft SQL Server\110\Tools\Binn\VSShell\Common7\IDE
tablediff	用于比较两个表中的数据以查看数据是否无法收敛，这对于排除复制拓扑故障很有用	x:\Program Files\Microsoft SQL Server\110\COM

8.2 实用程序 sqlcmd

在 SQL Server 2012 众多的命令行程序中，sqlcmd 是一个常用的命令行工具，从 DOS 的角度看，它就是一个外部命令。作为 SQL Server 2012 的一个特殊实用程序，主要用于交互执行 T-SQL 语句和脚本，以及自动执行 T-SQL 脚本任务。若要以交互方式使用 sqlcmd，或要生成可使用 sqlcmd 运行的脚本文件，需要掌握 T-SQL。我们通常以下述方式使用 sqlcmd。

（1）用户以交互方式输入 T-SQL 语句，输入方式与在命令提示符下输入的方式类似。结果将显示在命令提示符处。

（2）用户通过指定要执行的单个 T-SQL 语句，或将实用工具指向要执行的 T-SQL 语句所在的文本文件，向 sqlcmd 提交作业。输出通常定向到一个文本文件，也可显示在命令提示符处。

（3）可以在 SSMS“查询编辑器”中，使用“SQLCMD 模式”。

（4）需要说明的是，sqlcmd 可以替代 osql 和 SQL Server 更早版本提供的 isql。

1. 运行 sqlcmd

单击“开始 / 运行”，在弹出的“运行”窗口的文本栏内输入“cmd”，单击“确定”按钮，系统弹出命令行窗口。在命令提示符处，键入“ sqlcmd”，后面跟随所需的一系列选项；也可键入“ sqlcmd - ?”，查看 sqlcmd 的帮助信息，请特别注意参数对大小写字母是敏感的。有关 sqlcmd 支持选项的完整列表，以及更详细的内容，请参考其他 sqlcmd 实用工具的资料。在未指定输入文件或查询的情况下执行命令时，sqlcmd 连接到 SQL Server 的指定实例，然后显示一个新行，其中包含“1>”并且后面跟着一个闪烁的下划线（称为 sqlcmd 的提示符）。“1”表示这是 T-SQL 语句的第一行，而 sqlcmd 提示符处，则是键入 T-SQL 语句的起点位置。在 sqlcmd 的命令行中，可以键入 T-SQL 语句和 sqlcmd 命令，如 GO 和 EXIT。此时，每个 T-SQL 语句放在被称为“语句缓存”的缓冲区中。键入 GO 命令并按 Enter 键后，这些语句将发送到 SQL Server。若要退出 sqlcmd，请在新行开始处键入 EXIT 或 QUIT。

【例 8-1】 运行 sqlcmd，并输入命令。

打开命令行窗口（DOS 界面），出现如下一行内容（也可能包含其他子目录）：

```
C:\>_
```

显示表示文件夹 C:\ 为当前文件夹，如果指定文件名，则 Windows 将在此文件夹中查找这个文件。键入 sqlcmd 连接到本地计算机上的 SQL Server 默认实例，如：

```
C:\>sqlcmd
1>_
```

显示表明已连接到 SQL Server 的实例，此时 sqlcmd 可以接受 T-SQL 语句和 sqlcmd 命令。“1>”后闪烁的下划线是 sqlcmd 的提示符，表示等待键入语句或命令的位置。如，键入 USE DXGL 并按 Enter 键“↙”，然后键入 GO 并按 Enter 键。命令如下：

```
C:\>sqlcmd  ↙
1>USE DXGL;  ↙
2>GO  ↙
```

输出显示：

已将数据库上下文更改为 'DXGL'。

```
1>_
```

说明：输入 USE DXGL 后按 Enter 键，即向 sqlcmd 发出换行信号。键入 GO 后，按 Enter 键，即向 sqlcmd 发出信号将 USE DXGL 语句发送到 SQL Server 的实例。sqlcmd 随后返回一条消息，指示 USE 语句已成功完成，并显示新的“1>”提示符作为输入新语句或命令的标识。

【例 8-2】 运行 sqlcmd，输入 SELECT 语句等，键入 EXIT 退出。

```
C:\>sqlcmd  ↙
1>USE DXGL;  ↙
2>GO  ↙
```

输出显示：已将数据库上下文更改为 'DXGL'。

```
1>SELECT TOP (3) s#, sname, splace FROM ST;  ↙
2>GO  ↙
```

显示结果集如下：

```
s#           sname       splace
---------- ---------- ----------
201401001  孙老大      昆明市
201401002  常老二      乌鲁木齐
201401003  张小三      上海市
(3 行受影响)
1>EXIT
C:\>
```

说明：第二个“2>GO”后的几行内容，为 SELECT 语句的输出。生成输出后，sqlcmd 重置 sqlcmd 提示符并显示“1>”。在 1> 行输入 EXIT 后，命令窗口显示打开时的显示行。指示 sqlcmd 已退出本次会话。现在还可以再键入一个 EXIT 命令关闭本命令窗口，退出行命令的 DOS 环境（注意，两个 EXIT 的含义是不一样的）。

2. 常用 sqlcmd 选项

最常用的选项如下：

（1）服务器选项（-S），用于标识 sqlcmd 连接到的 Microsoft SQL Server 实例；

（2）身份验证选项（-E，-U 和 -P），用于指定 sqlcmd 连接到 SQL Server 实例所使用的凭据（注意：-E 选项为默认选项，无须指定）；

（3）输入选项（-Q，-q 和 -i），用于标识 sqlcmd 输入的位置；。

（4）输出选项（-O），用于指定 sqlcmd 输出所在的文件。

3. 连接到 sqlcmd 实用工具

以下是 sqlcmd 实用工具的常见用法：

（1）使用 Windows 身份验证连接到默认实例，以交互方式运行 T-SQL 语句：

```
sqlcmd -S <ComputerName>
```

注意：上述示例中，未指定 -E，因为它是默认选项，而且 sqlcmd 使用 Windows 身份验证连接到默认实例。

（2）使用 Windows 身份验证连接到命名实例，以交互方式运行 T-SQL 语句：

```
sqlcmd -S <ComputerName>\<InstanceName>
```

或

```
sqlcmd -S .\<InstanceName>
```

（3）使用 Windows 身份验证连接到命名实例，并指定输入和输出文件：

```
sqlcmd -S <ComputerName>\<InstanceName> -i <MyScript.sql> -o <MyOutput.rpt>
```

（4）使用 Windows 身份验证连接到本地计算机上的默认实例，执行查询，并在查询运行完毕后使 sqlcmd 保持运行状态：

```
sqlcmd -q "SELECT S#, SNAME FROM DXGL.dbo.ST"
```

或

```
sqlcmd -d DXGL -q "SELECT S#, SNAME FROM DXGL.dbo.ST"
```

（5）使用 Windows 身份验证连接到本地计算机上的默认实例，执行查询，将输出定向到某个文件（若指定目录不存在，则出错），并在查询运行完毕后使 sqlcmd 退出：

```
sqlcmd -Q "SELECT S#, SNAME FROM DXGL.dbo.ST" -o D:\MyOutput.txt（输出文件到指定目录下）
```

或

```
sqlcmd -d DXGL -Q "SELECT S#, SNAME FROM ST" -o D:\MyFolder\MyOutput.txt
```

（6）使用 SQL Server 身份验证连接到命名实例，以交互方式运行 T-SQL 语句，并由 sqlcmd 提示输入密码：

```
sqlcmd -U MyLogin -S <ComputerName>\<InstanceName>
```

若要查看 sqlcmd 实用工具所支持选项的列表，请在命令行窗口键入：sqlcmd -?。

4. 使用 sqlcmd 以交互方式运行 Transact-SQL 语句

要使用 sqlcmd 以交互方式执行 T-SQL 语句，应在未使用 -Q，-q，-Z 或 -i 选项指定任何输入文件或查询的情况下运行实用工具。如：

```
sqlcmd -S <ComputerName>\<InstanceName>
```

T-SQL 语句放在“语句缓存”的缓冲区中，若要清除语句缓存，可键入 :RESET。键入 Ctrl+C 将退出 sqlcmd，返回 DOS。也可以在发出 GO 命令后，键入 Ctrl+C 停止语句缓存的执行。可以在 sqlcmd 的命令行中输入“:ED”命令（输入“:ED”命令之前必须已经输入了 T-SQL 语句，在图 8-1 中，必须先输入两条语句后，再键入“:ED”命令），在编辑交互式会话中输入的 T-SQL 语句。这时，编辑器将打开（见图 8-1），编辑 T-SQL 语句，保存并关闭编辑器后，修改后的 T-SQL 语句将显示于命令窗口中。输入 GO 将运行修改后的语句。

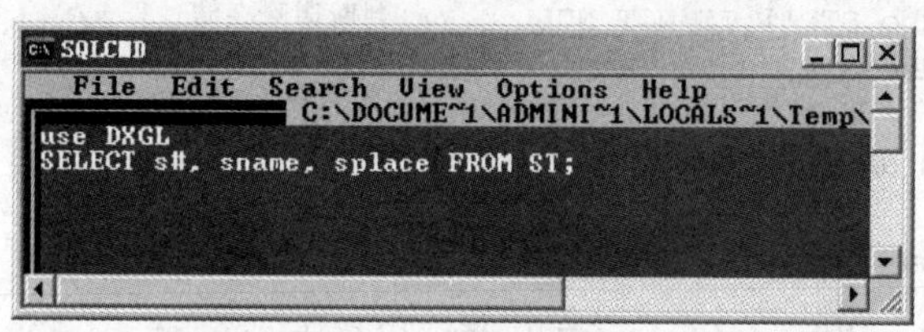

图 8-1　sqlcmd 命令下打开的编辑器

5. 使用 sqlcmd 运行 Transact-SQL 脚本文件

可以使用 sqlcmd 执行数据库脚本文件。脚本文件是一些文本文件，它们同时包含 T-SQL 语句、sqlcmd 命令和脚本变量。有关如何使用脚本变量的详细信息，请参考将 sqlcmd 与脚本变量结合使用。sqlcmd 与脚本文件中语句、命令和脚本变量的配合方式类似于它与交互输入的语句和命令的配合方式。主要区别在于 sqlcmd 从输入文件连续读取内容，而不是等待用户输入语句、命令和脚本变量。

可以通过几种不同的方式创建数据库脚本文件。

（1）可以在 SQL Server Management Studio 中以交互方式生成和调试一组 T-SQL 语句，然后将“查询”窗口中的内容另存为脚本文件。

（2）可以使用记事本等文本编辑器创建包含 T-SQL 语句的文本文件。

8.3 应用实例

【例 8-3】 使用 sqlcmd 运行脚本。

（1）启动记事本并键入以下 T-SQL 语句：

```
USE DXGL;
GO
SELECT TOP (3) s#, sname, splace FROM ST;
GO
```

（2）创建一个名为 DxglFolder 的文件夹，然后将脚本另存为文件夹 C:\DxglFolder 中的文件 DxglScript.sql。在命令提示符处输入以下命令运行脚本，并将输出放入 DxglFolder 的 DxglOutput.txt 中：

```
C:\>sqlcmd -i C:\DxglFolder\DxglScript.sql -o C:\DxglFolder\DxglOutput.txt  ↙
```

用记事本打开查看 DxglOutput.txt，显示内容如下（请参考例 8-2）：
已将数据库上下文更改为 'DXGL'。

```
s#              sname            splace
-------------   --------------   -------------
201401001       孙老大           昆明市
201401002       常老二           乌鲁木齐
201401003       张小三           上海市
(3 行受影响)
```

【例 8-4】 使用 sqlcmd 执行存储过程。

（1）在“新建查询”窗口创建存储过程。

```
USE DXGL;

IF OBJECT_ID ('dbo.STP') IS NOT NULL    /* 判断删除存储过程 */
DROP PROCEDURE dbo.STP;
GO
CREATE PROCEDURE dbo.STP                /* 创建存储过程 */
AS
SELECT TOP (3) s#, sname FROM dbo.ST;
```

（2）在 sqlcmd 提示符下，输入以下内容，执行存储过程。

```
C:\>sqlcmd  ↙
1> EXEC dbo.STP  ↙
2> GO  ↙
s#              sname
-------------   --------------
201401001       孙老大
201401002       常老二
201401003       张小三
(3 行受影响)
```

说明：若系统同时装有多个数据库系统，则须在进入 sqlcmd 时，给出数据库服务器名，如：

```
C:\>sqlcmd -S [服务器名/实例名]  ↙
```

【例 8-5】 使用 sqlcmd 进行数据库维护。

（1）创建 C:\DxglFolder>BackupDxgl.sql 空文件，写入代码如下：

```
USE Dxgl;
BACKUP DATABASE [$(db)] TO DISK='$(bakfile)';
```

（2）在 sqlcmd 提示符下，输入以下内容：

```
C:\>sqlcmd  ↙
1>:connect JSJW  ↙
```

显示：Sqlcmd: 已成功连接到服务器“JSJW”。

```
1> :setvar db Dxgl  ↙
1> :setvar bakfile c:\DxglFolder\Dxgl.bak
1> :r c:\DxglFolder\BackupDxgl.sql
2> GO
```

已将数据库更改为上下文‘Dxgl’。

已为数据库‘Dxgl’，文件‘Dxgl_Data’(位于文件 1 上) 处理了 360 页。

已为数据库‘Dxgl’，文件‘Dxgl_log’(位于文件 1 上) 处理了 3 页。

BACKUP DATABASE 成功处理了 363 页，花费 0.217 秒（13.050MB/ 秒)。

说明：JSJW 是服务器名。注意，命令前面要加冒号“:”，并注意命令与参数之间的空格。系统不同，显示的值会有不同。

【例 8-6】 可以使用 sqlcmd 连接多个实例。

```
:CONNECT <server>\,<instance1>
EXEC dbo.SomeProcedure
GO
:CONNECT <server>\,<instance2>
EXEC dbo.SomeProcedure
GO
```

【例 8-7】 以连续流返回未格式化的 XML 输出。

```
C:\>sqlcmd -d Dxgl
1>:XML ON
1>SELECT TOP 3 s# + '-' + scode# + ';  '
2>FROM ST
3>GO
201401001-J0202;  201401002-J0203;  201401003-J0201;
```

【例 8-8】 在 sqlcmd 环境下执行 DOS 命令，执行结果（见图 8-2）。

图 8-2　执行 DOS 命令 DIR 的结果

```
C:\>sqlcmd
1>:! ! DIR
```

【例 8-9】 在 Windows 脚本文件中使用 sqlcmd。在 .bat 文件中，sqlcmd 命令（如 sqlcmd -i C:\InputFile.txt -o C:\OutputFile.txt,）可以与 VBScript 一起执行。此时，不要使用交互选项。

（1）创建以下四个文件

1）C:\DxglFolder>badscript.sql

```
SELECT batch_1_this_is_an_error
GO
SELECT 'batch #2'
GO
```

2）C:\DxglFolder>goodscript.sql

```
SELECT 'batch #1'
GO
SELECT 'batch #2'
GO
```

3）C:\DxglFolder>returnvalue.sql

```
:exit(select 100)
@echo off
C:\windowsscript.bat
@echo off

echo Running badscript.sql
sqlcmd -i badscript.sql -b -o out.log
if not errorlevel 1 goto next1
echo == An error occurred

:next1

echo Running goodscript.sql

sqlcmd -i goodscript.sql -b -o out.log
if not errorlevel 1 goto next2
echo == An error occurred

:next2

echo Running returnvalue.sql
sqlcmd -i returnvalue.sql -o out.log
echo SQLCMD returned %errorlevel% to the command shell

:exit
```

4）C:\DxglFolder>windowsscript.bat

```
@echo off

echo Running badscript.sql
sqlcmd -i badscript.sql -b -o out.log
```

```
if not errorlevel 1 goto next1
echo == An error occurred

:next1

echo Running goodscript.sql
sqlcmd -i goodscript.sql -b -o out.log
if not errorlevel 1 goto next2
echo == An error occurred

:next2

echo Running returnvalue.sql
sqlcmd -i returnvalue.sql -o out.log
echo SQLCMD returned %errorlevel% to the command shell

:exit
```

（2）在命令提示符处运行 C:\DxglFolder>windowsscript.bat，显示如下。

```
C:\DxglFolder>>windowsscript.bat
Running badscript.sql
== An error occurred
Running goodscript.sql
Running returnvalue.sql
SQLCMD returned 100 to the command shell
```

8.4　小结

sqlcmd 命令行实用程序是一款运行速度快、功能强大、操作简单的使用工具；不但可以连接本地服务器，还可以连接其他服务器。熟悉和使用命令行实用程序 sqlcmd，对经常使用图形化界面的读者来说，可能会产生意想不到的效果，某些在图形界面处理时较繁杂的问题，在这里可能会变得异常简单。如果执行 sqlcmd 命令时出现乱码，可以通过修改注册表来永久更改。使用 regedit 打开注册表 HKEY_CURRENT_USER\Console\%SystemRoot%_system32_cmd.exe 下的 CodePage 项值，将原来的十进制“473”改为“936”或者十六进制的“000003a8”值（字符集 437 即美国，936 代表中国）。

习题 8

1. 请问 sqlcmd 是一个什么样的工具？
2. 请问我们通常用哪几种方式使用 sqlcmd？
3. 请简要描述 sqlcmd 的主要用途。
4. 请针对数据库 DXGL，在 sqlcmd 环境下完成以下操作。
   （1）输出学生的学号、姓名、出生地和班级。
   （2）全部课程的任课老师姓名。
   （3）选修了“Web 数据库技术”课程的所有学生的学号、性别和专业。
5. 上机练习，在 sqlcmd 环境下，请完成例 8-1 ～例 8-9。

设计开发篇

本篇导读

本篇第 9 章首先给出关系的数学定义，然后重点介绍关系代数，并简要地给出了元组关系演算和域关系演算的概念及运算原理，最后对三种关系运算之间的相互转换及其在表达能力上的等价性进行了说明。对于关系的各种运算，分别给出了与之对应的 T-SQL 语句，以利于读者验证运算结果。

本篇第 10 章先论述了关系模型中的三类完整性约束（实体完整性、参照完整性和用户定义完整性）和关系约束与关系模式的表示，然后讨论为什么要对关系模式进行规范化设计的问题，在此基础上引出函数依赖的概念和函数依赖的公理体系，接着给出关系模式的分解概念和分解方法，最后介绍关系模式的规范化方法。

本篇第 11 章依据数据库应用系统的设计开发，从用户的需求分析入手，绘制数据流图、数据字典等。从实体集之间的联系给出 E-R 模型，做出概念结构设计。在此基础上对 E-R 模型做必要的规范化设计，优化关系模型。接着描述了物理结构设计的常用技术，结合实例讲述了数据库的应用行为设计，最后介绍数据库的系统维护等。

本篇第 12 章主要描述了利用 PowerDesigner 进行数据库建模的相关知识和方法。简要介绍了 PowerDesigner 的操作环境。重点描述了概念数据模型和物理数据模型，以及这两种模型的实现方法和相互转换方法等。介绍了由物理数据模型生成数据库的正向工程和由数据库生成物理数据模型的逆向工程。

本篇第 13 章介绍了数据库中事务处理的概念。讲述了数据库的安全威胁和安全控制。结合 SQL Server 2012 介绍了数据库的完整性约束和完整性控制。对数据库的故障分类和故障的基本恢复方法、恢复策略进行了简要阐述。最后简单介绍了数据库的并发控制和锁的概念。

第9章

关系运算

关系运算分为关系代数和关系演算两类，而关系演算又分为元组关系演算和域关系演算。关系运算的理论是施加于关系上的一组高级运算，是关系数据库查询语言的理论基础。关系数据库之所以取得了巨大成功和广泛应用，就是因为它具有适合关系运算的集合运算、投影、选择、连接和商运算的数学基础，以及以这些运算为基础而建立起来的其他各种运算；从而可以对二维表格形式的关系进行任意地分割和组装，构造出用户所需的各种表格，方便实现对数据库的查询、修改、插入和删除。

9.1 关系的数学定义

关系的数学基础是集合代数理论，下面用集合论的术语和符号给出关系的严格定义。

9.1.1 笛卡尔积的数学定义

为了定义关系，有必要先定义笛卡尔积（Cartesian product）。

定义 9.1 设有属性 A_1，A_2，…，A_n 分别在值域 D_1，D_2，…，D_n 中取值，则这些值域的笛卡尔积定义为：

$$D_1 \times D_2 \times \cdots \times D_n = \{(d_1, d_2, \cdots, d_n) | d_j \in D_j, j=1, 2, \cdots, n\}$$

式中，每个元素（d_1，d_2，…，d_n）称为元组。元组中的第 j 个值 d_j 称为元组的第 j 个分量。若 D_j（j=1，2，…，n）为有限集，且其基数为 m_j（j=1，2，…，n），则笛卡尔积 $D_1 \times D_2 \times \cdots \times D_n$ 的基数为 $m = \prod_{j=1}^{n} m_j$。可见，笛卡尔积的基数即为笛卡尔积定义的元组集合中元组的个数。

例如，设 D_1={1，2，3}，基数为 3；D_2={a，b}，基数为 2；则有：

$$D_1 \times D_2 = \{(1, a), (1, b), (2, a), (2, b), (3, a), (3, b)\}$$

且其基数为 3×2=6，SQL 语句为：

```
SELECT * FROM D1,D2; --笛卡尔积运算
```

又如，若设 D_1={张三，李四}，D_2={男，女}，D_3={北京，深圳}，则：

$D_1 \times D_2 \times D_3$={（张三，男，北京），（张三，男，深圳），
（张三，女，北京），（张三，女，深圳），
（李四，男，北京），（李四，男，深圳），
（李四，女，北京），（李四，女，深圳）}

可见，笛卡尔积实际上是一个二维表，其 $D_1 \times D_2 \times D_3$ 的结果共有 $2 \times 2 \times 2=8$ 个元组（见表 9-1），SQL 语句为：

```
SELECT * FROM D1,D2,D3; --笛卡尔积运算
```

表 9-1 笛卡尔积示例

姓名（D_1）	性别（D_2）	籍贯（D_3）
张三	男	北京
张三	男	深圳
张三	女	北京
张三	女	深圳
李四	男	北京
李四	男	深圳
李四	女	北京
李四	女	深圳

9.1.2 关系的数学定义

关系的数学定义由下面的定义给出。

定义 9.2 笛卡尔积 $D_1 \times D_2 \times \cdots \times D_n$ 的任一子集称为在域 D_1，D_2，…，D_n 上的关系。值域集合 D_1，D_2，…，D_n 是关系中元组的取值范围，称为关系的域（domain），n 称为关系的目或度（degree）。

当 $n=1$ 时的关系为一元关系，当 $n=2$ 时的关系为二元关系，度为 n 时的关系称为 n 元关系。

关系之所以定义为笛卡尔积的子集，是因为只有取笛卡尔积的某个子集时，该子集中的元组才有意义。例如，在如表 9-1 所示的笛卡尔积的元组集合中，只有其中某些元组组成的集合，例如表 9-2 或表 9-3，才可能构成真正有意义的关系。

表 9-2 有意义关系示例 1

姓名	性别	籍贯
张三	男	北京
李四	女	深圳

表 9-3 有意义关系示例 2

姓名	性别	籍贯
张三	男	深圳
李四	女	北京

严格来讲，关系是一种规范化了的二维表，在关系模型中，关系有如下性质：

（1）关系中的每个属性值都是不可再分的数据单位，即关系表中不能再有子表；

（2）关系中任意两行不能完全相同，即关系中不允许出现相同的元组；

（3）关系是一个元组的集合，所以关系中元组间的顺序可以任意；

（4）关系中的属性是无序的，使用时一般按习惯排列各列的顺序；

（5）每一个关系都有一个主键唯一地标识它的各个元组。

对一个关系而言，其约束条件由上面的第（1）条、第（2）条、第（5）条决定。

9.2 关系代数及 T-SQL 语句表达

关系代数（relational algebra）有九种运算，可按不同的方式对它们进行分类。按类别可分为基于传统集合理论的关系运算和关系代数专门的关系运算：前者包括并、交、差、

广义笛卡尔积四种运算，后者包括投影、选择、连接、自然连接、商五种运算。按表示方式可分为只能用集合理论表示的关系运算和可以用五种基本运算表示的关系运算：前者包括并、差、广义笛卡尔积、投影、选择五种运算，并把这些运算称为关系代数的基本运算；后者包括交、商、连接、自然连接四种运算。

在关系代数运算中，把由并、差、广义笛卡尔积、投影、选择五种基本关系代数运算，经过有限次组合而得到的式子称为关系代数的表达式。

为了理解上的方便，下面按类别分类方式分别对其进行介绍，在介绍具体内容之前，先对本章后面用到的基本运算符号及其优先级进行约定。运算符包括：集合运算中的“属于”运算符∈、“不属于”运算符∉、“并”运算符∪、“交”运算符∩、“差”运算符—、“广义笛卡尔积”运算符 ×，算术比较运算符>、≥、<、≤、≠，逻辑运算符中的“非”运算符¬，“与”运算符∧、“或”运算符∨。除了括号的优先次序最高外，这些运算符的运算优先的次序为∈、∉为最高，算术比较运算符次之，逻辑运算符（优先次序为¬、∧、∨）最低。

9.2.1 基本的关系操作

关系模型中常用的关系操作包括查询（query）操作和修改（update）、插入（insert）、删除（delete）操作两大部分，简称查、改、增、删。

关系的查询表达能力很强，是关系操作中最基本的部分。查询操作又可以分为：并（union）、差（except）、交（intersection）、笛卡尔积、投影（project）、选择（select）、连接（join）、除（divide）等。

其中，并、差、笛卡尔积、投影、选择是五种基本操作。其他操作可以用基本操作来定义或导出，就像乘法运算可以用加法来定义和导出一样。

关系操作的特点是集合操作方式，即操作的对象和结果都是集合。这种操作方式也称为一次一集合（set-at-a-time）的方式。相应地，非关系数据模型的数据操作方式则为一次一记录（record-at-a-time）的方式。

9.2.2 传统集合理论的关系运算

基于传统集合理论的关系运算是二目运算，包括并、差、交、广义笛卡尔积四种运算。

1. 并（union）

设关系 R 和 S 具有相同的关系模式，R 和 S 的并是由属于 R，或属于 S，或同时属于 R 和 S 的所有元组组成的集合，记为 $R \cup S$，并定义为：

$$R \cup S=\{t \mid t \in R \vee t \in S\}$$

式中，“∪”为并运算符，“t”为元组变量。

R 和 S 具有相同关系模式的假设决定了 R 和 S 是同目关系，且运算结果中的元组具有同样多的分量。

2. 差（difference）

设关系 R 和 S 具有相同的关系模式，R 和 S 的差运算是属于 R 但不属于 S 的元组组成的集合，记为 $R-S$，并定义为：

$$R-S=\{t \mid t \in R \vee t \notin S\}$$

式中，“-”为差运算。

差运算实质上是从前一个关系 R 中减去它与后一个关系 S 相同的那些元组。

3. 交（intersection）

设关系 R 和 S 具有相同的关系模式，R 和 S 的交是由既属于 R 也属于 S 的所有元组组成的集合，记为 $R \cap S$，并定义为：

$$R \cap S=\{t \mid t \in R \wedge t \in S\}$$

式中，“∩”为交运算符。

交运算实质上是求同时存在与关系 R 和 S 中的所有相同的元组，其结果显然是一个与 R 和 S 同目的关系。

4. 广义笛卡尔积（extended cartesian product）

设关系 R 和 S 的目数分别为 r 和 s，R 和 S 的广义笛卡尔积是一个 $r+s$ 目的元组集合，每个元组的前 r 个分量来自 R 中的一个元组，后 s 个分量来自 S 中的一个元组，记为 $R \times S$，并定义为：

$$R \times S=\{t \mid t=(t^r,\ t^s) \wedge t^r \in R \wedge t^s \in S\}$$

式中，“×”为广义笛卡尔积运算符；t^j 表示 t 的目数为 j。

广义笛卡尔积的运算过程是用 R 的第 i（i=1，2，…，m）个元组与 S 的全部元组（设有 n 个）结合成 n 个元组，所以 $R \times S$ 有 $m \times n$ 个元组。

【例 9-1】 设有如图 9-1 所示的关系 R_1，R_2 和 R_3。则基于传统集合理论的四种关系运算以及运算结果见图 9-2。

A	B	C
a	b	c
a	d	e
f	d	c

a）关系 R_1

A	B	C
a	d	c
f	d	c
f	d	e

b）关系 R_2

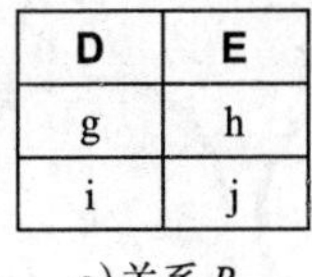

D	E
g	h
i	j

c）关系 R_3

图 9-1 关系 R_1，R_2 和 R_3

A	B	C
a	b	c
a	d	c
a	d	e
f	d	c
f	d	e

a）$R_1 \cup R_2$

A	B	C
a	b	c
a	d	e

b）$R_1 - R_2$

A	B	C
f	d	c

c）$R_1 \cap R_2$

A	B	C	D	E
a	b	c	g	h
a	d	e	g	h
f	d	c	g	h
a	b	c	i	j
a	d	e	i	j
f	d	c	i	j

d）$R_1 \times R_3$

图 9-2 关系 R_1，R_2 和 R_3 的并、差、交和广义笛卡尔积运算结果

作为得到关系 R_1，R_2 和 R_3，并、交、差和广义笛卡尔积运算结果的 T-SQL 语句为：

（1）并（$R \cup S$）：

```
SELECT A,B,C FROM R1 UNION SELECT A,B,C FROM R2;    --并运算
```

```
SELECT R1.* FROM R1 FULL JOIN R2 ON R1.id=R2.id  /* 参考语句，但须在原表中加id属性列 */
```

（2）差（$R-S$）：

```
SELECT DISTINCT * FROM R1 WHERE NOT EXISTS     -- 差运算（标准语句）
    (SELECT * FROM R2 WHERE R1.A=R2.A AND R1.B=R2.B AND R1.C=R2.C);
SELECT DISTINCT * FROM R1                      -- 差运算（简单语句），Distinct 可以省略
   EXCEPT                                      -- 从左查询中返回右查询没有找到的所有非重复值
SELECT * FROM R2;
```

（3）交（$R\cap S$）：

```
SELECT DISTINCT * FROM R1 WHERE EXISTS         -- 交运算（标准语句）
    (SELECT * FROM R2 WHERE R1.A=R2.A AND R1.B=R2.B AND R1.C=R2.C);
SELECT R1.* FROM R1 INNER JOIN R2              -- 交运算
    ON R1.A=R2.A AND R1.B=R2.B AND R1.C=R2.C;
SELECT R1.* FROM R1 JOIN R2                    -- 交运算，去掉 INNER 也可以
    ON R1.A=R2.A AND R1.B=R2.B AND R1.C=R2.C;
SELECT DISTINCT * FROM R1                      -- 交运算（简单语句），Distinct 可以省略
   INTERSECT                                   -- 返回两边查询都存在的所有非重复值
SELECT * FROM R2;
```

（4）笛卡尔积（$R\times S$）：

```
SELECT * FROM R1 CROSS JOIN R3;                -- 笛卡尔积（标准语句）
SELECT * FROM R1,R3;                           -- 笛卡尔积
```

显而易见，差运算语句仅仅是在交运算语句的基础上添加了一个关键字“NOT”，从图形上看更加直观（见图 9-3）。并运算的结果是关系 R_1 和关系 R_2 共同的部分（去掉相同项）；交运算的结果是关系 R_1 和关系 R_2 共有的部分；差运算的结果是从关系 R_1 中剔除与关系 R_2 共有的所余下部分。

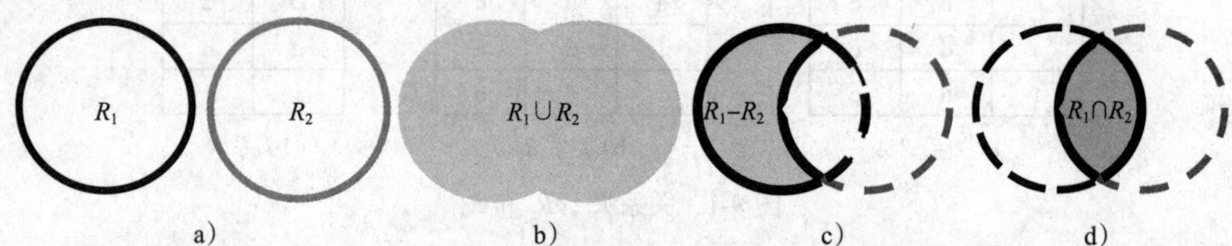

图 9-3 关系 R_1 和 R_2 并、交、差运算的图形描述

9.2.3 关系代数专门的关系运算

关系代数专门的关系运算包括投影运算、选择运算、连接运算、自然连接运算、商运算五种。

1. 投影（projection）

设关系 R 为 r 目关系，其元组变量为 $t^r=(t_1,t_2,\cdots,t_r)$，关系 R 在其分量 A_{j_1}，A_{j_2}，…，A_{j_k}（$k\leqslant r$，j_1，j_2，…，j_k 为 1 到 r 之间互不相同的整数）上的投影是一个 k 目关系，并定义为：

$$\pi_{j_1,j_2,\cdots,j_k}(R)=\{t\mid t=(t_{j_1},\ t_{j_2},\ \cdots,\ t_{j_k})\wedge(A_{j_1},\ A_{j_2},\ \cdots,\ A_{j_k})\in R\}$$

式中，“π”为投影运算符。

投影运算是按照 j_1，j_2，…，j_k 的顺序（或按照属性名序列 A_{j_1}，A_{j_2}，…，A_{j_k}），从关系 R 中取出列序号为 j_1，j_2，…，j_k（或属性名序列为 A_{j_1}，A_{j_2}，…，A_{j_k}）的 k 列，并除去结果中的重复元组，构成一个以 $j_1, j_2, \cdots, j_k$ 为顺序（或以 $A_{j_1}, A_{j_2}, \cdots, A_{j_k}$ 为属性名序列）的 k 目关系。

投影运算实质上是一种对关系按列进行垂直分割的运算，运算的结果是保留原关系中投影运算符下标所标注的那些列，消除原关系中投影运算符下标中没有标注的那些列，并去掉重复元组。

为了表述上的方便，投影运算符中所选列的标注采用列序号或列属性两种标注方式。例如，选取关系 R（A，B，C，D）中的第一列、第二列和第四列的投影运算符 $\pi_{1,2,4}$ 和 $\pi_{A,B,D}$ 两种表示方式是等效的。

2. 选择（selection）

设 F 是一个命题公式，其运算对象是常量或元组分量（属性名或列序号），运算符为算术比较运算符（<、≤、>、≥、=、≠）和逻辑运算符（¬、∧、∨）。则关系 R 关于公式 F 的选择运算记为 $\sigma_F(R)$，并定义为：

$$\sigma_F(R)=\{t \mid t \in R \wedge F=\text{true}\}$$

式中，"σ"为选择运算符。

选择运算是从 R 中挑选满足公式 F 的那些元组，其实质上是对关系按行进行水平分割的运算，运算结果是由那些符合命题公式 F 的元组组成的集合。

【例 9-2】 对于图 9-3 中的关系 R_1 和 R_2，投影运算 $\pi_{1,2}(R_2)$ 和选择运算 $\sigma_{B='d' \wedge C='e'}(R_1)$ 的结果如图 9-4 所示。

其运算结果对应的 T-SQL 语句为：

```
SELECT DISTINCT A, B FROM R1;                          -- 投影运算
SELECT DISTINCT * FROM R1 WHERE B='d' AND C='e';       -- 选择运算
```

说明：语句中必须加"DISTINCT"，以剔除重复的元组。$\pi_{1,2}(R_1)$ 与 $\pi_{A,B}(R_2)$ 等效。

A	B
a	b
a	d
f	d

a) $\pi_{1,2}(R_1)$

A	B	C
a	d	e

b) $\sigma_{B='d' \wedge C='e'}(R_1)$

图 9-4 对图 9-1 中的 R_1 和 R_2 的选择和投影运算结果

3. 商（quotient）

设关系 R 和 S 的目数分别为 r 和 s，且 $r > s$，$S \neq \varnothing$（S 非空），则关系 R 关于 S 的商是一个由 $r-s$ 目元组组成的集合，且如果 $t^{r-s} \in \pi_{1,2,\cdots,r-s}(R)$，则 t^{r-s} 与 S 中的每一个元组 u^s 组成的新元组（t^{r-s}，u^s）必在关系 R 中。关系 R 关于 S 的商记为 $R \div S$，并定义为：

$$R \div S=\{t \mid t=(t_1^r, t_2^r, \cdots, t_{r-s}^r) \wedge \text{“如果 } t^{r-s} \in \pi_{1,2,\cdots,r-s}(R), \text{则对于所有 } u_s \in S, \text{成立 } (t^{r-s}, u^s) \in R\text{”}\}$$

式中，“÷”为商运算符；t_j^r 是商运算的结果关系的元组 t 的第 j 个分量。

根据定义计算 $R \div S$ 的基本步骤是：

（1）计算 $\pi_{1,2,\cdots,r-s}(R)$；

（2）对于 $\pi_{1,2,\cdots,r-s}(R)$ 中的每一个元组 t^{r-s} 和所有的 $u^s \in S$，如果均有 $(t^{r-s}, u^s) \in R$ 成立，则 t^{r-s} 属性结果关系 $R \div S$ 中的元组；如果至少存在一个 $u^s \notin S$，使得 $(t^{r-s}, u^s) \in R$，则 t^{r-s} 不属于结果关系 $R \div S$ 中的元组。

【例 9-3】 已知关系 R 和 S 如图 9-5a 和图 9-5b 所示。求 $R \div S$。

A	B	C	D
a	b	c	d
a	b	e	f
b	c	e	f
e	d	c	d
e	d	e	f
a	b	d	e

a）关系 R

C	D
c	d
e	f

b）关系 S

A	B
a	b
e	d

c）关系 $R \div S$

图 9-5 例 9-3 的商运算示例

由图 9-5 可知，r=4，s=2，所以定义式应为：

$$R \div S = \{t \mid t = (t_1^r t_2^r) \wedge \text{“如果 } t^2 \in \pi_{1,2}(R),$$

则对于所有 $u^2 \in S$，成立 $(t^2, u^2) \in R$”}

由 R 知 $\pi_{1,2}(R) = \{(a, b), (b, c), (e, d)\}$，且 $S = \{(c, d), (e, f)\}$。

因为：对于 $t^2=(a, b) \in \pi_{1,2}(R)$ 和所有的 $u^2 \in S$，同时成立 $(a, b, c, d) \in R$ 和 $(a, b, e, f) \in R$，所以 $(a, b) \in R \div S$；对于 $t^2=(e, d) \in \pi_{1,2}(R)$ 和所有的 $u^2 \in S$，同时成立 $(e, d, c, d) \in R$ 和 $(e, d, e, f) \in R$，所以 $(e, d) \in R \div S$。

但对于 $t^2=(b, c)$ 和所有的 $u^2 \in S$，$(b, c, e, f) \in R$ 成立，但 $(b, c, c, d) \in R$ 不成立，即 $(b, c, c, d) \notin R$，所以 $(b, c) \notin R \div S$。所以可得如图 9-5c 所示的运算结果。

完成 $R \div S$ 的 T-SQL 语句为：

```
CREATE TABLE #1(A char(1),B char(1),C char(1),D char(1))
INSERT #1 VALUES( 'a ', 'b ', 'c ', 'd ')
INSERT #1 VALUES( 'a ', 'b ', 'e ', 'f ')
INSERT #1 VALUES( 'b ', 'c ', 'e ', 'f ')
INSERT #1 VALUES( 'e ', 'd ', 'c ', 'd ')
INSERT #1 VALUES( 'e ', 'd ', 'e ', 'f ')
INSERT #1 VALUES( 'a ', 'b ', 'd ', 'e ')

CREATE TABLE #2 (C char(1),D char(1))
INSERT #2 VALUES( 'c ', 'd ')
INSERT #2 VALUES( 'e ', 'f ')
SELECT a,b FROM #1 bb
    WHERE exists(SELECT 1
    FROM (SELECT distinct #1.A,#1.B,#2.C  c,#2.D  d
        FROM #1,#2) aa
        WHERE aa.a=bb.a AND aa.b=bb.b AND aa.c=bb.c AND aa.d=bb.d)
```

```
    GROUP BY a,b HAVING COUNT(*) > 1
DROP TABLE #1          --这两条语句可以省略
DROP TABLE #2
```

说明：若要重复运行"$R \div S$"，则两条 DROP 语句不可省略。详情请参考其他资料。

4. 连接（join）

设关系 R 和 S 的目数分别为 r 和 s，θ 是算术比较运算符，则关系 R 和 S 关于 R 的第 j 列与 S 的第 k 列的 θ 连接运算是一个 $r+s$ 目元组组成的集合，并定义为：

$$R \underset{j\theta k}{\bowtie} S = \left\{ t \mid t = \left(t^r,\ t^s \right) \wedge t^r \in R \wedge t^s \in S \wedge t_j^s \theta t_k^s \right\}$$

式中，$\underset{j\theta k}{\bowtie}$ 为连接运算符；$j\theta k$ 为连接运算的条件标识。

上述连接运算的含义为，连接运算的条件是关系 R 的元组的第 j 个分量与关系 S 的元组的第 k 列做 θ 比较运算。t^r 和 t^s 分别表示 R 和 S 的元组变量，t_j^r 表示关系 R 的元组变量 $t^r = \left(t_1^r, t_2^r, \cdots, t_r^r \right)$ 的第 j 个分量 t_k^s，表示关系 S 的元组变量 $t^s = \left(t_1^s, t_2^s, \cdots, t_s^s \right)$ 的第 k 个分量。$t_j^r\ \theta\ t_k^s$ 表示按照 R 的第 j 列与 S 的第 k 列之间满足算术比较条件 θ 运算进行连接。

连接运算的过程是用 R 中的每个元组的第 j 个分量与 S 中的每个元组的第 k 个分量做 θ 比较运算，当满足比较条件时，就把 S 的该分量所在的元组接在 R 的相应元组的右边构成一个新关系的元组，即连接运算结果中的一个元组；当不满足比较条件时，继续下一次比较，直到关系 R 和 S 中的元组均比较完为止。

在实际应用中，连接运算的条件可能是多个，这时可将连接运算一般地记为 $R \underset{F}{\bowtie} S$，其中 $F=F_1 \wedge F_2 \wedge \cdots \wedge F_m$，每个 F_q（$q=1,2,\cdots,m$）是形如 $j\theta k$ 的式子，且 j 为 R 的第 j 个分量，k 为 S 的第 k 个分量。

在连接运算中，如果每个 F_q 中的 θ 为"="，则称为等值连接。

【例 9-4】 已知关系 R 和 S 如图 9-6a 和图 9-6b 所示。求 $R \underset{2<1}{\bowtie} S$（$R \underset{B<D}{\bowtie} S$）。

由定义式：$R \underset{2<1}{\bowtie} S = \{ t \mid t = (t^r, t^s) \wedge t^r \in R \wedge t^s \in S \wedge t_2^r < t_1^s \}$ 可直接得到图 9-6c 的运算结果。

A	B	C
1	2	3
4	5	6
7	8	9

a) 关系 R

D	E
3	1
6	2

b) 关系 S

	A	B	C	D	E
1	1	2	3	3	1
2	1	2	3	6	2
3	4	5	6	6	2

c) 连接运算结果

图 9-6 连接运算示例

完成连接 $R \underset{B<D}{\bowtie} S$ 的 T-SQL 语句为：

```
SELECT DISTINCT R.*, S.* FROM R
    INNER JOIN S ON R.B<S.D;                        --连接运算①
```

```
SELECT DISTINCT R.*, S.* FROM R, S WHERE R.B<S.D;                    -- 连接运算②
```

5. 自然连接（natural join）

设关系 R 和 S 的目数分别为 r 和 s，且关系 R 和 S 的属性中有部分相同属性 A_1，A_2，…，A_k，则 R 和 S 的自然连接为一个 $r+s-k$ 目元组组成的集合，记为 $R \bowtie S$，并定义为：

$$R \bowtie S = \left(t \mid t = \left(t^r, \overline{t^s}\right) \wedge t^r \in R \wedge t^s \in S \wedge R.A_1 = S.A_1 \wedge \cdots \wedge R.A_k = S.A_k\right)$$

式中，"$\bowtie$"为自然连接运算符；$\overline{t^s}$ 表示从关系 S 的元组变量 $t^s = \left(t_1^s, t_2^s, \cdots, t_s^s\right)$ 中去掉分量 $S.A_1$，$S.A_2$，…，$S.A_k$ 后所形成的新元组变量。

自然连接运算的过程是，用关系 R 的每个元组中的与属性 A_1，A_2，…，A_k 相对应的那些分量和关系 S 的每个元组中的与属性 A_1，A_2，…，A_k 相对应的那些分量进行比较，比较条件是 $R.A_1=S.A_1$，$R.A_2=S.A_2$，…，$R.A_k=S.A_k$，当比较条件都满足时，就从关系 S 中的正在比较的那个元组中去掉被比较的 k 个分量后，把剩余的分量依原序接在关系 R 中的正在比较的那个元组的右边构成一个新关系的元组，即得到自然连接运算结果的一个元组；当至少有一个条件不满足时，继续下一次比较，直到关系 R 和 S 中的元组均比较完为止。

自然连接与等值连接类似，其不同之处如下所述。

（1）当两个关系 R 和 S 中有相同属性时，自然连接与等值连接都是判断在那些相同属性上是否相等。但自然连接公共属性只出现一次，而等值连接公共属性则要重复出现。

（2）当关系 R 和 S 无公共属性时，R 与 S 的自然连接即为 R 与 S 的广义笛卡尔积。

【例 9-5】 已知关系 R 和 S 如图 9-7a 和图 9-7b 所示。求 $R \bowtie S$。

A	B	C
a	b	c
d	b	c
b	b	f
c	a	d

a）关系 R

B	C	D
b	c	d
b	c	e
a	d	b

b）关系 S

	A	B	C	D
1	a	b	c	d
2	a	b	c	e
3	c	a	d	b
4	d	b	c	d
5	d	b	c	e

c）关系 $R \bowtie S$

图 9-7　自然连接运算结果

由图 9-7 可知，关系 R 和 S 的属性中相同的属性有 B 和 C，所以由定义式：

$$R \bowtie S = \left(t \mid t = \left(t^r, \overline{t^s}\right) \wedge t^r \in R \wedge t^s \in S \wedge R.B = S.B \wedge R.C = S.C\right)$$

可直接得到如图 9-7c 所示的运算结果。

完成连接 $R \bowtie S$ 的 T-SQL 语句为：

```
SELECT DISTINCT R.*, S.D FROM R
    INNER JOIN S ON R.B=S.B AND R.C=S.C;   -- 连接运算①
SELECT DISTINCT R.*, S.D FROM R, S
    WHERE R.B=S.B AND R.C=S.C;             -- 连接运算②
```

9.2.4 用基本关系运算表示四种非基本关系运算

在关系代数运算中，交、商、连接、自然连接四种运算除了可以用集合理论定义外，还可以用并、差、广义笛卡尔积、投影和选择五种基本关系代数运算表示（定义）。

下面给出用五种基本关系代数运算表示的交、商、连接、自然连接四种关系代数运算，同时通过举例，进一步复习五种基本关系代数的运算方法。

1. 交

设关系 R 和 S 具有相同的关系模式。用五种基本的关系代数运算可将 R 与 S 的交定义为：

$$R \cap S=R-(R-S)$$

或

$$R \cap S=S-(S-R)$$

2. 商

设关系 R 和 S 的目数分别为 r 和 s，且 $r>s$，$S \neq \varnothing$。用五种基本关系代数运算可将 R 关于 S 的商定义为：

$$R \div S=\pi_{1,2,\cdots,r-s}(R)-\pi_{1,2,\cdots,r-s}((\pi_{1,2,\cdots,r-s}(R)\times S)-R)$$

【例 9-6】 已知关系 R 和 S 如图 9-8a 和图 9-8b 所示。用五种基本关系代数运算定义的商运算求 $R \div S$。

A	B	C	D
a	b	c	d
a	b	e	f
b	c	e	f
e	d	c	d
e	d	e	f
a	b	d	e

a）关系 R

C	D
c	d
e	f

b）关系 S

A	B
a	b
b	c
e	d

c）$\pi_{1,2}(R)$

A	B	C	D
a	b	c	d
a	b	e	f
b	c	c	d
b	c	e	f
e	d	c	d
e	d	e	f

d）图 9-8c × S

A	B	C	D
b	c	c	d

e）图 9-8d−R

A	B
b	c

f）图 9-8e−R

A	B
a	b
e	d

g）图 9-8c− 图 9-8f= $R \div S$

图 9-8 例 9-6 的商运算示例

解：由图 9-8 可知，$r=4$，$s=2$，所以有：

（1）计算 $\pi_{1,2}(R)$，结果如图 9-8c 所示。

（2）计算 $\pi_{1,2}(R)\times S$，结果如图 9-8d 所示。

（3）计算 $(\pi_{1,2}(R)\times S)-R$，结果如图 9-8e 所示。

（4）计算 $\pi_{1,2}((\pi_{1,2}(R)\times S)-R)$，结果如图 9-8f 所示。

（5）计算 $\pi_{1,2}(R)-\pi_{1,2}((\pi_{1,2}(R)\times S)-R)$，即 $R \div S$，结果如图 9-8g 所示。

（6）完成各步骤运算对应的 T-SQL 语句为：

```
SELECT DISTINCT R.A, R.B FROM R;                 -- 投影结果图 9-8c, 完成步骤 (1)
CREATE VIEW pai1         -- 创建视图 π1, 获得结果图 9-8c
   AS SELECT DISTINCT R.A, R.B FROM R;
SELECT * FROM pai1,S;    -- 视图 π1 图 9-8c 与 S 的笛卡尔积结果图 9-8d, 完成步骤 (2)
CREATE VIEW pai2         -- 创建视图 π2, 获得结果图 9-8d
   AS SELECT * FROM pai1,S;
SELECT DISTINCT * FROM pai2 WHERE NOT EXISTS  --π2 与 R 的差运算结果图 9-8e, 完成步骤 (3)
    (SELECT * FROM R WHERE pai2.A=R.A AND pai2.B=R.B AND pai2.C=R.C AND pai2.D=R.D);
CREATE VIEW pai3         -- 创建视图 π3, 获得结果图 9-8e
   AS SELECT DISTINCT * FROM pai2 WHERE NOT EXISTS
    (SELECT * FROM R WHERE pai2.A=R.A AND pai2.B=R.B AND pai2.C=R.C AND pai2.D=R.D);
SELECT A,B FROM pai3     -- 投影运算获得图 9-8f, 完成步骤 (4)
SELECT DISTINCT * FROM pai1 WHERE NOT EXISTS  -- 差运算，即 R÷S, 完成步骤 (5)
    (SELECT * FROM pai3 WHERE pai1.A=pai3.A AND pai1.B=pai3.B);
```

说明：为重新运行，须删除所创建的视图，可以使用语句：

```
DROP TABLE pai1;         -- 为重新运行，须删除所创建的视图
DROP TABLE pai2;         -- 注意：不能用 DROP VIEW, 只能用 DROP TABLE
DROP TABLE pai3;
```

3. 连接

设关系 R 和 S 的目数分别为 r 和 s。用五种基本的关系代数运算将 R 和 S 关于 R 的第 j 列与 S 的第 k 列的 θ 连接运算定义为：

$$R \underset{j\theta k}{\bowtie} S = \sigma_{j\theta(r+k)}\left(R+S\right)$$

这种定义的连接运算过程是，在 R 和 S 的广义笛卡尔积中挑选那些第 j 个分量和第 $r+k$ 个分量满足算术比较条件 θ 的元组。

【例 9-7】已知关系 R 和 S 如图 9-9a 和图 9-9b 所示。用五种基本关系代数运算给出的连接运算定义，求 $R \underset{B<D}{\bowtie} S$ 。

A	B	C
1	2	3
4	5	6
7	8	9

a) 关系 R

D	E
3	1
6	2

b) 关系 S

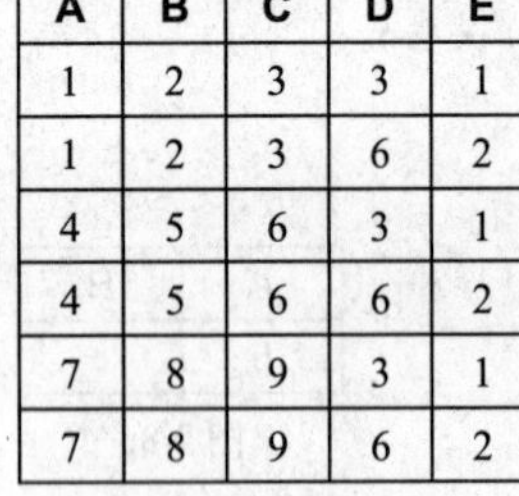

A	B	C	D	E
1	2	3	3	1
1	2	3	6	2
4	5	6	3	1
4	5	6	6	2
7	8	9	3	1
7	8	9	6	2

c) $R \times S$

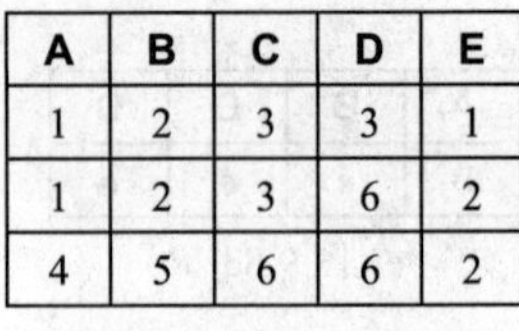

A	B	C	D	E
1	2	3	3	1
1	2	3	6	2
4	5	6	6	2

d) $R \bowtie S\ (B < D)$

图 9-9　$R \underset{B<D}{\bowtie} S$ 连接运算示例

解：由图 9-9 可知，r=3，j=2，k=1。所以有：

（1）计算 $R \times S$，结果见图 9-9c。

（2）计算 $\sigma_{B<D}(R \times S)$，结果见图 9-9d。

（3）完成各步骤运算对应的 T-SQL 语句为：

```
SELECT R.*, S.* FROM R, S;                  -- 完成步骤 (1),R 与 S 的笛卡尔积图 9-9c
SELECT R.*, S.* FROM R, S WHERE B<D;        -- 完成步骤 (2), 获得结果图 9-9d
```

4. 自然连接

设关系 R 和 S 的目数分别为 r 和 s，且关系 R 和 S 的属性中有相同属性 $A_1, A_2, \cdots, A_k$。用五种基本关系代数运算将关系 R 和 S 的自然联接定义为：

$$R \bowtie S = \pi_{1,2,\cdots,r,j_1,j_2,\cdots,j_{s-k}}\left(\sigma_{R.A_1=S.A_1\wedge\cdots\wedge R.A_k=S.A_k}\left(R\times S\right)\right)$$

式中，j_1，j_2，…，j_{s-k} 是关系 S 中去掉 $S.A_1$，$S.A_2$，…，$S.A_k$ 列后所剩余的那些列。

这种定义的自然连接运算过程是，先计算 R 和 S 的广义笛卡尔积，然后从 $R\times S$ 中挑选出同时满足条件 $R.A_1=S.A_1$, $R.A_2=S.A_2$, …, $R.A_k=S.A_k$ 那些元组，再去掉重复的列 $S.A_1$，$S.A_2$，…，$S.A_k$，即为自然连接运算的结果。

【例 9-8】已知关系 R 和 S 如图 9-10a 和图 9-10b 所示。用五种基本关系代数运算给出的自然连接定义求 $R\bowtie S$。

A	B	C
a	b	c
d	b	c
b	b	f
c	a	d

a）关系 R

B	C	D
b	c	d
b	c	e
a	d	b

b）关系 S

A	B	C	B	C	D
a	b	c	b	c	d
d	b	c	b	c	d
b	b	f	b	c	d
c	a	d	b	c	d
a	b	c	b	c	e
d	b	c	b	c	e
b	b	f	b	c	e
c	a	d	b	c	e
a	b	c	a	d	b
d	b	c	a	d	b
b	b	f	a	d	b
c	a	d	a	d	b

c）$R\times S$

A	B	C	B	C	D
a	b	c	b	c	d
a	b	c	b	c	e
d	b	c	b	c	d
d	b	c	b	c	e
c	a	d	a	d	b

d）$\sigma_{2=4\wedge 3=5}(R\times S)$

A	B	C	D
a	b	c	d
a	b	c	e
d	b	c	d
d	b	c	e
c	a	d	b

e）$R\bowtie S$

图 9-10　自然连接运算过程示例

解：由图 9-10 可知，$r=3$，$s=3$，$k=2$（表示有两个相同属性），所以有：

（1）计算 $R\times S$，结果见图 9-10c。

（2）计算 $\sigma_{2=4\wedge 3=5}$（$R\times S$），即计算 $\sigma_{R.B=S.B\wedge R.C=S.C}$（$R\times S$）。显然是选择 $R\times S$ 中第二列与第四列相等、第三列与第五列相等的那些元组，结果见图 9-10d。

（3）计算 $R\bowtie S=\pi_{1,2,3,6}$（$\sigma_{2=4\wedge 3=5}$（$R\times S$）），因为由图 9-10a 和图 9-10b 知，关系 R 和 S 的属性中相同的属性为 B 和 C，所以要从 $\sigma_{2=4\wedge 3=5}$（$R\times S$）中去掉后面重复的属性列 B 和 C，投影的属性列序号就应为 1、2、3、6，结果如图 9-10e 所示。

（4）完成各步骤运算对应的 T-SQL 语句为：

```
SELECT R.*, S.* FROM R, S;     -- 完成步骤（1），R与S的笛卡尔积图 9-9c
SELECT * FROM R,S WHERE R.B=S.B AND R.C=S.C;  -- 完成步骤（2），笛卡尔积的投影图 9-9d
SELECT R.A,R.B,R.C,S.D FROM R,S WHERE R.B=S.B AND R.C=S.C;   -- 完成步骤（3），剔除相同
属性 d）
```

9.2.5 关系代数运算应用及 T-SQL 语句表达

【例 9-9】已知大学管理数据库模式中有七个关系模式（见图 1-5）如下：

- 学生关系模式 ST：

```
ST(S#,SNAME,SSEX,SBIRTH,SPLACE,SCODE#,SCOLL,CLASS,SDATE)
```

- 专业关系模式 SS：

```
SS(SCODE#,SSNAME)
```

- 课程关系模式 C：

```
C(C#,CNAME,CLASSH)
```

- 设置关系模式 CS：

```
CS(SCODE#,C#)
```

- 学习关系模式 SC：

```
SC(S#,C#,GRADE)
```

- 讲授关系模式 TH：

```
TH(T#,C#)
```

- 教工关系模式 T：

```
T(T#,TNAME,TSEX,TBIRTH,TTITLE,TSECTION,TTEL)
```

其中，S# 为学号、SNAME 为学生姓名、SSEX 为性别、SBIRTH 为出生年月、SPLACE 为出生地、SCODE# 为专业代码、SCOLL 为所属学院、CLASS 为班级、SDATE 为入学时间，SSNAME 为专业名称、C# 为课程号、CNAME 为课程名、CLASSH 为学时、GRADE 为分数，T# 为教工号、TNAME 为教师姓名、TSEX 为教师性别、TBIRTH 为出生年月、TTITLE 为职称、TSECTION 为所在教研室、TTEL 为电话号码。

下面以前述所列的七个关系模式和表 1-3～表 1-9 所示的数据库表为基础，用关系代数表达式表示相关的数据库查询要求及查询结果。

（1）找出全体教师的教工号、教师姓名、职称和所在教研室。

解题思路：从教师数据库表中把各教工的教工号、姓名、职称、教研室四列选出来。

$\pi_{\text{T\#, TNAME, TTITLE, TSECTION}}(\text{T})$

或

$\pi_{1,2,3,5,6}(\text{T})$

查询语句为（查询结果见图9-11）：

```
SELECT T.T#,T.TNAME,T.TTITLE,T.TSECTION FROM T; --选出教工号、姓名、职称、教研室
```

	T#	TNAME	TTITLE	TSECTION
1	T020101	赵东伟	教授	J0202
2	T020102	钱贤美	副教授	J0203
3	T020201	孙向前	教授	J0201
4	T020202	李晓月	讲师	J0202
5	T020301	张旭君	副教授	J0203
6	T020302	王碧娴	讲师	J0202

图9-11 例9-9（1）的查询结果

（2）查询全体女学生。

解题思路：从学生数据库表中选择那些性别属性SSEX之值为“女”的元组。

$\sigma_{SSEX='女'}(ST)$

或

$\sigma_{3='女'}(ST)$

查询语句为（查询结果见图9-12）：

```
SELECT ST.* FROM ST WHERE SSEX='女';     --查询全体女生
```

	S#	SNAME	SSEX	SBIRTH	SPLACE	SCODE#	SCOLL	CLASS	SDATE
1	201401002	常老二	女	1996-01-31...	乌鲁木齐	J0203	计算机系	201401	2014-09-01...
2	201402001	李小四	女	1996-07-22...	长春市	J0202	计算机系	201402	2014-09-02...
3	201402003	赵小六	女	1996-06-11...	湖南衡阳	J0202	计算机系	201402	2014-09-04...

图9-12 查询全体女生

（3）找出专业代码为J0203的男学生的学号和姓名。

解题思路：找专业代码为J0203的男同学即从学生数据库表中选择出专业代码属性SCODE#为“J0203”，且性别属性SSEX为“男”的那些元组；取出其学号和姓名属性只要对再选出的那些元组在属性学号S#和姓名SNAME上进行投影即可。

$$\pi_{S\#,\ SNAME}(\sigma_{SSEX='男'\wedge SCODE\#='J0203'}(ST))$$

或

$$\pi_{1,\ 2}(\sigma_{3='男'\wedge 6='J0203'}(ST))$$

查询语句为：

```
SELECT ST.S#, ST.SNAME FROM ST
    WHERE SCODE#='J0203' AND SSEX='男';   --查询专业代码为J0203的男生的学号和姓名
```

查询结果如图9-13所示。

	S#	SNAME
1	201402002	王小五
2	201403001	钱小七

图9-13 例9-9（3）的结果

（4）找出选修了课程号为C020102或课程号为C020201的学生的学号。

解题思路：可以在选择运算的条件中用“∨”连接两个具

有或关系的课程号；也可以分别以这两个课程号为条件，查询出满足条件的那些元组，再利用并运算把它们合并起来。

$$\pi_{S\#}(\sigma_{C\#='C020102' \vee C\#='C020201'}(SC))$$

或

$$\pi_{S\#}\left(\sigma_{C\#='C020102'}(SC)\right) \cup \pi_{S\#}\left(\sigma_{C\#='C020201'}(SC)\right)$$

查询语句为：

```
SELECT SC.S# FROM SC WHERE SC.C#='C020102' OR
SC.C#='C020201'        --(4) 的查询语句
```

查询结果为：201401001 和 201402001，如图 9-14 所示。利用并运算的查询语句如下：

	S#
1	201401001
2	201402001

图 9-14 例 9-9（4）的结果

```
SELECT SC.S# FROM SC WHERE SC.C#='C020102' -- 利用并运算查询
    UNION
    SELECT SC.S# FROM SC WHERE SC.C#='C020201';
```

（5）找出选修了课程号为 C020101 和课程号为 C020301 的学生的学号。

解题思路：由于查询过程是按元组一行一行地检索的，所以一个元组只能有一个课程号 C# 属性。一种方法是通过广义笛卡尔积运算 SC×SC，使同一个元组中具有两个课程号 C# 属性；另一种方法是分别求出“选修了以其课程号 C# 表示的某门课程的学生”，然后再通过具有相同学号的交操作，即可找到同时选修了两门课程的学生。

$$\pi_{S\#}(\sigma_{C\#='C020101' \wedge C\#='C020301'}(SC \times SC))(\text{新建一个表（SC2 作为 SC）})$$

或

$$\pi_{S\#}\left(\sigma_{C\#='C020101'}(SC)\right) \cap \pi_{S\#}\left(\sigma_{C\#='C020301'}(SC)\right)$$

查询语句①为：

```
CREATE VIEW SC2        -- 先创建 SC2 视图（或创建表）
    AS SELECT S#, C#, GRADE
    FROM SC;
SELECT DISTINCT SC.S# FROM SC WHERE SC.C#='C020101' INTERSECT
    SELECT DISTINCT SC2.S# FROM SC2 WHERE SC2.C#='C020301';
```

查询语句②为（请参考例 6-38）：

```
SELECT DISTINCT SC.S# FROM SC WHERE SC.C#='C020101' INTERSECT
    SELECT DISTINCT X.S# FROM SC AS X WHERE X.C#='C020301';
```

查询结果为：201401001，如图 9-15 所示。

说明：INTERSECT 为交运算，见下一小点。

	S#
1	201401001

图 9-15 例 9-9（5）的结果

（6）找出选修了课程号为 C020101 的学生的学号、姓名和考试成绩。

解题思路：学生的学号和姓名属性在学生关系 ST 中，考试成绩属性在学习关系中。显然，以学号 S# 作为公共属性，将学生关系 ST 和学习关系 SC 进行自然连接后，再对其进行以 C#=‘C020101’为条件的选择，就可选出选修了课程号为 C020101 的那些学生的全部属性及他选修的课程号C020101和分数GRADE属性组成的元组，然后再对其在学号S#、姓名SNAME和分数GRADE上投影，即所查询之结果。

$$\pi_{S\#,SNAME,GRADE}(\sigma_{C\#='C020101'}(ST \bowtie SC))$$

查询语句为（查询结果如图9-16所示）：

```
SELECT DISTINCT ST.S#, ST.SNAME, SC.GRADE -- 按条件的查询语句
    FROM ST INNER JOIN SC ON ST.S# = SC.S#
    WHERE SC.C#='C020101';
```

	S#	SNAME	GRADE
1	201401001	孙老大	92
2	201401002	常老二	78
3	201402001	李小四	90

图9-16 例9-9（6）的查询结果

（7）找出信息管理专业（专业代码为J0203）选修了“软件工程”课程的学生的学号、姓名和成绩。

解题思路一：根据题意，可对ST，SC和C三个表做自然连接（ST⋈SC⋈C），分别以学号S#和课程号C#作为公共属性，以专业代码“J0203”和课程名“软件工程”为条件取得元组，然后做投影，得到查询的学生的学号、姓名和成绩。

$$\pi_{S\#,SNAME,GRADE}(\sigma_{SCODE\#='J0203' \land CNAME='软件工程'}(ST \bowtie SC \bowtie C))$$

查询语句为（查询结果如图9-17）：

```
SELECT DISTINCT ST.S#, ST.SNAME, SC.GRADE
/* 多表自然连接查询 */
    FROM ST INNER JOIN SC ON ST.S# = SC.S#
        INNER JOIN C ON SC.C# = C.C#
    WHERE ST.SCODE#='J0203' AND C.CNAME='软件工程';
```

	S#	SNAME	GRADE
1	201403001	钱小七	92

图9-17 例9-9（7）的查询结果

解题思路二：根据题（6）的解题方法，将课程名“软件工程”对应的课程号“C020302”作为条件，只须对ST，SC两个表做自然连接（ST⋈SC）便可求出结果。

$$\pi_{S\#,SNAME,GRADE}(\sigma_{SCODE\#='J0203' \land C\#='C020302'}(ST \bowtie SC))$$

```
SELECT DISTINCT ST.S#, ST.SNAME, SC.GRADE -- 第二种解题方法
    FROM ST INNER JOIN SC ON ST.S# = SC.S#
    WHERE ST.SCODE#='J0203' AND SC.C#='C020302';
```

（8）找出没有选修课程号为C020101或课程号C020301的学生的学号、姓名和班级。

解题思路：通过学生关系ST与学习关系SC的自然连接，并在“学号，姓名，班级”属性组上投影，就可得到至少选修了一门课程的学生的“学号，姓名，班级”信息，然后从中去掉选修了“课程号为C020101或课程号为C020301”的那些学生的“学号，姓名，班级”信息，剩余的显然就是没有选修“课程号为C020101或课程号为C020301”的学生了。

$$\pi_{S\#,SNAME,GLASS}(ST \bowtie SC) - \pi_{S\#,SNAME,CLASS}(\sigma_{C\#='C020101' \lor C\#='C020301'}(ST \bowtie SC))$$

查询语句为（查询结果如图9-18所示）：

```
SELECT DISTINCT ST.S#, ST.SNAME, ST.CLASS /* 按条件查询语句 */
    FROM ST INNER JOIN SC ON ST.S# = SC.S#
EXCEPT
    SELECT DISTINCT ST.S#, ST.SNAME, ST.CLASS
        FROM ST INNER JOIN SC ON ST.S# = SC.S#
        WHERE SC.C#='C020101' OR SC.C#='C020301';
```

	S#	SNAME	CLASS
1	201401003	张小三	201401
2	201403001	钱小七	201403

图 9-18 例 9-9（8）的查询结果

说明：EXCEPT 要求两个关系必须有相同的列。

（9）查询学习了全部课程的学生的学号和姓名。

解题思路：可先通过对学习关系 SC 在“学号 S#，课程号 C#”属性上的投影运算，取出学生学习的全部课程，然后用课程关系 C 中的课程号 C# 与其进行商运算。根据商运算的性质，只有某个学生的学号 S# 与所有的课程号 C# 组成的元组都在 $\pi_{S\#,C\#}$（SC）中，该学生才是学习了全部课程的学生。

$$\pi_{S\#,SNAME}(ST \bowtie (\pi_{S\#,C\#}(SC) \div \pi_{C\#}(C)))$$

查询语句为（查询结果是没有一位同学选修了全部课程）：

```
SELECT S#,SNAME FROM ST WHERE S# IN
    (SELECT S# FROM SC SC1
    WHERE NOT EXISTS
        (SELECT * FROM C C1
        WHERE NOT EXISTS
            (SELECT * FROM SC SC2
                WHERE C1.C#=SC2.C# AND SC1.S#=SC2.S#)
));
```

显然，在表 1-3 ～表 1-7 所示的数据库表中，没有学习了全部课程的学生。可以在表 SC 中对学号为 201401001 的学生补全所缺的所有课程，进行验证。还有另外一种求解语句：

```
SELECT S#,SNAME FROM ST
    WHERE S# IN
    (SELECT S# FROM SC
        GROUP by S#  -- 根据 S# 分组，统计各学生选修的课程，若等于 C 的总数，就是要找的 S#
        HAVING COUNT(*) = (SELECT COUNT(*) FROM C ));  -- 统计 C 中共有几门课程
```

5. 查询结果的并、交、差操作

T-SQL 语言在查询结果的输出过程中引进了传统的集合运算，包括查询结果的并 UNION、查询结果的交 INTERSECT、查询结果的差 MINUS。本小点的描述相当于对前述内容的总结。

（1）并操作。查询结果的并操作是指将两个或多个 SELECT 语句的查询结果组合在一起作为总的查询结果输出。查询结果并操作的基本数据单位是行（元组）。其语句格式为：

```
SELECT  <列名表>
    FROM  <表名表>
        [WHERE  <条件>]
        [UNION [ALL] {SELECT 语句}…];
```

说明：如果不选择可选项 ALL，则在输出总查询结果时重复的行会自动被去掉，即如果某一行在两个查询结果中同时存在，并操作的结果只输出其中的一行。如果选择可选项 ALL，则表示将全部行合并输出，即不去掉重复行。

当有多个查询结果进行并操作时，可以看作先进行前两个查询结果的并操作，再将其并操作的结果与第三个查询结果进行并操作，依次类推，直到所有的查询结果都进行了并操作为止。

显然，参与并操作的查询结果必须具有相同的列数，且各对应列必须具有相同的数据类型（列名可以不同）。

【例 9-10】 合并学生关系和专业关系中的专业代码。

查询语句为（查询结果如图 9-19 所示）：

```
SELECT SCODE# FROM ST
    UNION
        SELECT SCODE# FROM SS;
```

结果 | 消息

	SCODE#
1	J0201
2	J0202
3	J0203
4	J0204

图 9-19 例 9-10 的查询结果

（2）交操作。查询结果的交操作是指将同时属于两个或多个 SELECT 语句的查询结果作为总的查询结果输出。查询结果交操作的基本数据单位是行。其语句格式为：

```
SELECT  <列名表>
    FROM  <表名表>
    [WHERE  <条件>]
    [INTERSECT {SELECT 语句}…];
```

说明：当有多个查询结果进行交操作时，可以看作先进行前两个查询结果的交操作，再将其交操作的结果与第三个查询结果进行交操作，依次类推，直到所有的查询结果都进行了交操作为止。

同理，参与交操作的查询结果必须具有相同的列数，且各对应列必须具有相同的数据类型（列名可以不同）。

【例 9-11】 查询有成绩的学生的学号。

查询语句为（查询结果如图 9-20 所示）：

```
SELECT S# FROM ST
    INTERSECT
        SELECT S# FROM SC
            WHERE GRADE IS NOT NULL;
```

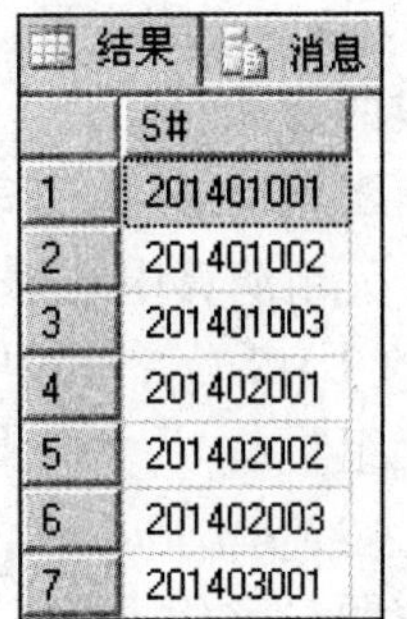
结果 | 消息

	S#
1	201401001
2	201401002
3	201401003
4	201402001
5	201402002
6	201402003
7	201403001

图 9-20 例 9-11 的查询结果

（3）差操作。查询结果的差操作是指从第一个 SELECT 语句的查询结果中去掉属于第二个 SELECT 语句查询结果的行作为总的查询结果输出。查询结果差操作的基本数据单位是行。其语句格式为：

```
SELECT  <列名表>
    FROM  <表名表>
    [WHERE  <条件>]
    [MINUS {SELECT 语句}];
```

同理，参与差操作的查询结果必须具有相同的列数，且各对应列必须具有相同的数据类型（列名可以不同）。

【例 9-12】 查询没有成绩的学生的学号。

查询语句为（查询结果无）：

```
SELECT S# FROM ST INTERSECT                        -- 第一种方法
    SELECT S# FROM SC
        WHERE GRADE IS NULL;

SELECT S# FROM ST MINUS                            -- 第二种方法
    SELECT S# FROM SC
        WHERE GRADE IS NULL;

SELECT S# FROM ST DIFFERECE                        -- 第三种方法
    SELECT S# FROM SC
        WHERE GRADE IS NULL;
```

9.3 关系演算

把谓词演算（predicate calculus）推广到关系运算中，就可得到关系演算（relational calculus）。关系演算分为元组关系演算和域关系演算两种，前者以元组为变量，简称元组演算；后者以域为变量，简称域演算。

9.3.1 元组关系演算

1. 元组关系演算表达式

在元组关系演算（tuple relational calculus）中，元组演算所用的表达式简称为元组表达式，一般地可表示为：

$$\{ t \mid \varphi(t) \}$$

式中，t 为元组变量；$\varphi(t)$ 是由原子公式（atom formula，没有子公式的公式）和运算符组成的公式。

2. 元组关系演算表达式中的原子形式

元组演算中的原子有下列三种形式：

（1）$R(t)$，其中 R 是关系名，t 是元组变量。原子公式 $R(t)$ 表示命题："t 是关系 R 的元组"。

（2）$t[j]\theta u[k]$，其中 t 和 u 是元组变量，θ 是算术比较符。原子公式 $t[j]\theta u[k]$ 表示命题："元组 t 的第 j 个分量与元组 u 的第 k 个分量之间满足 θ 运算"。例如，$t[2] < u[3]$ 表示元组 t 的第二个分量小于元组 u 的第三个分量。

（3）$t[j]\theta a$ 或 $a\theta t[j]$，其中 a 是一个常数。前一个原子 $t[j]\theta a$ 表示命题："元组 t 的第 j 个分量与常数 a 之间满足 θ 运算"。例如，$t[2]=5$ 表示元组 t 的第二个分量的值为 5。后一个原子 $a\theta t[j]$ 有类似的含义。

3. 自由元组变量和约束元组变量

与谓词演算一样，在定义元组演算操作时要同时定义"自由"（free）、"约束"（bound）元组变量的概念。在一个公式中，一个元组变量称为约束元组变量，当且仅当这个元组变量前面有全程量词（universal quantifier）$\forall$（All，倒过来的A）或存在量词（existential quantifier）$\exists$（Exist，镜像的E），反之，则称这个元组变量为自由元组变量。例如，在公式$\forall t[R(t) \wedge S(u)]$中，$t$是约束变量，$u$是自由变量；在公式$\exists x[R(y) \vee S(x)]$中，$x$是约束变量，$y$是自由变量。

4. 元组关系演算的公式定义

公式及在公式中的自由元组变量和约束元组变量的递归定义如下：

（1）每个原子是一个公式，称为原子公式。原子里用到的所有元组变量在该公式中是自由变量。

（2）如果φ_1和φ_2是公式，则$\varphi_1 \wedge \varphi_2$，$\varphi_1 \vee \varphi_2$和$\neg\varphi_1$也是公式。它们分别表示命题："$\varphi_1$和$\varphi_2$均为真"，"$\varphi_1$和$\varphi_2$至少有一个为真"，"$\varphi_1$不为真"。元组变量在公式$\varphi_1 \wedge \varphi_2$，$\varphi_1 \vee \varphi_2$和$\neg \varphi_1$中是自由的还是约束的，要由它们出现在$\varphi_1$中还是出现在$\varphi_2$中来决定。原来是自由的现在仍是自由的，原来是约束的现在仍是约束的。

（3）若φ是公式，u是φ中的某个自由元组变量，则$(\exists \mathrm{u})(\varphi)$也是公式，它表示命题："存在一个元组$u$使公式$\varphi$为真"。显然，虽然$u$在$\varphi$中是自由的，但它在$(\exists u)(\varphi)$中却是约束的。$\varphi$中的其他元组变量或是自由的或是约束的，在$(\exists u)(\varphi)$中没有变化。

（4）若φ是公式，u是φ中的某个自由元组变量，则$(\forall u)(\varphi)$也是公式，它表示命题："对于所有元组u都使φ为真"。元组变量的"自由""约束"性质与（3）相同。

（5）元组演算公式中的优先次序从高到低依此为：算术比较符，量词$\exists$和$\forall$，逻辑运算$\neg$，$\wedge$，$\vee$。需要时可通过对公式加括号改变上述有限次序。

（6）公式或只限于上述五种形式，或只由上述五种基本形式组合而成。

由上可见，在元组演算表达式中，t是$\varphi(t)$中唯一的自由元组变量。

5. 五种基本关系代数表达式的元组演算表示形式

根据元组演算表达式及其公式的定义，可将五种基本的关系代数表达式表示成元组演算表达式：

（1）$R \cup S$对应的元组演算表达式为：

$$\{t \mid R(t) \vee S(t)\}$$

这个元组演算表达式所表示的元组集合，是由那些t在R中，或t在S中，或t同时在R和S中的元组t组成的。显然，$R(t) \vee S(t)$运算要求R和S是同目的。

（2）$R-S$对应的元组演算表达式为：

$$\{t \mid R(t) \wedge \neg S(t)\}$$

这个元组演算表达式所表示的元组集合，是由那些t在R中，并且t不在S中的元组t组成的。同理要求R和S是同目的。

（3）$R \times S$对应的元组演算表达式为：

$$\{t \mid (\exists u)(\exists v)(R(u) \wedge S(v) \wedge t[1]=u[1] \wedge \cdots \wedge t[r]=u[r] \wedge t[r+1]=v[1] \wedge \cdots \wedge t[r+s]=v[s])\}$$

式中，R和S的目数分别为r和s，元组t的分量个数为$r+s$。这个元组演算表达式表示这样的元组t的集合：存在一个u和一个v，u在R中，v在S中，并且t的前r个分量构成u，后s个分量构成v。

（4）$\pi_{j_1,j_2,\cdots,j_k}(R)$ 对应的元组演算表达式为：

$$\{t^k \mid (\exists u)(R(u) \wedge t[1]=u[j_1] \wedge \cdots \wedge t[k]=u[j_k])\}$$

式中，R 为 r 目关系，$k \leqslant r$，j_1，j_2，…，j_k 为 $1 \sim r$ 之间互不相同的整数。这个元组演算表达式表示这样的元组 t 的集合：元组 t 的第一个分量是关系 R 的元组的第 j_1 个分量……，元组 t 的第 k 个分量是关系 R 的元组的第 j_k 个分量。

（5）$\sigma_F(R)$ 对应的元组演算表达式为：

$$\{t \mid R(t) \wedge F'\}$$

式中，用 $t[j]$ 代替公式 F 中的运算对象 j（第 j 个分量）就可得到 F'。这个元组演算表达式表示的是从 R 中挑选的满足公式 F' 的那些元组 t 组成的集合。

【例 9-13】 设有已知关系 R，S，W 如图 9-21 所示，且有如下元组演算表达式：

（1）$R_1=\{t \mid R(t) \wedge S(t)\}$

（2）$R_2=\{t \mid R(t) \wedge t[3] \geqslant 4\}$

（3）$R_3=\{t \mid (\exists u)(R(t) \wedge W(u) \wedge t[3] < u[1])\}$

（4）$R_4=\{t \mid (\exists u)(\exists v)(R(u) \wedge W(v) \wedge u[2]=f \wedge t[1]=u[3] \wedge t[2]=u[2] \wedge t[3]=u[1] \wedge t[4]=v[2])\}$

试求出关系 R_1，R_2，R_3，R_4 的值。

A	B	C
a	e	8
c	f	6
d	b	4
d	f	3

a）关系 R

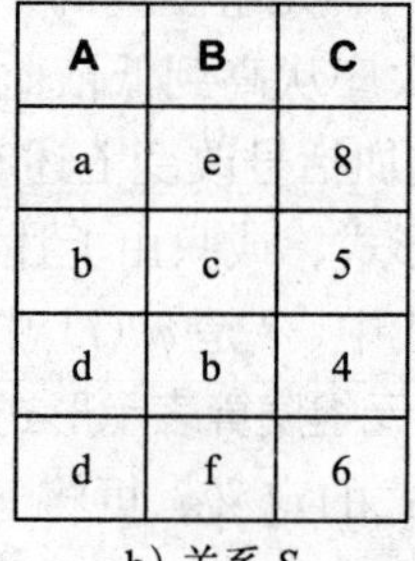

A	B	C
a	e	8
b	c	5
d	b	4
d	f	6

b）关系 S

D	E
4	x
5	d

c）关系 W

图 9-21　关系 R，S，W

解：求 R_1。从表达式（1）可以分析出，元组 t 必须既在 R 中，也在 S 中，所以是求 R 与 S 的交集。求解语句如下（运行结果见图 9-22e）：

```
SELECT DISTINCT * FROM R                    --求R1。元组t在R中，并且t在S中
    INTERSECT
SELECT * FROM S;
```

求 R_2。从表达式（2）可以分析出，元组 t 在 R 中，且第三列必须满足条件大于等于 4。求解语句如下运行结果如图 9-22f 所示。

```
SELECT * FROM R        --求R2。t在R中，并且t[3] ≥4
    WHERE C >= 4;
```

求 R_3。分析表达式（3），存在一个 u，既在 R 中，也在 W 中，并满足条件 $t[3] < u[1]$，构成元组 t。求解语句如下（运行结果见图 9-22g）：

```
SELECT DISTINCT R.* FROM R,W      --求R3。元组t的分量存在W中，且该分量满足条件t[3]
＜u[1]
    WHERE R.C < W.D;
```

求 R_4。对于其公式 R_4，有：

$$(\exists u)(\exists v)(R(u) \wedge W(v) \wedge u[2]=f \wedge t[1]=u[3] \wedge t[2]=u[2] \wedge t[3]=u[1] \wedge t[4]=v[2])$$
$$=(\exists u)(\exists v)(R(u) \wedge W(v) \wedge u[2]=f \wedge t[1]=u[3] \wedge t[2]=u[2] \wedge t[3]=u[1] \wedge t[4]=v[2])$$

对于括号里面的$\exists v$，由 $t[4]=v[2]$ 可得图 9-22a。对于括号外面的$\exists u$，由 $u[2]=f$ 可得图 9-22b。由 $t[1]=u[3] \wedge t[2]=u[2] \wedge t[3]=u[1]$ 和图 9-22b 可得图 9-22c。因为对于括号外的约束变量 $\exists u$ 选取的图 9-22b 中的每一个元组，都分别与由括号内的约束变量 $\exists v$ 选取的图 9-22a 中的每一个元组分量相对应，其过程见图 9-22d。求解语句如下（运行结果如图 9-22d 所示）：

```
SELECT * INTO #RW     /* 建立临时表 RW */
    FROM R
    WHERE R.B='f';
SELECT * INTO #WR     /* 建立临时表 WR */
    FROM W;
SELECT DISTINCT #RW.C,#RW.B,#RW.A,#WR.E FROM #RW,#WR;          -- 做笛卡尔积
```

关系 R_1，R_2，R_3，R_4 的运算结果见图 9-22e ～图 9-22h。

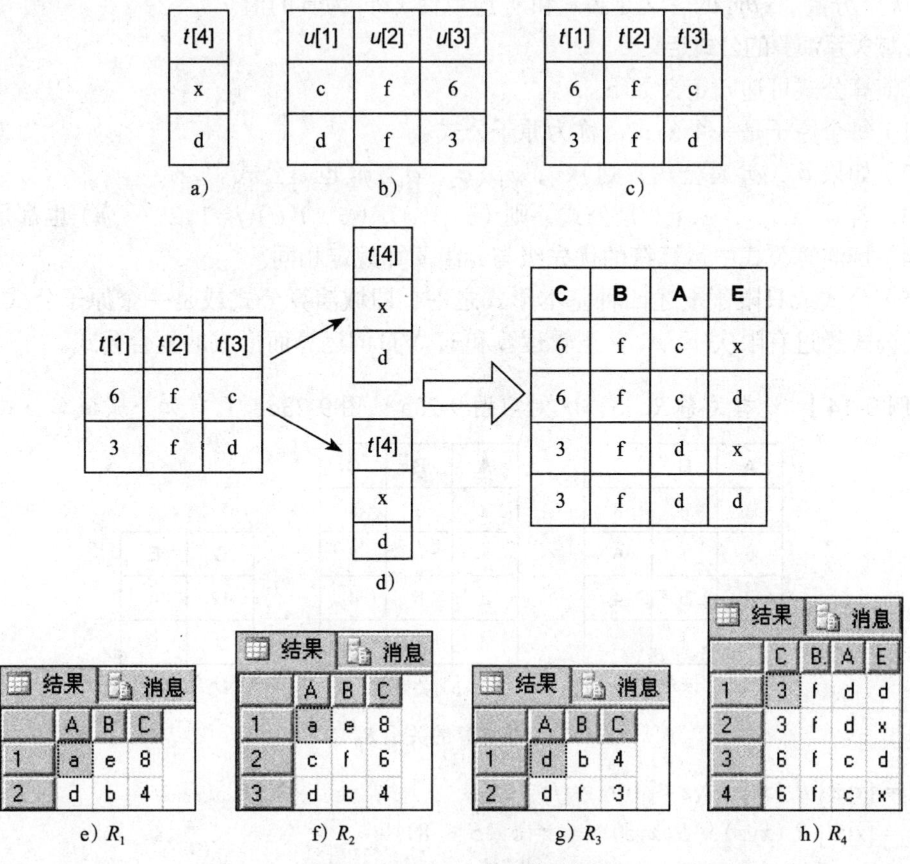

图 9-22 元组关系演算示例

9.3.2 域关系演算

域关系演算（domain relational calculus）类似于元组关系演算，并且具有相同的

运算符，所不同的是公式中的变量不是元组变量，而是表示元组变量各分量的域变量（domain variable）。

1. 域关系演算表达式

域演算所用的表达式（简称域表达式）的一般形式为：

$$\{x_1,\ x_2,\ \cdots,\ x_n \mid \varphi(x_1,\ x_2,\ \cdots,\ x_n)\}$$

式中，x_1，x_2，…，x_n 分别为域变量，即元组变量 t 的各个分量，统称为域变量；φ 是一个域演算公式。

2. 域关系演算的原子形式

域演算中的原子公式有以下三种形式。

（1）$R(x_1, x_2, \cdots, x_n)$。其中 R 是一个 n 目关系，每个 x_j 或者是常数，或者是域变量。$R(x_1,\ x_2,\ \cdots,\ x_n)$ 表示命题：域变量 x_j 的选择应使 x_1，x_2，…，x_n 是 R 的一个元组。

（2）$x_j\theta c$ 或 $c\theta x_j$。其中 x_j 是域变量，c 是变量。$x_j\theta c$ 或 $c\theta x_j$ 的含义是：x_j 应取使 $x_j\theta c$ 或 $c\theta x_j$ 为真的值。

（3）$x_j\theta y_k$。其中 x_j 是一个域变量，即元组 x 的第 j 个分量；y_k 是一个域变量，即元组 y 的第 k 个分量。$x_j\theta y_k$ 的含义是：x_j 和 y_k 应取使 $x_j\theta y_k$ 为真的值。

3. 域关系演算的公式定义

域演算公式可递归定义如下。

（1）每个原子是一个公式，称为原子公式。

（2）如果 φ_1，φ_2 是公式，则 $\neg\varphi_1$，$\varphi_1 \wedge \varphi_2$，$\varphi_1 \vee \varphi_2$ 也是公式。

（3）若 $\varphi(x_1, x_2, \cdots, x_n)$ 是公式，则 $(\exists x_j)(\varphi)$，$(\forall x_j)(\varphi)(j=1, 2, \cdots, n)$ 也都是公式。

（4）域演算公式中运算符的优先级与元组演算规定相同。

（5）公式或只限于上述四种基本形式之一，即域演算公式或是一个原子公式；或是由原子公式经过有限次¬，∧，∨逻辑运算和∃，∀量词运算而形成的复合公式。

【例 9-14】 设有关系 R，S，W 对应图 9-23a ～图 9-23c，且有如下域演算公式：

A	B	C
a	e	8
c	f	6
d	b	4
d	f	3

a）关系 R

A	B	C
a	e	8
b	c	5
d	b	4
d	f	6

b）关系 S

D	E
17	4
9	6

c）关系 W

图 9-23 域演算的关系 R，S，W

$R_1=\{xyz \mid R(xyz) \wedge z \leqslant 6 \wedge y=f\}$

$R_2=\{xyz \mid R(xyz) \vee S(xyz) \wedge y \neq c \wedge z \leqslant 8\}$

$R_3=\{xyz \mid (\exists z)(\exists v)(R(xyz) \wedge W(uv) \wedge z \geqslant v)\}$

试求出域关系 R_1，R_2，R_3 的值。

解：域关系 R_1，R_2，R_3 的值的求解语句如下（演算结果如图 9-24 所示）；

```
SELECT DISTINCT * FROM R                    -- 求 R1
```

```
    WHERE C<=6 AND B='f';
SELECT DISTINCT * FROM R                    -- 求 R2
    UNION
        SELECT DISTINCT * FROM S
            WHERE B<>'c' AND C<=8;
SELECT DISTINCT R.B,W.D,R.A FROM R,W        -- 求 R3
    WHERE R.C>=W.E;
```

	A	B	C
1	c	f	6
2	d	f	3

a) R_1

	A	B	C
1	a	e	8
2	c	f	6
3	d	b	4
4	d	f	3
5	d	f	6

b) R_2

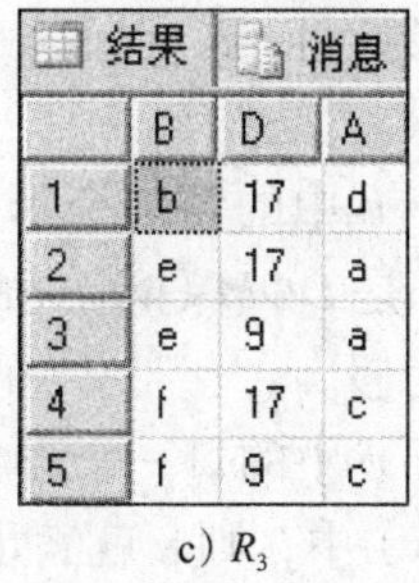

	B	D	A
1	b	17	d
2	e	17	a
3	e	9	a
4	f	17	c
5	f	9	c

c) R_3

图 9-24 例 9-14 的域演算示例

9.4 关系代数、元组演算和域演算的等价表达

虽然关系代数、元组演算和域演算是三种不同的表示关系的方法，但可以证明，经安全约束后的三种关系运算的表达能力是等价的。

9.4.1 关系演算表达式的安全性约束

关系代数中的基本操作是并、差、笛卡尔积、投影和选择，由于这些运算没有引入"补"操作，在用计算机实现时不存在无限验证的情况，所以关系代数运算总是安全的。

在关系演算中，允许定义某些无限的关系，例如，元组关系演算表达式 $\{t|\neg R(t)\}$ 表示目数与 R 相同且不属于 R 的所有可能的元组的集合。这显然是一个无限关系，计算机对无穷验证问题不可能得出结果，也就是说，这样的无穷关系在计算机上是无法实现的。另外，在元组关系演算中判断一个命题的正确与否，有时也会出现无穷次验证的情况。例如，判断命题 $(\exists u)(\varphi(u))$ 为真，必须对变量 u 的所有可能值进行验证，当没有一个值能使 $\exists(\varphi)$ 为假时，才能做出结论。当 u 的值有无限多个时，验证过程就是无穷的。

为了防止无限关系和无穷验证的出现，就必须人为地对其施加某种限制，这个限制就是定义一个与元组演算表达式 $\{t|\varphi(t)\}$ 的安全性有关的集合 $DOM[\varphi(t)]$，简写为 $DOM(\varphi)$。$DOM(\varphi)$ 称为元组演算表达式 $\{t|\varphi(t)\}$ 的公式 $\varphi(t)$ 的域（domain），也称为元组演算表达式的安全约束（security constraint）集合。$DOM(\varphi)$ 是一个由公式 $\varphi(t)$ 里出现的常数和在公式 $\varphi(t)$ 里出现的关系中的元组的分量组成的有限集合。

A	B
a	2
c	4
d	5

图 9-25 关系 R

【例 9-15】 设 $\{t|t[1]=a \vee R(t)\}$，即 $\varphi(t)$ 为 $t[1]=a \vee R(t)$，且关系 R 如图 9-25 所示。则，该元组演算表达式的安全约束集合可以定义为：

$$DOM(\varphi)=\{a\}\cup\pi_1(R)\cup\pi_2(R)=\{a, c, d, 2, 4, 5\}$$

9.4.2　安全的元组关系演算表达式满足的条件

通常，把不产生无限关系和无穷验证的元组演算称为安全的元组演算。要保证元组演算是安全的，首先必须保证参加运算的元组演算表达式是安全的。如果一个元组演算表达式 $\{t|\varphi(t)\}$ 满足下列条件，则称该元组演算表达式是安全的。

（1）如果元组 t 满足 φ[元组 t 使 $\varphi(t)$ 为真]，则 t 的每一个分量是 $DOM(\varphi)$ 中的一个成员。

（2）对于 φ 中的每一个形如 $(\exists u)[w(u)]$ 的子表达式，若 u 满足 w，则 u 的每一个分量一定都是 $DOM(w)$ 的成员。换而言之，元组 u 只要有一个分量不属于 $DOM(w)$，则 $w(u)$ 就为假。

（3）对于 φ 中的每一个形如 $(\forall u)[w(u)]$ 的子表达式，只要元组 u 的某一个分量不在 $DOM(w)$ 中，则 u 就满足 w。

其中条件（3）的含义是: 因为 $(\forall u)[w(u)]=\neg(\exists u)(\neg w(u))$，若存在不在 $\neg w(u)$ 的 $DOM(w)$ 中的 u_0 使 $\neg w(u_0)$ 为假，则 $\neg(\exists u_0)[\neg w(u_0)]$ 为真。

【例 9-16】 已知有如图 9-26 所示的关系 R 和元组演算表达式 $\{t|\varphi(t)\}=\{t|\neg R(t)\}$，因为 R 是一个有限关系，所以该表达式可能为无限关系。如果将单目关系 $\pi_j(R)(j=1,2,3)$ 看作一个值的集合，并定义该表达式的安全约束有限集合为：

$$DOM(w)=\pi_1(R)\cup\pi_2(R)\cup\pi_3(R)=\{b, c, 9, 2, a, d\}$$

则原表达式 $\{t|\neg R(t)\}$ 经过安全约束后，它的安全表达式 $\{t|\neg R(t)\}$ 所表示的关系为如图 9-26b 所示的 R_1，这是一个有限关系。若定义原表达式的 $DOM(\varphi)=\{b,c,2,a\}$，则经过此安全约束后，其安全表达式 $\{t|\neg R(t)\}$ 所表示的关系如图 9-26c 所示。

A	B	C
b	9	a
c	2	d

a) R

A	B	C
b	2	a
b	2	d
b	9	d
c	2	a
c	9	a
c	9	d

b) R_1

A	B	C
b	2	a
c	2	a

c) R_2

图 9-26　例 9-16 元组演算示例

9.4.3　安全的域关系演算表达式满足的条件

类似地可以定义域演算表达式 $\{x_1, x_2, \cdots, x_n \mid \varphi(x_1, x_2, \cdots, x_n)\}$ 的安全性。如果一个域演算表达式满足下列条件，则该域演算表达式是安全的。

（1）若 $\varphi(x_1, x_2, \cdots, x_n)$ 为真，则每一个 x_j（$j=1, 2, \cdots, n$）必在 $DOM(\varphi)$ 中。

（2）若 $(\exists u)(w(u))$ 是 φ 的子公式，则使 $w(u)$ 为真的 u 必在 $DOM(\varphi)$ 中。

（3）若 $(\forall u)(w(u))$ 是 φ 的子公式，则使 $w(u)$ 为假的 u 必在 $DOM(\varphi)$ 中。

9.4.4 三种关系运算表达能力的等价性定理

关系代数、元组演算和域演算中的任何一种运算的安全表达式均可以转化为其他两种运算的一个等价的安全表达式。

1. 关系代数表达式与元组演算表达式的等价性

定理 9.1 如果 E 是一个由五种基本关系代数运算经有限次组合而成的关系代数表达式，那么必定存在一个等价于 E 的元组演算安全表达式。

2. 元组演算表达式与域演算表达式的等价性

定理 9.2 如果 $\{t^k \mid \varphi(t^k)\}$ 是一个安全的元组演算表达式，那么一定存在一个与之等价的域演算安全表达式。

3. 域演算表达式与关系代数表达式的等价性

定理 9.3 对每一个域演算安全表达式 $\{t_1, t_2, \cdots, t_k \mid \varphi(t_1, t_2, \cdots, t_k)\}$，总存在一个与之等价的关系代数表达式。

以上定理的证明，请读者参考其他文献。

9.5 小结

关系数据库由关系代数严格的理论基础所奠定，关系数据库系统是支持关系模型的数据库系统。用五种基本关系代数运算（并、差、笛卡尔积、投影、选择）可以表示交、商、连接等非基本关系代数运算。关系代数的各种关系运算，可用相关的 SQL 语句来实现。

习题 9

1. 请解释下列术语。

关系的域	关系的目或度
基于笛卡尔积的关系定义	笛卡尔积的基数
关系的基数	等值连接
广义笛卡尔积	约束元组变量
自由元组变量	安全约束

2. 请简述关系模型中关系的性质。
3. 请问基于传统集合理论的关系运算有哪几种？
4. 请问关系代数专门的关系运算有哪几种？
5. 请问可以用基本关系运算表示的非基本关系运算有哪几种？
6. 请用语言简述并、交、差、笛卡尔积四种关系代数运算的定义。
7. 请用语言简述商、投影、选择、连接、自然连接五种关系代数运算的定义。
8. 已知关系 R，S，G，H 如图 9-27 所示，请求出下列关系代数表达式的运算结果。

（1）$R_1=R-S$　　（2）$R_2=R\cup S$

（3）$R_3=R\cap S$　　（4）$R_4=R\times S$

（5）$R_5=R\div H$　　（6）$R_6=R\bowtie G$

（7）$R_8=R\underset{4<4}{\bowtie}S$　　（8）$R_8=\pi_{A,B}\ (R)$

（9）$R_9=\sigma_{D<8\wedge B='C'}\ (S)$　　（10）$R_{10}=\pi_{5,6,1}\ (\sigma_{4<5}\ (R\times H))$

A	B	C	D
d	c	b	2
f	e	z	9
f	e	b	2
e	d	z	9
f	e	g	7
d	c	g	7

a）关系 R

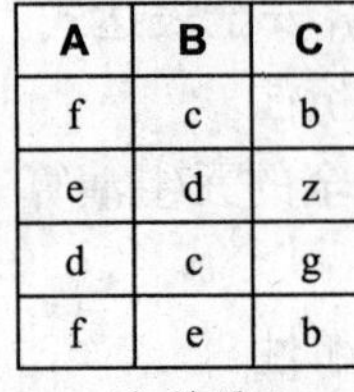

A	B	C
f	c	b
e	d	z
d	c	g
f	e	b

b）关系 S

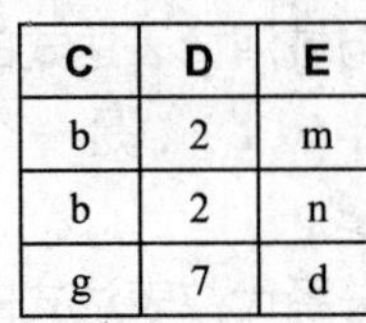

C	D	E
b	2	m
b	2	n
g	7	d

c）关系 G

C	D
b	2
g	7

d）关系 H

图 9-27　习题 8 图

9. 已知关系 R（A，B，C），S（A，B，C）和 W（D，E）如图 9-28 所示，请求出下列元组演算表达式的结果。

（1）$R_1=\{t|R(t)\wedge t[2]\geqslant 3\wedge t[3]=f\}$

（2）$R_2=\{t\,|(\exists u)(S\ (t)\wedge W\ (u)\wedge t[2]\leqslant u[2])\}$

（3）$R_3=\{t\,|(\exists u)(\exists v)(S\ (u)\wedge W\ (v)\wedge u[2]=v[2]\wedge t[1]=u[2]\wedge t[2]=u[3]\wedge t[3]=u[1])\}$

A	B	C
a	2	f
d	5	h
g	3	f
b	7	f

a）关系 R

A	B	C
b	6	e
d	5	h
b	4	f
g	8	e

b）关系 S

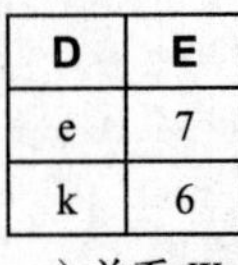

D	E
e	7
k	6

c）关系 W

图 9-28　习题 9 图

10. 已知关系 R，S 和 W 如图 9-29 所示，请求出下列域演算表达式的结果。

（1）$R_1=\{xyz|R(xyz)\wedge y\leqslant 5\wedge z=f\}$

（2）$R_2=\{xyz|R(xyz)\vee S\ (xyz)\wedge y\neq 6\wedge z\neq h\}$

（3）$R_3=\{xyz|(\exists x)(S\ (xyz)\wedge W\ (uv)\wedge y\leqslant 6\wedge v=7)\}$

A	B	C
a	2	f
d	5	h
g	3	f
b	7	f

a）关系 R

A	B	C
b	6	e
d	5	h
b	4	f
g	8	e

b）关系 S

D	E
e	7
k	6

c）关系 W

图 9-29　习题 9-10 图

11. 设已知有如图 1-5 所示的大学管理数据库系统的关系模式，请将下列关系表达式用汉语表达出来。

（1）$\pi_{S\#,SNAME}$（$\sigma_{C\#='C020301'}$（$ST \bowtie SC$））

（2）$\pi_{S\#}$（$\sigma_{C\#='C020301' \vee C\#='C020202'}$（$SC$））

（3）π_{SNAME}（$ST \bowtie$（$\pi_{S\#,C\#}$（SC）$\div \pi_{C\#}$（C）））

12. 设已知有图1-5所示的大学管理数据库系统的关系模式，请写出下列查询的关系代数表达式。

（1）查找课程号为C020301的学生的学号和分数。

（2）查找学号为201401001的学生所学课程的课程号、课程名和分数。

（3）查找至少学习了课程号为C020301的学生的学号和姓名。

（4）查找没有学习课程号为C020301的课程的学生的学号和姓名。

13. 已知关系R和S如图9-30所示。请计算（$t \mid S(t) \wedge \neg R(t)$）。

A	B	C
a	4	d
b	2	h

a）关系R

A	B	C
g	5	d
a	4	h
b	6	h
b	2	h
c	3	e

b）关系S

图9-30 习题13图

14. 已知关系R和S如图9-30所示。请计算$\{t \mid S(t) \wedge t[2] \geqslant 2 \wedge t[3]=h\}$。

15. 已知关系R和S如图9-31所示。请计算域演算表达式：

$$\{xy \mid (\forall z)(\neg S(xyz) \wedge R(xy))\}$$

A	B
b	f
c	e
a	f
b	e

a）关系R

A	B	C
a	f	6
b	h	5
c	f	6
c	h	5

b）关系S

图9-31 习题15图

16. 设R和S为二元关系，请用语言描述解释关系代数表达式$\pi_{1,2,4}\sigma_{2=3}$（$R \times S$）的含义。

17. 设R和S为二元关系，t和u为二元元组变量，请用语言描述解释元组关系演算表达式（$x \mid R(t) \wedge (\exists u)(S(u) \wedge \neg u[1]=t[2])$）的含义。

第 10 章

关系数据库设计理论

10.1 概述

在前面的章节中我们描述了关系模型的关系数据结构和关系操作集合。而关系模型的完整性规则是对关系的某种约束条件。也就是说，当关系的值随着时间变化时，应该满足一些条件。这些约束条件实际上是现实世界的要求。任何关系在任何时刻都要满足这些语义约束。关系模型中有三类完整性约束：实体完整性、参照完整性和用户定义完整性。其中实体完整性和参照完整性是关系模型必须满足的完整性约束条件，被称作关系的两个不变性，应该由关系系统自动支持。用户定义完整性是应用领域需要遵守的约束条件，它体现具体领域中的语义约束。在关系数据库应用系统中，构成一个系统关系数据库全局逻辑模式基本表的全体，称为该系统的**数据库模式**。本章所阐述的内容，主要用于解决如何有效地设计一个更好的关系数据库模式，这是数据库应用系统设计中的核心问题之一。

10.1.1 实体完整性

规则 10.1 实体完整性（entity integrity）规则 若属性（指一个或一组属性）*A* 是基本关系 *R* 的主属性，则 *A* 不能取空值。

所谓空值（null value）就是“不知道”或“不存在”的值。

对于实体完整性规则的说明。

（1）实体完整性规是针对基本关系而言的。一个基本表通常对应现实世界的一个实体集，如学生关系对应于学生的集合。

（2）现实世界中的实体是可区分的，即它们具有某种唯一性标识，如每个学生都是独立的个体，他们之间是有区别的、不一样的。

（3）相应地，在关系模式中是以主键作为唯一标识予以区别的。

（4）主键的属性值即主属性不能取空值。如果主属性取空值，就说明存在某个不可标识的实体，即存在不可区分的实体，这与第（2）点相矛盾，因此这个规则称为实体完整性。

例如，在学生关系ST中，属性学号（S#）为主键，所以S#不能取空值NULL。

10.1.2 参照完整性

现实世界中的实体之间往往存在某种联系，在关系模型中实体及实体间的联系都使用关系来描述。这样就自然存在着关系与关系间的引用。

规则 10.2 参照完整性（referential integrity）规则 若属性（或属性组）F是基本关系R的外键，它与基本关系S的主键K_s相对应（基本关系R和S不一定是不同的关系），则对于R中每个元组在F上的值必须为：

（1）或者取空值（F的每个属性值均为空值）；

（2）或者等于S中某个元组的主键值。

参照完整性规则就是定义外键与主键之间的引用规则。

【例 10-1】 学生实体和专业实体的关系模式（可参考图1-5）为：

学生（学号#，姓名，性别，出生日期，专业代码#，所属院系）

专业（专业代码#，专业名称）

我们可以看出这两个关系之间存在着属性的引用，即学生关系引用了专业关系的主键“专业代码#”。显然，学生关系中的“专业代码#”值必须是确实存在的专业的专业代码，即专业关系中有该专业的记录。这也就是说，学生关系中的某个属性的取值需要参照专业关系的属性取值。而学生关系中每个元组的“专业代码#”属性值只能取以下两类：

（1）空值，表示尚未给该学生分配专业；

（2）非空值，此时该值必须是专业关系中某个元组（专业代码#）的值，表示不可能给该学生分配一个不存在的专业，即被参照关系（专业关系）中一定存在一个元组，它的主属性值等于该参照关系（学生关系）中的外键。

【例 10-2】 有学生、课程、学生与课程之间的多对多联系，其关系模式为：

学生（学号#，姓名，性别，出生日期，专业代码#，所属院系）

专业（课程号#，课程名，课时）

选修（学号#，课程号#，成绩）

可以看出在这些关系之间存在着属性的引用，即选修关系引用了学生关系的主键“学号#”和课程关系的“课程号#”。同样，选修关系中的“学号#”值必须是确实存在的学生的学号，即学习关系中有该学生的记录；选修关系中的“课程号#”值也必须是确实存在的课程的课程号，即课程关系中有该课程的记录。换句话说，选修关系中某些属性的取值需要参照其他关系的属性取值。按照参照完整性规则，“学号#”和“课程号#”属性可以取两类值：空值或目标关系中已经存在的值。但由于“学号#”和“课程号#”是选修关系中的主属性，按照实体完整性规则，它们均不能取空值。所以选修关系中的“学号#”和“课程号#”属性实际上只能取相应的被参照关系中已经存在的主键的值。

以上我们看到的是两个或两个以上的关系间存在的引用关系，不仅如此，在同一个关系内部的属性间也可能存在着引用关系，如例 10-3 所示。

【例 10-3】 在学生关系（学号 #，姓名，性别，出生日期，专业代码 #，所属院系，班长）中，“学号 #”属性是主键，“班长”属性表示该学生所在班级的班长的学号，它引用了本关系“学号 #”属性，即“班长”必须是确实存在的学生的学号。按照参照完整性规则，“班长”属性值可以取两类值：

（1）空值，表示该学生所在的班级尚未选出班长；

（2）非空值，此时该值必须是本关系中某个元组的学号值。

10.1.3 用户定义完整性

任何关系数据库系统都应该支持实体完整性和参照完整性。这是关系模型所要求的。除此之外，不同关系数据库系统根据其应用环境的不同，往往还需要一些特殊的约束条件。用户定义完整性就是针对某一具体关系数据库的约束条件。它反映某一具体应用所涉及的数据必须满足的语义要求。例如某个属性必须取唯一值，某个非主属性也不能取空值（如例 10-1，在学生关系中必须给出学生姓名，就可以要求学生姓名不能取空值），某个属性的取值范围必须在 0 ～ 100 之间（如学生的成绩）等。

关系模型应提供定义和检查这类完整性的机制，以便使用统一的、系统的方法处理完整性，而不应将这一任务交由应用程序完成（早期的 RDBMS 没有提供定义和检查这些完整性的机制，需要应用开发者在应用系统中添加）。

10.2 关系约束与关系模式表示

一个关系模式中的属性的全体，构成了该关系模式的属性集合。每个属性的值域实质上构成了对该关系的一种取值约束，进一步反映了属性集合向属性的值域集合的映射或约束。另外，在关系模式中还存在着一种属性之间的决定因素和被决定因素的关系约束，或进一步可把其看作一种依赖关系（本质上反映了一种数据依赖）。下面以表 10-1 为例来说明这种依赖关系。

第 1 章已经讲到，建立一个数据库应用系统中的关系模式的通常方法，是先通过对现实世界的分析抽象，利用 E–R 模型（实体 – 关系模型）实现现实世界向信息世界的抽象，然后通过实体 – 联系模型向关系模型的转换，即可实现由实体 – 联系模型描述的信息世界向由关系模型（一种数据模型）描述的数据世界的转换。另一种建立数据库应用系统中的关系模式的方法（是由作者通过多年的数据库信息系统研发总结的）是如表 10-1 所示的属性表方法。构建属性表的基本思路，就是直接归纳和整理用户组织管理各种信息的表格。

由表 10-1 可直接得到如下关系模式：

（1）学生学籍关系模式（学号，姓名，性别，出生年月，出生地，班级，所属专业）；

（2）课程归属关系模式（课程编号，课程名称，学时数，教研室名称）；

（3）考试成绩关系模式（学号，姓名，课程编号，课程名称，成绩，所属专业）；

（4）授课统计关系模式（课程编号，课程名称，学时数，教研室名称，教工编号，教工姓名）；

（5）教工信息关系模式（教工编号，教工姓名，性别，出生年月，职称，教研室名称）。

表 10-1　构建大学教学管理信息系统中的关系模式（表）

表名	学生学籍表	课程归属表	考试成绩表	授课统计表	教工信息表
拥有的属性	学号	课程编号	学号	课程编号	教工编号
	姓名	课程名称	姓名	课程名称	教工姓名
	性别	学时数	课程编号	学时数	性别
	出生年月	（归属）教研室名称	课程名称	（任课）教研室名称	出生年月
	出生地		成绩	教工编号	职称
	班级		所属专业	教工姓名	教研室名称
	所属专业				

按照一般的语义概念分析以上的关系模式可知，在授课统计关系模式中至少存在着两种由一些属性的值决定另一些属性的值的数据依赖关系。例如，根据某个课程编号的值可以从课程归属关系中确定教研室名称（属于该教研室承担的课程）；由教工编号也可以从教工信息关系中确定教研室名称（属于该教研室的教工）。也就是说，一个关系模式中的属性之间存在着多个依赖关系。由于这种依赖是用属性的值体现的，所以称为数据依赖，当一般地用属性名集合表示其依赖关系时，就可看作一种函数依赖。

综合以上的分析，当把所有这些约束完整地反映到对关系模式的描述中时，就可得到如下结论：

一个关系模式是一个五元组｛R，U，D，DOM，F｝，并一般地记为：

$$R(U, D, DOM, F)$$

式中，R 是关系名；U 是关系 R 的属性全集；D 是 U 中属性的值域的集合；DOM 是属性集 U 到值域集合的映射；F 是关系 R 中的属性集 U 上的一组约束，即函数依赖集合。

在本章中的关系数据库设计理论的相关概念讨论中，关系名 R、属性集 U 和依赖集 F 三者相互关联，相互依存；而 D 和 DOM 与个自概念的描述关联性不大。所以为了简单起见，在本书后续内容的介绍中，把关系模式简化地看作一个三元组：$R(U, F)$。当且仅当 U 上的一个关系 R 满足 F 时，将 R 称为关系模式上 $R(U, F)$ 的一个关系。

10.3　关系模式规范化设计的必要性

下面利用一个实例，通过不合理的关系模式会引起操作异常来说明对关系模式进行规范化设计的必要性。

假设教学关系数据库中有如下关系模式：

TEACHERS（T#，TNAME，TTITLE，TSECTION，C#，CNAME，CLASSH）

则这个关系模式在使用过程中会存在以下操作异常问题。

（1）数据冗余。对于教师所讲的每一门课，有关教师的姓名、职称、所属教研室等信息都要重复存放，造成大量的数据冗余。

（2）更新异常。由于有数据冗余，如果教师的职称或所属教研室有变化，就必须对所有具有教师职称或所属单位的元组进行修改。 这不仅增加了更新的代价，而且可能出现一部分数据元组修改了，而另一些元组没有被修改的情况，存在着潜在的数据不一致性。

（3）插入异常。由于这个关系模式的主键由教师编号 T# 和课程编号 C# 组成，如果某一位教师刚调来，或某一位教师因为某种原因没有上课，就会由于关系的主键属性值不能为空（NULL）而无法将该教师的姓名、职称、所属教研室等基本信息输入到数据库中。学校的数据库中没有该教师的信息，就相当于该学校没有这位教师，显然不符合实际情况。

（4）删除异常。如果某教师不再上课，则删除该教师所担任的课程就连同该教师的姓名、职称、所属教研室等基本信息都删除了。

以上表明，上述的 TEACHERS 关系模式的设计是不合适的。之所以存在这种操作异常，是因为在数据之间存在着一种数据依赖关系。例如，某位教师的职称或所属教研室只由其教师编号就可确定，而与所上课程的编号无关。

如果将上述的关系模式分解成以下两个关系模式：

TEACHERS（T#，TNAME，TBIRTH，TTITLE，TSECTION）

COURSE（C#，CNAME，CLASSH）

就不会存在上述的操作异常了。一个教师的基本信息不会因为他没上课而不存在；某门课程也不会因为某学期没有上而被认为是没开设的课程。

然而，上述关系模式也不一定在任何情况下都是最优的，例如，当要查询某教师的有关上课信息时，就要进行两个或两个以上关系的连接运算，而连接运算的代价一般是比较大的。相反，在原来的关系模式中却能直接找到这一查询结果。也就是说，原来的关系模式也有它好的一面。怎样判断一个关系模式是否是最优的？以什么样的标准判断一个关系模式是最优的即本章要解决的问题。

在本章后续的内容中，涉及比较严格的定义、定律和公式的推导，为了表述上的方便，如不做特殊声明，总是假设有如下约定。

（1）用大写字母 A，B，C，D 表示关系的单个属性。

（2）用大写字母 U 表示某一关系的属性集（全集），用大写字母 V，W，X，Y，Z 表示属性集 U 的子集。

（3）不再特意地区分关系和关系模式，并用大写字母 R，R_1，R_2，……和 S，S_1，S_2……表示关系和关系模式。

（4）R（A，B，C），R（ABC）和 ABC 三种表示关系模式的方法是等价的。同理，$\{A, A_1, \cdots, A_n\}$ 和 A_1，$\cdots$，A_n 是等价的，$X \cup Y$ 和 XY 是等价的，$X \cup \{A\}$ 和 XA 是等价的。

（5）用大写英文字母 F，F_1……以及 G 表示函数依赖集。

（6）若 $X=\{A, B\}$，$Y=\{C, D\}$，则 $X \rightarrow Y$，$\{A, B\} \rightarrow \{C, D\}$ 和 $AB \rightarrow CD$ 三种函数依赖表示方法是等价的。

10.4 函数依赖

函数依赖（functional dependency）是关系表述的信息本身所具有的特性，换言之，函数依赖不是研究关系由什么属性组成或关系的当前值如何确定，而是研究施加于关系的只依赖于值的相等与否的限制的。这类限制并不取决于某元组在它的某些分量上取什么值，而仅仅取决于两个元组的某些分量是否相等。例如，姓名→年龄，这个函数依赖只有在该部门没有同名人的条件下成立，如果允许有同名人，则年龄就不再函数依赖于姓名了。正是这种限制，才给数据库模式的设计产生了重大而积极的影响。

10.4.1 函数依赖定义

定义 10.1 设有关系模式 $R(A_1,A_2,\cdots,A_n)$ 和属性集 $U=\{A_1,A_2,\cdots,A_n\}$ 的子集 X，Y。如果对于具体关系 r 的任何两个元组 u 和 v，只要 $u[X]=v[X]$，就有 $u[Y]=v[Y]$，则称 X 函数决定 Y，或 Y 函数依赖 X，记为 $X\rightarrow Y$。

例如，在学生关系模式：

ST（S#，SNAME，SSEX，SBIRTH，SPLACE，SCODE#，CLASS）

式中，X={S#}，Y={SNAME，SSEX，SBIRTH，SPLACE，SCODE#，CLASS}。对于如表 1-3 所示的大学管理数据库中的学生关系 ST 的具体关系 r（关系 ST 的当前值）来说，不可能同时存在这样的两个元组：它们对于子集 X={S#} 中的每个属性有相等的分量，但对于子集 Y={SNAME，SSEX，SBIRTH，SPLACE，SCODE#，CLASS} 中的某个或者某些属性具有不相等的分量。例如，对于 X={201402001}，只能唯一地找到李小四同学的性别为“女”，出生年月为“19960722”，出生地为“长春市”，专业代码为“ J0202”，班级为“201403”。所以有 $X\rightarrow Y$。当然，并不是说依据某一具体的关系就可以来验证该关系上的函数依赖是否成立，函数依赖是针对作为关系模式 R 的所有可能的值的。

由函数依赖的定义可知，函数依赖是一种语义范畴的概念，所以要从语义的角度来确定各个关系的函数依赖。例如，以学号为唯一主键属性的假设是认为不同的学生一定有不同的、唯一的学号。如果学生不可同名，则 { 学号，姓名 } 可作为主键。但事实上由于存在着同名的学生，所以姓名不能作为主键中的属性。否则，对于同一学号来说，就可能与不同的学生相对应，例如，将 {201402005，张明 }、{201402005，王芳 } 等同时用作主键值显然是错误的。

函数依赖描述了每个关系中主属性与非主属性之间的关系。对于关系 $R(A_1, A_2,\cdots,A_n)$ 和函数依赖 $X\rightarrow Y$ 来说，属性子集 X 中包括，且仅仅包括关系 R 的主属性，且对于关系 R 的任何属性子集 Y，一定成立 $X\rightarrow Y$。这也就是说，对于 $X\rightarrow Y$，可能存在 $Y\subseteq X$ 和 $Y\subseteq X$ 两种情况，所以约定：

（1）若有 $X\rightarrow Y$，但 $Y\not\subseteq X$，则称 $X\rightarrow Y$ 为非平凡函数依赖。若不特别声明，总假定本章所讨论的是非平凡依赖。

（2）若 $X\rightarrow Y$，则称 X 为决定因素。

（3）若 Y 不依赖于 X，则记作 $X\not\rightarrow Y$。

（4）若同时有 $X\rightarrow Y$ 和 $Y\rightarrow X$，则将其记作 $X\leftrightarrow Y$。

10.4.2 函数依赖的逻辑蕴涵

在研究函数依赖时，有时需要根据已知的一组函数依赖来判断另外一组或一些函数依赖是否成立，或是否能从已知的函数依赖中推导出其他函数依赖来，这就是函数依赖的逻辑蕴涵要讨论的问题。

定义 10.2 设有关系模式 $R(U, F)$，X，Y 是属性集 $U=\{A_1, A_2, \cdots, A_n\}$ 的子集，如果从 F 中的函数依赖能够推导出 $X\rightarrow Y$，则称 F 逻辑蕴涵 $X\rightarrow Y$，或称 $X\rightarrow Y$ 是 F 的逻辑蕴涵。

所有被 F^+ 逻辑蕴涵的函数依赖组成的依赖集称为 F 的闭包（closure），记为 F^+。一般地，有 $F\subseteq F^+$。

显然，如果能计算出 F^+，就可以很方便地判断某个函数依赖是否被 F 逻辑蕴涵，但函数依赖集 F 的闭包 F^+ 的计算是一件十分麻烦的事情，即使 F 不大，F^+ 也比较大。例如，有关系模式 $R(A, B, C)$，其函数依赖集为 $F=\{A\rightarrow B, B\rightarrow C\}$，则 F 的闭包如图 10-1 所示。

$$
F^+=\left\{\begin{array}{llllll}
A\rightarrow\phi, & AB\rightarrow\phi, & AC\rightarrow\phi, & ABC\rightarrow\phi, & B\rightarrow\phi, & C\rightarrow\phi, \\
A\rightarrow A, & AB\rightarrow A, & AC\rightarrow A, & ABC\rightarrow A, & B\rightarrow B, & C\rightarrow C, \\
A\rightarrow B, & AB\rightarrow B, & AC\rightarrow B, & ABC\rightarrow B, & B\rightarrow C, & \\
A\rightarrow C, & AB\rightarrow C, & AC\rightarrow C, & ABC\rightarrow C, & B\rightarrow BC, & \\
A\rightarrow AB, & AB\rightarrow AB, & AC\rightarrow AB, & ABC\rightarrow AB, & BC\rightarrow\phi, & \\
A\rightarrow AC, & AB\rightarrow AC, & AC\rightarrow AC, & ABC\rightarrow AC, & BC\rightarrow B, & \\
A\rightarrow BC, & AB\rightarrow BC, & AC\rightarrow BC, & ABC\rightarrow BC, & BC\rightarrow C, & \\
A\rightarrow ABC, & AB\rightarrow ABC, & AC\rightarrow ABC, & ABC\rightarrow ABC, & BC\rightarrow BC, &
\end{array}\right\}
$$

图 10-1 F 的闭包

显然，在 F^+ 中有许多平凡依赖，并且对于任何属性集 X 都有 $\phi\subseteq X$。

10.4.3 候选键的形式化定义

下面在函数依赖和 F 的闭包 F^+ 概念的基础上，更精确地给出了候选键的形式化定义。

定义 10.3 设有关系模式 $R(U,F)$ 和属性集 $U=\{A_1,A_2,\cdots,A_n\}$ 的子集 X, Y。如果：

（1）$X\rightarrow A_1A_2\cdots A_n$ 属于 F^+；

（2）不存在 X 的真子集 X'，使得 $X'\rightarrow A_1A_2\cdots A_n$ 属于 F^+。

则称 X 是 R 的一个候选键（candidate key）。

在上述的定义中，条件（1）表示 X 能唯一地标识一个元组。条件（2）表示 X 是唯一能标识一个元组的最小属性集。在一个关系 R 中，当有多于一个的候选键时，可以指定其中的一个作为主键（primary key）。当一个关系 R 的全部属性组成主键时，称为全键。

【例 10-4】 在课程关系 C（C#，CNAME，CLASSH）中，有依赖集 F={C# → CNAME, CLASS}，只存在一个由单一属性 C# 组成的候选键 {C#}。显然，C# 为主属性，CNAME 和 CLASS 均为非主属性。{C#} 亦为主键。

【例 10-5】 在学生关系 STU（S#，SNAME，SBIRTH，SID）中，SID 为身份证号，有依赖集 F_1={S# → SNAME，SBIRTH} 和 F_2={SID → SNAME，SBIRTH}。显然，这里并不仅仅存在一个由单一属性 S# 或 SID 组成的候选键，所以其候选键为 {S#} 和 {SID}。

10.5 函数依赖的公理体系

键是数据库模式设计和数据库系统设计中的一个非常重要的问题。从前面的章节中我们了解到，关系模式的主键是由函数依赖确定的。为了从一组函数依赖中确定主键，就需要分析个函数依赖之间的逻辑蕴涵关系，或者至少要根据给定的函数依赖集 F 和函数依赖 $X \to Y$，确定 $X \to Y$ 是否属于 F^+，这显然涉及 F^+ 的计算。由于 F^+ 的计算是一件非常复杂的事情，经过专家学者们的研究，提出了一些推导函数依赖逻辑蕴涵关系的推理规则，并由阿姆斯特朗（W.W.Armstrong）于 1974 年归纳成公理体系，形成了著名的阿姆斯特朗公理（Armstrong axioms）体系，它包括公理和规则两个部分。

10.5.1 阿姆斯特朗公理

设有关系模式 $R(U, F)$ 和属性集 $U=\{A_1, A_2, \cdots, A_n\}$ 的 X，Y，Z，W，阿姆斯特朗公理为：

（1）自反律：若 $X \supseteq Y$，则 $X \to Y$；

（2）增广律：若 $X \to Y$，则 $XZ \to YZ$；

（3）传递律：若 $X \to Y$，$Y \to Z$，则 $X \to Z$。

人们把自反律、增广律、传递律称为阿姆斯特朗公理系统。阿姆斯特朗公理系统是有效的、完备的。阿姆斯特朗公理的有效性指的是：由 F 出发，根据阿姆斯特朗公理推导出来的每一个函数依赖一定在 F^+ 中；完备性指的是：F^+ 中的每一个函数依赖，必定可以由 F 出发根据阿姆斯特朗公理推导出来。

下面从函数依赖的定义出发，给出公理的正确性证明。

定理 10.1 阿姆斯特朗公理是正确的。

证明：（1）证明自反律是正确的：设 r 为关系模式 R 的任意一个关系，u 和 v 为 r 的任意两个元组。

若 $u[X]=v[X]$，则 u 和 v 在 X 的任意子集上必然相等。

由条件 $X \supseteq Y$，所以有 $u[Y]=v[Y]$。

由 r，u，v 的任意性，并根据函数依赖的定义 10.1，可得 $X \to Y$。

（2）证明增广律是正确的。设 r，u 和 v 的含义同上，并设 $u[XZ]=v[XZ]$，则 $u[X]\,u[Z]=v[X]v[Z]$。

由条件 $X \to Y$，若 $u[X]=v[X]$，则 $u[Y]=v[Y]$，并推知 $u[Z]=v[Z]$。

所以 $u[Y]\,u[Z]=v[Y]v[Z]$，则有 $u[YZ]=v[YZ]$。

根据函数依赖定义 10.1，可得 $XZ \to YZ$。

（3）证明传递律是正确的。设 r，u 和 v 的含义同上，由条件 $X \to Y$，若 $u[X]=v[X]$，则 $u[Y]=v[Y]$。

又由条件 $Y \to Z$，若 $u[Y]=v[Y]$，则 $u[Z]=v[Z]$。

所以推知若 $u[X]=v[X]$，则 $u[Z]=v[Z]$。

根据函数依赖的定义 10.1，可得 $X \to Z$。证毕。

10.5.2 阿姆斯特朗公理推论

从阿姆斯特朗公理可以得出下面的推论。

推论 10.1（合并规则）：若 $X \to Y$ 且 $Y \to Z$，则 $X \to YZ$。

推论 10.2（分解规则）：若 $X \to Y$ 且 $Z \subseteq Y$，则 $X \to Z$。

推论 10.3（伪传递规则）：若 $X \to Y$，$WY \to Z$，则 $XW \to Z$。

证明：下面利用阿姆斯特朗公里分别证明三个推论的正确性。

（1）推论 10.1。

由条件 $X \to Y$，并增广律可得 $X \to XY$。

由条件 $X \to Z$，并增广律可得则 $XY \to YZ$。

利用传递律，由 $X \to XY$ 和 $XY \to YZ$，可得 $X \to YZ$。

（2）推论 10.2。

已知有 $X \to Y$。由条件 $Z \subseteq Y$，并自反律可得 $Y \to Z$。

利用传递律，由 $X \to Y$ 和 $Y \to Z$，可得 $X \to Z$。

（3）推论 10.3。

由条件 $X \to Y$，并增广律可得 $XW \to WY$。

利用传递律，和已知条件 $WY \to Z$，可得 $XW \to Z$。证毕。

【例 10-6】 对于关系模式 R (CITY,STREET,ZIP)，依赖集 F={ZIP → CITY,{CITY, STREE} → ZIP}，候选键为 {CITY, STREET} 和 { ZIP, STREET }。请证明成立：{CITY, STREET} → {CITY，STREET，ZIP} 和 { STREET，ZIP} → {CITY，STREET，ZIP}。现证明后者。

证明：已知有 *ZIP* → *CITY*，由增广律可得

{STREET，ZIP} → {CITY，STREET }

又已知 {CITY，STREE} → ZIP，由增广律可得

{CITY，STREET} → {CITY，STREET，ZIP}

由上述所得的两个结论，并根据传递律即可得

{CITY，ZIP} → {CITY，STREET，ZIP}

定理 10.2 如果有关系模式 R（A_1，A_2，…，A_n），则 $X \to A_1A_2 \cdots A_n$ 成立的充要条件是 $X \to A_i$（i=1，2，…，n）均成立。

由合并规则和分解规则即可得到这个定理，证明作为练习留给读者自己完成。

定理 10.2 的结论为数据库模式设计中各个关系的主键的确定奠定了理论基础。

10.5.3 *X* 关于 *F* 的闭包及计算

判断某个函数依赖是否被 F 逻辑蕴涵最直接的方法是计算 F^+，但由于 F^+ 的计算比较复杂，人们经过研究提出了一种利用"X_F^+"关于 F 的闭包"X_F^+"来判断函数依赖 $X \to Y$ 是否被 F 逻辑蕴涵的方法，且由于"X_F^+"的计算比较简单，在实践中得到了较好的应用。

1. *X* 关于 *F* 的闭包

定义 10.4 设有关系模式 R（U，F）和属性集 U={ A_1，A_2，…，A_n} 的子集 X，则

称所有用阿姆斯特朗公理从 F 推导出的函数依赖 $X\to A_i$ 的属性 A_i 组成的集合称为 X 关于 F 的闭包，记为“X_F^+”，通常简记为 X^+，即

$$X^+=\{A_i \mid \text{用公理从 } F \text{ 推出的 } X\to A_i\}$$

显然有 $X\subseteq X^+$。

【例 10-7】 已知在关系模式 $R(ABC)$ 上有函数依赖 $F=\{A\to B,\ B\to C\}$，求 X 分别等于 A，B，C 时的 X^+。

（1）若 $X=A$，因为有 $A\to A$，$A\to B$，且由 $A\to B$，$B\to C$ 可推知有 $A\to C$，所以有 $X^+=ABC$；

（2）若 $X=B$，因为有 $B\to B$，$B\to C$，所以有 $X^+=BC$；

（3）若 $X=C$，显然有 $X^+=C$。

由上例可见，比起 F 的闭包 F^+ 的计算，X 关于 F 的闭包 X^+ 的计算要简单得多。

下面的定理将会告诉我们利用 X^+ 判断某一函数依赖 $X\to Y$ 能否从 F 导出的方法。

定理 10.3 设有关系模式 $R(U,F)$ 和属性集 $U=\{A_1, A_2, \cdots, A_n\}$ 的子集 X，Y。则 $X\to Y$ 能用阿姆斯特朗公理从 F 导出的充要条件是 $Y\subseteq X^+$。

证明：

（1）充分性：设 $Y=A_1, A_2, \cdots, A_n$，$A_i\subseteq U$（$i=1, 2, \cdots, n$）。假设 $Y\subseteq X^+$，由 X 关于 F 的闭包 F^+ 的定义，对每一个 i，都能由公理从 F 导出。再利用合并规则（推论 10.1），即可得 $X\to Y$。

（2）必要性：设 $Y=A_1, A_2, \cdots, A_n$，$A_i\subseteq U$（$i=1, 2, \cdots, n$）。假设 $X\to Y$ 能由公理导出，根据分解规则（推论 10.2）和定理 10.2 有 $X\to A_1$，$X\to A_2$，$\cdots$，$X\to A_n$，由 X^+ 的定义可知，$A_i\subseteq X^+$（$i=1, 2, \cdots, n$），所以 $Y\subseteq X^+$。证毕。

2. X 关于 F 的闭包 X^+ 的计算

下面就给出计算 X 关于 F 的闭包 X^+ 的方法。

算法 10.1 求属性集 X 关于函数依赖集 F 的闭包 X^+。

输入：关系模式 R 的全部属性集 U，U 上的函数依赖集 F，U 的子集 X。

输出：X 关于 F 的闭包 X^+。

计算方法如下。

（1）$X^{(0)}=X$。

（2）从 F 中找出满足条件 $V\subseteq X^{(i)}$ 的所有函数依赖 $V\to W$，并把所有的 $V\to W$ 中的属性 W 组成的集合记为 Z，即从 F 中找出那些其决定因素是 $X^{(i)}$ 的自己的函数依赖，并把由所有这样的依赖的被决定因素组成的集合记为 Z。

（3）否则，若 $Z\subseteq X^{(i)}$，则转（5）。

（4）否则，$X^{(i+1)}=X^{(i)}Z$，并转（2）。

（5）停止计算，输出 $X^{(i)}$，即为 X^+。

【例 10-8】 已知有函数依赖集 $F=\{AB\to C,\ C\to A,\ BC\to D,\ ACD\to B,\ D\to EG,\ BE\to C,\ CG\to BD,\ CE\to AG\}$，属性集 $U=\{A, B, C, D, E, G\}$，$X=BD$，求 X^+。

解：

（1）$X^{(0)}=BD$。

（2）F 中的函数依赖的决定因素是 $X^{(0)}=BD$ 的子集的函数依赖只有 $D \to EG$，将其被决定因素组成的集合记为 $Z=EG$，且因 $Z=EG \not\subseteq BD=X^{(0)}$，所以 $X^{(1)}=BDEG$。

（3）F 中的函数依赖的决定因素是 $X^{(1)}=BDEG$ 的子集的函数依赖只有 $D \to EG$ 和 $BE \to C$，将其被决定因素组成的集合记为 $Z=CEG$，且因 $Z=CEG \not\subseteq BDEG=X^{(1)}$，所以 $X^{(2)}=BCDEG$。

（4）F 中的函数依赖的决定因素是 $X^{(2)}=BCDEG$ 的子集的函数依赖只有 $C \to A$，$BC \to D$，$D \to EG$，$BE \to C$，$CG \to BD$ 和 $CE \to AG$，将其被决定因素组成的集合记为 $Z=ABCDEG$，且因 $Z=ABCDEG \not\subseteq BCDEG=X^{(2)}$，所以 $X^{(3)}=ABCDEG$。

（5）F 中的函数依赖的决定因素是 $X^{(3)}=ABCDEG$ 的子集的函数依赖包括了 F 中的全部函数依赖，可得 $Z=ABCDEG \subseteq ABCDEG=X^{(3)}$。

（6）计算终止，结果为：$X^{+}=ABCDEG$。

10.5.4 最小函数依赖集

1. 函数依赖集的等价与覆盖

在关系数据库中，关系的主键总是隐含着最小性，所以常常需要寻找与关系 R 的属性集 U 的依赖集 F 的等价的最小依赖集。这些都涉及函数依赖集的等价与覆盖的问题。

定义 10.5 设 F 和 G 是两个函数依赖集，如果 $F^{+}=G^{+}$，则称 F 和 G 等价。如果 F 和 G 等价，则称 F 覆盖 G，同时也称 G 覆盖 F。

下面介绍判断依赖集 F 和 G 等价的方法。

定理 10.4 $F^{+}=G^{+}$ 的充要条件是 $F^{+} \subseteq G^{+}$ 和 $G^{+} \subseteq F^{+}$。

证明：

（1）如果两个函数依赖集满足 $F_1 \subseteq F_2$，那么 F_1 中的任一逻辑蕴涵必是 F_2 的一个逻辑蕴涵，所以 $F_1^{+} \subseteq F_2^{+}$。

（2）由闭包的定义可知 $(F_1^{+})^{+}=F_1^{+}$。

（3）证明必要性：若 $F^{+}=G^{+}$，显然有 $F \subseteq G^{+}$ 和 $G \subseteq F^{+}$。

（4）证明充分性：若 $F \subseteq G^{+}$，由（1）和（2）可得 $F^{+} \subseteq (G^{+})^{+}=G^{+}$，即 $F^{+} \subseteq G^{+}$；又由 $G \subseteq F^{+}$，同理可得 $G^{+} \subseteq F^{+}$，所以 $F^{+}=G^{+}$。证毕。

由定理 10.4 可知，为了判断 F 和 G 是否等价，只要判断对于 F 中的每一个函数依赖 $X \to Y$ 是否都属于 G^{+}，若都属于 G^{+}，则 $F \subseteq G^{+}$。只要发现某一个函数依赖 $X \to Y$ 不属于 G^{+}，就说明 $F^{+} \neq G^{+}$。对于 G 中的每一个函数依赖也做同样的处理。如果 $F \subseteq G^{+}$ 且 $G \subseteq F^{+}$，则称 F 和 G 等价。这里并不需要计算函数依赖的闭包 F^{+} 和 G^{+}。为了判断 $F \subseteq G^{+}$，只要对 F 中的每一个函数依赖 $X \to Y$ 计算 X 关于 G 的闭包 X_G^{+}，若 $Y \subseteq X_G^{+}$，则说明 $X \to Y$ 属于 G^{+}。同理，为了判断 $G \subseteq F^{+}$，只要对 G 中的每一个函数依赖 $X \to Y$ 计算 X 关于 F 的闭包 X_F^{+}，若 $Y \subseteq X_F^{+}$，则说明 $X \to Y$ 属于 F^{+}。

由函数依赖集的等价可以引出一个重要的结论。

推论 10.4 每一个函数依赖集 F 都被其右端只有一个属性的函数依赖组成的依赖集 G 所覆盖。

证明：设 F 中的函数依赖包括两种类型：一种是右端只有一个属性的函数依赖，设

$V \to W$为其中的任意一个；另一种是有一个以上属性的函数依赖。设$X \to Y$为其中的任意一个，$Y=A_1, A_2, \cdots, A_n, A_i$为单个属性，并令$G$由所有的$V \to W$和$X \to A_i$（$i=1, 2, \cdots, n$）组成。

对于G中的任意一个$X \to A_i$，由于F中有$X \to Y$，根据分解规则即F中有$X \to A_i$（$i=1, 2, \cdots, n$）；而$V \to W$在G和F中都有，所以有$G \subseteq F^+$。

对于F中的任意一个$X \to Y$，由于G中有$X \to A_i$（$i=1, 2, \cdots, n$），根据合并规则即G中有$X \to Y$，而在F和G中都有$V \to W$，所以有$F \subseteq G^+$，从而有$F^+=G^+$。证毕。

推论10.4说明，任意一个函数依赖集都可转化成由右端只有单一属性的函数依赖组成的集合。这个结论是下面将要讨论的最小函数依赖集的基础。

2. 最小函数依赖集

定义10.6　满足下列条件的函数依赖集F称为最小函数依赖集。

（1）F中的每一个函数依赖的右端都是单个属性。

（2）对F中的任何函数依赖$X \to A$，$F-\{X \to A\}$不等价于F。

（3）对F中的任何函数依赖$X \to A$和X的任何真子集Z，$(F-\{X \to A\}) \cup \{Z \to A\}$不等价于$F$。

在这个定义中，条件（1）保证了F中的每一个函数依赖的右端都是单个属性；条件（2）保证了F中不存在多余的函数依赖；条件（3）保证了F中的每一个函数依赖的左端没有多余的属性。所以F理应是最小的函数依赖集。

【例10-9】　求函数集F的最小函数依赖集，其中：

$$F=\begin{Bmatrix} AB \to C,\ C \to A,\ BC \to D \\ ACD \to B,\ D \to EG,\ BE \to C \\ CG \to BD,\ CE \to AG \end{Bmatrix}$$

解：（1）用分解规则将F中的所有函数依赖分解成右端为单个属性的函数依赖，可得：

$$F_1=\begin{Bmatrix} AB \to C,\ C \to A,\ BC \to D,\ ACD \to B \\ D \to E,\ D \to G,\ BE \to C,\ CG \to B \\ CG \to D,\ CE \to A,\ CE \to G \end{Bmatrix}$$

（2）去掉F中冗余的函数依赖。具体的判别方法是：从F中的第一个函数依赖（例如为$X \to Y$）开始，求X关于$F-\{X \to Y\}$的闭包X^+（从F中去掉$X \to Y$，然后在剩下的函数依赖中求X^+），看X^+是否包含Y。如果X^+包含Y，则说明$X \to Y$是多余的函数依赖，因为在$F-\{X \to Y\}$中逻辑蕴涵$X \to Y$，所以从F中去掉$X \to Y$；如果X^+不包含Y，则保留$X \to Y$。按这样的方法逐个考察F中的函数依赖，直到其中所有函数依赖都考察完为止。

在按这种方法考察F中的函数依赖时，考察顺序的不同可能得到不同的结果。对于本例来说，可以去掉冗余的函数依赖$ACD \to B$，$CG \to D$，$CE \to A$得到：

$$F_{21}=\begin{Bmatrix} AB \to C,\ C \to A,\ BC \to D \\ D \to E,\ D \to G,\ BE \to C \\ CG \to B,\ CE \to G \end{Bmatrix}$$

也可以去掉冗余的函数依赖 $CG \to B$，$CE \to A$ 得到：

$$F_{22}=\begin{Bmatrix} AB \to C,\ C \to A,\ BC \to D \\ ACD \to B,\ D \to E,\ D \to G \\ BE \to C,\ CG \to D,\ CE \to G \end{Bmatrix}$$

（3）去掉左端多余的属性。具体的判别方法是：逐个考察 F 中左端是非单属性的函数依赖（例如为 $XY \to A$），假设要判断 Y 是否是多余的属性，则要以 $X \to A$ 代替 $XY \to A$，判断（$F\{XY \to A\}$）∪ $\{X \to A\}$ 是否等价于 F。为此，只要判断 $X \to A$ 是否在 F^+ 中。方法是：求 X 关于 F 的闭包 X^+，如果 A 不属于 X^+，则 $X \to A$ 不在 F^+ 中，说明 Y 不是多余的属性；如果 A 属于 X^+，则 $X \to A$ 在 F^+ 中，说明 Y 是多余的属性；这就要从 F 中去掉函数依赖 $XY \to A$，而用 $X \to A$ 代替。接着判别 X 是否是多余的属性。按这样的方法逐个考察 F 中的左端是非单属性的函数依赖，直到其中所有左端是非单属性的函数依赖都考察完为止。

对于本例来说，F_{21} 中已无多余属性，所以是等价于 F 的最小函数依赖集。

在 F_{22} 中，函数依赖 $ACD \to B$ 的左端有多余属性。因为在假设 A 是多余属性求 CD 关于 F_{22} 闭包（CD）$^+$ 时，(CD)$^+$=$ABCDEG$，B 属于 $ABCDEG$=(CD)$^+$，说明 $CD \to B$ 在 F_{22}，A 为多余属性。从而用 $CD \to B$ 代替 $ACD \to B$ 得到等价于 F 的最小函数依赖集 F_3。

最后本例得到的最小函数依赖集为 F_{21} 和 F_3，即

$$F_{min}=F_{21}=\begin{Bmatrix} AB \to C,\ C \to A,\ BC \to D \\ D \to E,\ D \to G,\ BE \to C \\ CG \to B,\ CE \to G \end{Bmatrix}$$

$$F_{min}=F_3=\begin{Bmatrix} AB \to C,\ C \to A,\ BC \to D \\ CD \to B,\ D \to E,\ D \to G \\ BE \to C,\ CG \to D,\ CE \to G \end{Bmatrix}$$

与考察冗余函数依赖一样，在去掉冗余属性时，随着考察顺序的不同，也可能得到不同的结果。

10.6 关系模式分解

在数据库应用系统设计中，一方面是为了减少冗余，另一方面是为了解决可能存在的插入、删除和修改等操作异常，常常需要将包含属性较多的关系模式分解成几个包含属性较少的关系模式，这就涉及关系模式的分解问题。

10.6.1 概述

1. F 在 U_i 上的投影

定义 10.7 设 U_i 是属性集 U 的一个子集，则函数依赖集合 $\{X \to Y \mid X \to Y \in F^+ \wedge XY \subseteq U_i\}$ 的一个覆盖 F_i 称为 F 在 U_i 上的投影。

按照依赖集覆盖（等价）的定义，定义 10.7 的含义是，对于属性集 U 的子集 U_i，存

在一个与其对应的依赖子集 F_i，且由 F_i 中的每个函数依赖 $X \to Y$ 的决定因素 X 和被决定因素 Y 组成的属性子集 XY 均是 U_i 的子集。

在下面的关系模式分解定义中将会看到，当一个关系模式 $R(U, F)$ 分解时，除了要将其属性集 $U=\{A_1, A_2, \cdots, A_n\}$ 分解成 k 个属性子集 U_i 且 $1 \leqslant i \leqslant k$ 外，与其对应地也要将函数依赖集 F 分解成 k 个依赖子集 F_i 且 $1 \leqslant i \leqslant k$。而定义 10.7 的意义就在于给出了组成 F_i 中的各函数依赖应满足的条件。

在定义 10.7 的基础上，可进一步给出意义更明确的 F 在 U_i 上的投影的定义。

定义 10.8　设有关系模式 $R(U, F)$ 和 $U=\{A_1, A_2, \cdots, A_n\}$ 的子集 Z，把 F^+ 中所有满足 $XY \subseteq Z$ 的函数依赖 $X \to Y$ 组成的集合，称为依赖集 F 在属性集 Z 上的投影，记为 $\pi_Z(F)$。

由定义 10.8 可知，显然有，$\pi_Z(F)=\{X \to Y \mid X \to Y \in F^+ 且 XY \subseteq Z\}$。所以定义 10.8 和定义 10.7 在本质上是相同的。

2. 关系模式的分解

定义 10.9　设有关系模式 $R(U,F)$，如果 $U=U_1 \cup U_2 \cup \cdots \cup U_k$，并且对于任意的 i，j（$1 \leqslant i \leqslant j \leqslant k$），不成立 $U_i \subseteq U_j$，且 F_i 是 F 在 U_i 上的投影。则称 $\rho=\{R_1(U_1, F_1), R_2(U_2, F_2), \cdots R_k(U_k, F_k)\}$ 是关系模式 $R(U, F)$ 的一个分解。

定义 10.9 中的关键点是，对于属性子集集合 $\{U_1, U_2, \cdots, U_k\}$ 中的任意属性子集 U_i 及 $1 \leqslant i \leqslant k$ 和 U_j 及 $1 \leqslant j \leqslant k$，既不成立 $U_i \subseteq U_j$，也不成立 $U_j \subseteq U_i$，即属性集 $\{U_1, U_2, \cdots, U_k\}$ 中的任意属性子集不是其他任何一个属性子集的子集。

显然，当一个关系模式分解成多个关系模式时，相应的该关系中的数据也要被分布到分解成的多个关系中。

【例 10-10】　已知关系模式 $R(U, F)$，$U=\{S\#, SD, SM\}$，$F=\{S\# \to SD, SD \to SM\}$，并设关系模式 R 有如图 10-2 所示的当前值 r。

S#	SD	SM
S_1	D_1	M_1
S_2	D_2	M_1
S_3	D_3	M_2

图 10-2　例 10-10 关系 R 的当前值 r

下面采用三种不同的方式对关系 R 进行分解。

（1）方法 1。

设 $\rho_1=\{R_1(S\#, \phi), R_2(SD, \phi), R_3(SM, \phi)\}$，即分解后的子关系模式中只有属性子集，而 $F_i=\phi$（ϕ 表示空集）。

已知具体关系 r 在 U_i 上投影，即 $R_i=R(U)$ 可得

$$R_1=R(U_1)=\{S_1, S_2, S_3\}$$
$$R_2=R(U_2)=\{D_1, D_2, D_3\}$$
$$R_3=R(U_3)=\{M_1, M_2\}$$

对关系模式进行分解的目的是克服可能出现的操作异常等，但分解前后关系中原有的信息应当保持不变。一般采用的方法是使用各 R_i 的自然连接恢复 R。所以由：

$R_1 \bowtie R_2 \bowtie R_3 = R_1 \times R_2 \times R_3$（由于各 R_i 间无属性相同的列）

得

$$\left\{\begin{matrix} S_1D_1M_1, & S_2D_1M_1, & S_3D_1M_1 \\ S_1D_1M_2, & S_2D_1M_2, & S_3D_1M_2 \\ S_1D_2M_1, & S_2D_2M_1, & S_3D_2M_1 \\ S_1D_2M_2, & S_2D_2M_2, & S_3D_2M_2 \\ S_1D_3M_1, & S_2D_3M_1, & S_3D_3M_1 \\ S_1D_3M_2, & S_2D_3M_2, & S_3D_3M_2 \end{matrix}\right\}$$

比较给定关系 R 的当前值 r 和所得元组集合（通过自然连接恢复的结果）可知，恢复后的关系 R 的当前值 r 已经丢失了原来信息的真实性。所以方法 1 的分解是有损原来信息的一种分解，或者说方法 1 的分解不保持信息无损，不具有无损连接性。

（2）方法 2。

设 $\rho_2=\{R_1(\{S\#, SD\}, \{S\# \to SD\}), R_2(\{S\#, SM\}, \{S\# \to SM\})\}$。

通过将已知具体关系 r 在 U_i 上投影，可以证明这种分解能够恢复原来的具体关系，但分解不保持函数依赖。因此：

$$F_1^+=\left\{\begin{matrix} S\# \to \phi, & S\#SD \to \phi, & SD \to \phi \\ S\# \to S\#, & S\#SD \to S\#, & SD \to SD \\ S\# \to SD, & S\#SD \to SD & \\ S\# \to S\#SD, & S\#SD \to S\#SD & \end{matrix}\right\}$$

$$F_2^+=\left\{\begin{matrix} S\# \to \phi, & S\#SM \to \phi, & SM \to \phi \\ S\# \to S\#, & S\#SM \to S\#, & SM \to SM \\ S\# \to SM, & S\#SM \to SM & \\ S\# \to S\#SM, & S\#SM \to S\#SM & \end{matrix}\right\}$$

根据定义 10.7 和定义 10.9，关系 R 的依赖集 F 中的函数依赖 $SD \to SM$ 既不在 F_1^+ 中，也不在 F_2^+ 中，即函数依赖 $SD \to SM$ 既不在 R_1 的 F_1 中，也不在 R_2 的 F_2 中。所以，方法 2 的分解能够保持信息无损，但不保持函数依赖（详见例 10-16）。

（3）方法 3：

设 $\rho_3=\{R_1(\{S\#, SD\}, \{S\# \to SD\}), R_2(\{SD, SM\}, \{SD \to SM\})\}$。

可以证明，方法 3 的分解既能保持信息无损（详见例 10-14），又能保持函数依赖（详见例 10-15）。

如果关系的一个分解既能保持无损连接，又能保持函数依赖，它就既能解决操作异常，又不会丢失原有数据的信息，这正是关系模式分解中所希望的。

10.6.2 保持无损连接性分解

定义 10.10 设有关系模式 $R(U, F)$，$\rho=(R_1, R_2, \cdots, R_k)$ 是 R 的一个分解。如果

对于 R 的任意满足 F 的关系 r，下列成立：

$$r = \pi_{R_1}(r) \bowtie \pi_{R_2}(r) \bowtie \ldots \bowtie \pi_{R_k}(r)$$

则称该分解 ρ 是无损连接分解，也称该分解 ρ 保持无损的分解。

上述定义说明，r 是它在各 R_i 上的投影的自然连接。按照自然连接的定义，上式中两个相邻的关系在做自然连接时，如果至少有一个列名相同，则为自然连接；如果没有相同的列名，则为笛卡尔乘积运算。

为了表述问题上的方便，约定：

（1）把 r 在 ρ 上的投影的连接记为 m_ρ（r），且 $m_\rho(r) = \bowtie_{i=1}^{k} \pi_{R_i}(r)$。于是，关系模式 R 的满足 F 的无损分解的条件可以表示成：对所有满足 F 的关系 r，有 $r=m\rho$（r）。

（2）设 t 是一个元组，X 是一个属性集，用 $t[X]$ 表示元组 t 在属性集 X 上的属性值序列。此时有 π_X（r）$=\{t[X]t$ 在 r 中 $\}$。

算法 10.2　判断一个分解的无损连接性，即判断一个分解是否为无损连接分解。

输入：关系模式 R（A_1，A_2，…，A_n），函数依赖集 F，R 的一个分解 ρ=(R_1，R_2，…，R_k)。

输出：ρ 是否为无损连接的判断。

方法：

（1）构造一个 k 行 n 列表，其中，第 i 行对应于关系模式 R 分解后的模式 R_i，第 j 列对应于关系模式 R 的属性 A_j。表中第 i 行第 j 列位置的元素填入方法为：如果 A_j 在 R_i 中，则在第 i 行第 j 列的位置上填上符号 a_j，否则填上符号 b_{ij}。

（2）对于 F 中的所有函数依赖 $X \to Y$，按如下方法修改表中的元素：在表中寻找在 X 的各个属性上都分别相同的行，若至少存在两个这样的行，则将这些行上对应于 Y 属性的那些列位置的属性分别修改成相同的符号；如果其中某一列上有 a_j，则把该列对应行位置的元素也修改成 a_j；若该列对应行的位置没有这样的 a_j，则以该列中某一行的 b_{ij} 为基准，把该列对应行位置的其他元素也修改成 b_{ij}。

（3）按（2）逐个考察 F 中的每一个函数依赖，如果发现某一行变成了 a_1，a_2，…，a_n，则分解 ρ 具有无损连接性；如果直到检验完 F 中的所有函数依赖也没有发现这样的行，则分解 ρ 不具有无损连接性。

【例 10-11】 设有关系模式 R（A，B，C，D，E），函数依赖集 F=($A \to C$，$B \to C$，$C \to D$，$DE \to C$，$CE \to A$)，分解 ρ={R_1，R_2，R_3，R_4，R_5}，其中 R_1=AD，R_2=AB，R_3=BE，R_4=CDE，R_5=AE。检验分解 ρ 是否具有无损连接性。

解：（1）构造一个 5 行 5 列表，并按算法 10.2 的（1）填写表中的元素，如图 10-3 所示。

（2）对于函数依赖 $A \to C$，在表中 A 属性列的 1、2、5 行都为 a_1，在 C 属性列的 1、2、5 行不存在 a_3，所以以该列第 1 行的 b_{13} 为基准，将该列第 2、5 行位置的元素修改成 b_{13}，其结果如图 10-4 所示。

R_i	A	B	C	D	E
R_1	a_1	b_{12}	b_{13}	a_4	b_{15}
R_2	a_1	a_2	b_{23}	b_{24}	b_{25}
R_3	b_{31}	a_2	b_{33}	b_{34}	a_5
R_4	b_{41}	b_{42}	a_3	a_4	a_5
R_5	a_1	b_{52}	b_{53}	b_{54}	a_5

图 10-3　例 10-11 第（1）步结果

（3）对于函数依赖 $B\to C$，在表中 B 属性列的第 2、3 行都为 a_2，在 C 属性列的 2、3 行不存在 a_3，所以以该列第 2 行的 b_{13} 为基准，将该列第 3 行位置的元素修改成 b_{13}，其结果如图 10-5 所示。

R_i	A	B	C	D	E
R_1	a_1	b_{12}	b_{13}	a_4	b_{15}
R_2	a_1	a_2	b_{13}	b_{24}	b_{25}
R_3	b_{31}	a_2	b_{33}	b_{34}	a_5
R_4	b_{41}	b_{42}	a_3	a_4	a_5
R_5	a_1	b_{52}	b_{13}	b_{54}	a_5

图 10-4 例 10-11 第（2）步结果

R_i	A	B	C	D	E
R_1	a_1	b_{12}	b_{13}	a_4	b_{15}
R_2	a_1	a_2	b_{13}	b_{24}	b_{25}
R_3	b_{31}	a_2	b_{13}	b_{34}	a_5
R_4	b_{41}	b_{42}	a_3	a_4	a_5
R_5	a_1	b_{52}	b_{13}	b_{54}	a_5

图 10-5 例 10-11 第（3）步结果

（4）对于函数依赖 $C\to D$，在表中 C 属性列的第 1、2、3、5 行都为 $b_{13,}$，在 D 属性列的第 1 行存在 a_4，所以将该列和第 2、3、5 行位置的元素修改成 a_4，其结果如图 10-6 所示。

（5）对于函数依赖 $DE\to C$，在表中 DE 属性列的第 3、4、5 行都相同，在 C 属性列的第 4 行存在 a_3，所以将该列第 3、5 行位置的元素修改成 a_3，其结果如图 10-7 所示。

R_i	A	B	C	D	E
R_1	a_1	b_{12}	b_{13}	a_4	b_{15}
R_2	a_1	a_2	b_{13}	a_4	b_{25}
R_3	b_{31}	a_2	b_{13}	a_4	a_5
R_4	b_{41}	b_{42}	a_3	a_4	a_5
R_5	a_1	b_{52}	b_{13}	a_4	a_5

图 10-6 例 10-11 第（4）步结果

R_i	A	B	C	D	E
R_1	a_1	b_{12}	b_{13}	a_4	b_{15}
R_2	a_1	a_2	b_{13}	a_4	b_{25}
R_3	b_{31}	a_2	a_3	a_4	a_5
R_4	b_{41}	b_{42}	a_3	a_4	a_5
R_5	a_1	b_{52}	a_3	a_4	a_5

图 10-7 例 10-11 第（5）步结果

（6）对于函数依赖 $CE\to A$，在表中 CE 属性列的第 3、4、5 行都相同，在 A 属性列的第 5 行存在 a_1，所以将该列第 3、4 行位置的元素修改成 a_1，其结果如图 10-8 所示。

这时表中的第 3 行变成了 a_1，a_2，…，a_5，所以分解 ρ 具有无损连接性。

R_i	A	B	C	D	E
R_1	a_1	b_{12}	b_{13}	a_4	b_{15}
R_2	a_1	a_2	b_{13}	a_4	b_{25}
R_3	a_1	a_2	a_3	a_4	a_5
R_4	a_1	b_{42}	a_3	a_4	a_5
R_5	a_1	b_{52}	a_3	a_4	a_5

图 10-8 例 10-11 第（6）步结果

【例 10-12】 设有关系模式 $R(A, B, C)$，函数依赖集 $F=(A\to B, C\to B, DE\to C,)$ 分解 $\rho=\{R_1, R_2)$，其中 $R_1=AB$，$R_2=BC$。检验分解 ρ 是否具有无损连接性。

解：（1）构造 2 行 3 列表，并按算法 10.2 的（1）填写表中的元素，如图 10-9 所示。

（2）对于函数依赖 $A\to B$，在表中 A 属性列中无相同的行，继续考察下一个函数依赖。

（3）对于函数依赖 $C\to B$，在表中 C 属性列中无相同的行。

至此，考察完依赖函数集中所有的函数依赖，表中不存在元素的行为 a_1, a_2, a_3 的行，所以分解不具有无损连接性，即分解 ρ 不是无损连接分解。

R_i	A	B	C
R_1	a_1	a_2	b_{13}
R_2	b_{21}	a_2	a_3

图 10-9　例 10-12 的第（1）步结果

算法 10.2 适用于关系模式 R 向任意多个关系模式的分解。如果只限于将 R 分解为两个关系模式，下面的定理给出了更简单的检验方法。

定理 10.5　设有关系模式 $R(U, F)$，分解 $\rho=\{R_1, R_2\}$ 是 R 的一个分解，当且仅当 $(R_1 \cap R_2) \to (R_1-R_2) \in F^+$ 或 $(R_1 \cap R_2) \to (R_2-R_1) \in F^+$ 时，ρ 具有无损连接性。

证明：分别将 $R_1 \cap R_2$，R_1-R_2，R_2-R_1 看成不同的属性集，并利用算法 10.2 构造如图 10-10 所示的 2 行 k 列表。

R_i	$R_1 \cap R_2$	R_1-R_2	R_2-R_1
R_1	$a_1 \ldots a_i$	$a_{i+1} \ldots a_j$	$b_{1,j} \ldots b_{1,k}$
R_2	$a_1 \ldots a_i$	$b_{2,i+1} \ldots b_{2,j}$	$a_{j+1} \ldots a_k$

图 10-10　利用算法 10.2 构造 2 行 k 列表

（1）充分性：假设 $(R_1 \cap R_2) \to (R_1-R_2)$ 在 F 中，由算法 10.2 可将表中第 2 行的 $b_{2,\ i+1} \ldots b_{2,\ j}$ 改成 $a_{i+1} \ldots a_j$，使第 2 行变成 $a_1 \ldots a_k$。因此分解 ρ 具有无损连接性。

如果 $(R_1 \cap R_2) \to (R_1-R_2)$ 不在 F 中，但在 F^+ 中，则可用公理从 F^+ 中推出 $(R_1 \cap R_2) \to A_y$，其中 $A_y \in (R_1-R_2)$，即 A_y 是 R_1-R_2 中的任意属性。所以利用算法 10.2 可以将属性列所对应的第 2 行中的 b_{2y} 改成 a_y，这样修改后的第 2 行就变成了 $a_1 \ldots a_k$，所以分解 ρ 具有无损连接性。

同理对于 $(R_1 \cap R_2) \to (R_2-R_1)$，可类似地证得表中的第 1 行为 $a_1 \ldots a_k$。

（2）必要性：假设分解 ρ 具有无损连接性，那么按照算法 10.2 构造的表中必有一行为 $a_1 \ldots a_k$。按照算法 10.2 构造方法，若第 2 行为 $a_1 \ldots a_k$，则意味着成立 $(R_1 \cap R_2) \to (R_1-R_2)$；若第 1 行为 $a_1 \ldots a_k$，则意味着成立 $(R_1 \cap R_2) \to (R_2-R_1)$。证毕。

上面的必要性证明也可以这样来理解：因为根据定义 10.10，如果关系模式 R 的分解 ρ 是满足函数有依赖集 F 的无损连接分解，则对于 R 的任一满足 F 的具体关系 r，必然有或者 $[(R_1 \cap R_2) \to (R_1-R_2)] \in F^+$，或者用公理可由 F 推导出 $(R_1 \cap R_2) \to (R_1-R_2)$。同理有 $(R_1 \cap R_2) \to (R_2-R_1)$ 的情况。

【例 10-13】 在例 10-12 中，设有关系模式 $R(A, B, C)$，函数依赖集 $F=(A \to B, C \to B, DE \to C,)$ 分解 $\rho=\{R_1, R_2)$，其中 $R_1=AB$，$R_2=BC$。检验分解 ρ 是否具有无损连接性。

解：因为

$$
\begin{aligned}
(R_1 \cap R_2) \to (R_1-R_2) &= (AB \cap BC) \to AB-BC \\
&= (B \to A) \notin F \\
(R_2 \cap R_1) \to (R_2-R_1) &= (BC \cap AB) \to BC-AB \\
&= (B \to C) \notin F
\end{aligned}
$$

进一步分析可知，$(B \to A) \notin F^+$ 且 $(B \to C) \notin F^+$

所以，分解 ρ 不具有无损连接性。

【例 10-14】 在例 10-10 中，已知关系模式 R（$S\#$，SD，SM），函数依赖集 $F=\{S\#\rightarrow SD，SD\rightarrow SM\}$。且对于其中的方法（3），已知有分解分解 $\rho_3=\{R_1$（$S\#$，SD），R_2（SD，SM）$\}$，且已指出分解 ρ_3 是无损连接分解，下面进行验证。

解：虽然有

$$(R_1\cap R_2)\rightarrow(R_1-R_2)=(\{S\#，SD\}\cap\{SD，SM\})\rightarrow(\{S\#，SD\}-\{SD，SM\})$$
$$=SD\rightarrow S\#\notin F^+$$

但

$$(R_2\cap R_1)\rightarrow(R_2-R_1)=(\{S\#，SD\}\cap\{SD，SM\})\rightarrow(\{S\#，SD\}-\{SD，SM\})$$
$$=SD\rightarrow S\#\notin F^+$$

所以，分解 ρ_3 具有无损连接性。

这里要特别指出，定理 10.5 并不要求（$R_1\cap R_2$）→（R_1-R_2）$\in F$ 和（$R_2\cap R_1$）→（R_2-R_1）$\in F$ 同时成立；而是只要（$R_1\cap R_2$）→（R_1-R_2）$\in F^+$ 或（$R_1\cap R_2$）→（R_2-R_1）$\in F^+$ 成立即可。

10.6.3 保持函数依赖性的分解

由前面的讨论可知，要求关系模式的分解具有无损连接性是必要的，因为它保证了分解后的子模式不会引起信息的失真。在关系模式的分解中，还有一个重要的性质就是分解后的子模式还应保持原有的函数依赖，也就是说分解后的子模式应保持原有关系模式的完整性约束。这就是保持依赖的分解要讨论的问题。

定义 10.11 设有关系模式 R（U，F），$\rho=\{R_1，R_2，\cdots，R_k\}$ 是 R 上的一个分解。如果所有函数依赖集 π_{Ri}（F）（$i=1，2，\cdots，k$）的并集逻辑蕴涵 F 中的每一个函数依赖，则称分解 ρ 具有依赖保持性，即分解 ρ 保持依赖集 F。

【例 10-15】 在例 10-10 中，已知关系模式 R（$S\#$，SD，SM），函数依赖集 $F=\{S\#\rightarrow SD，SD\rightarrow SM\}$。且对于其中的方法（3），已知有分解分解 $\rho_3=\{R_1$（$S\#$，SD），R_2（SD，SM）$\}$，且 $F_1=\{S\#\rightarrow SD\}$，$F_2=\{SD\rightarrow SM\}$。例 10-14 已经验证分解 ρ_3 具有无损连接性，下面验证分解分解 ρ_3 是保持依赖的分解。

解：因为

$$\pi_{R_1}(F)\cap\pi_{R_2}(F)=\{S\#\rightarrow SD\}\cup\{SD\rightarrow SM\}$$
$$=\{S\#\rightarrow SD，SD\rightarrow SM\}$$
$$=F$$

所以，ρ_3 具有保持依赖性。

【例 10-16】 在例 10-10 中，已知关系模式 R（$S\#$，SD，SM），函数依赖集 $F=\{S\#\rightarrow SD，SD\rightarrow SM\}$。且对于其中的方法（2），已知有分解分解 $\rho_2=\{R_1\{$（$S\#$，SD），（$S\#\rightarrow SD$）$\}$，R_2（$\{S\#，SM\}$，$\{SD\rightarrow SM\}$）$\}$。验证分解 ρ_2 具有无损连接性，但不具有保持分解依赖性。

解：（1）验证无损连接性。

因为

$$(R_1 \cap R_2) \rightarrow (R_1 - R_2) = \{S\#, SD\} \cap \{S\#, SM\} \rightarrow (\{S\#, SD\} - \{S\#, SM\})$$
$$= S\# \rightarrow SD \in F$$

所以分解 ρ_2 具有无损连接性。

（2）验证不具有保持依赖性。

因为

$$\pi_{R_1}(F) \cup \pi_{R_2}(F) = \{S\# \rightarrow SD\} \cup \{S\# \rightarrow SM\}$$
$$= \{S\# \rightarrow SD, S\# \rightarrow SM\}$$

显然，$(SD \rightarrow SM) \notin \{S\# \rightarrow SD, S\# \rightarrow SM\}$

即 $\pi_{R_1}(F)$ 和 $\pi_{R_2}(F)$ 的并集不逻辑蕴涵 F 中的函数依赖 $SD \rightarrow SM$。所以分解不具有保持分解依赖性。

由例 10-15 和例 10-16 可知，一个关系模式的分解为四种情况：

（1）既具有无损连接性，又具有保持依赖性；

（2）具有无损连接性，但不具有保持依赖性；

（3）不具有无损连接性，但具有保持依赖性；

（4）既不具有无损连接性，又不具有保持依赖性。

10.7　关系模式的规范化

利用某种约束条件对关系模式进行规范化后，就会使该关系模式变成一种规范化形式的关系模式，这种规范化形式的关系模式就称为范式（normal form，NF）。根据规范化程度的不同，范式分为第一范式（1NF）、第二范式（2NF）、第三范式（3NF）、“鲍依斯－柯德”范式（BCNF）等。显然最低一级的范式是 1NF。可以把范式的概念理解成符合某一条件的关系模式的集合，这样如果一个关系模式 R 为第 x 范式，就可以将其写作 $R \in x$NF。

一般把从低一级的范式通过模式分解达到高一级范式的过程称为关系模式的规范化。

由于在判断一个关系模式属于第几范式时，需要知道该关系模式的候选键，所以下面先介绍关系模式候选键的求解方法，然后再依次介绍各个范式。

10.7.1　候选键的求解方法

1. 关系属性的分类

定义 10.12　对于给定的关系模式 $S(U, F)$，关系 S 的属性按其在函数依赖的左端和右端的出现分为四类：

（1）L 类：仅在 F 中的函数依赖左端出现的属性称为 L 类属性；

（2）R 类：仅在 F 中的函数依赖右端出现的属性称为 R 类属性；

（3）LR 类：在 F 中的函数依赖的左右两端都出现过的属性称为 LR 类属性；

（4）N 类：在 F 中的函数依赖的左右两端都未出现过的属性称为 N 类属性。

【例 10-17】 设有关系模式 $S(A, B, C, D)$ 和 S 的属性依赖集 $F=\{A \rightarrow C, B \rightarrow AC, D \rightarrow AC, BD \rightarrow A\}$。请指出关系 S 的属性分类？

解：分析可知，L 类属性有 BD；R 类属性有 C；LR 类属性有 A。

2. 候选键的充分条件

定义 10.13 设有关系模式 R（U, F）和属性集 $U=\{A_1, A_2, \cdots, A_n\}$ 的自己 X：

（1）若 X 是 L 类属性，则 X 必为 R 的某一候选键的成员；

（2）若 X 是 L 类属性，则 $X+$ 包含了 R 的全部属性，则 X 必为 R 的唯一候选键；

（3）若 X 是 R 类属性，则 X 不是任一候选键的成员；

（4）若 X 是 N 类属性，则 X 必包含在 R 的某一候选键中；

（5）若 X 是 R 的 N 类属性和 L 类属性组成的属性集，且 $X+$ 包含了 R 的全部属性，则 X 是 R 的唯一候选键。

3. 单属性候选键的依赖图判定方法

定义 10.14 设关系模式 R（U, F）的依赖集 F 已经为最小依赖集（蕴涵依赖右端只有单个属性），则关系模式 R 的函数依赖图 G 是一个有序二元组 $G=(G, F)$，且：

（1）$U=\{A_1, A_2, \ldots, A_n\}$ 是一个有限非空集，A_i（$i=1, 2, \cdots, n$）是 G 中的节点。

（2）F 是 G 的一个非空边集，$A_i \rightarrow A_j$ 是 G 中的一条有向边（A_i, A_j）。

（3）若节点 A_i 与节点 A_j 之间存在一条有向边（A_i, A_j），则该边称为 A_i 的出边和 A_j 的入边。

（4）只有出边而无入边的节点称为原始点（表示 L 类属性）；只有入边而无出边的节点称为终节点（表示 R 类属性）；既有入边又有出边的节点称为途中点（表示 LR 类属性）；既无入边又无出边的节点称为孤立点（表示 N 类属性）。

（5）原始点和孤立点统称为关键点；关键点对应的属性称为关键属性；其他节点不能到达的回路称为独立回路。

定义 10.14 实质上就是函数依赖图的构建方法。

算法 10.3 单个属性候选键的依赖图判定算法。

输入：关系模式 R（A_1, A_2, $\cdots$, A_n），R 的单属性函数依赖集 F；

输出：R 的所有候选键。

方法：

（1）求 F 的最小依赖集 $F_{\min}$；

（2）构造函数依赖图；

（3）从图中找出关键属性集 X（X 可为空）；

（4）查看 G 中有无独立回路，若无则 X 即为 R 的唯一候选键，转方法（6）；

（5）从各独立回路中各取一节点对应的属性与 X 组合成一候选键，并重复这一过程，取尽所有可能的组合，即为 R 的全部候选键；

（6）输出候选键，算法结束。

4. 多属性候选键的求解方法

算法 10.4 多属性候选键的依赖图判定算法。

输入：关系模式 R（A_1, A_2, $\cdots$, A_n），R 的单属性函数依赖集 F；

输出：R 的所有候选键。

方法：

（1）将 R 的所有属性分为 L，R，N 和 LR 四类，并令 X 代表 L 和 N 类，Y 代表 LR 类；

（2）求 X_F^+：若 X_F^+ 包含了 R 的全部属性，则 X 是 R 的唯一候选键，转方法（5）；

（3）在 Y 中取一属性 A，并求（XA）$_F^+$：若（XA）$_F^+$包含了 R 的全部属性，则 XA 为 R 的一个候选键；

（4）重复方法（3），直到 Y 中的属性依次取完为止；

（5）从 Y 中除去所有已成为主属性的属性 A；

（6）在剩余的属性中依次取两个属性、三个属性，……将其记为集合 B，并求 $(XB)_F^+$：若 $(XA)_F^+$包含了 R 的全部属性，且自身不包含已求出的候选键，则 XB 为 R 的一个候选键；

（7）重复方法（6），直到 Y 中的属性按方法（6）的组合依次取完为止；

（8）输出候选键，算法结束。

【例 10-18】 设有关系模式 R（A，B，C，D，E）和 R 的函数依赖集 $Y=\{A \to BC, CD \to E, B \to D, E \to A\}$，求 R 的所有候选键。

解：

（1）根据 F 对 R 的所有属性进行分类：$ABCDE$ 均为 LR 类属性，并令 $Y=ABCDE$。

（2）从 Y 中依次取一个属性，并计算该属性关于 F 的闭包。

$A^+=ABCDE$，包含了 R 的全部属性，所以 A 为 R 的一个候选键。

$B^+=BD$，没有包含 R 的全部属性，所以 B 不是 R 的候选键。

$C^+=C$，没有包含 R 的全部属性，所以 C 不是 R 的候选键。

$D^+=D$，没有包含 R 的全部属性，所以 D 不是 R 的候选键。

$E^+=ABCDE$，包含了 R 的全部属性，所以 E 为 R 的一个候选键。

（3）从 Y 中去掉已经是候选键中的属性 A 和 E，并令 $Y=BCD$。

（4）再从 Y 中依次取两个属性，并计算该属性集合关于 Y 的闭包。

$(BC)^+=ABCDE$，包含了 R 的全部属性，所以 BC 为 R 的一个候选键。

$(BD)^+=BD$，没有包含 R 的全部属性，所以 BD 不是 R 的候选键。

$(CD)^+=ABCDE$，包含了 R 的全部属性，所以 CD 为 R 的一个候选键。

综上可知：R 的候选键有 A，E，BC 和 CD。

10.7.2 第一范式

定义 10.15 如果关系模式 R 中的每一个属性的值域的值都是不可再分的最小数据单位，则称 R 为满足第一范式（1NF）的关系模式，也称 $R \in$ 1NF。

当关系 R 的属性值域中的值都是不可再分的最小数据单位时，就表示二维表格形式的关系中不再有子表。

为了与规范关系相区别，有时把某些属性有重复值（表中有子表）或空白值的二维表格称为非规范关系。图 10-11 给出了两个非规范关系。

对于有重复值的非规范关系，一般采用把重复值所在行的其他属性的值也予以重复的方法将其转换成规范关系。对于有空白值的非规范关系，由于目前的数据库系统支持“空值”处理功能，所以采用的方法是将空白值赋予空值标志（NULL）。图 10-11 的非规范关系对应的规范关系如图 10-12 所示。可以看出，第一范式（1NF）中可能存在部分函数依赖、完全依赖和传递依赖。

DEPNAME	LOC	TPART
DEP_1	DALIAN	P_1
		P_2
DEP_2	JINAN	P_1
		P_3
DEP_3	NANJING	P_2

a）属性 TPART 有重复值

TNAME	TADDRESS	TPHONE
赵东伟	1-1-1	602111
钱贤美	10-2-2	602112
孙向前	3-3-9	603111
李晓月	15-2-10	
张旭君	6-3-12	604111

b）属性 TPHONE 有空值

图 10-11　非规范关系示例

DEPNAME	LOC	TPART
DEP_1	DALIAN	P_1
DEP_1	DALIAN	P_2
DEP_2	JINAN	P_1
DEP_2	JINAN	P_3
DEP_3	NANJING	P_2

a）属性 TPART 的规范化

TNAME	TADDRESS	TPHONE
赵东伟	1-1-1	602111
钱贤美	10-2-2	602112
孙向前	3-3-9	603111
李晓月	15-2-10	NULL
张旭君	6-3-12	604111

b）属性 TPHONE 的规范化

图 10-12　图 10-11 的非规范关系转换成的规范关系

10.7.3　第二范式

1. 部分依赖与完全依赖

定义 10.16　设有关系模式 R（U, F）和属性集 $U=\{A_1, A_2, \cdots, A_n\}$ 的子集 X、Y。如果 $X \rightarrow Y$，并且对于 X 的任何真子集 X'，都有 $X' \rightarrow Y$ 不成立，则称 Y 完全依赖于 X，记为 $X \xrightarrow{f} Y$。

【例 10-19】 在课程关系 C（$C\#$, $CNAME$, $CLASSH$）中，有：

$\{C\#\} \xrightarrow{f} \{CNAME\}$，$\{C\#\} \xrightarrow{f} \{CLASSH\}$ 和 $\{C\#\} \xrightarrow{f} \{CNAME, CLASSH\}$

在学习关系 SC（$S\#$, $C\#$, $GRADE$）中，有：

$(S\#) \nrightarrow \{GRADE\}$，$\{C\#\} \nrightarrow \{GRADE\}$ 和 $\{S\#, C\#\} \xrightarrow{f} \{GRADE\}$

定义 10.17　设有关系模式 R（U, F）和属性集 $U=\{A_1, A_2, \cdots, A_n\}$ 的子集 X，Y。如果 $X \rightarrow Y$，但 Y 不完全依赖于 X，则称 Y 部分依赖于 X，记为 $X \xrightarrow{p} Y$。

比较定义 10.16 和定义 10.17 可知，所谓完全依赖，就是不存在 X 的真子集 X'（$X' \subseteq X$, $X' \neq X$）使 $X' \rightarrow Y$ 成立；若存在 X 的真子集 X' 使 $X' \rightarrow Y$ 成立，则称为部分依赖。

同时，由定义 10.16 和定义 10.17 可知，当 X 是仅包含有一个属性的属性子集时，Y 都是完全依赖于 X 的，只有当 X 是由多个属性组成的属性子集时，才可能会有 Y 完全依赖于 X 和 Y 部分依赖于 X 两种情况。

2. 第二范式

定义 10.18 如果一个关系模式 *R* 属于 1NF，并且它的每一个非主属性都完全依赖于它的一个候选键，则称 *R* 为满足第二范式（2NF）的关系模式，也称 $R \in$ 2NF。

显然，如果一个关系模式 *R* 属于 1NF，并且它的主键只由一个属性组成（单属性主键），就不可能存在非主属性对候选键的部分依赖，所以 *R* 一定属于 2NF。关系模式 *R* 的候选键是复合候选键（由多个属性组成的候选键），才可能出现非主属性部分依赖于候选键的情况。显然，如果在一个属于 1NF 的关系模式 *R* 中存在非主属性对候选键的部分依赖，则 *R* 就不属于 2NF。

【例 10-20】 设关系模式 SCT（S#，C#，GRADE，TNAME，TSECTION）和关系模式 SCT 的具体关系如图 10-13 所示。

S#	C#	GRADE	TNAME	TSECTION
201401001	C020101	92	钱贤美	信息管理
201401001	C020102	92	李晓月	计算机科学
201401001	C020301	88	王碧娴	信息管理
201401002	C020101	78	钱贤美	信息管理
201401002	C020202	90	李晓月	计算机科学
201401003	C020202	75	李晓月	计算机科学
201402001	C020101	90	钱贤美	信息管理
201402001	C020102	93	赵东伟	软件工程
201402002	C020301	95	王碧娴	计算机科学

图 10-13 一个 SCT 关系模式的具体关系

关系模式 SCT 的主键（也是唯一的候选键）为 {S#，C#}，这是一个复合键。GRADE 是关系 SCT 的非主属性，显然有 S#，C# → GRADE，即关系 SCT 的非主属性 GRADE 完全依赖于候选键 {S#，C#}。TNAME 是关系 SCT 的非主属性，在假设一门课程只能由一位教师讲的情况下，显然有 C# → TNAME，即关系 SCT 的非主属性 TNAME 部分依赖于候选键 {S#，C#}。所以图 10-13 表示的关系 SCT 式 1NF 而不是 2NF。然而，当把关系模式 SCT 分解成如图 10-14 所示的两个关系 SC 和 CT 时，显然 SC 和 CT 既是 1NF，也是 2NF。

S#	C#	GRADE
201401001	C020101	92
201401001	C020102	92
201401001	C020301	88
…	…	…

a) SC

C#	TNAME	TSECTION
C020101	钱贤美	信息管理
C020102	李晓月	计算机科学
C020202	赵东伟	软件工程
C020301	王碧娴	计算机科学

b) CT

图 10-14 2NF 关系

值得注意的是，当一个关系模式不是 2NF 时，会产生以下问题。

（1）插入异常。例如在上述的 SCT 关系模式中，当某一个新调来的教师还没有担任讲课任务时，就无法登记他所属教研室的信息（TSECTION）。因为在关系 SCT 中要插入新记录时，必须给定主键的值，而在没有担任讲课任务时，主键中的课程编号由于无法确定而无法插入。

（2）删除异常。例如在上述的 SCT 关系模式中，当某教师暂时不担任讲课任务时，如临时负责一段时间的实验室，该教师原来的讲课信息就要删除掉，显然其他信息也就跟着被删掉了，从而造成了删除异常，即不应删除的信息也被删掉了。

（3）数据冗余，修改异常。例如在上述的 SCT 关系模式中，当某教师同时负责多门课程时，他的姓名和所属教研室信息就要重复存储，造成大量的信息冗余。而且当教师的自身信息变化时（例如所属教研室发生了变化），就要对数据库中所有相关的记录同时进行修改，造成修改的复杂化。如果漏掉一个记录还会给数据库造成信息的不一致。

所以保证数据库中各关系模式属于 2NF 是数据库逻辑设计中的最低要求（消除了部分函数依赖之后的 1NF 就是 2NF）。

10.7.4 第三范式

1. 传递依赖

定义 10.19 设有关系模式 $R（U, F）$ 和属性集 $U=\{A_1, A_2, \cdots, A_n\}$ 的子集 X, Y, Z。如果有 $X \rightarrow Y$，$Y \rightarrow Z$，$Z-Y \neq \phi$ 和 $Y \not\rightarrow X$，则称 Z 传递依赖于 X。记为 $X \xrightarrow{t} Z$。

在定义 10.19 中特别指出 $Y \not\rightarrow X$，是因为如果同时存在 $X \rightarrow Y$，$Y \rightarrow X$ 则有 $X \leftrightarrow Y$，即 $X \rightarrow Z$ 是直接函数依赖而不是传递函数依赖。

2. 第三范式

定义 10.20 如果一个关系模式 R 属于第一范式，并且 R 的任何一个非主属性都不传递依赖于它的任何一个候选键，则称 R 为满足第三范式的关系模式，也称 $R \in$ 3NF。

【例 10-21】 设有关系模式 *SDR*（*S*, *I*, *D*, *M*），其中 *S* 表示商店名，*I* 表示商品，*D* 表示商品部，*M* 表示商品部经理，并有函数依赖：$SI \rightarrow D$，表示每一个商店的每一个商品至多由一个商品部经销；$SD \rightarrow M$，表示每一个商店的每一个商品部只有一个经理。关系 *SDR* 的唯一主键为 *SI*。

如果设 $X=SI$，$Y=SD$，$A=M$。显然有 $SI \rightarrow SD$，即 $X \rightarrow Y$ 和 $Y \rightarrow A$。出现了非主属性 *A*（通过 *Y*）传递依赖于候选键 *X*，所以关系模式 *SDR* 不属于 *3NF*。但在关系 *SDR* 中，既不存在非主属性 *D* 对候选键 *SI* 的部分依赖（*D* 不依赖于 *S*，*D* 也不依赖于 *I*），也不存在非主属性 *M* 对候选键 *SI* 的部分依赖（*M* 不依赖于 *S*，*M* 也不依赖于 *I*）。所以关系 *SDR* 属于 2NF。

【例 10-22】 在例 10-20 由关系模式 *SCT* 分解成的两个关系模式 *SC* 和 *CT* 中，*SC* 是第三范式，因为非主属性 *GRADE* 既不部分依赖于 *S#* 或 *C#*，也不传递依赖于 {*S#*, *C#*}。但 *CT* 不是 3NF，因为在 *CT* 中有 $C\# \rightarrow TNAME$ 和 $TNAME \rightarrow TSECTION$，所以 $C\# \rightarrow TSECTION$，即存在非主属性传递依赖于主键。事实上在关系模式 *CT* 中，当某个教师主讲多门课程时，该教师所在的教研室名就要重复存储多次，即存在信息冗余。如

果把关系模式 CT 分解成 CT_1（$C\#$，$TNAME$）和 CT_2（$TNAME$，$TSECTION$），在 CT_1 和 CT_2 中都不会存在 $C\# \to TRSECTION$，所以 CT_1 和 CT_2 都是 3NF。

定理 10.6 一个 3NF 的关系模式一定是 2NF 的。

证明：用反证法。设 R 是 3NF 的，但不是 2NF 的，那么一定存在非主属性 A、候选键 X 和 X 的真子集 Y，使得 $Y \to A$。由于 A 是非主属性，所以，$A-X \neq \phi$，$A-Y=\phi$。由于 Y 是候选键 X 的真子集，所以 $X \to Y$，但 $Y \to X$。这样在 R 上存在着非主属性 A 传递依赖于候选键 X，所以 R 不是 3NF 的，这与假设矛盾，所以 R 也是 2NF 的。证毕。

可以证明，如果一个关系模式 R 是 3NF 的，则它的每一个非主属性既不部分依赖于候选键，也不传递依赖于候选键。

10.7.5 鲍依斯 – 柯德范式

第三范式的关系消除了非主属性对主属性的部分依赖和传递依赖，解决了存储异常问题，基本上满足了实践应用的需求。但在实际中还可能存在主属性间的部分依赖和传递依赖，同样出现存储异常。

例如，在关系模式 R（$CITY$，$STREET$，ZIP）中，R 的候选键为 $\{CITY, STREET\}$ 和 $\{ZIP, STREET\}$，R 上的函数依赖集为 $F=\{\{CITY, STREET\} \to ZIP, ZIP \to CITY\}$。

由于 R 中没有非主属性，因而不存在非主属性对主属性的部分依赖和传递依赖，所以 R 是属于第三范式的。由于有 $ZIP \to CITY$，当选取 $\{ZIP, STREET\}$ 为主键时，主属性间存在着部分依赖，会引起更新异常等问题。因此，针对此类问题而提出了修正的第三范式，即鲍依斯 – 柯德范式（Boyce-Codd normal form，BCNF）。

定义 10.21 设有关系模式 R（U，F）和属性集 U 的子集 X 和 A，且 $A \not\subset X$。如果对于 F 中的每一个函数依赖 $X \to A$，X 都是 R 的一个候选键，则称 R 是鲍依斯 – 柯德范式，记为 BCNF。

定义 10.21 说明，如果 R 属于 BCNF，则 R 上的每一个函数依赖中的决定因素都是候选键。进一步讲，R 中的所有可能有的非平凡依赖都是一个或多个属性对不包含它们的候选键的函数依赖。

对不是 BCNF 的关系模式，可通过模式分解使其成为 BCNF。例如，当把关系模式 R（$CITY$，$STREET$，ZIP）分解成 R_1（$STREET$，ZIP）和 R_2（ZIP，$CITY$）时，R_1 和 R_2 就都属于 BCNF 了。

定理 10.7 一个 BCNF 的关系模式一定是 3NF 的。

证明：用反证法。设 R 是 $BCNF$ 的，但不是 $3NF$ 的，那么必定存在非主属性 A、候选键 X、属性集 Y，使得 $X \to Y$，$Y \nrightarrow X$，$Y \to A$，$A \notin Y$。但由于 R 是 BCNF，若有 $Y \to A$ 和 $A \notin Y$，则必定有 Y 是 R 的候选键，因而应有 $Y \to X$，这与假设 $Y \nrightarrow X$ 矛盾。证毕。

与定理 10.7 的结论不同，关系模式 R（$CITY$，$STREET$，ZIP）的例子说明，一个属于 3NF 的关系模式一定不属于 BCNF。

【例 10-23】 对于关系模式 SC（$S\#$，$C\#$，$GRADE$），不存在非主属性对候选键 $\{S\#, C\#\}$ 的部分依赖和传递依赖，所以 SC 属于 3NF。同时对于 SC 中的函数依赖 $\{S\#, C\#\} \to GRADE$，决定因素是主键，所以 SC 属于 BCNF。

10.7.6 范式之间的关系和关系模式的规范化

1. 范式之间的关系

对于前面介绍的四种范式，就范式的规范化程度来说：因为BCNF一定是3NF，3NF一定是2NF，2NF一定是1NF，所以他们之间的关系满足1NF ⊇ 2NF ⊇ 3NF ⊇ BCNF。就对函数依赖的要求（消除程度）来说，他们之间的关系为：

第一范式（1NF）

↓ 消除了非主属性对候选键的部分函数依赖

第二范式（2NF）

↓ 消除了非主属性对候选键的传递函数依赖

第三范式（3NF）

↓ 消除了主属性对候选键的部分函数依赖和传递函数依赖

鲍依斯－柯德（BCNF）

比较可知，一个数据库模式中的关系模式如果都是BCNF，那么它就消除了整个关系模式中的存储异常，在函数依赖范畴内达到了最大程度的分解。3NF的分解不彻底性表现在可能存在主属性对候选键的部分依赖和传递依赖。但在大多数情况下，数据库模式中的关系模式都达到3NF一般就可以了。

2. 关系模式的规范化

为了把一个规范化程度较低（设为x范式）的关系模式转换成规范化程度较高（设为$x+1$范式）的关系模式，需要对规范化程度较低的关系模式进行分解。其分解过程要求满足保持原信息的无损和保持原来的函数依赖，这种通过模式分解使满足低一级范式的关系模式转换成满足高一级范式的关系模式的过程称为关系模式的规范化。

10.7.7 向3NF的模式分解算法

对于任何一个关系模式，都可以将其分解成3NF，并且已有理论证明，将一个关系模式分解成3NF时可以保持函数依赖；将一个关系模式分解成3NF时也可以既保持函数依赖又具有有无损连接性。

1. 向3NF的保持依赖的分解

算法10.5 一个关系模式向3NF的保持依赖性的分解。

输入：关系模式R（U, F），R上的函数依赖集F。不失一般性，假设F已经是最小依赖集。

输出：R的一个保持依赖的分解$\rho=\{R_1, R_2, \cdots, R_k\}$，每个$R_i$为$3NF$（$i$=1, 2, ⋯, k）。

方法：

（1）若有函数依赖$X\rightarrow A \in F$，且$XA=R$，则$\rho=\{R\}$，转（5）。

（2）找出R的不在F中出现的所有属性，并把这些属性构成一个关系模式（某个R中如果有这样的不出现在F中的属性，则它们即分解出的第一个子关系模式R_1，虽然这些属性不出现在函数依赖中，但可以由它们的全部构成关系模式的主键。在一个多对多的关系模式中就可能有这种情况）。然后把这些属性从U中去掉，将剩余的属性仍记为U。

（3）对 F 中的函数依赖按具有相同左部的原则进行分组，并按合并规则将每一组合并成一个新的函数依赖。例如若有 $X \to A_1$，$X \to A_2$，…，$X \to A_m$，则可以将它们合并成 $X \to A_1A_2 \cdots A_m$。

（4）对于 F 中的每一个 $X \to Y$，都构成一个关系模式 $R_i=XY$。

（5）停止分解，输出 ρ。

【例 10-24】 设有关系模式 R_1（$CTHRSG$），最小函数依赖集 $F=\{C \to T, HR \to C, HT \to R, CS \to G, HS \to R\}$。

按照算法 10.5，生成的关系模式为 $\rho=\{CT, CHR, HRT, CSG, HRS\}$，且 ρ 中的每一个关系模式都是 3NF 的。

定理 10.8 算法 10.5 给出的分解是满足第三范式的保持函数依赖的分解。

证明：

（1）证明算法 10.5 给出的分解 ρ 具有函数依赖性。

因为算法是按照最小依赖集 F 中的每个函数依赖来分解 ρ 的，这本身就保证了具有保持依赖性。

（2）证明分解 ρ 中的每一个 R_i 都是 3NF 的。分三种情况证明。

1）当 $\rho=\{R\}$ 时。

如果 $\rho=\{R\}$，则由算法 10.5 可知，在 F 中有唯一的函数依赖 $X \to A \in F$，且 $XA=R$。由最小依赖集的定义可知，X 一定是 R 的候选键。因为若 A 为主属性，则 R 中的所有属性都是主属性，显然不存在非主属性对候选键的传递依赖，所以 R 是 3NF 的。若 A 为非主属性，则它一定是 R 中的唯一的非主属性。对于唯一的 $X \to A$，不存在 X 的真子集 Y，使得 $Y \to A$ 成立，所以 X 是 R 的候选键，R 是 3NF 的；否则，将会导出矛盾。

A. 设 R 不属于 2NF，而是属于 1NF 的，那么在 R 中存在着非主属性 A 对候选键的部分依赖，即存在 X 的真子集 Y，使得 $Y \to A$，这与 F 是最小函数依赖集的假设矛盾。

B. 设 R 不属于 3NF，而是属于 2NF 的，那么在 R 中存在着非主属性 A 对候选键的传递依赖，即存在 $X \to Y$，$Y \nrightarrow X$，$Y \to A$，$A \notin Y$。由于 $X \to Y$ 和 $Y \nrightarrow X$，所以有 $Y \neq X$；由于 $A \notin Y$，$A \notin X$ 和 $XA=R$，所以有 $Y \subseteq X$，即 Y 是 X 的真子集，这与 F 是最小依赖集的假设矛盾，所以 R 是 3NF 的。

2）当存在由 R 的不出现在 F 中的属性组成的子关系模式 R_1 时，由于约定该关系模式的主键由它的全部属性组成，因此它没有非主属性，所以 R_1 是 3NF 的。

3）当 $\rho=\{R_1, R_2, \cdots, R_k\}$ 时，对于每一个 $R_i=X_iY_i$（$i=1, 2, \cdots, k$），其中的 X_i 是 R_i 的主键，当 Y_i 是单属性，即 Y_i 是某个 A_j 时，$R_i=X_iA_j$ 即是 1）的情况，可知 R_i 是 3NF 的；当 Y_i 由多个 A_j 合并而成时，由算法 10.5 可知，可把此时的 $X_i \to Y_j$ 看成多个 $X_i \to A_j$，对于每个 $X_i \to A_j$ 来说，$R_i=X_iA_j$，仍是 1）的情况，由此可推知 R_i 是 3NF 的。证毕。

2. 向 3NF 的无损连接并保持依赖的分解

定理 10.9 设 $\delta=\{R_1, R_2, \cdots, R_k\}$ 是由算法 10.5 得到的 R 的 3NF 分解，X 是 R 的

一个候选键，则 $\tau=\{R_1, R_2, \cdots, R_k, X\}$ 也是 R 的一个分解。分解 τ 中的所有关系模式都是 3NF 的，且分解 τ 保持依赖并具有无损连接性。

证明：

（1）证明分解 ρ 中的每一个 R_i，都是 3NF 的。

由定理 10.8 可知，R_1，R_2，…，R_k，X，都是 3NF 的，因为已知 X 是 R 的一个候选键，它的所有属性都是主属性，所以 X 属于 3NF。因此 $\tau=\{R_1, R_2, \cdots, R_k, X\}$ 中的所有关系模式都是 3NF 的。

（2）证明分解 ρ 具有函数依赖性。

由定理 10.8 可知，$\sigma=\{R_1, R_2, \cdots, R_k\}$ 具有函数依赖性，由保持依赖性定义（定义 10.11）可知，函数依赖集 $\pi_{Ri}(F)(i=1, 2, \cdots, k)$ 的并集逻辑蕴涵 R 的依赖集 F 中的每一个函数依赖。所以对于分解 $\tau=\{R_1,R_2,\cdots,R_k,X\}$ 来说，函数依赖集 $\pi_{Ri}(F)(i=1,2,\cdots,k)$ 的并集再与 $\pi_X(F)$ 的并显然逻辑蕴涵 R 的依赖集 F 中的每一个函数依赖。所以 r 具有保持依赖性。

（3）证明分解 ρ 具有无损连接性。

无损连接性的证明先假设关系 $R-X$ 包含属性 A_1，A_2，…，A_m，所以有 $R=XA_1\cdots A_m$。接下来就是利用算法 10.2 构造一个 $k+1$ 行（因为要分解成 R_1，R_2，…，R_k，X），$h+m$ 列（因为属性列有 $XA_1\cdots A_m$，其中那个假设属性子集 X 中有 h 个属性）的表。然后再按照算法 10.2，要证明分解 ρ 具有无损连接性，就是要证明该表中的第 $k+1$ 行可以全都修改成 a_j（$j=1, 2, \cdots, h+m$）。证明思路使用归纳法证明分解 ρ 的第 $k+1$ 行的所有 $b_{k+1,j}$ 都可以修改成 a_j（$j=1, 2, \cdots, h+m$）。详细的证明过程请参见其他参考文献。

10.8 小结

任何关系在任何时刻都要满足现实世界的要求，即语义约束。关系模型中有三类完整性约束，它们是实体完整性、参照完整性和用户定义完整性。由于在数据之间可能会存在一种数据依赖关系，这种依赖关系会造成数据的操作异常，关系模式的规范化将有效地解决这一问题。所以，关系数据库的设计必须遵守关系模式的规范化设计，一般做到第三范式就可以了。函数依赖取决于两个元组的某些分量是否相等。假如规定不允许同名人出现，则姓名→年龄，这个函数依赖成立。给出了函数依赖的公理体系——阿姆斯特朗公理体系系统的有效性和完备性。关系模式分解通常是为了解决可能存在的插入、删除和修改等操作的异常。设计一个合理的关系数据库模式是数据库应用系统设计中的核心问题之一。

最后需要指出的是，关系模式向鲍依斯 – 柯德范式的分析需要对函数依赖进行投影。在对函数依赖进行投影时，需要由 F 计算 F^+，而 F^+ 的计算是相当麻烦的事情，且整个分解过程的时间是按 F 中依赖的个数呈指数增长的。Beeri 和 Bernstein 已经证明，仅确定一个关系模式是不是鲍依斯 – 柯德范式就是一个非确定多项式（non-deterministic polynomial，NP）完全性问题（一个问题的 NP 完全性几乎肯定地隐含了它的计算时间是指数级的），所以目前还很难找到比较好的向鲍依斯 – 柯德范式的无损连接分解和保持依赖分解的算法。这也是在目前的数据库模式设计中，一般只采用向 3NF 的保持无损连接和保持依赖分解的原因。当然，在实际中存在主属性间的部分依赖和传递依赖的情况比较少也是其中的原因之一。

习题 10

1. 请解释下列术语。

函数依赖	依赖集的覆盖
平凡依赖	最小依赖集
非平凡依赖	F 在属性集 Z 上的投影
部分依赖	1*NF*
完全依赖	2*NF*
函数依赖的逻辑关系	3*NF*
函数依赖集 F 的闭包 F^+	*BCNF*
属性集 X 关于 F 的闭包 X^+	无损连接分解
依赖集的等价	保持函数依赖的分解

2. 设有关系模式 R (A, B, C, D, E, P), R 的函数依赖集 F={$A \to D$, $E \to C$, $AB \to E$, $BP \to E$, $CD \to P$}, X=AE。求解 X 关于 F 的闭包 F^+。
3. 设有关系模式 R (A, B, C, D, E, P, G, H), R 的函数依赖集 F={$AB \to CE$, $A \to C$, $GP \to B$, $EP \to A$, $CDE \to P$, $HB \to P$, $D \to HG$, $ABC \to PG$}。请求解属性集 D 关于 F 的闭包 D^+。
4. 证明函数依赖集 F={$A \to BC$, $A \to D$, $CD \to E$} 和函数依赖集 G={$A \to BCE$, $A \to ABD$, $CD \to E$} 的等价性。
5. 设有关系模式 R (A, B, C, D, E), R 的函数依赖集 F={$AB \to D$, $B \to CD$, $DE \to B$, $C \to D$, $D \to A$}。

   (1) 请计算 $(AB)^+$, $(AC)^+$, $(DE)^+$;

   (2) 求 R 的所有候选键;

   (3) 求出 F 的最小依赖集。
6. 设有关系模式 R (A, B, C, D, E, P), R 的函数依赖集 F={$A \to C$, $AB \to C$, $C \to DP$, $CE \to AB$, $CD \to P$, $EP \to C$}。请求解 F 的最小依赖集。
7. 设有关系模式 R (A, B, C, D), R 的函数依赖集 F={$A \to C$, $C \to A$, $B \to AC$, $D \to AC$, $BD \to A$}。请求出 F 的最小依赖集。
8. 设有关系模式 R (A,B,C,D,E), R 的函数依赖集 F={$A \to D$, $E \to D$, $D \to B$, $BC \to D$, $DC \to A$}。

   (1) 求解 R 的所有候选键。

   (2) 判断 ρ={AB, AE, EC, DBC, AC} 是否为无损连接分解。

   (3) 将 R 分解为 3NF 并具有无损连接性和保持依赖性。

   (4) 将 R 分解为 BCNF 并具有无损连接性。

9. 设有关系模式 $R(A,B,C)$,R 的函数依赖集 $F=\{A\rightarrow B, B\rightarrow C\}$，并有分解 $\rho_1=\{R_1(AB), R_2(AC)\}$，$\rho_2=\{R_1(AB), R_3(BC)\}$，$\rho_3=\{R_2(AC), R_3(BC)\}$。判断分解 ρ_1，ρ_2，ρ_3 是否为无损连接分解。
10. 设有关系模式 $R(A, B, C, D, E, P)$，R 的函数依赖集 $F=\{A\rightarrow B, C\rightarrow P, E\rightarrow A, CE\rightarrow D\}$。$\rho=\{R_1(CP), R_2(BE), R_3(ECD), R_4(BC)\}$。请判断分解 ρ 是否为无损连接分解。
11. 设有关系模式 $R(A, B, C)$，R 的函数依赖集 $F=\{AB\rightarrow C, C\rightarrow A\}$，并有分解 $\rho=\{R_1(BC), R_2(AC)\}$。请判断分解 ρ 是否具有无损连接性，是否具有保持依赖性。
12. 设有关系模式 $R(A, B, C, D, E, P)$，R 的函数依赖集 $F=\{A\rightarrow B, C\rightarrow P, E\rightarrow A, CE\rightarrow D\}$。并有分解 $\rho=\{R_1(ABE), R_2(CDEP)\}$。
    （1）请判断分解 ρ 是否为无损连接分解。
    （2）请判断 R_1 和 R_2 分别为哪种范式。
13. 设有关系模式 $R(A,B,C)$,R 的函数依赖集 $F=\{A\rightarrow B, B\rightarrow C\}$，并有分解 $\rho_1=\{R_1(AB), R_2(AC)\}$，$\rho_2=\{R_3(AB), R_4(BC)\}$，$\rho_3=\{R_5(AC), R_6(BC)\}$。请判断分解 ρ_1，ρ_2，ρ_3 是否保持依赖性。
14. 设有关系模式 $R(A, B, C, D)$，R 的函数依赖集 $F=\{A\rightarrow B, B\rightarrow C, C\rightarrow D, D\rightarrow A\}$。请判断分解 $\rho=\{R_1(AB), R_2(BC), R_3(CD)\}$ 是否具有保持依赖性。
15. 设有关系模式 $R(A, B, C, D, E)$，R 的函数依赖集 $F=\{AB\rightarrow C, C\rightarrow D, D\rightarrow E\}$，请判断分解 $\rho=\{R_1(ABC), R_2(CD), R_3(DE)\}$ 是否为无损连接分解。
    （1）求 R 的所有候选键。
    （2）求出 F 的最小依赖集。
    （3）将 R 分解为 3NF 并具有无损连接性和保持依赖性。
    （4）将 R 分解为 BCNF 并具有无损连接性。
16. 设有关系模式 $R(A, B, C, D, E, P)$，R 的函数依赖集 $F=\{C\rightarrow P, EC\rightarrow D, E\rightarrow A, A\rightarrow B\}$。
    （1）计算 A，C，(AC)，(AE)，(ACE)。
    （2）求 R 的所有候选键。
    （3）求出 F 的最小依赖集。
    （4）将 R 分解为 3NF 并具有无损连接性和保持依赖性。
    （5）将 R 分解成 $\{R_1(CP), R_2(AE), R_3(CDE), R_4(AB)\}$ 时，判断该分解是否具有无损连接性。
    （6）将 R 分解成 $\{R_1(CP), R_2(AE), R_3(CDE), R_5(BCE)\}$ 时，判断该分解是否保持依赖性。
17. 请问下面的结论哪些是正确的？哪些是错误的？如果是错误的，请给出一个反例说明。
    （1）任何一个二元关系模式都属于 3NF。
    （2）任何一个二元关系模式都属于 BCNF。
    （3）关系模式 $R(A, B, C)$ 中如果有 $A\rightarrow B$，$B\rightarrow C$，则有 $A\rightarrow C$。
    （4）关系模式 $R(A, B, C)$ 中如果有 $A\rightarrow B$，$A\rightarrow C$，则有 $A\rightarrow C$。

（5）关系模式 $R(A, B, C)$ 中如果有 $B \to A$，$C \to A$，则有 $BC \to A$。

（6）关系模式 $R(A, B, C)$ 中如果有 $BC \to A$，$B \to A$，则有 $C \to A$。

18. 请证明：一个属于3NF的关系模式也一定属于2NF。
19. 请证明：一个属于BCNF的关系模式也一定属于3NF。
20. 请证明：在关系模式中，如果关系模式的候选键由关系模式中的全部属性组成，则该关系一定是3NF，也一定是BCNF。

第 11 章 SQL Server 2012 的应用系统设计

数据库应用系统（database application systems，DBAS）是在数据库管理系统（DBMS）支持下建立的计算机应用系统。它主要由数据库系统、应用程序系统和用户三大部分组成，具体包括：数据库、数据库管理系统、数据库管理员、硬件平台、软件平台、应用软件和应用界面七个部分。这七个部分以一定的逻辑层次结构方式组成一个有机的整体，其结构关系是应用系统、应用开发工具软件、数据库管理系统、操作系统、硬件，例如以数据库为基础的大学管理信息系统、财务管理系统、图书管理系统等。无论是面向内部业务和管理的管理信息系统，还是面向外部，提供信息服务的开放式信息系统，从实现技术角度而言，都是以数据库为基础和核心的计算机应用系统。

数据库应用系统设计是指在某种商用数据库软件的 DBMS 和开发工具支持下，研制开发的、用于完成某一特定应用领域或部门信息管理功能的系统设计（如上面列举的几种管理系统）。这样的系统主要用于一个企业或部门的日常事务管理，最典型的功能是实现对数据库中信息的查询、修改、增加、删除、统计及报表打印等。

11.1 概述

所谓数据库应用系统设计，就是在现有商用 DBMS 基础上建立数据库及其应用系统的过程。

1. 数据库的生命周期

数据库应用系统的设计是一个比较复杂的软件设计问题。

（1）一个数据库应用系统首先是一个应用软件系统，所以其设计过程总体上应遵循问题定义、需求分析、可行性研究、总体设计、详细设计、编码与单元测试、综合测试、软件维护等软件生命周期的阶段划分原则。

（2）数据库技术经过 50 多年的发展，已经成为计算机科学与技术学科中的一个重要的学科分支，并已形成了自己独具特色的设计方法。数据库应用系统的设计涉及数据库的逻辑组织、物理组织、查询策略与控制机制等专门知识。所以要求设计人员要有足够的数据库设计知识和一定的设计经验，否则很难设计出实用、可靠、性能良好的数据库应用系统。

（3）一个数据库应用系统的设计，要求设计人员一般应具有一定的关于该组织的业务知识或实践经验，而实际的数据库设计人员大多缺乏应用领域的业务知识，所以数据测试、软件维护的软件生命周期的阶段划分原则尤为重要。数据库应用系统的设计长期以来一直是一个极具挑战性的课题。

有关数据库应用系统的设计问题，人们已经提出了不少的设计方法，但到目前为止，还没有找到一个得到普遍认同的设计模型，目前采用的方法大都是探索式的。对于同一个应用组织和相同的DBMS，不同的设计者设计出的数据库不仅可能不同，而且其性能可能还相差较大。本章提到的“数据库应用系统设计”一词，其含义均指关系数据库应用系统的设计。为描述方便，本章及后续内容有时会将数据库应用系统设计简称为数据库设计，若精确描述，请参考上下文。

2. 研发、管理和使用人员视图级别

数据库应用系统的使用、开发和管理人员主要有数据库应用系统用户（一般简称用户）、应用程序员、系统分析员和数据库管理员（data base administrator，DBA）。不同的人员看到的数据库是有区别的，即数据库应用系统具有不同的视图级别，如图11-1所示。

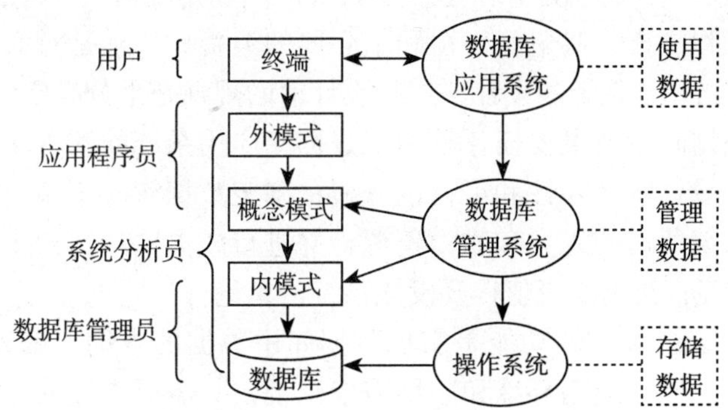

图11-1 数据库应用系统的视图级别

图11-1形象地描述了在数据库使用、开发和管理过程中，不同类型的人员看到的数据库和其自身所处的角色，以及在三大阶段中，数据的呈现形式。其目的是厘清不同类型人员的职责，以便更好地理解在数据库应用系统设计过程中各类人员的作用地位和各阶段对数据的管理内容。

（1）用户，仅指使用数据库应用系统的人员。他们一般是从事某一具体领域工作的业务管理人员，只须熟练掌握该数据库应用系统的使用方法，而无须了解该数据库应用系统的有关设计问题。但在比较小型的数据库应用系统中，由于一般不配置专门的DBA，所以用户同时要承担DBA的职责。

（2）应用程序员，仅指那些在数据库应用系统设计中专门从事应用程序编写的程序员。但在许多情况下，应用程序员与系统分析员一起完成数据库外模式，甚至包括模式和存储模式的设计，并根据外模式和部分概念模式编写应用程序。

（3）系统分析员，是指在数据库应用系统设计中负责系统需求分析，承担数据库应用系统的软、硬件配置，参与数据库各级模式设计的工作人员。所以系统分析员实质上是指那些负责数据库应用系统设计的总体设计人员或总体设计师。在一个数据库应用系统的设计中，要求系统分析员熟悉计算机系统的软、硬件知识，熟悉数据库应用系统的设计技术，熟悉系统设计中所用的数据库软件等。

（4）数据库管理员，仅指在数据库系统运行过程中监管系统运行情况，改进系统性能和存储空间管理，负责数据库的备份与恢复等工作的系统管理人员。数据库管理员的职责如下所述。

1）监控数据库运行情况，以使数据库始终处于正常运行状态。

2）数据库数据的备份，即按要求定期备份数据库。

3）数据库的恢复，即当数据库在运行过程中遇到硬件或软件故障时，负责恢复数据库软件的正常运行，恢复数据库中数据的正确性。

4）数据库的存储空间管理与维护。根据数据库存储空间的变化情况进行存储空间分配；根据存储效率情况对存储空间进行整理，如收集碎片等。

11.2 数据库设计规划

数据库设计规划的目的就是弄清楚“要解决的问题是什么”，以便进一步明确问题性质、应用需求和工程规模，避免盲目性和不必要的浪费。特别是对大型数据库系统或大型信息系统中的数据库子系统的设计，进行设计前的规划是十分必要的。

数据库设计规划阶段的主要任务是确定数据库应用系统的基本功能和应用范围；进行数据库应用系统设计的必要性和可行性分析；确定数据库应用系统的软硬环境；预测开发数据库应用系统所需的人力和物力资源，并进行成本估计；初步确定数据库应用系统的开发周期和进度；给出是否值得开发该系统的结论。

数据库应用系统最基本的功能是实现数据库中数据的查询、修改、插入、删除等。但对于不同组织、不同的应用环境和应用需求来说，其需要实现的功能和应用范围是有一定差异的。所以就需要在数据库设计规划阶段确定要开发的数据库系统的功能和业务范围，确定要开发的数据库系统在本组织的信息管理或要开发的信息系统中的地位和职能，及与现有系统的关系、联系及接口等。

随着人们信息化管理观念的增强和数据库技术的发展，利用数据库辅助日常管理已成为一种必然趋势。但数据库管理对用户组织中管理人员的综合素质和业务管理的规范化，以及计算机应用水平都有较高的要求；同时也需要进行一定的财力和物力资源投入。所以在进行数据库应用系统开发前，先要进行必要性和可行性分析，预测开发系统所需的财力、物力和成本，以确保本系统的开发是必要的（必要性），且系统能顺利应用（可行性）。

在数据库设计规划阶段还要进一步调研当前数据库技术与有关软硬产品的发展与应用现状，以便合理地确定建立系统的软件环境和硬件环境配置，以保证系统的实用性和一定程度的先进性。确定开发该系统需要的开发周期和进度要求，并在综合各种因素的基础上对应用系统的价值进行评估，得出是否需要开发本系统的结论。

在确定需要开发本系统的情况下，应根据用户的需求，编制开发系统的可行性分析报告，撰写主要内容，包括系统功能需求、性能需求、软硬环境配置要求、开发成本估计、总体进度要求等内容的系统计划纲要。数据库设计规划阶段的工作一般由用户和开发人员（可以是单独的某一组开发人员，也可以是各自独立的某几组开发人员）共同完成，也可以由具有一定技术实力或应用经验的用户独立完成。因为用户对其需求、工艺流程、实施步骤、管理类别等有最直接的了解。数据库设计规划时期的工作完成之后，就可以进入包括用户需求分析、概念结构设计、逻辑结构设计、物理结构设计四个阶段的数据库设计时期。

11.3 需求分析

用户需求分析是数据库应用系统设计的基础，是数据库设计时期的一个非常重要的阶段。用户需求分析阶段的工作是否详细、准确，不仅直接影响以后各个阶段的设计工作，而且事关整个数据库应用系统开发的成败。

用户需求分析阶段的主要任务是调研、了解组织机构，设计组织结构层次方框图；分析用户的业务活动，建立用户业务数据流图；分析用户的信息要求和处理要求，确定系统边界和系统功能；收集所需数据，分析和整理需求数据。最后形成系统需求分析说明书。

11.3.1 用户需求分析过程

1. 调研了解、组织机构，设计组织结构层次方框图

通过组织结构的调研了解，详细地厘清要开发的数据库应用系统的组织，由哪些部门组成，各个部门的职责及其相互关系，各个部门的规模和地理分布。

进行组织机构调研了解的基本方法就是与该组织中的有关领导与业务主管进行座谈，索取和收集反映该组织的组织机构、部门职责、部门相互关系和联系、部门规模和地理分布的文档资料。

在进行组织结构调研了解的基础上，可以初步设计出一张能比较全面反映该组织机构及其相互关系的组织机构层次方框图，并通过适当的文字描述，进一步说明各个部门之间的职责和相互业务关系等，为后续的系统设计分析做好工作。图 11-2 是一个典型的组织机构层次方框图。

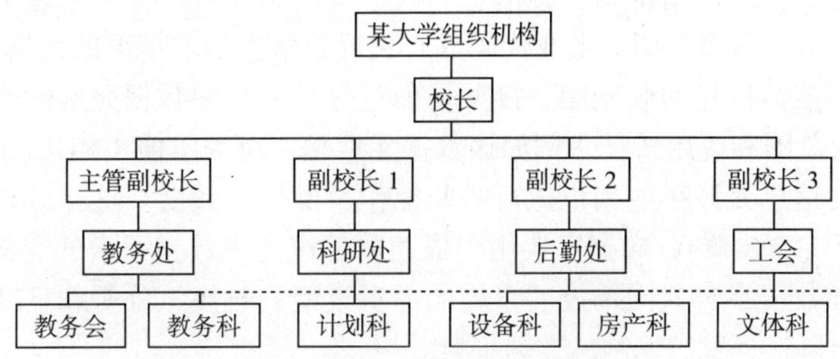

图 11-2 组织结构层次方框图示例

2. 分析用户业务活动，建立用户业务数据流图

通过前面的调研了解，这里进一步对各个用户（科员和部门）的当前业务活动和业务流程及业务处理的各个环节之间的处理顺序做详细了解；收集在相关业务活动和业务流程中涉及的规章和制度、账单和单据、计划和合同、报表和档案等；整理各个业务活动和业务流程中的输入信息和输出信息及其与中间信息的关系；分析各业务流的数量、处理的速度和响应时间等，并听取用户对这些业务的要求。

进行用户业务活动和业务流程分析的基本方法是和用户（科员和部门领导）进行个别交谈询问；与有关业务人员和主管领导进行座谈交流；查阅各部门的业务处理记录和档案资料；收集与各部门业务有关的规章、制度、账表、单据、计划、合同和报表等；根据具体情况，可能还需要进行必要的跟班作业，即花一定的时间，亲身参与某些业务活动和业务处理活动；在此基础上，对以往业务活动中可能存在的模棱两可或相互推诿的问题进行问卷调查，广泛征求各方意见后给出较为合理的业务处理流程。业务活动和业务流分析的结果应给出以数据流图（参考第 11.3.2 节）形式描述的系统逻辑模型，用以描述各个业务活动中的所有可能的数据流向。

3. 分析用户的信息要求和处理要求，确定系统边界和系统功能

在前两步调研分析的基础上，这里还须更进一步地了解，本系统架构组织中的各个业务部门的信息要求和处理要求，即询问用户，希望从数据库中获得哪些信息；对数据的处理方式和响应时间有何要求；对系统的安全性和完整性有何要求。综合以上因素，根据当前计算机的处理能力，确定由计算机处理完成的功能；确定数据库应用系统应具有的性能和应实现的功能。

进行用户信息要求和处理要求分析的基本方法包括个别交谈询问，集体座谈交流，查阅业务处理记录和档案资料，收集有关的规章、制度、账表、单据、计划、合同和报表等，进行必要的跟班作业，进行问卷调查等。

用户信息要求和处理要求分析的结果是以文档形式描述的系统功能需求列表、系统性能要求列表和必要的辅助说明信息。

4. 收集所需数据，分析和整理需求数据

首先应该收集与用户业务活动和业务处理，与用户信息要求和处理要求相关的所有信息数据，包括各种账表、单据、合同和报表中的数据信息；收集上述步骤分析中得到的用户希望从数据库中获得的数据信息；从各种规章、制度和业务处理文件中分析抽取出来的数据信息，并弄清和标注出与各个数据相关的业务范围和部门。然后对这些数据信息进行整理分类，初步指定每一类信息的候选键，例如可将大学管理事务中的学生的学号、姓名、性别、出生日期、专业代码等有关反映学生自然情况的数据信息作为一类，并将学号指定为该类信息的候选键。接着是确定每类信息中数据元素的确切的名称、类型、长度、取值范围和应用特征，例如该数据元素是否可为空值（NULL）等。最后还要进一步弄清每类信息允许哪些用户执行哪些操作及操作的频度。这样可以编制初步的数据字典（参考第 11.3.3 节）。数据字典用于描述数据流图中数据元素的定义说明信息。实际上系统流图和数据字典共同构成了系统的逻辑模型。收集、分析和整理数据库应用系统所需数据的结果就是我们编制的数据字典。

可以看出，这里就是从前几步的调研和分析所获得的各种文档资料中，收集、分析

和整理系统所需的数据信息，以此为基础，可能还须进行必要的个别交谈、咨询或问卷调研等。

通过以上用户需求分析过程，可以最终形成完整的系统需求分析说明书。根据软件设计要求，还要对需求分析说明书进行评审。评审的目的在于确认本阶段的任务是否全部完成，以避免重大的疏漏或错误，确保用户需求分析和需求分析说明书的质量。评审必须有项目组以外的专家、系统应用主管部门的负责人和有关业务主管人员参加。评审常有可能导致需求分析过程的回溯或反复，即需要根据评审意见修改提交的需求分析说明书，甚至要求重新进行部分乃至全部的用户需求分析过程，然后再进行评审，直至达到用户的预期要求为止。在需求分析的过程中，还可能会有一些不明确的用户需求，此时项目负责人须调查和分析用户的实际情况，明确用户的具体需求。这一过程通常需要用户的充分配合，而且还有可能需要对用户中的被调研对象进行必要的培训。

11.3.2 数据流图

数据流图（data flow diagram，DFD）是一种从数据传递和加工角度，以图形方式来表达系统的逻辑功能、数据，在系统内部的逻辑流向和逻辑变换过程的一种图示方法。也就是说，数据流图只关心系统需要完成的基本逻辑功能，而无须考虑这些逻辑功能的实现问题，所以数据流图中没有任何具体的物理元素，只从数据传递和处理加工的角度反映信息在系统中的流动情况。所以，这种表示形式是一种使参与数据库等信息系统设计的人（不论是专业人员还是非专业的用户）都能接受的描述形式。一般用图 11-3 给出的四种基本符号画出数据流图。

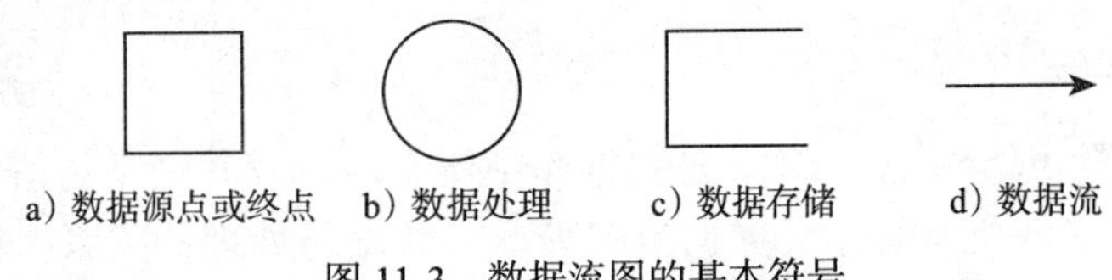

图 11-3 数据流图的基本符号

1. 数据源点或终点

数据的源点或终点（source or end point）用方框表示。数据的源点是指数据的起源处（输入），数据的终点是指数据的目的地（输出）。数据的源点或终点都对应于外部客体（外部实体，用术语客体主要为了区别于 E－R 图中的术语实体），这些外部客体是存在于系统之外的人、事或组织，例如仓库管理员、客户、供应商等。可以对外部客体命名，并将其名称写在方框内。

2. 数据处理

对数据的处理用圆圈表示。数据处理（data processing）是对数据流图中的数据进行特定加工的过程。一个处理可以是一个程序、一组程序或一个程序模块，也可以是某个人工处理过程。每个处理都有一个反映其处理本质的名称，并以此名称来反映处理的功能或作用。处理的名称一般写在圆圈内。

3. 数据存储

数据存储（data store）用右开口的长方形表示。数据存储代表待处理的数据存放的场所，表示了处于静止状态的数据。一个数据存储可以是一个文件、文件的一部分、一个数据库、数据库中的一个记录等。文件可以是磁盘、磁带、纸张或其他存储载体介质的文件，数据库也可以看作一个文件。为了直观和便于理解，数据存储也要命名，并将其写在右开口的长方形中。

4. 数据流

数据流（data stream）用单向箭头表示，代表数据流图中数据的流动情况，箭头指明数据流动的方向。单向箭头可以把数据流图基本符号中除它自身以外的任何二个符号连接起来，即数据流可以从处理流向数据存储，或从数据存储流向处理；也可以从外部客体流向处理，或从处理流向外部客体；还可以从外部客体流向数据存储，或从数据存储流向外部客体。数据流除流向或流出数据存储可以不命名外（因为其含义已经表示了对文件的存入或读取操作），一般都需要给出合适的名称，并写在相应单向箭头的上边、下边或旁边。

图 11-4 给出了一个图书预定系统的数据流图的示例。

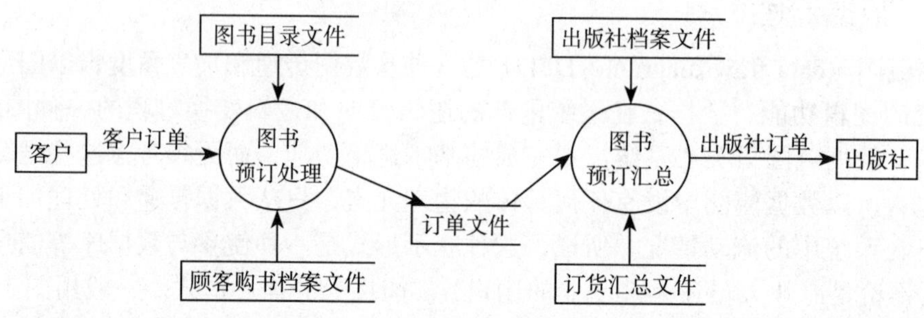

图 11-4　图书预订系统数据流图

11.3.3　数据字典

数据字典（data dictionary，DD）是数据库中所有对象及其关系的信息集合。它描述和定义了数据流图中的所有数据。数据流图表示了数据与处理的关系，但在数据流图中无法表达出每个数据和处理的具体含义和详细描述信息，而数据字典正好弥补了数据流图的不足，可以详细地给出数据流图中的所有数据的定义和描述信息，其主要包括以下四点。

1. 数据项

数据项（data item）是不可分割的最小数据单位，是组成数据流的基本元素。对数据项的定义和描述信息主要包括：数据项名、列名、含义、类型、长度、取值范围、使用频率、使用方法及与其他数据项的关系等。

2. 数据流

数据流（data stream）定义为，只能以事先规定好的顺序被读取一次的数据的一个序列。这里表示数据处理过程中的输入或输出数据，可以是数据项，也可以是由数据项组成的某种数据结构的数据单位。对数据流的定义和描述信息主要包括：数据流名、含义、组成数据流的数据项或数据结构、数据流的来源或去向、数据流的流量等。

3. 数据表

数据表（data table），又称数据库表或简称表，它是数据库最重要的组成部分之一。数据库只是一个框架，数据表才是实质内容。数据表是信息管理中最常见的数据格式，许多数据库表与数据库逻辑设计（详见第 11.5 节）后的关系模式有一定的对应关系。对数据库表的描述信息主要包括：数据表名、数据表中各个属性（字段）的编号、名称、数据类型、数据长度、取值范围、是否可为空值，数据表的所有者，其他用户对该数据表的操作（查询、修改、插入、删除）权限等。这些信息为数据库概念模式中相关信息的确定奠定了良好的基础。表 11-1 给出了在教学管理信息系统中，设计的数据字典就是一个数据表（子系统）。

表 11-1　培养计划　　所有者：培养与学籍

序号	中文名称	类型	长度	属性	字段名
1	学号	char	9	NOT NULL	XH
2	课程代号	char	7	NOT NULL	KCDMH
3	课程名称	vchar	30	NOT NULL	KCMCH
4	课程类型	vchar	6	NOT NULL	KCLXH
5	学时	numeric	2	NOT NULL	XS
6	学分	numeric	1	NOT NULL	XF
7	任课教师姓名	vchar	10	NULL	RKJS

4. 处理

处理（processing）表示一个处理要完成的工作或功能。对处理的定义和描述信息主要包括：处理的名称、处理的定义或描述、流入和流出处理的数据流、执行频次等。

数据字典一般没有统一的格式，设计开发人员可以按照自己对各个条目内涵的理解，设计一套通俗易懂的图表或文档格式。数据字典的编制可以用手工方式，也可以借助文字处理软件在计算机上实现。

数据字典在用户需求分析阶段，配合初期画出的数据流图初步建立，并伴随数据库设计过程、设计方案的不断改进和完善而不断修改、充实和完善。

【例 11-1】　学生购、领书数据描述。

1. 数据流条目

（1）数据流名：发票。

（2）别名：购书发票。

（3）组成：（学号）+（姓名）+{ 书号 + 单价 + 数量 + 总价 }+ 书费合计。

（4）数据量：100 次 / 天。

（5）高峰值：400 次 / 天。

2. 数据流图（见图 11-5）

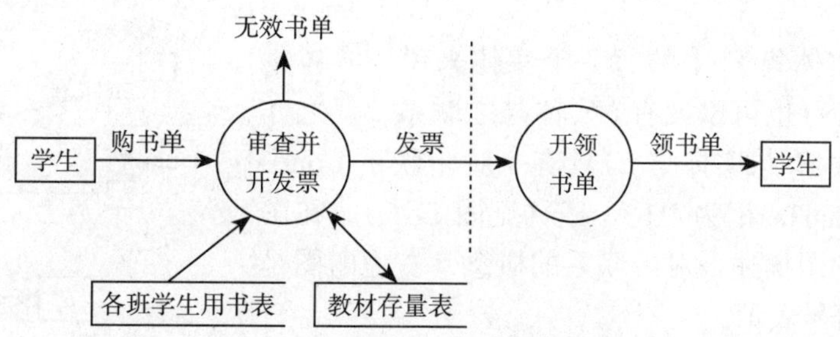

图 11-5　学生购、领书数据流图

3. 数据字典

描述数据字典时，主要有三大块内容：数据流说明、数据处理说明和数据存储说明。这里只做单一的数据字典，如图 11-5 中虚线的左端。建立的数据字典如表 11-2 所示。

表 11-2 学生购书数据字典

输入	文件名	输出	文件名
购书单	×××	无效书单	×××
各班学生用书表	×××	发票	×××
教材存量表	×××		
数据流说明	**文件名**	**数据存储说明**	**文件名**
购书单处理	×××	各班学生用书状况文件	×××
各班学生用书状况处理	×××	教材存量状况文件	×××
教材存量状况处理	×××		
无效书单处理	×××		
发票单据处理	×××		

11.4 概念结构设计

概念结构设计就是将需求分析所得到的用户需求抽象为信息结构（及概念模型）的过程。概念结构是一种能够反映用户观点，并更接近于现实世界的数据模型。概念结构设计的主要任务是根据用户需求分析阶段形成的系统需求说明书，准确模拟现实世界，确定反映现实世界的信息类别，即信息之间的联系；把用户的信息需求抽象为独立于任何具体机器、独立于具体 DBMS 的信息结构。概念结构是各种数据模型的共同基础，它比数据模型更独立于机器、更抽象，从而更加稳定。描述概念结构最常用的方法是 E–R 模型，也就是用 E–R 图来描述现实世界的数据模型。

11.4.1 实体集之间的联系

一般意义上来说，实体是指单个的能相互区别的特定“个体”，如“孙向前”“软件工程”。同一类型实体的集合称为实体集，如“人”是一个实体集，可以包括张三、李四或王五等个体；“计算机”也是一个实体集，可以包括巨型计算机、中型计算机、小型计算机和微型计算机等。实体之间的联系包括两类：一类是不同实体集中的各个实体之间的联系；另一类是不同实体集之间的联系。下面讨论的信息模型仅关心两个不同实体集之间的三种联系。

1. 一对一联系

如果对于实体集 E_1 中的每一个实体来说，实体集 E_2 中至多有一个（也可以没有）实体与之联系，反之亦然，则称实体集 E_1 与实体集 E_2 具有一对一联系（one–to–one relationship），记为“1 ∶ 1”（见图 11-6）。在图 11-6 中，左边的图描述一对一联系的概念，右边的图是一对一联系的符号表示。

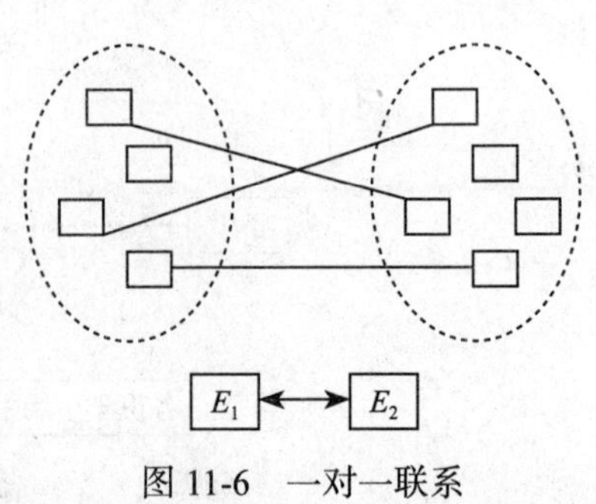

图 11-6 一对一联系

如学校的一个班级只有一个正班长，而一个班长只在一个班中任职，则班长与班级之间具有一对一联系；还有病人与床位之间、座位与乘客之间都具有一对一联系。

2. 一对多联系

如果在实体集 E_1 中至少有一个实体与实体集 E_2 中的一个以上的实体有联系；反之，实体集 E_2 中的每一个实体至多与实体集 E_1 中的一个实体有联系，则称 E_1 和 E_2 是一对多联系（one–to–many relationship），记为“1 ： N”（见图 11-7）。

如一个班级中有若干学生，而每个学生只在一个班级中学习，则班级与学生之间具有一对多联系；还有学校与院系之间、院系与学生之间都具有一对多联系。

3. 多对多联系

如果实体集 E_1 中至少有一个实体与实体集 E_2 中的一个以上的实体有联系；反之，实体集 E_2 中至少有一个实体与实体集 E_1 中的一个以上的实体有联系，则称 E_1 和 E_2 是多对多联系（many–to–many relationship），记为“M ： N”（见图 11-8）。

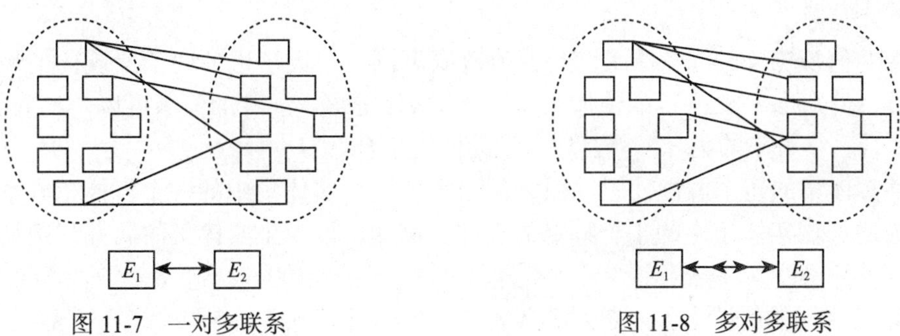

图 11-7　一对多联系　　　　图 11-8　多对多联系

如一门课程同时有若干学生选修，而一个学生可以同时选修多门课程，则课程与学生之间具有多对多联系；还有乘客与列车、顾客与商店之间都具有多对多联系。

上面是实体集之间的最基本的三种联系。原则上，实体之间的其他复杂联系，都可以用上述的基本联系通过若干组联系等价地表示。实际上，一对一联系是一对多联系的特例，而一对多联系又是多对多联系的特例。

11.4.2　E–R 模型

E–R 模型是美籍华人陈平山（P.P.Chen）于 1976 年提出的一种信息模型，是一种通过抽象来描述用户组织的基本语义特征模型，所以也称为语义模型。E–R 模型不仅描述了用户组织中的各类实体，还描述了各类实体集之间的内在联系，在数据库设计中获得了十分广泛的应用。

11.4.2.1　E–R 模型的基本要素

E–R 模型（entity relationship model）的基本语义要素包括实体集、实体集的属性和实体集之间的联系。

1. 实体与实体集

所谓实体（entity），就是客观存在并可相互区别的“事物”。这个定义强调实体是存在的、可区分的，所以是独立的。

（1）实体可以是具体的对象。例如，一个学校是一个实体；一个班级是一个实体。

（2）实体可以是抽象的概念或联系。例如，一次考试是这样的一个实体；爱和恨这样的概念分别是不同的实体。

（3）实体可以是有形的对象。例如，一个学生是一个实体；一把椅子是一个实体。

（4）实体也可以是无形的对象。例如，像爱和恨这样的概念就是无形的实体。

同一类实体的集合称为实体集。或者说，具有相同属性的实体属于同一个实体集。例如，所有学生构成一个学生实体集；所有教师构成一个教师实体集；所有课程构成一个课程实体集；所有飞机构成一个飞机实体集。

2. 属性与实体集的标识码

所谓属性（attribute），就是实体集中所有实体具有的共同特征。例如，学生实体集的属性包括："姓名""学号""性别""出生日期""政治面貌"等。

属性的值指属性的具体取值。例如，学生孙老大，其"姓名"取值为孙老大，"学号"取值为201401001，"性别"取值为男，"出生日期"取值为1995-09-11，"政治面貌"取值为团员，等等。

属性的值域（domain）指属性的取值范围。例如，大学生的政治面貌的值域为{党员，团员，群众}，"性别"的值域为{男，女}，等等。属性的值域可以是整数的集合，实数的集合，字符串的集合，或其他类型的值的集合。

当某实体集的每个属性使它的值域的一个值同该实体集中的一个实体相联系时，就具体地描述了该实体集中的某个特定的实体。例如，设学生实体集的属性分别具有如下值域。

（1）"姓名"的值域为{孙老大，常老二，张小三……}。

（2）"学号"的值域为{201401001，201401002，201401003……}。

（3）"性别"的值域为{男，女}。

（4）"出生日期"的值域为{1995-09-11，1996-01-31，1996-03-24……}。

（5）"政治面貌"的值域为{党员，团员，群众}。

那么，当学生实体集的每个属性使它的值域中的一个值同该实体集中的特定实体（如孙老大）相联系时，这个学生"孙老大"的属性值集合{孙老大，201401001，男，1995-09-11，团员……}就具体地描述了该学生实体集中的一个特定实体——孙老大的特征。用来表示一个特定实体的属性值集合称为实体记录，例如{孙老大，201401001，男，1995-09-11，团员……}是一个实体记录。实体记录集即同类实体的实体记录的集合。

一般地把能够唯一地标志实体集中的每个实体的一个或一组属性称为实体集的标识码（identification key）或称为键（可参见第1.4.2节），并用实体集的标识码标识实体集中的不同实体。

3. 联系与联系集

所谓联系（relationship），是指实体集间有意义的相互作用。实体集间的联系有一对一联系、一对多联系和多对多联系三种。具有相同属性的联系属于同一联系集（relationship set）。与实体集类似，一般把能够唯一地标识联系集中的每个联系的一个或一组属性称为联系集的标识码。联系集的标识码一般由被它联系的两个实体集的标识码组成。

11.4.2.2　E–R 图

通常，用一种称为 E–R 图（entity relationship diagram，称为实体－联系图）的直观图形方式描述实体－联系模型。在 E–R 图中，每个实体集用一个矩形框表示，并将实体集的名字记入矩形框中；每个联系集用一个菱形框表示，并将联系集的名字记入菱形框中；每个属性用一个椭圆形框表示，并将属性的名字记入椭圆形框中，有时为了直观起见，在标识码属性名下面画一条横线；用一条直线表示一个实体集与一个联系集之间的联系，并在直线的端部标注联系的种类（1 ∶ 1，1 ∶ *N* 或 *M* ∶ *N*）。

下面以大学管理信息系统为例，描述如何使用 E–R 图表示一所大学的教学信息情况，即给出 E–R 图的设计方法。

【例 11-2】 用实体－联系模型描述一个大学的专业、课程、学生和教师之间的教学情况，并设计相应的 E–R 图。

分析：我国各个大学的管理体制各具特色，但就其共性来说，各个大学的专业、课程、学生和教师之间的关系可归纳如下：

（1）大学内有多个专业，每个专业用唯一的专业代码和专业名称标识；

（2）每个专业设置多门课程，某些课程可被多个专业设置；

（3）每门课程由课程号和课程名唯一标识；

（4）每位教师由教职工号、姓名、性别、出生日期、职称、（所属）教研室和电话标识；

（5）每位教师可以主讲多门课程，某些课程可以由多位教师主讲；

（6）每个学生由学号、姓名、性别、出生日期和专业代码标识；

（7）一个专业有多个学生；一个学生只能属于某一专业，一个学生属于某个班级。

由上述分析可知：

（1）专业、课程、学生和教师可以看作实体，并对应有专业实体集、课程实体集、学生实体集和教师实体集如图 11-9a 所示。

（2）专业代码和专业名称是专业实体集的属性；课程号、课程名和学时是课程实体集的属性；教职工号、姓名、性别、出生日期、职称、教研室、电话是教师实体集的属性；学号、姓名、性别、出生日期、专业代码是学生实体集的属性。

（3）专业实体集和课程实体集之间的联系可以用“设置”联系集联系（*M* ∶ *N* 联系）；教师实体集和课程实体集之间的联系可以用“讲授”联系集联系（*M* ∶ *N* 联系）；学生实体集和专业实体集之间的联系可以用“属于”联系集联系（*M* ∶ 1 联系）。

（4）某些联系集可以有自己的基本属性，例如学习联系集的基本属性有“分数”。

上述分析从不同的角度描述了例 11-2 的实体－联系模型的特征，其 E–R 图的详尽描述见图 11-9。

由图 11-9 可知，专业代码是专业实体集的主键，学号是学生实体集的主键，教职工号是教师实体集的主键。虽然学生实体集和教师实体集有相同的属性“姓名”“性别”和“出生日期”，但由于它们属于不同的实体集，所以它们代表着不同的特征。一般在实际的系统中，用不同的符号表示。例如，可将教师的姓名表示为 TNAME，而将学生的姓名表示为 SNAME。

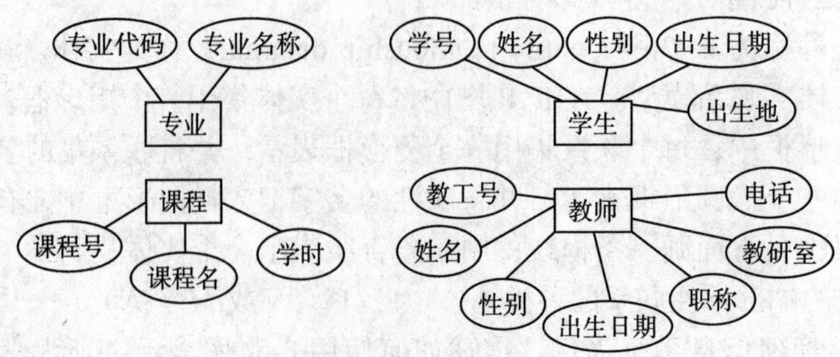

a） 实体及其属性图

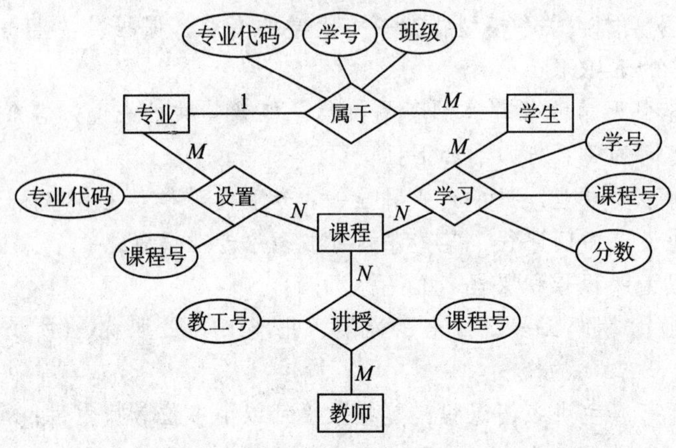

b） 实体及其关系图

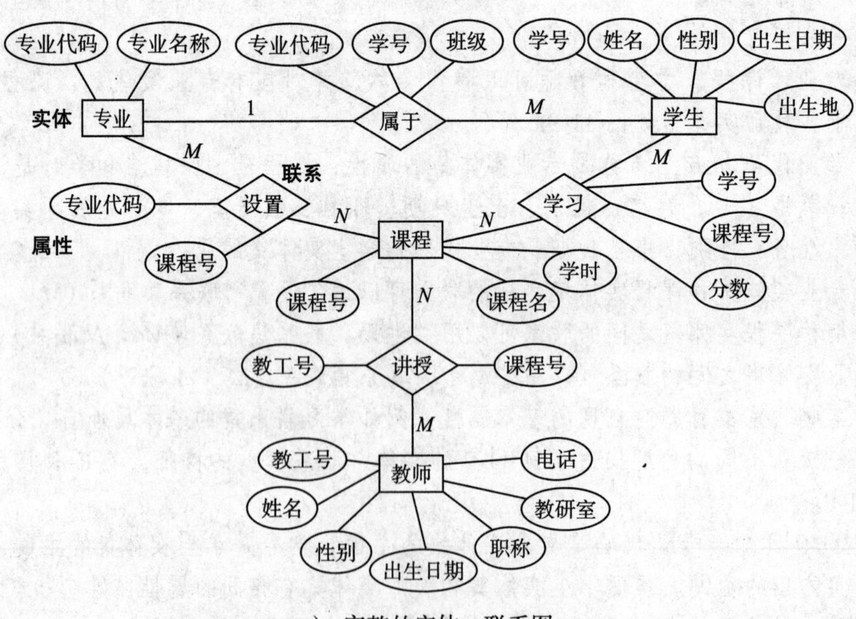

c） 完整的实体－联系图

图 11-9 大学管理信息系统 E–R 图

如前所述，联系集的属性一般由与它联系的两个实体集的属性组成。所以，联系集的属性由与它联系的两个实体集的属性和它自己的基本属性组成。在图 11-9b 中，“设置”联系集的属性为专业代码和课程号，“属于”联系集的属性为学号、专业代码和班级，“学习”联系集的属性为学号、课程号和分数，“讲授”联系集的属性为教职工号和课程号。

11.4.3　E–R 模型设计中的一些特殊情况

图 11-9 所描绘的 E–R 图，实际上是一种比较规范的实体 – 联系模型。但现实中数据之间的联系十分复杂，所以在 E–R 图设计中，还可能会遇到一些特殊情况。

1. 递归联系

在本节之前介绍的联系是指不同实体集之间的联系。在实际应用中，有时还需要对“同一实体集”中的不同实体之间的联系进行模型化，这种联系称为递归联系（recursion relationship）。图 11-10a 给出的递归联系：联系集是“管理”，联系的一方是“经理”，另一方是“被管理者”。由于经理也是职工中的一员，所以实质上描述的是同一实体集中不同子集之间的联系。体现在图中就是同一实体集框对同一联系集框有两根连线，而且连线旁边标记了实体介入联系的方法。图 11-10a 中的 1 ：N 联系表示的含义是：一个“经理”可以管理多个“雇员”，每个被管理者最多只能有一个直接管理人。图 11-10b 和图 11-10c 分别是其他两个递归联系的例子。

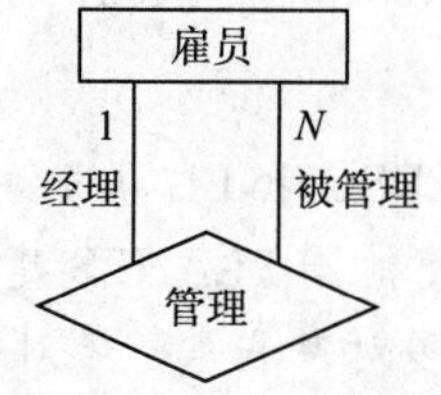

a）雇员与经理的 1 ：N 关系

b）孩子与母亲的 1 ：N 关系

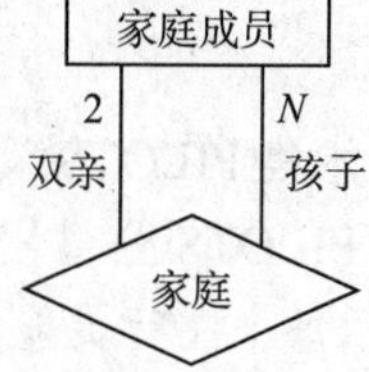

c）多对多递归联系特例

图 11-10　递归联系的 E–R 图

2. 冗余联系

冗余联系，顾名思义，就是多余的联系。在 E–R 图（见图 11-11）中，用户实体集、合同实体集和产品实体集三者相互之间的联系就存在冗余联系。分析可知，产品实体集与用户实体集之间的联系为冗余联系。因为若想了解某产品供应给了哪些用户，可以通过三个实体集之间存在的“签订”和“订货”两个联系导出。

图 11-11　冗余联系示例

3. isa 联系

isa 联系也称为“构入式”联系。A isa B 表示实体集 A 包含在实体集 B 中，A 是 B 中的一种特殊的群体。可见，isa 联系实质上也是对“同一实体集”中的实体之间的联系进行模型化。下面通过实例说明 isa 联系用 E–R 模型描述的方法。

【例 11-3】 在图 11-12 所示的航空公司 E–R 模型描述中，PILOTS（飞行员）和 PERSONNEL（机组人员）存在 isa 联系，即飞行员也是机组人员。

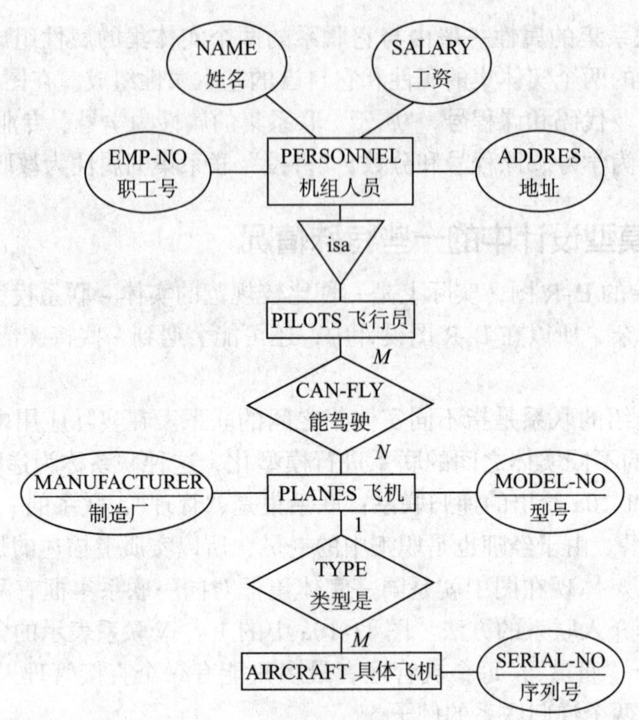

图 11-12 航空公司飞行员和机组人员的 isa 联系的 E-R 模型表示

其中：

（1）实体集 PILOTS 没有属性，利用 PILOTS isa PERSONNEL 联系可标识每一个飞行员。把 PILOTS 分离出来作为单独的实体集是为了使他同 PLANES 建立联系 CAN-FLY，以表示每个飞行员能驾驶这几种飞机，这种联系是多对多联系。若对非飞行员的机组人员也保存这样的信息，则可能会造成数据空间的浪费。

（2）实体集 AIRCRAFT（具体飞机）是指航线上航行的每架被编了号码的飞机，是具体的飞行，每一架编号飞机区别于其他任何一架。

（3）AIRCRAFT 和 PLANES 间存在 TYPE 联系。具体飞机有唯一的序列号，每次出航对应一架具体飞机。同一航线上同一型号的飞机，如波音 747，可能会有许多架具体飞机，它们具有不同的序列号。这就使多架具体飞机（AIRCRAFT）对应一种型号的飞机（PLANES），而一种型号的飞机对应许多架具体飞机，所以 TYPE 联系是由 AIRCRAFT 至 PLANES 的多对一联系。

由上述描述分析可知，图 11-10 描述的经理实体集和雇员实体集之间联系可以用“经理 isa 雇员”描述，即经理也是雇员。同理有“母亲 isa 家庭成员”。在实际的 E-R 图设计中，也可以根据需要将递归联系设计成 isa 联系。图 11-10a 和图 11-10b 对应的 isa 联系的 E–R 图如图 11-13 所示。

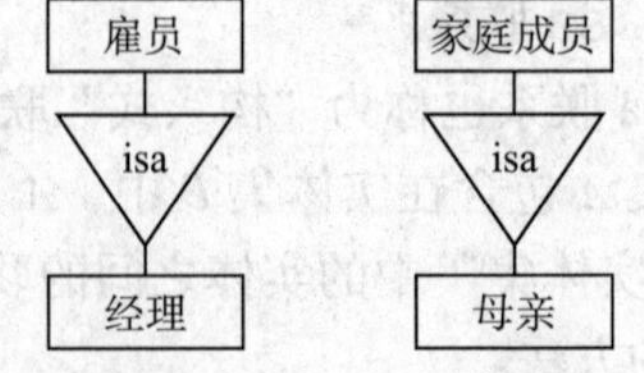

a）对应图 11-10a　　b）对应图 11-10b

图 11-13 图 11-10a 和图 11-10b 递归联系的 isa 联系 E–R 图表示

4. 弱实体与弱联系

若某实体集 E_1 的存在依赖于另一个实体集

E_2，且这两个实体集之间的联系是用 E_1 来标识的，那么就把实体集 E_1 称为弱实体（weak entity）。在 E–R 图中用双矩形框标识弱实体。如图 11-14 所示，子女依赖于职工的存在而存在（例如，某企业的职工医院，子女随父母享受部分医疗待遇的情况就是如此），并且联系“抚养”是用来标识子女的，因此子女实体集是职工实体集的弱实体。

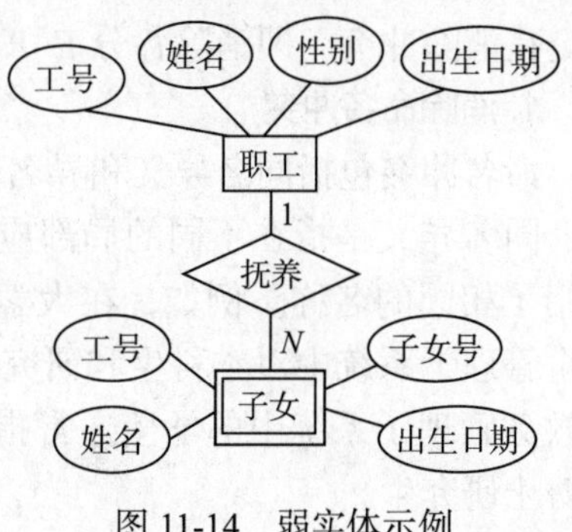

图 11-14　弱实体示例

这里，如果联系集所联系的某些实体集是由其他实体集标识的，那么就称这种联系为弱联系（weak relationship）。例如，子女实体集是由子女号，以及它与一个职工实体集的联系集（“抚养”联系集）来标识的（由职工号体现），则该职工所扶养的子女实体集和其他实体集之间的任何联系（集）都将导致弱联系（集），即对于和某个弱联系集相联系的其他实体集来说，它们与弱实体集之间的联系都是弱联系。

11.4.4　设计步骤及方法

概念结构设计的 E–R 图描述一般分为三步。第一步设计局部概念结构，即分 E–R 图；第二步把各分 E–R 图合并成总体 E–R 图；第三步对总体 E–R 图进行优化（可参阅图 11-9）。

11.4.4.1　分 E–R 图设计

设计数据库应用系统往往涉及多个部门，一个部门通常又包括多个数据库用户。由于不同用户对数据库数据的需求不相同，数据库应用系统将为不同用户提供不同的数据视图。分 E–R 图的设计是从用户或用户组的不同数据视图出发，将数据库应用系统划分成多个不同的局部应用。例如一个大学管理的数据库应用系统就至少包括教务管理、研究生管理、科研管理、后勤管理等不同部门，其中研究生管理又包括培养、计划、招生和学科建设等不同用户。所以对应不同的局部应用，就要设计出符合不同用户或不同用户组需求的局部概念结构。

在分 E–R 图的设计中，通常先要确定用户组，而用户组的确定相对较容易。因为在实际的应用系统中，一般一个用户分组与一个部门相对应，一个数据库用户与部门中的一个管理业务相对应。例如研究生院（处）是一个部门，该部门中的管理业务包括培养、计划、招生、学科建设等，数据库应用系统中的研究生培养管理子系统用户、研究生计划管理子系统用户、研究生招生管理子系统用户、研究生学科建设子系统用户等就组成了一个与研究生院（处）相对应的用户组。读者可以参阅第 11.4.2 节和第 11.4.3 节中的内容，它们也可以看作 E–R 图设计的基本方法。

11.4.4.2　总体 E–R 图设计

总体 E–R 图的设计就是集成各设计好的分 E–R 图，最终形成一个完整的、能支持各个局部概念结构的数据库概念结构的过程。由于面向各局部应用的分 E–R 图可能由不同的设计人员设计，多半会存在一些不一致的地方，甚至还可能存在矛盾之处。即使整个系统的各分 E–R 图都由同一个人设计，由于系统的复杂性和面向某一局部应用的设计时，对全局应用考虑不周，仍可能会存在某些不一致或矛盾。所以，总体 E–R 图设计的关键是消除冲突，即消除各分 E–R 图之间存在的不一致或矛盾。

1. 消除命名冲突

命名冲突包括同名异义和异名同义两种情况。

同名异义是指在不同的局部应用中的意义不同的对象（如：实体集、联系集或属性）采用了相同的名称。例如，在大学管理数据库系统设计中，如果在教务管理子系统和研究生管理子系统中对本科生和研究生命名都采用“学生”，就属于同名异义的情况。因为在教务管理子系统中的学生通常指本科生，而在研究生管理子系统中的学生常常指硕士或博士研究生。

异名同义（或称一义多名）是指同一意义的对象在不同的局部应用中采用了不同的名称，如科研项目，财务处称为项目，科研处称为课题，而生产管理处则有可能称为工程。

一般消除命名冲突是通过讨论和协商的方法解决的，或者通过行政手段解决。对实体集和联系集的命名冲突则须通过认真分析研究，给出合理的解决办法。

2. 消除属性特征冲突

属性特征冲突是指同一意义的属性在不同局部应用的分 E–R 图中采用了不同的数据类型、不同的数据长度、不同的数据取值范围或不同的度量单位等产生的冲突。最常见的现象是某些局部应用采用整数表示人员的年龄，而另一些局部应用则以出生日期表示年龄。

消除属性特征冲突应该在照顾全局应用和遵守一般惯例的基础上协商解决，如对人员年龄的表示，不仅习惯上用出生日期表示，而且在用出生日期表示后无须经常修改，所以应统一改为用出生日期表示，且获取年龄只须取当前日期与出生日期之差。

3. 消除结构冲突

结构冲突是指同一意义的对象（如：实体集、联系集或属性）在不同局部应用的分 E–R 图中采用了不同的结构特征。一般包括以下三种情况。

（1）同一实体集在不同局部应用的分 E–R 图中所包含的属性不一致，主要指属性个数不同，当然有时也要考虑各属性排列顺序上的不一致。

消除这类冲突的办法是综合不同局部应用对该实体集各属性的观察角度和应用需求，进行必要的归并、取舍和调整使其一致。

（2）表示同一意义的实体集间的联系在不同局部应用的分 E–R 图中采用了不同的联系类型。例如，实体 E_1 和 E_2 在一个局部应用的分 E–R 图中是一对多联系，而在另一个局部应用的分 E–R 图中是多对多联系。

消除这种冲突的办法是分析不同局部应用对该联系的观察角度和应用语义，进行必要的综合或调整，以便使其一致。

（3）表示同一意义的对象（如：实体集、属性）在不同局部应用的分 E–R 图中具有不同的抽象含义，如职工的配偶在某一局部应用中抽象为实体，而在另一个局部应用中却被看成是（职工的）属性。

消除这种冲突的办法是从实体与属性的确定原则以及不同局部应用的观察角度与应用语义这两个方面，综合考虑将该对象确定为实体还是确定为属性。

4. 总体 E–R 图优化

完成分 E–R 图集成以后的总体 E–R 图还可能需要优化。我们可能在面向各个局部应用时，对全局应用考虑不周，设计出的各分 E–R 图中可能会存在某些冗余，以致得到的总体 E–R 图存在冗余数据和冗余联系。冗余数据是指可由基本数据导出的数据，冗余联系是指可由实体间的其他联系导出的联系。显然，冗余信息的存在将破坏数据库的完整性，给数据库的维护带来困难，所以必须对集成后的总体 E–R 图进行优化。

特别值得一提的是，如果在总体 E–R 图中存在冗余数据，就会在由该 E–R 图构成的不同关系模式之间产生信息冗余，这种信息冗余直接导致的结果，就是在不同的关系模式中存在冗余的属性（字段）。例如，在如图 11-15 所示的 E–R 图中，就课程实体集来说，它应该有课程号、课程名、学时、学分四个属性；就学生学习（联系集）某一门课程来说，学习联系集应该有学习该课程的学生的学号、标识该课程的课程号、学生学习该课程的分数、该课程的学分四个属性。但在两个关系模式中同时存在学分（C_NUMBER）属性。其关系模式如下：

（1）课程关系模式：

C（C#，CNAME，CLASSH，C_NUMBER）

（2）学习关系模式：

SC（S#，C#，CRADE，C_NUMBER）

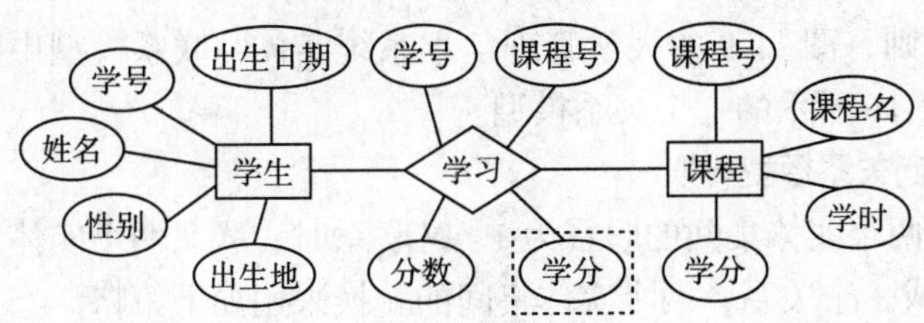

图 11-15 消除 E–R 图中的冗余信息示例

显然这是一种属性冗余的情况。由分析可知，学生学习某门课程的学分，可从课程的学分属性中导出。所以，学习联系中的学分属性应当从图 11-15 中剔除（见图 11-15 中的虚线框），这样我们可以得到没有冗余属性的关系模式。

（3）课程关系模式：

C（C#，CNAME，CLASSH，C_NUMBER）

（4）学习关系模式：

SC（S#，C#，CRADE）

由此可见，我们可以通过对实体集、联系集或属性的分析消除冗余数据。对于总体 E–R 图中的冗余联系，可采用规范化理论消除，这种方法涉及 E–R 图中每个联系集的函数依赖集的表示，函数依赖集的最小覆盖的求解等，这里不再赘述，感兴趣的读者可参考有关文献。

11.5 逻辑结构设计

数据库逻辑结构设计就是按照一定的规则，将概念结构设计阶段设计好的独立于任何 DBMS 数据模型的信息结构，转换为由已选用好的 RDBMS 产品所支持的一组关系模式，并利用关系数据完整性和一致性要求以及系统查询效率要求，对这组关系模式进行必要的优化处理，从而得出满足所有数据要求的关系数据库模型，即数据库的逻辑结构。所以，逻辑结构是一种由具体的 DBMS 支持的数据模型，当然这里的数据库环境就是 SQL Server，数据库也是关系型数据库。

对于由 E–R 图表示的概念结构来说，逻辑结构的设计一般分成三步：

（1）将由 E–R 图表示的概念结构转换成关系模型；

（2）利用规范化理论对关系模式进行规范化设计和处理；

（3）对关系模型进行优化处理。

11.5.1 E-R 模型向关系模型的转换

下面分多对多、一对多和一对一，三种情况介绍 E-R 图向关系模型转换的一般原则。

1. 多对多联系向关系模型转换

转换规则：当两个实体集间的联系为 $M:N$ 联系时，每一个实体集用一个单独的关系模式表示，该关系模式的属性用相应实体集的属性表示，关系的键用相应实体集的标识码表示。联系集也用一个单独的关系模式表示，该关系模式的属性用该联系集的属性表示，关系的键用该联系集的标识码表示。

按照本转换原则，图 11-9 的大学管理信息系统实体 – 联系模型中的三组 $M:N$ 联系可以转换成如图 11-16 所示的七个关系模型。

2. 一对多联系向关系模型转换

转换规则：当两个实体集间的联系为 $1:N$ 联系时，联系两个实体集的联系集没有必要单独设（转换）成一个关系，两个实体集间的转换采用如下策略。

（1）将位于联系集 1 端和 N 端的实体集按“多对多联系向关系模型的转换”中所述的转换方式分别转换成一个关系模式，并将 1 端实体集的标识码和联系集的非标识码属性加入 N 端实体集所转换成的关系模式中（将其作为 N 端实体集所转换成的关系模式的属性）。

学生关系模式：	ST（S#，SNAME，SSEX，SBIRTH，SPLACE）
专业关系模式：	SS（SCODE#，SSNAME）
课程关系模式：	C（C#，CNAME，CLASSH）
设置关系模式：	CS（SCODE#，C#）
学习关系模式：	SC（S#，C#，GRADE）
讲授关系模式：	TH（T#，C#）
教工关系模式：	T（T#，TNAME，TSEX，TBIRTH，TTITLE，TSECTION，TTEL）

图 11-16　图 11-9 的实体 – 联系模型中的 $M:N$ 联系的关系模式

例如，在图 11-16 中，没有必要为图 11-9 中的学生实体集和专业实体集之间的联系集“属于”设置一个关系。而是将位于 1 端的“专业”实体集转换成一个关系模式，将位于 N 端的“学生”转换成一个关系模式，再将位于 1 端的“专业”实体集的标识码

“专业代码”和“属于”实体集的非标识码属性“班级”加入学生关系模式中。也就是说，给图 11-16 中的学生关系模式 ST 中加入新的属性“专业代码”和“班级”，从而得到图 11-9 中的一组 1:*N* 联系的关系模式，如图 11-17 所示，其中的专业关系模式 SS 与图 11-16 中的 SS 相同。

学生关系模式：	ST（S#，SNAME，SSEX，SBIRTH，SPLACE，SCODE#，CLASS）
专业关系模式：	SS（SCODE#，SSNAME）

图 11-17　图 11-9 的 E-R 模型中的 1:N 联系的关系模式

对于如图 11-14 所示的弱实体集（“子女”实体集）的转换，因为用来标识它的另一实体集（“职工”实体集）与该弱实体集之间的联系正好是（一般都是）1：*N* 联系，所以其间的（弱）联系集（“抚养”）不必要转换成一个关系，只要将职工实体集和弱实体集“子女”分别转换成一个对应的关系即可。子女关系模式中的“职工号”自然地标识了子女与职工之间的“抚养关系”。可见弱实体集的转换集属于这种情况中的一个特例，即在将位于 *N* 端的弱实体集转换成一个关系模式时，只须将 1 端实体集的标识码加入弱实体集中，而不须将联系集的属性加入弱实体集中。

（2）对于像“一般”意义上的实体集和“具体”意义上的实体集这样的两个实体集之间 1:*N* 联系，将位于 1 端的“一般”意义上的实体集和位于 *N* 端的“具体”意义上的实体集按“多对多联系向关系模型的转换”中所述的转换方式分别转换成一个关系模式，并将联系它们的联系集看作一个属性加入位于 N 端的实体集对应的关系模式中。

例如，在图 11-12 的 E-R 模型中，PLANES 实体集是“一般”意义上的飞机（抽象的飞机），AIRCRAFT 实体集是由一些具体飞机组成的实体集，PLANES 和 AIRCRAFT 之间的联系是 1:*N* 联系。所以没有必要将联系集 TYPE 转换成一个关系，而只要将 PLANES 实体集和 AIRCRAFT 实体集分别转换成一个关系模式。在 AIRCRAFT 关系模式中，除属性 SERIAL-NO 外，再加上 TYPE 的属性即可。

3. 一对一联系向关系模型转换

转化规则：当两个实体集间的联系为 1∶1 联系时，联系两个实体集的联系集没有必要单独设一个关系，将位于联系集两端的实体集按“多对多联系向关系模型的转换”中所述的转换方式分别转换成一个关系模式，并在转换成的两个关系模式中的任意一个关系模式的属性中加入另一个关系模式的标识码和联系集的非标识码属性。

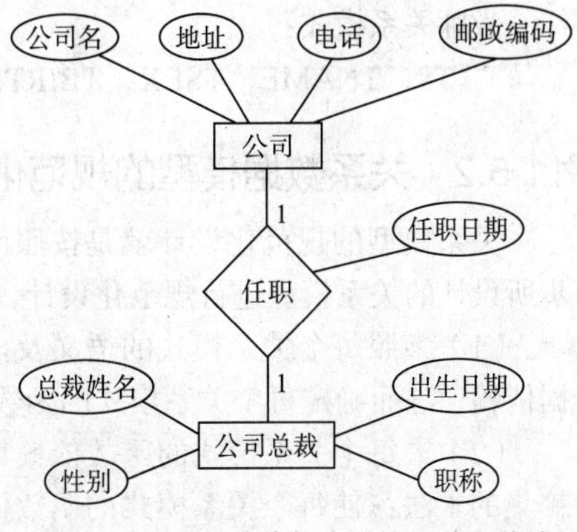

图 11-18　公司总裁与公司的一对一联系

例如，公司实体集与公司总裁实体集之间存在着 1∶1 联系，其 E–R 图如图 11-18 所示。在转换成关系模型时，公司实体集和公司总裁实体集分别被转换成各自的关系模式，并按其查询习惯在公司关系模式中加入另一个关系模式（公司总裁关系模式）的总裁姓名（此处认为公司总裁姓名不重名，是公司总裁关系模式的主键）和任职日期（是任职联系集的非标识码属性）。转换成的关系模式如下：

公司关系模式（公司名，地址，电话，邮政编码，总裁姓名，任职日期）

公司总裁关系模式（总裁姓名，性别，出生日期，职称）

图 11-18 描述的一对一联系还可以转换成下述方式的关系模式。

公司关系模式（公司名，地址，电话，邮政编码）

公司总裁关系模式（总裁姓名，性别，出生日期，职称，总裁姓名，任职日期）

经过以上描述，现将转换原则中的有关概念做进一步的强调和解释。

（1）E-R 图中联系集中的主键是由被联系集联系的两个实体集的主键组成的。

（2）在 1 ：*N* 联系的转换原则中，“一般”意义上的实体集是指传统意义上的实体集概念，例如“飞机”实体集；而“具体”意义上的实体集是指由“一般”意义上的实体集中的某些具体的个体组成的特殊实体集，例如由一些具有特殊特性的个体飞机组成的“具体飞机”实体集。这种实体集与实体集之间的联系一般被称为“类型是”的联系，且将一些具有特殊特性的个体组成“具体”的实体集是为了强调这些个体的特殊性，以便单独对其进行描述和处理。

例如，对于如图 11-9 所示的大学管理信息系统 E–R 图，按照上述原则转换成的关系模式为：

学生关系模式：

ST（S#，SNAME，SSEX，SBIRTH，SPLACE，SCOOE#，CLASS）

专业关系模式：

SS（SCOOE#，SSNAME）

课程关系模式：

C（C#，CNAME，CLASSH）

设置关系模式：

CS（SCOOE#，C#）

学习关系模式：

SC（S#，C#，GRADE）

讲授关系模式：

TEACH（T#，C#）

教师关系模式：

T（T#，TNAME，TSEX，TBIRTH，TTITLE，TSECTION，TTEL）

11.5.2 关系数据模型的规范化设计

关系模型的规范化设计就是按照函数依赖理论和范式理论，对逻辑结构设计的第一步所设计的关系模型进行规范化设计，基本设计方法可归纳如下：

（1）参照每个关系模式的语义及内涵，分别写出每个关系模式中各个属性之间的数据依赖，进而确定每个关系模式的函数依赖集。

（2）求每个关系模式的函数依赖集的最小依赖集，即按照函数依赖理论中的最小依赖集的求法：使每个关系模式的函数依赖集中没有多余依赖；每个依赖的左端没有多余属性；每个依赖的右端只有一个属性。

如果设 F 是某个关系模式的函数依赖集，并假设 G 是相对 F 来说更接近其最小函数依赖集，并与 F 相等的一个函数依赖集，但 G 与 F 从表示形式上看不相同。证明 $F \equiv G$ 有以下两种方法。

1）如果能采用阿姆斯特朗公理，从 F 中的函数依赖推导出 G 中的每一个函数依赖，或从 G 中的函数依赖推导出 F 中的每一个函数依赖，则说明 $F \equiv G$。

2）按照闭包相等的概念，欲求 $F \equiv G$，实质上就是要分别求 F^+ 和 G^+，使得 $F^+=G^+$。

由于直接求 F^+ 是一个 NP 问题，所以综合运用函数依赖理论的实用求解方法是：对于 G 中的每一个函数依赖 $X \to Y$，先求 X 关于 F 的闭包 X_F^+，如果 $Y \subseteq X_F^+$，说明 F 逻辑蕴涵 $X \to Y$。当 G 中的所有函数依赖都被 F 逻辑蕴涵时，就说明 $G^+ = F^+$。或者对于 F 中的每一个函数依赖 $V \to W$，先求 V 关于 G 的闭包 V_G^+，如果 $W \subseteq V_G^+$,说明 G 逻辑蕴涵 $V \to W$。当 F 中的所有函数依赖都被 G 逻辑蕴涵时，就说明 $F^+ = G^+$。

（3）将求得的每个关系模式的函数依赖集中的决定因素相同的函数依赖进行合并。例如，如果求得的最小依赖集为 $G=\{X \to A，X \to B，X \to C，YZ \to D，YZ \to E\}$，那么将其决定因素相同的函数依赖合并后的结果为 $G=\{X \to ABC，YZ \to DE\}$。

（4）按照关系模式分解理论和函数依赖理论，对每个关系模式及与之相关的函数依赖进行分解，使得分解后的关系模式至少满足第三范式。

（5）通过以上的模式分解过程后，可能出现某些完全相同的关系模式，这一步就是要将完全相同的几个关系模式“合并”成一个单独的关系模式，以消除掉多余的关系模式。

11.5.3　关系数据模型优化

数据库逻辑结构设计的结果不是唯一的。为了进一步提高数据库应用系统的性能，还应该根据应用需要适当地修改、调整数据模型的结构，这就是数据模型的优化。

逻辑结构设计前两步的做法基本上是一些形式化的方法，这里不太注意与用户要求的结合。须注意的是，并不是规范化程度越高的关系就越优。关系模式的规范化程度越高，关系模式分解就越彻底，即关系模式分解的就越“碎”，这样在实际应用中，势必造成过多的连接运算，过多的连接运算将直接影响关系模型的查询效率，这也就是查询效率低的主要原因之一。

关系数据模型优化就是通过对照需求分析阶段得到的信息处理需求，进一步分析通过上述设计过程得到的关系模式是否符合有关要求，以便从最常用的查询要求中找到最常需要进行的连接运算及相关的关系模式，从查询效率角度出发对某些模式进行合并或分解。

通过上面三个步骤设计的关系模式的全体就构成了要设计的数据库应用系统的关系数据库模型，即要设计的数据库应用系统的逻辑结构。

11.6　物理结构设计

数据库在物理设备上的存储结构与存取方法称为数据库的物理结构，它依赖于选定的数据库管理系统。为一个给定的逻辑结构数据模型选取一个最适合应用要求的物理结构的过程，就是数据库的物理结构设计。

物理结构设计阶段的主要任务是根据选用的 RDBMS 提供的存储结构和存取方法，为逻辑结构设计阶段设计好的逻辑数据库模型选择其在物理存储设备上的存储结构和存取方法，并对设计好的数据库存储结构和存取方法进行必要的评价。

一般来说，关系数据库的物理结构与 RDBMS 的功能、RDBMS 提供的存储结构和存取方法、给定的计算机硬件环境及其存储设备的性能等密切相关。进行数据库的物理结构设计，就是要设计出一个占用较少存储空间，具有尽可能高的查询效率，并具有较低维护代价的物理结构。所以，在数据库物理结构设计过程中，需要在时间效率、空间效率、维护代价和各种用户要求间进行权衡，其中可能会生成多种方案。我们（数据库设计人员）必须对这些方案进行细致的评价，从中选择一款较优的方案作为数据库的物理结构。

具体来说，数据库物理结构设计就是要选择出最适合于应用需求的存储结构和存取方法。进一步讲，就是要在建立数据库物理模式之前，确定每个关系模式的索引方式，确定是否要给哪几个关系模式建立聚簇，确定是否要给关系模式设置锁和如何加锁，等等。

评价物理结构设计完全依赖于选用的 RDBMS。主要是从定量估算各种方案的存储空间、存取时间和维护代价入手，对估算结果进行权衡、比较，选择出一个较优的合理的物理结构。

11.6.1 索引技术

在关系型数据库系统中，是以表的形式组织数据的，通过顺序扫描表来实现查询数据记录。如果查询的内容是表的最后一条记录，则需要扫描完整个表后才能找到该记录，显然查询效率比较低。索引就是为实现数据库信息的快速查询提供的技术支持。

11.6.1.1 索引的概念

索引（index）是现实生活中最常用的快速检索技术，例如词典中的索引、电话号码簿中的索引、图书资料库中的索引等。在数据库中，索引是一种表形式的数据结构，由给定的一个或一组数据项（主键或非主键）组成。设 k_i（i=1，2，…，n）为某一关系（表）中按其某种逻辑顺序排列的主键值，其对应的记录 R_{ki} 的地址为 A（R_{ki}），则（k，A（R_{ki}））称为一个索引项，由多个索引项组成的表形式的数据结构称为索引（见图 11-19）。

k_1	k_2	k_3	…	k_n
$A(R_{k1})$	$A(R_{k2})$	$A(R_{k3})$	…	$A(R_{kn})$

图 11-19　索引结构

可见，索引的实质就是按照记录的主键值将记录进行分类，并建立主键值到记录位置的地址指针。图 11-20 是一种学生关系及其索引的图示表示方式。

由图 11-20 可知，只要给出索引的主键，就可以在索引表中查找到相应记录的地址指针，进而直接找到要查找的记录。由于索引比它的关系图小得多，所以利用索引查找要比直接在关系表上查找快得多。

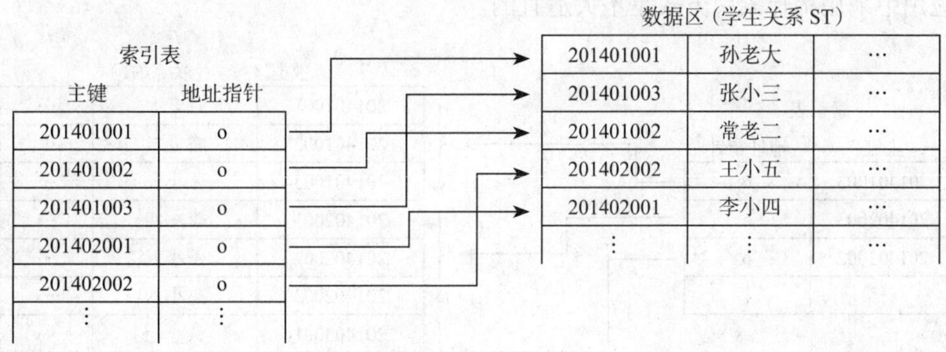

图 11-20 学生关系索引方式

索引的组织方式主要有线性索引和树形索引两类。线性索引就是一种按照索引项中数据项的值排序的索引方式，其中数据项一般为主键。也就是说，线性索引一般是如图 11-20 所示的按照主键值排序的一种索引方式。树形索引是将索引组织成树形结构，树形索引既能进行快速查找，又易于索引结构的动态变化。最常用的树形索引是 B^- 树和其变种——B^+ 树。

11.6.1.2 线性索引

线性索引可分为稠密索引和稀疏索引两种。

1. 稠密索引

在稠密索引（dense index）方式中，按主键值的排列建立索引项，每一个索引项包含一个主键值和一个由该主键值标识的记录的地址指针，所以每个索引项对应一个记录，记录的存放顺序是任意的。由于索引项的个数与记录的个数相等，也就是说索引项较多，所以称为稠密索引。稠密索引的典型例子见图 11-20 中的学生关系索引。

引入索引机制后，向关系中插入记录，修改关系中的记录和删除关系中的记录就要通过索引来实现。对于稠密索引来说，由于数据记录的存放顺序是任意的，所以实现对关系中记录改、增、删的关键是索引表中主键值的查找问题。由于按主键值排序的稠密索引表相当于一个顺序文件，因此主键值的查找可以用顺序文件的查找方法，即当主键值不大时采用顺序扫描方式；当主键值较大时采用二分查找等查找方式。

稠密索引的优点是查找、更新数据记录方便，存取速度快，记录无须顺序排列。缺点是索引项多、索引表大、空间代价大。

2. 稀疏索引

在稀疏索引（sparse index）方式中，所有数据记录按主键值顺序放在若干个块中，每个块的最大主键值（该块最后一个数据记录的主键值）和该块的起始地址组成一个索引项，索引项按主键值顺序排列组成索引表。由于每个块只有一个索引项，也就是说索引项较少，所以称为稀疏索引。图 11-21 是一个稀疏索引的例子。

稀疏索引由于索引项较少，因而节省存储空间；但由于在稀疏索引方式中不仅索引表中的主键值是按顺序存放的，而且各块中的数据记录也是按主键值的顺序存放的。与此同时，在各块的存储组织中，对于同一系统来说，块的大小一般还是相对固定的。所以实现对关系表中记录的改、增、删，特别是插入操作，是十分麻烦的。在插入操作较多的应用中采用稀疏索引方式是不大适宜的。

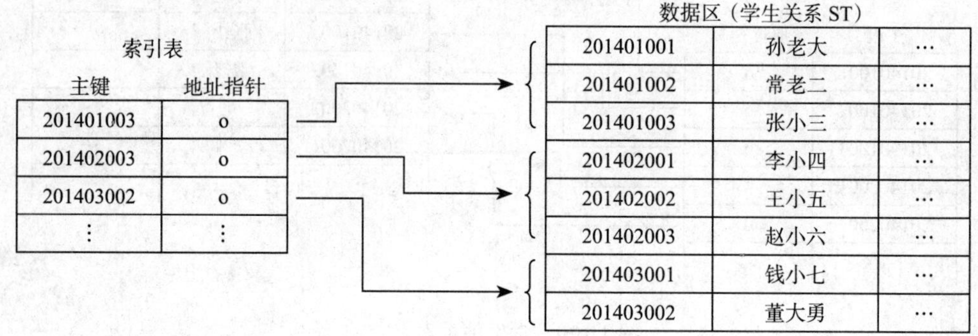

图 11-21　学生关系的稀疏索引方式

11.6.1.3　B⁻树

在稀疏索引方式中，当索引项很多时，可以将索引分块，建立高一级的索引；进一步，还可以建立更高一级的索引……直至最高一级的索引只占一个块为止的多级索引（见图 11-22）。多级索引是一棵多级索引树。其中假设每个块可以存放三个索引项。

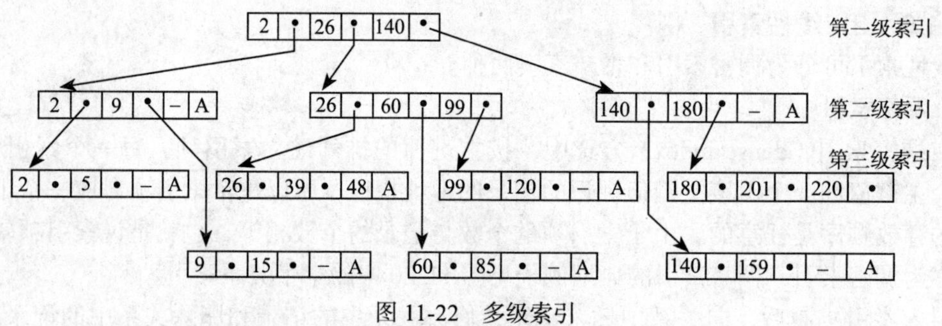

图 11-22　多级索引

当在多级索引上进行插入，使得第一级索引增长到一块容纳不下时，就可以再加一级索引，新加的一级索引是原来第一级索引的索引。反之，在多级索引上进行删除操作会减少索引的级数，于是就产生了 B⁻ 树（平衡树）的概念，B⁻ 树的表述涉及下列一些术语。

（1）节点：在 B⁻ 树中，将根节点，叶节点和内节点（B⁻ 树中除根节点和叶节点以外的节点）统称为节点，根节点和叶节点是存放索引项的存储块，简称索引存储块或索引块。叶节点是存放记录索引项的存储块，简称记录索引块或叶块，每个记录索引项包含关系中一个记录的主键和它的地址指针。

（2）子树：节点中每个地址指针指向一棵子树，即节点中的每个分支称为一棵子树。

（3）B⁻ 树的深度：每棵 B⁻ 树所包含的层数，包括叶节点，称为 B⁻ 树的深度。

（4）B⁻ 树的阶数：B⁻ 树的节点中最多的指针数称为 B⁻ 树的阶数。

在上述术语的基础上，有如下的 B⁻ 树定义：满足如下条件的 B⁻ 树称为一棵 m 阶 B⁻ 树（m 为不小于 3 的正整数）。

（1）根节点或者至少有两个子树，或者本身为叶节点；

（2）每个节点最多有 m 棵子树；

（3）每个内节点至少有 $\lceil m/2 \rceil$ 棵子树（$\lceil \ \rceil$ 为向上取整符号，例如，$\lceil 3/2 \rceil$ =2；

（4）从根节点到叶节点的每一条路径长度相等，即树中所有叶节点处于同一层次上。

在此定义基础上同时约定：

1）除叶节点之外的所有其他节点的索引块最多可存放 $m-1$ 个主键值和 m 个地址指针，其格式为：

p_0	k_1	p_1	k_2	p_2	…	k_{m-1}	p_{-1}

其中，k_i（$1 \leqslant i \leqslant m-1$）为主键值，$p_i$（$0 \leqslant i \leqslant m-1$）为指向第 i 个子树的地址指针，为了节省空间，每个索引块的第一个索引项不包括主键值，但它包含着所有比第二个索引项的主键值小的所有可能的数据记录。

2）叶节点上不包括数据记录本身，而是记录索引项组成的记录索引块，每个记录索引项包括主键值和地址指针。每个叶节点中的记录索引项按其主键值大小从左到右顺序排列，每个叶节点最多可存放 n 个记录索引项（n 为不小于 3 的正整数)，其格式为：

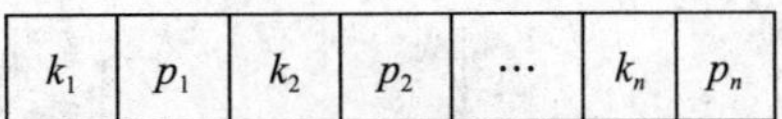

k_1	p_1	k_2	p_2	…	k_n	p_n

叶节点到数据记录之间的索引可以是稠密索引；每个记录索引项的地址指针指向一个数据记录，这时 k_i（$1 \leqslant i \leqslant n$）为第 i 个数据记录的主键值，p_i 为指向第 i 个数据记录的地址指针。也可以是稀疏索引：每个记录索引项的地址指针指向包含该记录索引项的主键值所在块的起始地址，这时，k_i（$1 \leqslant i \leqslant n$）为第 i 个记录块的最大主键值，p_i 为指向第 i 个记录块的起始地址指针。

通常，为了表述方便，许多文献将叶节点的格式定义为：

k_1	k_2	k_3	…	k_n

即省略了记录索引项的地址指针。但应注意，这仅仅是为了便于描述，在记录索引项中必须要有地址指针。本书在 B^- 树和 B^+ 树的图示中，均采用这种方法。

3）一般假设每一个索引块能容纳的索引项数是奇数，且 $m=2d-1 \geqslant 3$；每个记录索引块能容纳的记录索引项也是个奇数，且 $n=2e-1 \geqslant 3$。这里，d 和 e 是大于等于 2 的正整数。

图 11-23 是图 11-22 中多级索引结构的 B^- 树表示方法，该 B^- 树是一个 3 阶 B^- 树。

由图 11-23 可知，B^- 树中的主键值分布在各个索引层上。根节点和内节点中的索引项有两个作用：一是标识搜索的路径，起路标作用；二是标识主键值所属数据记录的位置，由其主键值即可指出该主键值所属记录的位置。

11.6.1.4 B^+ 树

为提高索引的查询效率，人们希望在保留 B^- 树基本特性的基础上，增加查询的灵活性，于是提出了一种基于 B^- 树结构，可同时实现随机查询和顺序查询两种检索方式的 B^+ 树模型。比较图 11-23 的 B^- 树可知，出现在 B^- 树中除叶节点以外的其他节点上的主键值不再出现在叶节点中，这样显然无法实现顺序查询。B^+ 树对此进行了改进，让树中所有索引项按其主键值的递增顺序从左到右都出现在叶节点上，并用指针链把所有叶节点都链接起来。这样就实现了通过索引树的随机检索和通过叶节点链的顺序检索。图 11-24 给出了 B^+ 树的模型表示形式，它的上面是一棵 B^- 树，由存放各级索引的索引块组成；下面是所有叶节点组成的一个顺序集，由存放记录索引项的记录索引块组成。

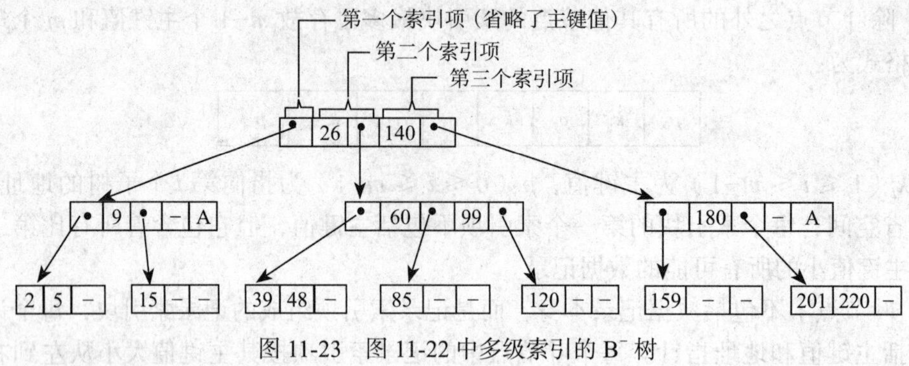

图 11-23　图 11-22 中多级索引的 B^- 树

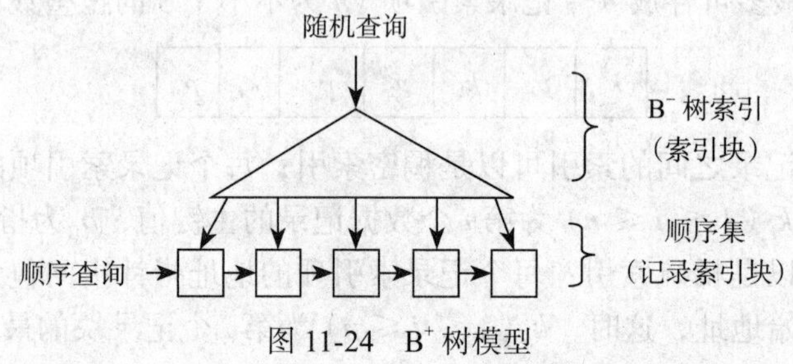

图 11-24　B^+ 树模型

在 B^+ 树中，由于出现在 B^- 树索引中的主键值均要出现在叶节点中，所以 B^- 树索引中的索引项就只能起路标作用了。也就是说，由于 B^+ 树中主键值所属的数据记录的位置直到叶节点才给出来，所以在查询时，即使在非叶节点上找到了与给定值相等的主键值，也必须继续向下直到叶节点为止。

B^+ 树基本上遵守 B^- 树的定义和约定。一棵 m 阶的 B^+ 树与一棵 m 阶的 B^- 树的区别如下所述。

（1）在 B^+ 树的叶节点中包含了 B^+ 树中的全部主键值，且其中的所有索引项按其主键值的递增顺序从左到右顺序链接；而在 B^- 树中，由于主键值分布在各个索引层上，所以叶节点中没有包含 B^- 树中的全部主键值，且各叶节点间的主键值没有顺序链接。

（2）在 B^+ 树中，所有非叶节点包含了其子树中的叶节点的最小主键值；而在 B^- 树中，非叶节点中的主键值不再出现在其子树中。

（3）在 B^+ 树中，查询任何数据记录经历的路径是等长的；而在 B^- 树中，不同数据记录的查询路径是不等长的。

（4）在 B^+ 树中，可以采用两种方式进行查询，当随机查询时，是从 B^+ 树根部开始通过 B^+ 树索引找到要查找的数据记录；当顺序查询时，是从顺序集的链头或通过 B^+ 树索引得到某一顺序节点并开始找起，通过顺序集找到要查找的数据记录。而在 B^- 树中，只有从根部随机查找一种方式。

图 11-25 是图 11-23 中 B^- 树的 B^+ 树表示。

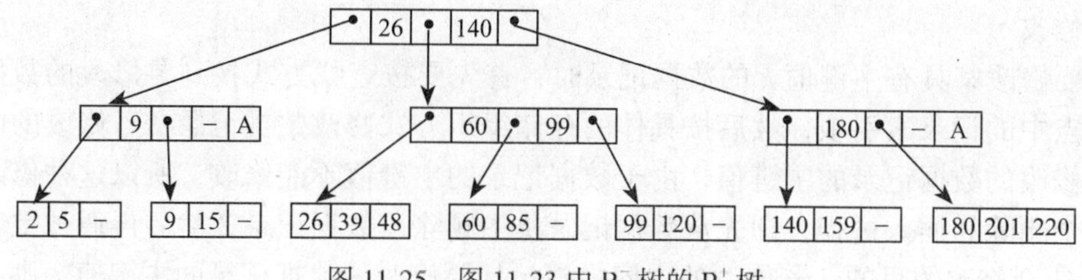

图 11-25 图 11-23 中 B^- 树的 B^+ 树

11.6.1.5 B^+ 树的操作

B^+ 树的操作包括查找、修改、插入和删除。为了描述方便，下面的介绍假设要查找、修改、插入和删除的数据记录具有主键值 k。索引块的格式为：

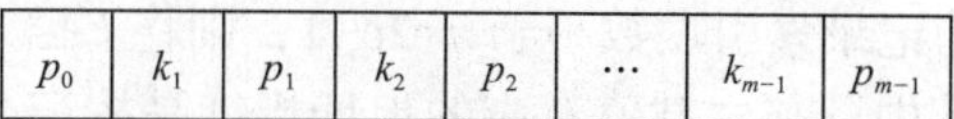

其中，k_i（$1 \leqslant i \leqslant m-1$）为主键值；$p_i$（$0 \leqslant i \leqslant m-1$）为指向第 i 个子树的地址指针。叶节点的格式为：

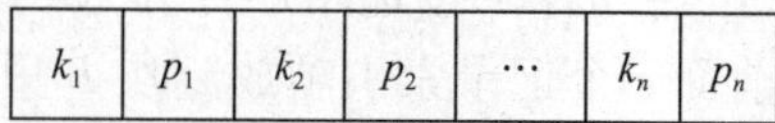

其中，k_i（$1 \leqslant i \leqslant n$）为第 i 个数据记录的主键值；p_i 为指向第 i 个数据记录的地址指针。

1. 查找

通常在 B^+ 树上有两个头指针 root，seq，前者指向根节点，后者指向具有最小主键值记录索引项的叶节点的第一个记录索引项。

以随机查找方式查找具有主键值 k 的数据记录，就是要找一条从根节点到叶节点的路径。当从根节点开始查找到某个非叶节点时，需要将主键值 k 与该节点中的 $k_1,k_2\cdots, k_{m-1}$ 进行比较：

（1）当 $k < k_1$ 时，进入由指针 p_0 指向的子树继续进行查找；

（2）$k_i \leqslant k < k_{i+1}$，$i$=1，2，…，$m-1$ 时，进入由指针 p_i 指向的子树继续进行查找；

（3）当 $k > k_{m-1}$ 时，进入由指针 p_{m-1} 指向的子树继续进行查找。

当到达叶节点时，就可在该叶节点中顺序查找要找的主键值。当找到某个 k_i 且有 $k=k_i$ 时，说明已经在叶节点中找到了具有主键值 k 的记录索引项。至于找数据记录的具体方法，因数据组织方式不同（稠密索引或稀疏索引）而异。当在该叶节点中没有找到与 k 相等的主键值，即在 B^+ 树索引中没有找到主键值 k 时，若叶节点到数据记录之间的索引采用的是稠密索引，则不存在主键值为 k 的数据记录；若叶节点到数据记录之间的索引采用的是稀疏索引，则不能立即确定是否存在主键值为 k 的数据记录，还必须在该数据记录块中继续查找后才能确定。

按顺序查找方式查找具有主键值 k 的数据记录，如果要查找全部叶节点的记录索引项，则可以从顺序集的链头开始顺序查找；如果是从要求的某个记录索引项开始查找，则可以从树根开始，以随机查找的方法找到要求的记录索引项后，再从该记录索引项开始顺序查找。

2. 修改

当要修改某具有主键值 k 的数据记录时，首先要按查找方式找到要修改的数据记录在叶节点中的记录索引项，然后按具体的存储组织方式修改数据记录。若修改的内容中包括要修改的数据记录的主键值，由于数据记录的主键值不能修改，所以这种修改实质上是一个删除和插入过程，即先从数据记录块中删除该数据记录，然后再通过重新插入（输入）达到修改的目的。若修改的内容中不包括要修改的数据记录的主键值，则只须修改该数据记录的非主键字段的有关内容，然后进行该数据记录的重写即可。

3. 插入

为了插入具有主键值 k 的数据记录，首先要找到主键值 k 应当插入的叶节点 B，此时：

（1）如果 B 中已有的记录索引项数小于 $n=2e-1$，则将 k 插入 B 中，并保持该叶节点中主键值的顺序排序。其中，与主键值对应的地址指针是按记录数据块的存储组织方式由插入该数据记录的位置决定的。

（2）如果 B 中已有 $n=2e-1$ 个记录索引项，则把 B 中记录索引项的主键值与新插入数据记录的主键值 k（共 $2e-1+1=2e$ 个）按递增顺序排序，并分成两组，每组 e 个，并新建一个记录索引块 B_1，把前面 e 个记录索引项放到块 B 里，后面 e 个记录索引项放到块 B_1 里（称为分裂），同时，要把 B_1 的索引项插入块 B 的父索引块中位于指向块 B 的索引项的右边。值得注意的是，如果从 B 的父节点开始向上的许多祖先节点都已装满 $m=2d-1$ 个索引项，则在 B 中插入一个记录索引项后，会引起它的许多祖先节点分裂，这种过程有可能一直进行到根节点，并使 B^+ 树增高一层。

（3）如果在 B 中发现有与 k 相等的主键值，则提示该数据记录已经存在。

举例来说，如果给图 11-25 的 B^+ 树插入主键值为 41 的数据记录，则可得到如图 11-26 所示的 B^+ 树。其中，由于将主键值为 41 的记录索引项插入图 11-25 的第三个叶节点后，引起该叶节点的分裂，即增加了一个叶节点，由此而引起了其所有祖先索引节点的分裂，使得 B^+ 树增高了一层。为简化描述，图中略去了顺序集中各叶节点之间的横向顺序链。

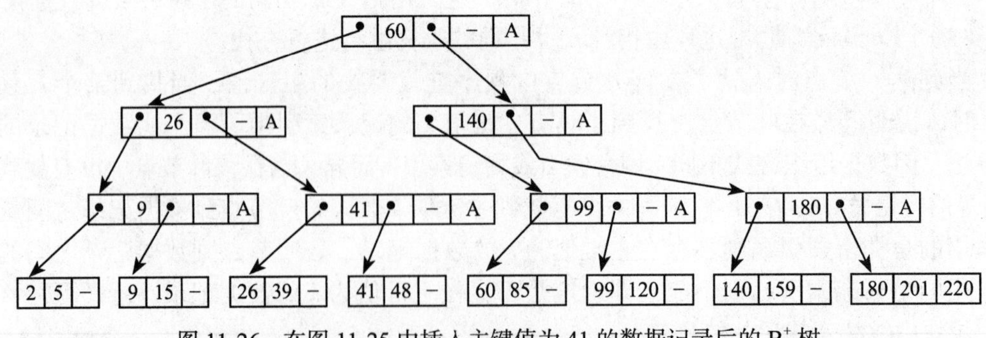

图 11-26 在图 11-25 中插入主键值为 41 的数据记录后的 B^+ 树

4. 删除

为了删除具有主键值 k 的数据记录，首先要找到主键值 k 所在的叶节点 B，此时：

（1）如果 B 中的记录索引项数多于 e，删除主键值为 k 的记录索引项后，B 中剩余的记录索引项个数仍不少于 e，就可以进行删除操作。

1）若主键值为 k 的记录索引项不是 B 中的第一个记录索引项（例如，若删除的是图 11-25 中的第三个记录索引项中的 39，或第八个记录索引项中的 220），则删除该记录索引项后，操作结束；

2）若主键值为 k 的记录索引项是 B 中的第一个记录索引项，则要看 B 是否是其父节点的最左一个孩子：若不是，则在删除该记录索引项后，并将 B 的父节点中原指向 B 的那个索引项的主键值改成 B 中原第二个记录索引项的主键值（例如，若删除的是图 11-25 中的第八个记录索引块的第一个记录索引项 180，则在删除该记录索引项后，将该记录索引块的父节点中的 180 改成 201），操作结束；

3）若主键值为 k 的记录索引项是 B 中的第一个记录索引项，且 B 是其父节点的最左一个孩子，则在删除该记录索引项后，要看 B 的父节点是否是 B 的父节点的父节点的最左一个孩子：若不是，则按前一种类似情况修改 B 的父节点的父节点中原指向 B 的父节点的那个索引项的主键值；若是，再向更高一层递归……直至根节点为止。

（2）如果 B 中的记录索引项数等于 e，则删除主键值为 k 的记录索引项后，B 中剩余的记录索引项个数只有 $e-1$ 个。此时，B 中的记录索引项数不到一半，根据 B^+ 树的定义，这时的 B 不能再作为树中的节点存在了。于是就要通过 B 的父节点找到与 B 相邻的左孪生节点或右孪生节点 B_1，将 B 中剩余节点合并到 B_1 节点，或与 B_1 合并后再分裂成两个新节点，并修改相应的索引项。如前所述，也可能涉及其祖先。

如果从图 11-25 中的 B^+ 树删除主键值为 26 的数据记录，则可得到如图 11-27 所示的 B^+ 树。其中，由于要删除树中第三个叶节点的最左边的主键值为 26 的记录索引项，所以引起对其父节点的父节点（图中为根节点）的相应索引项主键值的修改。

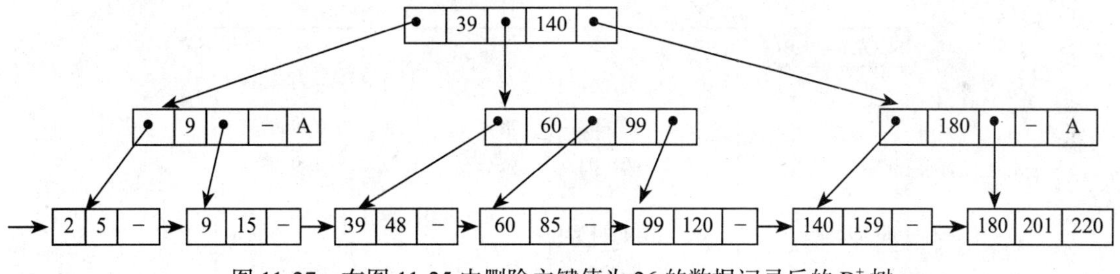

图 11-27　在图 11-25 中删除主键值为 26 的数据记录后的 B^+ 树

11.6.2　聚簇

聚簇是为了提高某个属性（或属性组）的查询速度，把这个或这些属性（称为聚簇键）上具有相同值的元组集中存放在连续的物理块上。聚簇功能可以大大提高按聚簇键进行查询的效率。它是数据库物理结构设计中提高查询性能的另一种有效方法。其基本实现方法是：进行连接查询的几个表必定存在公共属性，这些公共属性或者是某个表的主键，或者是某个表的外键，所以就可利用这些公共属性，把相关表中主键与外键相同的记录临近存放，把多个表的数据存储到同一物理块上。这样在进行连接查询操作时，进行连接运算的几个表的数据就在同一个物理块中同时调到内存中，从而可以减少存储管理中的页面调进调出次数和搜索时间。另外，聚簇方式在存储几个表的数据记录时，值相同的主键与外键对多表只存放一次，所以聚簇还可以减少存储代价。下面以图示的方式说明聚簇的实现思想。

【例 11-4】 设有如下的学生关系模式 SF 和专业关系模式 SS，其对应的具体关系如图 11-28 所示。

（1）学生关系模式：SF（S#，SNAME，SSEX，SBIRTH，SCODE#）

（2）专业关系模式：SS（SCODE#，SSNAME）

学生关系 SF

学号	姓名	性别	出生日期	出生地	专业代码
201401001	孙老大	男	19950911	昆明市	J0202
201401002	常老二	女	19960131	乌鲁木齐	J0203
201401003	张小三	男	19960324	上海市	J0201
201402001	李小四	女	19960722	长春市	J0202
201402002	王小五	男	19951105	湖北宜昌	J0203
201402003	赵小六	女	19960611	湖南衡阳	J0202
201403001	钱小七	男	19970203	广州市	J0203

专业关系 SS

专业代码	专业名称
J0201	软件工程
J0202	计算机科学
J0203	信息管理
J0204	网络工程

图 11-28 关系模式 SF 和 SS 的具体关系

显然，专业代码既是专业关系 SS 的主键（SCODE#），又是学生关系 SF 的外键（SCODE#）。利用专业代码 SCODE# 这个公共属性建立的表 SS 和表 SF 的聚簇的逻辑表示，如图 11-29 所示。

SCODE=J0201	SS：软件工程			
	SF：201401001	孙老大	男	19950911
	201401002	常老二	女	19960131
	201401003	张小三	男	19960324
SCODE=J0202	SS：计算机科学			
	SF：201402001	李小四	女	19960722
	201402002	王小五	男	19951105
	201402003	赵小六	女	19960611
SCODE=J0203	SS：信息管理			
	SF：201403001	钱小七	男	19970203
SCODE=J0204	SS：网络工程			

图 11-29 关系 SF 和关系 SS 的聚簇数据逻辑结构示例

由图 11-29 可见，两个关系在公共属性 SCODE# 上值相等的记录被临近地聚集在一起，而且两个关系的公共属性 SCODE# 的值只存放了一次。显然，两个关系中数据的这种存储方式特别便于连接操作时数据的存取。

11.6.3 SQL Server 2012 中的索引

SQL Server 2012 数据库提供了丰富的索引类型，可在表中任何列（包括计算列）上定义索引。按索引的组织方式，可将 SQL Server 索引分为聚集索引（clustered index，也称聚类索引、簇集索引）和非聚集索引（nonclustered index，也称非聚类索引、非簇集索引）两种类型。索引可以是唯一的，即不会有两行记录相同的索引键值，这样的索引称为唯一索引。当唯一性是数据本身应考虑的特点时，可创建唯一索引；索引也可以不是唯一的，即多个行可以共享同一键值。如果索引是根据多列组合创建的，这样的索引称为复合索引。

1. 聚集索引

聚集索引根据数据行键值的排列顺序，在表或视图中排序和存储对应的数据记录，使得数据表物理顺序与索引顺序一致。SQL Server 是按 B 树组织聚集索引的，B 树的叶节点存放数据页信息。

由于数据记录是根据聚集索引键按次序进行存储的，因此用聚集索引查找数据很快，但由于聚集索引将表的所有数据完全重新排列了，它需要的空间也就特别大。同时，表的数据行只能以一种排序方式存储在磁盘上，所以一个表只能有一个聚集索引。

2. 非聚集索引

非聚集索引是完全独立于数据行的结构。SQL Server 也是按 B 树组织非聚集索引的，与聚集索引不同，非聚集索引中，B 树的叶节点不存放数据页信息，而是存放非聚集索引的键值和行定位器。行定位器的结构取决于数据页的存储方式是堆集还是聚集。如果一个表只有非聚集索引，表中的数据行不按非聚集键的次序存储，它们将按无序的堆集方式存储，此时，行定位器是从索引行指向数据行的指针。对于有聚集索引的表，在表上创建聚集索引时，表内的数据行就按照聚集索引键的特定顺序进行存储，此时，行定位器是聚集索引键。

非聚集索引比聚集索引需要更多的存储空间，且检索效率较低，但一个表最多只能有一个聚集索引，却可以有一个或多个非聚集索引。当用户需要建立多个索引时就需要使用非聚集索引。如果要在一个表中既创建聚集索引又创建非聚集索引，应先创建聚集索引，然后创建非聚集索引。因为创建聚集索引将改变数据记录的物理存放顺序。

当用户创建数据库时，SQL Server 会自动创建系统表 sysindexes（实际上是系统视图），用户创建的每个索引均将在系统表 sysindexes 中登记，当创建一个索引时，如果该索引已存在，系统将报错。在 SQL Server 2012 中，可利用 SQL Server Management Studio 图形化界面创建索引，也可以利用 SQL 命令通过查询分析器建立索引（请参考第 5 章、第 6 章和例 6-13）。还可以使用下述语句查询数据库中的索引。

```
SELECT * FROM  sys.objects WHERE type='PK';
```

新版 SQL Server 2012 中，增加了一种使用列数据格式，存储、检索、管理数据的技术，列存储索引（columnstore index），详情请读者参阅其他资料。

11.6.4 数据库存储分配的一般策略

数据库的存储分配主要包括确定系统配置和确定存储文件位置两个方面。

11.6.4.1 确定系统配置

许多 DBMS 提供了一些系统配置变量和存储分配参数，供设计人员和数据库管理员对数据库进行物理优化。通常情况下，系统为这些变量设置了较为合理的默认值。但由于不同数据库应用系统的硬、软件环境和系统规模不同，在进行物理设计时，往往需要重新对这些变量进行赋值，以便改善系统性能。

一个商用关系 DBMS 的系统配置变量非常多，例如：缓冲区的大小和数量、物理块的大小、数据库物理文件的增长增量、时间片大小等。这些变量参数的配置直接影响着系统的存储空间分配和存取时间效率。

不仅在数据库物理设计时，需要进行系统变量参数的配置，而且在系统的整个运行期间仍须进行维护和调整，这项工作是 DBA 进行数据库管理和提高系统性能的重要职责。

11.6.4.2 确定存储文件位置

与数据库相关的物理文件主要包括三类：数据库文件、控制文件和日志文件。

1. 数据库文件

数据库文件即数据库存放用户数据的文件。数据库文件一般由多个数据文件组成。

2. 控制文件

控制文件存放与数据库所有文件相关的关键控制信息，实现保持数据库完整性控制，决定恢复数据时使用哪些重做日志。每个数据库必须至少有一个控制文件，通常使用两个或两个以上的控制文件。

3. 日志文件

日志文件也称联机重做日志文件（online redo logs），是一个系统文件。DBMS 在这些特殊的系统文件中记录针对数据库进行的修改操作或事务处理。重做日志中总是保留所有事务的一个拷贝，这样 DBMS 可节省将内存中修改的数据写回原数据文件所需的时间。当然保存有修改情况信息的最终拷贝，最后将写回物理数据文件中。由于所有的处理都记录在日志文件中，因此数据库系统可以使用这些事务记录进行恢复操作。每个数据库都要求至少有一个日志文件，通常使用两个或两个以上的日志文件。

对于一个小型数据库来说，可以将数据库软件和各个数据文件都放置在一个磁盘上，只要将其设计成不同的子文件夹即可。但对于一个大型数据路来说，需要指定哪些文件放置在哪个磁盘上。

研究表明，每个数据库应当至少有两个或三个控制文件的副本，并把它们分别放在不同的磁盘上。每个数据库应当至少有两个有效的日志文件。数据库中每个事务的记录一般以连续方式写入其中一个日志文件，直到写满为止，然后再从第二个日志文件开始写，直至当最后一个日志文件写满后，数据库将用新的事务的记录覆盖第一个日志文件的内容，即重新又在第一个日志文件开始写事务记录，并如此循环。由于日志文件中保留了数据库的当前事务，所以它们是数据库中无法用数据库备份工具恢复的唯一文件类型，因此这类文件应当单独存储。商用 DBMS 系统软件是数据库系统运行的核心，所以应放在独立的磁盘上。

依据上述的分析，表 11-3 给出了一个小巧而优秀的四磁盘规划设计方案，这些磁盘可以是逻辑磁盘，也可以是物理磁盘。

表 11-3　四磁盘规划设计方案

磁盘	存放内容	磁盘	存放内容
1	DBMS 系统软件	3	控制文件 2；转储文件
2	控制文件 1；应用软件	4	控制文件 3；日志文件 1、2、3

完成数据库物理结构设计以后，接下来就可以进入数据库实现时期。数据库实现时期分为数据库物理存储模式的创建（如本节所述内容）和数据库应用行为设计（见第 11.7 节）两个阶段。

11.7　数据库应用行为设计

数据库的应用行为是指用户使用数据库应用系统的接口和环境。应用行为设计阶段的主要任务是实现数据的录入与加载；用户视图的确定和建立；利用 RDBMS 提供的主语言进行应用程序的设计与调试；实际数据的录入、加载和系统的试运行；同时对数据库性能进行必要测试、评价和改进。

11.7.1　数据库应用行为设计的主要过程

数据库结构搭建好以后，系统设计人员通常是先利用所选用的数据库管理系统所提供的某种工具或 SQL 语言环境，在建立好的各个数据库表上进行必要的查、改、增、删等操作试验，以便对建立的物理数据库进行某种程度的评价和改进，所以此时首要的任务就是实验数据的录入与加载。

1. 实验数据的录入与加载

通常进行实验数据的录入与加载采用如下几种方式。

（1）利用 RDBMS 的 DML 语言中的插入（INSERT）语句，通过手工方式逐条地给数据库表添加记录数据。

（2）编制由许多插入语句及其相应的数据组成的批处理程序，采用批处理方式给数据库表添加数据。

（3）如果原有的旧数据库系统还存在，编制专门的转换程序，将原有旧系统中的数据转换到新设计的数据库系统的数据库表中。

（4）利用可能有的 Excel 报表或其他数据库表导入和导出数据。

（5）编制简单的数据录入接口程序进行数据录入和加载。

在实际应用中，一般要求每个数据库表中都要装入一定数量的记录数据，以便对建立的物理数据库进行某种程度的评价，方便对后续应用程序的设计、调试试验。采用前几种数据录入方式，特别是前三种数据录入方式都比较麻烦，所以常用的一种方法是，先利用数据库管理系统提供的工具软件或主语言为每个数据库表设计，在功能、性能和用户界面等方面，都不太讲究的录入接口程序，以便比较快速和方便地录入各种实验数据。

2. 用户视图的确定和建立

在数据库试运行和实际投入运行后，可能还会对数据库的概念结构进行某种扩充、修改或重构。如果应用程序直接在概念结构上编程，每当概念结构变化时，在其上编程的应用程序也要进行相应的修改，这显然是一种很麻烦的事情。所以，就应当充分利用关系数据库系统提供的三级模式结构和逻辑数据独立性，在概念结构上确定并建立各个用户的子模式（用户视图），为应用程序的设计打好基础。有关用户子模式即用户视图的概念、创建和使用等请参考第 1 章和第 5 章。

3. 应用程序的设计与调试

所谓应用程序设计，就是利用选用的数据库管理系统提供的数据库开发工具或某种主语言，在创建的用户视图和部分基本表上开发和编制应用程序，以实现用户对数据库数据进行查、改、增、删，统计分析、报表打印等操作和功能。

应用程序的设计包括功能设计、统计分析设计、特殊功能要求设计、用户接口和系统界面设计等。一般来说，纯粹利用数据库管理系统提供的开发工具开发应用程序，实现起来比较方便，也比较快捷，但界面格式相对单调，统计分析功能也较弱。若用户需要某些特殊功能，实现起来会相对困难些，有时可能根本达不到。当利用某种主语言，例如，使用 Visual Basic.Net，Visual C# 等编制应用程序时，实现方式就比较灵活，便于实现功能较强大的统计分析和用户的特殊功能。

使用 Visual Basic.Net 或 Visual C# 等主语言编制应用程序时，程序调试方式与用其进行一般的软件系统设计时的软件调试方式基本类似，可参照软件工程等课程中介绍的软件调试方法进行。而当使用数据库管理系统提供的开发工具开发应用程序时，熟练掌握该工具软件的应用特性及其环境参数的设置，对于应用程序的调试也是十分有益的。

4. 实际数据的录入加载和系统的试运行

试验数据的加载和应用程序的设计与调试工程，实际上就是对建立的数据库系统的初步试运行过程，是对数据库系统的功能和性能进行测试和评价的过程。在这两阶段的工作中，实际上在不停地对发现的某些概念结构设计和物理结构设计中，存在的缺陷和问题进行着某种程度的扩充、修改，甚至重构。但从总体上讲，数据库中的实验数据还比较少，还不便于发现系统性能方面，特别是深层次的问题。所以在应用程序设计完成后，须删除数据库中所有的临时实验数据，将新的数据库从测试环境迁移至生产环境，正式录入和加载实际数据，并进入系统的试运行期。

在系统试运行期，要通过反复执行数据库的各种操作，测试系统是否满足用户的功能要求，并对数据库和应用程序进行必要的修改，直至达到应用系统的功能和设计要求。其次，还须特别注意系统的性能测试、评价和完善修改。一般来说，应用数据库系统的性能主要包括：大型查询的响应时间、事务更新的时间开销、大型报表生成的时间开销、数据库的存储空间开销、物理数据库的存储性能和效率等。还须对系统性能方面的问题，进行必要的专门测试实验，以便找出设计上可能存在的漏洞，及时修改或完善。

完成数据库试运行，即标志数据库实现时期的工作已经结束，从数据库应用系统生命周期来看，此时应该进入生命周期的最后一个时期，即数据库运行与系统维护时期。这一时期内仍须保证系统的可用性和安全性，对数据进行使用权限管理，性能监控管理、性能调优管理、数据备份和恢复管理。若数据库环境发生改变，须对数库系统进行升级或者维护，数据库专家需要根据收集到的信息再次重复整个生命周期的流程，以便适应生产需求。

11.7.2　在 Visual Basic.Net 中嵌入 SQL

为了实现对嵌入式 SQL 的支持，在技术上必须解决四个问题。

（1）宿主语言的编译器不可能识别和接受 SQL 语句，需要解决如何将 SQL 的宿主语言源代码编译成可执行代码。

（2）宿主语言的应用程序如何与 DBMS 之间传递数据和消息。

（3）如何把对数据的查询结果逐次赋值给宿主语言程序中的变量以供其处理。

（4）数据库的数据类型与宿主语言的数据类型有时不完全对应或等价，如何解决必要的数据类型转换问题。

解决这些问题的方法，是由数据库厂商提供一个嵌入式 SQL 的预编译器，把包含嵌入式 SQL 语句的宿主语言源代码转换成纯宿主语言的代码。这样一来，源代码即可使用宿主语言对应的编译器进行编译。通常情况下，经过嵌入式 SQL 的预编译之后，原有的嵌入式 SQL 会被转换成一系列函数调用（可参考图 11-30）。当然，这些对于数据库应用系统开发者来说则是透明的，无须做更进一步的了解。此处，以一个实例描述利用嵌入式 SQL，如何实现对数据插入操作应用程序的设计方法和过程。

1. 嵌入式 SQL 的概念

第 6 章介绍的 T-SQL 语言基本上都是作为单独的命令，在交互式终端方式下使用的，所以被称为交互式 SQL（interactive SQL）。交互式 SQL 是非过程性的，大多数语句的执行都是独立的，与上下文无关。交互式 SQL 的这种特点，无法满足绝大多数应用需要的过程性要求。为此，引入了嵌入式 SQL（embedded SQL）。嵌入式 SQL 是指把 SQL 语句嵌入到某种高级语言（如：Visual Basic.Net，Visual C# 等）中。这种把 SQL 语言嵌入到高级语言的应用形式称为嵌入式 SQL。嵌入式 SQL 用到的高级语言称为宿主语言（host languages）。含有嵌入 SQL 语句的高级语言应用程序称为宿主应用程序，简称应用程序。在宿主应用的程序中，对数据库的各种操作由 SQL 语句实现，而对数据的各种处理由主语来实现。

嵌入了 SQL 语句的应用程序包括主语言语句和 SQL 语句两种语句形式。上面已经说过，由于主语言的编译器无法识别 SQL 语句，因此一般先以宿主程序（应用程序）为输入，采用一个预编译器把应用程序中的 SQL 语句“编译”成主语言可以识别的函数调用形式，然后再以预编译器的输出为主语言编译器的输入，通过常规的编译与连接，生成实现数据库操作应用的可执行程序。嵌入式 SQL 的概念如图 11-30 所示。

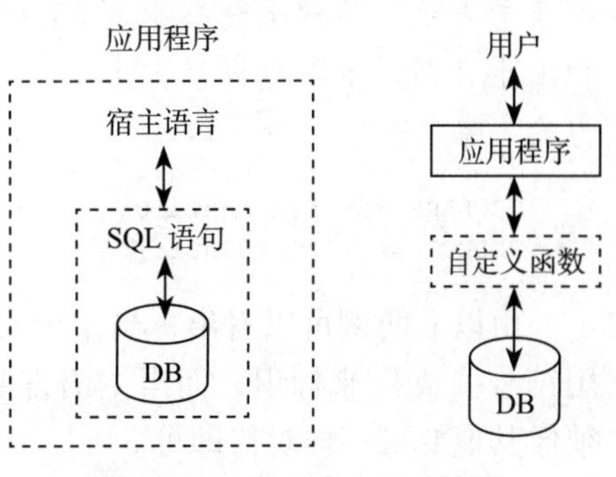

图 11-30　嵌入式 SQL 的概念

2. 数据库与主语言之间的数据传递

实际应用中，通常 SQL 语句需要把查询得到的结果传送给主语言变量，供主语言程序对所得数据进行处理；SQL 语句有时也需要利用主语言变量中的值对数据库进行修改更新。为此需要解决 SQL 语句中的列属性（也称为数据库工作单元）与主语言之间的数据传递问题。数据库工作单元与主语言之间的数据传递用主变量实现。主变量（host variable）即主语言和 SQL 语句都可以对其赋值和引用其值的变量。当利用主变量实现数据库工作单元与主语言之间的数据传递时，它就会出现在 SQL 语句中。

（1）利用主语言变量传递需插入数据库表中各属性字段的值。

【例 11-5】 向课程数据库表中插入一条数据记录。

```
INSERT INTO C(C#, CNAME, CLASSH)
    VALUES(@num, @cname1, @classh1);
```

说明：本例须借助于宿主语言（见例 11-8）或增加下述语句方可直接运行：

```
DECLARE @NUM nchar(10), @CNAME1 nchar(10), @CLASSH1 smallint
SELECT @NUM='C050101', @CNAME1='软件项目管理', @CLASSH1=48;
```

VALUES 项中有“@”符号标识的 num，cname1，classh1 为主变量。例中语句表示，将主变量 num，cnamel，classhl 的值分别传递给课程关系表 C 的属性字段 C#，CNAME，CLASSH，并将由其组成的一个数据记录值插入数据库表 C 中。由于 VALUES 后的主变量 num，cname1，classh1 起输入作用，所以将它们称为输入宿主变量。（补充增加的两条语句必须放在例 11-5 之前，并与它一起运行。主变量的数据类型必须与数据库表中属性的数据类型一致。）

（2）利用主语言变量接受从数据库表中查询到的各字段的结果值。

【例 11-6】 由宿主变量 *sf* 给出学生的学号，查询学生的姓名、性别和出生日期。

```
SELECT SNAME, SSEX, SBIRTH
    FROM ST
    WHERE S#=@sf;
```

说明：本例仍然须在运行前加上定义变量的语句，并特别提醒，数据类型一定要与数据库表中属性的数据类型一致。WHERE 项中有“@”符号标识的变量为主变量。例中语句表示，从学生数据库表 ST 中找出其学号等于主变量 *sf* 的值的学生的姓名、性别和出生日期。本例也说明，主变量也可出现在 SELECT 语句的条件表达式中。显然，*sf* 为输入宿主变量。

```
DECLARE @sf nvarchar(10)      /* 增加这两句后方可运行例 11-6 */
SELECT @sf='201402001';
```

由以上两例可以看出，当主语言变量出现在嵌入式应用中的 SQL 语句中时，必须使用符号“@”来标识，而当主语言变量出现在应用程序中时，前面无须加任何标识，只须像其他变量一样对待即可。

3. 数据插入操作应用程序设计

在下面的例题中，假设已利用前述章节有关数据库表的创建方法，在数据库中创建了课程表 C。接下来以 Visual Basic.Net 和 SQL Server 2012 为开发环境，以向数据库表录入（插入）数据为例，介绍应用程序的设计方法。

【例 11-7】 设已有课程表 C（课程号，课程名，课时），其对应字段名为：C#，CNAME，CLASSH。

（1）打开 Microsoft Visual Studio 2010，单击“文件 / 新建 / 项目”，如图 11-31 所示。

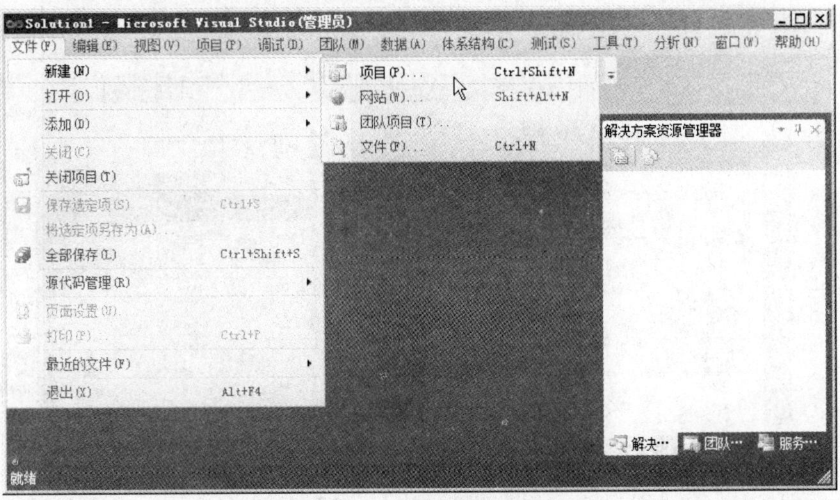

图 11-31　新建项目过程界面

（2）选择目录 Visual Basic.Net 栏目中的 Windows 应用程序，如图 11-32 所示。其中，采用了系统默认的项目名称 windowsapplicationl。

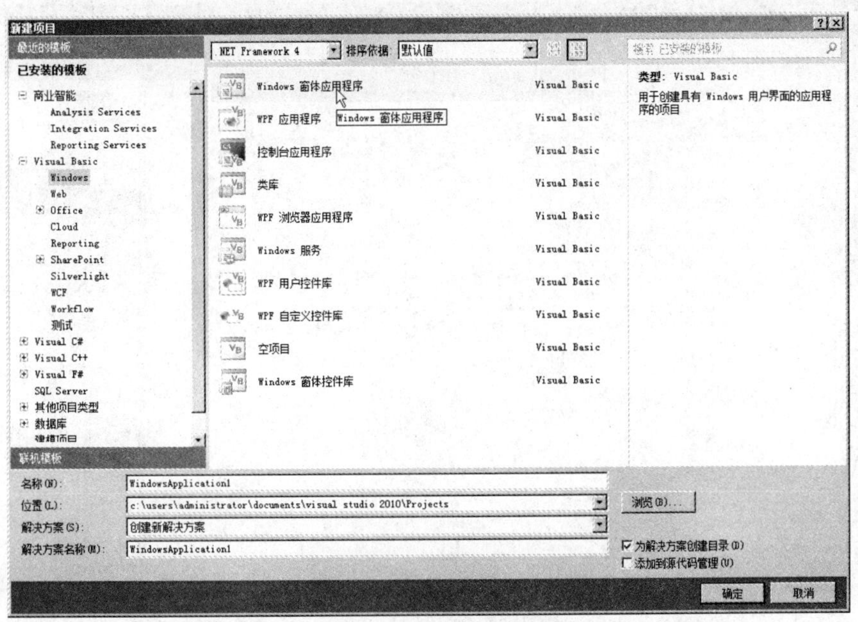

图 11-32　“新建项目”对话框

（3）根据课程表中的字段数（三个）要求，从工具箱中拖入三个 Label 控件、三个 TextBox 控件和一个 Button 控件，修改 Label 控件的属性分别为“课程号”“课程名”“课时”；修改 Button 控件的属性为“添加记录”，即建立了数据插入交互界面，如图 11-33 所示。

（4）双击“添加记录”按钮，进入设计界面，加入下面的程序代码，如图 11-34 所示。

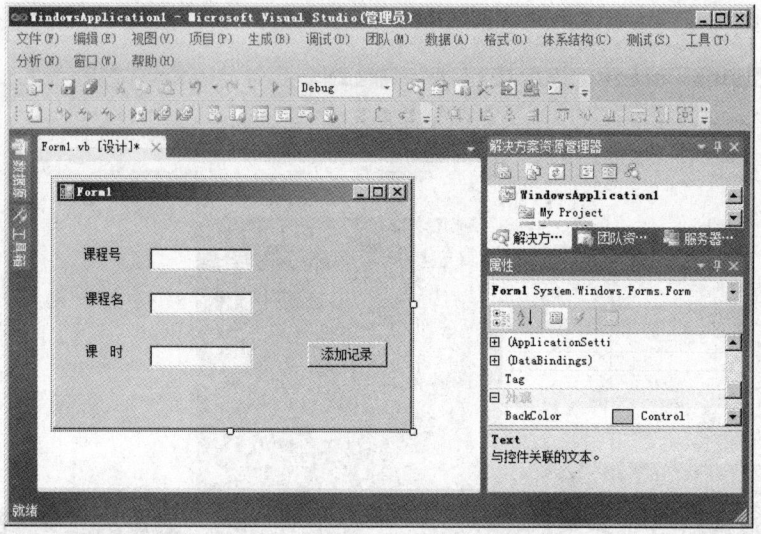

图 11-33 构建“添加记录”交互界面对话框

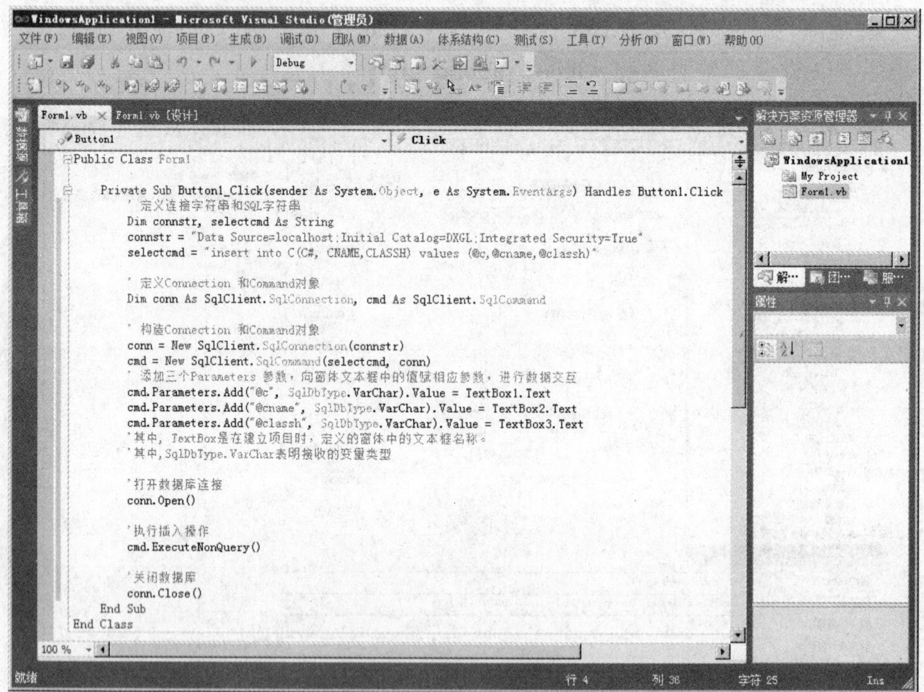

图 11-34 加入“添加记录”交互界面控制程序代码对话框

在图 11-34 的“Private Sub Button1_Click...End Sub”之间写入代码：

```
' 定义连接字符串和 SQL 字符串
Dim connstr, selectcmd As String
connstr = "Data Source=localhost;Initial Catalog=DXGL;Integrated Security=True"
selectcmd = "insert into C(C#, CNAME,CLASSH) values (@c,@cname,@classh)"

' 定义 Connection 和 Command 对象
Dim conn As SqlClient.SqlConnection, cmd As SqlClient.SqlCommand
```

```
' 构造 Connection 和 Command 对象
conn = New SqlClient.SqlConnection(connstr)
cmd = New SqlClient.SqlCommand(selectcmd, conn)
' 添加三个 Parameters 参数，向窗体文本框中的值赋相应参数，进行数据交互
cmd.Parameters.Add("@c", SqlDbType.VarChar).Value = TextBox1.Text
cmd.Parameters.Add("@cname", SqlDbType.VarChar).Value = TextBox2.Text
cmd.Parameters.Add("@classh", SqlDbType. SmallInt).Value = TextBox3.Text
' 其中， TextBox 是在建立项目时，定义的窗体中的文本框名称。
' 其中，SqlDbType.VarChar 表明接收的变量类型

' 打开数据库连接
conn.Open()

' 执行插入操作
cmd.ExecuteNonQuery()

' 关闭数据库
conn.Close()
```

说明：Data Source 为数据源（数据库服务器名或称实例名，这里是 jsjw，也可用 localhost；若系统中装有两个版本的 SQL Server 服务器，则调用哪一个就必须使用这个服务器的实例名，如：jsjw 或 jsjw\SQLEXPRESS），Initial Catalog 取数据库名，Integrated Security 为安全类型，SqlClient. SqlConnection 是 VB.net 中的 Connection 对象，SqlCommand 是 VB.net 中的 Command 对象。

（5）在图 11-34 的工具栏中单击“启动调试”按钮或按功能键 F5，系统自动进入执行状态，并显示如图 11-35 所示的“添加记录”对话框。在各文本框内输入对应的具体内容，并单击“添加记录”按钮，完成记录录入。

（6）打开数据库 DXGL，展开课程表 C，查看添加内容是否正确。

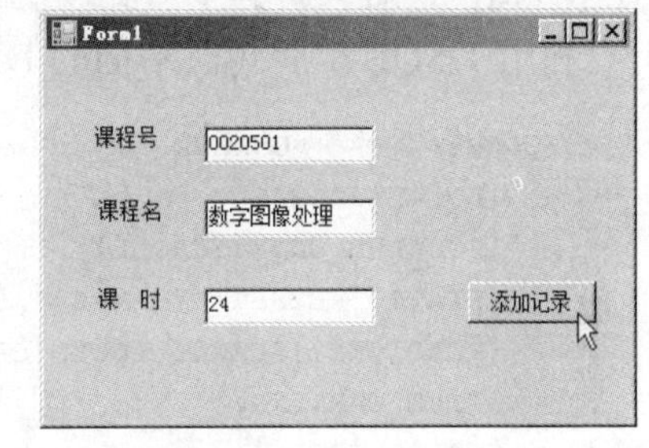

图 11-35　应用程序“添加记录”对话框

11.7.3　SQL Server 2012 的游标使用

在 SELECT 语句的查询操作中，其查询结果是满足该语句的 WHERE 子句条件的所有记录组成的记录集（也称为结果集，一般放在内存中开辟的一块区域中），但嵌入式 SQL 的宿主语言并不总能将记录数量不确定的结果集，作为一个整体单元进行处理。为此关系数据库查询语言提供了一种游标机制，用于支持应用程序对查询结果集的有效处理。

游标机制与应用程序的结合，可以实现从结果集的当前位置逐行检索数据；对结果集中当前位置的行进行数据修改操作；对结果集中的特定行进行定位；支持在存储过程和触发器中，访问结果集中的数据等。

游标机制的运用需要定义游标、打开游标、读取游标和关闭游标。

1. 定义游标

（1）利用符合 SQL92 标准的 DECLARE CURSOR 语句定义游标，其句法格式为：

```
DECLARE<游标名>[INSENSITIVE] [SCROLL] CURSOR
    FOR<SELECT 语句>
    [FOR{ READ ONLY | UPDATE [OF<列名> [,…]]}]
```

说明：

1）该语句的基本语法结构是“DECLARE<游标名>CURSOR FOR <SELECT 语句>”，所以 DECLARE 和 CURSOR FOR 都是约定的保留字。

2）可选项 INSENSITIVE，为定义的游标创建一个将使用的数据的临时副本。

3）可选项 SCROLL，指定该游标读取（结果集中）选项时游标指针的进退方式，读取游标指针进退方式的选项可以是：

A. FIRST 游标指针指向结果集中当前值的第一行，并将其作为当前行；

B. LAST 游标指针指向结果集中当前值的最后一行，并将其作为当前行；

C. PRIOR 游标指针指向此时它正指向的结果集的行的前一行，并将其作为当前行；

D. NEXT 游标指针指向此时它正指向的结果集的行的下一行，并将其作为当前行。

还有两种读取方式——RELATIVE 和 ABSOLUTE 将在下面的“利用游标读取数据”中说明。同时应注意，当可选项 SCROLL 默认（未指定）时，约定使用 NEXT 方式读取选项。

4）<SELECT 语句>项，定义游标结果集的标准 SELECT 语句。

5）可选项 READ ONLY, 禁止通过该游标进行更新操作。可选项“UPDATE[OF<列名>[,…n]]”，定义游标中可更新的列。

利用 T-SQL 扩展句法结构的 DECLARE CURSOR 语句定义游标，其句法格式为：

```
DECLARE<游标名>CURSOR
    [LOCAL|GLOBAL]
    [FORWARD_ONLY|SCROLL]
    [STATIC|KEYSET|DYNAMIC|FAST_FORWARD]
    [READ_ONLY|SCEOLL_LOCKS|OPTIMISTIC]
    [TYPE_WARNING]
    FOR<SELECT>
    [FOR UPDATE[OF<列名>[,…]]]
```

说明：

1）可选项 LOCAL，指定在创建的批处理、存储过程和触发器中，本游标的作用域是局部的。可选项 GLOBAL，指定在创建的批处理、存储过程和触发器中，本游标的作用域是全局的。当都未指定 LOCAL 和 CLOBAL 时，由数据库选项的设置控制。

2）可选项 FORWARD_ONLY, 指定该游标为“只选”游标，即每次读取游标时只能前进一行，相当于 SQL92 标准的游标定义语句中游标进退方式的 NEXT 方式。可选项 SCROLL 符合 SQL92 标准的游标定义语句中有关的意义。

3）可选项 STATIC，指定游标为“静态”游标，意义类同于 SQL92 标准的可选项 INSENSITIVE，为定义的游标创建一个将使用的数据的临时副本。可选项 KEYSET，指定该游标为“键集”游标，当“键集”游标打开时，游标中行的成员的身份和顺序已经固定。可选项 DYNAMIC，指定游标为“动态”游标，意义是在移动游标指针时，能够反映结果集内的行所做的所有数据更改。可选项 FAST_FORWARD，指定启用了性能优化的 FORWARD_ONLY 和 READ_ONLY 游标。

4）可选项 READ_ONLY，指定禁止通过该游标进行更新。可选项 SCEOLL_LOCKS，指定确保通过该游标进行的定位更新或定位删除可以成功。可选项 OPTIMISTIC，指出如果行自从被读入游标以来已得到更新，则通过该游标进行的定位更新或定位删除不会成功。

5）可选项 TYPE_WARNING，指定如果游标从所请求的类型隐式转换为另一种类型，则给客户端发送警告信息。

6）可选项“FOR {READ ONLY | UPDATE[OF< 列名 >[,…]]}”，定义该游标内可更新的行。

【例 11-8】 定义一个静态游标，实现从学习关系表 SC 中，查询由宿主变量 @sf 的值给出的学号的学生所学的全部课程的课程号和分数的功能。

```
DECLARE @sf nchar(10);
DECLARE CCf CURSOR STATIC
    FOR SELECT C#,GRADE
        FROM SC
        WHERE S# = @sf;
```

说明：CCf 是新定义的游标的名称。需要注意的是，宿主应用程序不能引用没有定义的游标，所以定义游标语句必须位于程序中引用游标的所有语句之前。一个宿主程序可以包含多个定义游标语句。每个定义游标语句定义一个不同的游标，并与不同的查询联系在一起。在同一程序中，两个定义游标语句说明同一个游标名显然是错误的。

2. 打开游标

打开游标语句“打开”由 < 游标名 > 指定的游标。打开游标语句根据游标名对应的 SELECT 语句中 WHERE 子句的查询条件（若存在），得到由那些满足查询条件的行组成的结果集。结果集中当前等待被处理的行称为当前行。刚打开游标时，游标指针是指向结果集第一行之前。

打开游标语句的句法格式为：

```
OPEN{{[GLOBAL]< 游标名 >}|< 游标变量名 >}
```

说明：

1）可选项 GLOBAL，指定该游标是全局游标，该可选项默认时指该游标是局部游标；

2）<. 游标名 > 为已定义的游标的名称；

3）< 游标变量名 > 为游标变量的名称，该游标变量引用一个游标。

需要注意的是，如果要 OPEN 的游标在定义时使用的是 INSENSITIVE 或 STATIC 选项，那么 OPEN 语句将创建一个临时表来保存结果集；如果要 OPEN 的游标在定义时使用的是 KEYSET 选项，那么 OPEN 语句将创建一个临时表来保存键集。临时表存储在 tempdb 数据库中。

另外，当游标被打开后，实际上还没有一行数据从数据库中检索出来，读取数据的工作是由 FETCH 语句来完成的。

【例 11-9】 写出例 11-8 定义的游标的打开游标语句。

```
OPEN CCf;
```

3. 利用游标读取数据

打开游标后，就可以利用游标读取数据了。利用 FETCH 语句可以从结果集中读取一行数据，并把该结果赋给 INTO 后的输出主变量。

```
FETCH 语句的句法格式为:
FETCH
     [[NEXT|PRIOR|FIRST|LAST
     |ABSOLUTE{< 行数 >|<@ 行数变量 >}
     |RELATIVE{< 行数 >|<@ 行数变量 >}]
     FROM
     ]
          {{[FLOBAL]< 游标名 >}|<@ 游标变量名 >}
     [INTO<@ 主变量名 >[,…]]
```

说明：

1）可选项 NEXT，取游标指针目前指向行的下一行的数据，并把下一行作为新的当前行。

2）可选项 PRIOR，取游标指针目前指向的行的前一行的数据，并把前一行作为新的当前行。由于在刚打开游标时，游标指针指向的是结果集第一行之前，所以对于前面定义的游标，执行一次：

```
FETCH NEXT FROM CCf;
```

操作就可读取结果集中的第一行数据。

3）可选项 FIRST，取结果集中第一行的数据，并将其作为新的当前行。同理，在刚打开游标时，执行一次：

```
FETCH FIRST FROM CCf;
```

操作就可读取结果集中的第一行数据。

4）可选项 LAST，取结果集中最后一行的数据，并将其作为新的当前行。

5）可选项 ABSOLUTE{< 行数 >|<@ 行数变量 >}，指出采用绝对定位方式读取结果集中的数据：

A. 当 {< 行数 >|<@ 行数变量 >} 中的 *n* 值为正整数时，则读取从游标头开始的第 *n* 行，并将该行作为新的当前行；

B. 当 {< 行数 >|<@ 行数变量 >} 中的 *n* 值为负整数时，则读取从游标尾前的第 *n* 行，并将该行作为新的当前行；

C. 当 {< 行数 >|<@ 行数变量 >} 中的 *n* 值为 0 时，没有读取结果返回。

6）可选项 RELATIVE{< 行数 >|<@ 行数变量 >}，指出采用相对定位方式读取结果集中的数据：

A. 当 {< 行数 >|<@ 行数变量 >} 中的 *n* 值为正整数时，则读取当前行之后的第 *n* 行，并将该行作为新的当前行；

B. 当 {< 行数 >|<@ 行数变量 >} 中的 *n* 值为负整数时，则读取当前行之前的第 *n* 行，

并将该行作为新的当前行；

C. 当 {< 行数 >|<@ 行数变量 >} 中的 *n* 值为 0 时，则读取当前行；

D. 如果是对游标的第一次读取，且 FETCH RELATIVE 的 {< 行数 >|<@ 行数变量 >} 中的 *n* 值为负整数或 0 时，没有读取结果返回。

7）可选项 GLOBAL，指定该游标为全局游标，未指定 GLOBAL 时默认为局部游标。

8）< 游标名 > 为已定义的游标的名称。

9）< 游标变量名 > 为游标变量的名称，该游标变量引用一个游标。

10）"[INTO<@ 主变量名 >[，...]]" 指出将读取操作的列数据放到局部变量中。列表中的各个变量从左到右，应与游标结果集中相应列相关联。

需要说明的是，在每执行一个 FETCH 操作后，系统利用 @@FETCH_STATUS 函数报告一次 FETCH 语句的执行状态。该函数的值及其状态为：

（1）为 "0" 时，表示 FETCH 操作执行成功；

（2）为 "−1" 时，表示 FETCH 语句执行失败；

（3）为 "−2" 时，表示读取的行不存在。

通常，在每一条 FETCH 语句之后和返回数据结果之前，应该用 @@FETCH_STATUS 函数测试 FETCH 语句的执行状态，以确定读取操作的有效性。

通常将 FETCH 语句置于宿主程序的循环结构中，并借助宿主程序对其进行处理，在取完所有数据行后，根据 @@FETCH_STATUS 函数的检测条件，使程序从循环中跳出。

【例 11-10】 假设专业数据库表 SS 中的数据如表 11-4 所示。利用游标机制查询关系表 SS 中的所有数据记录，可以使用如下的语句操作，其运行结果如图 11-36 所示。

表 11-4　专业数据库表 SS

SCODE#	SSNAME
J0201	软件工程
J0202	计算机科学
J0203	信息管理
J0204	网络工程

```
USE DXGL
GO
DECLARE CCS CURSOR
    FOR SELECT *
    FROM SS;

OPEN CCS;
FETCH NEXT FROM CCS;

/* 用WHILE循环语句控制游标的执行，当正常读出时，继续循环，
否则跳出循环停止FETCH操作 */
WHILE @@FETCH_STATUS=0
BEGIN
    FETCH NEXT FROM CCS;
END
CLOSE CCS;
DEALLOCATE CCS;
GO
```

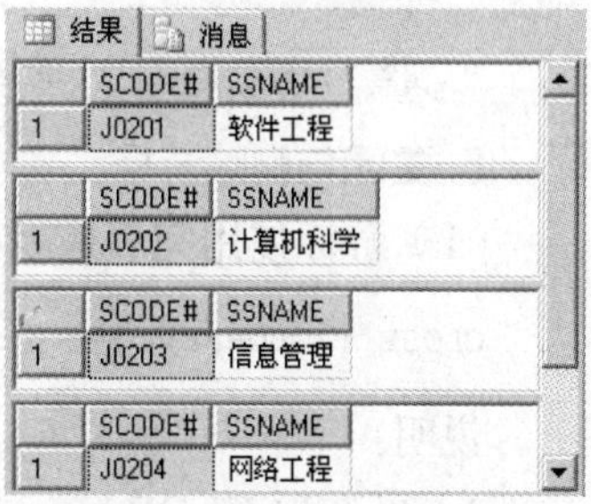

结果　消息

	SCODE#	SSNAME
1	J0201	软件工程

	SCODE#	SSNAME
1	J0202	计算机科学

	SCODE#	SSNAME
1	J0203	信息管理

	SCODE#	SSNAME
1	J0204	网络工程

图 11-36　例 11-10 的运行结果

4. 利用游标修改和删除数据

利用游标修改和删除数据的关键，首先是要使用 FETCH 操作移动游标指针，使其指

向要修改的行和要删除的行，即使要修改的行和要删除的行成为指向的当前行；然后利用 UPDATE 语句并辅以“WHERE CURRENT OF< 游标名 >”子句进行修改数据的操作，或利用 DELETE 语句并辅以“ WHERE CURRENT OF < 游标名 >”子句进行删除修改的操作。

【例 11-11】 假设专业数据库表 SS 中的当前值如例 11-10 所示，利用游标机制将第一个记录的专业名称修改成“自动控制”，并删除第二行和第三行的记录。其操作代码如下：

```
USE DXGL
GO
DECLARE CC3 CURSOR SCROLL DYNAMIC
FOR SELECT *
    FROM SS;
OPEN CC3;
FETCH FIRST FROM CC3;                    /* 读取第一行数据，并将其设置为当前行 */
UPDATE SS
    SET SSNAME='自动控制'                 /* 修改第一行的专业名称值 */
WHERE CURRENT OF CC3;
FETCH NEXT FROM CC3;
DELETE FROM SS
    WHERE CURRENT OF CC3;
CLOSE CC3;                               /* 关闭游标 */
DEALLOCATE CC3;                          /* 删除游标 */
GO
```

运行结果如图 11-37 所示。完成上述操作后，可利用交互式命令方式执行：

```
SELECT * FROM SS;
```

其运行结果如图 11-38 所示。

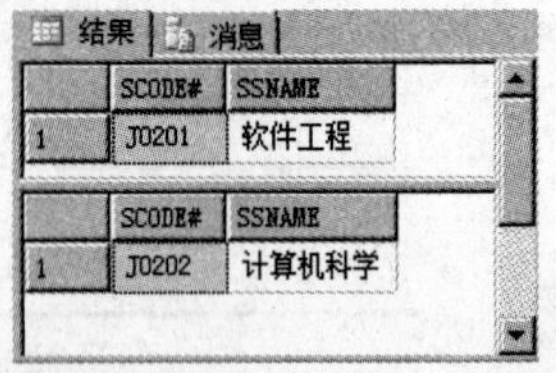

	SCODE#	SSNAME
1	J0201	软件工程

	SCODE#	SSNAME
1	J0202	计算机科学

图 11-37　例 11-11 的运行结果

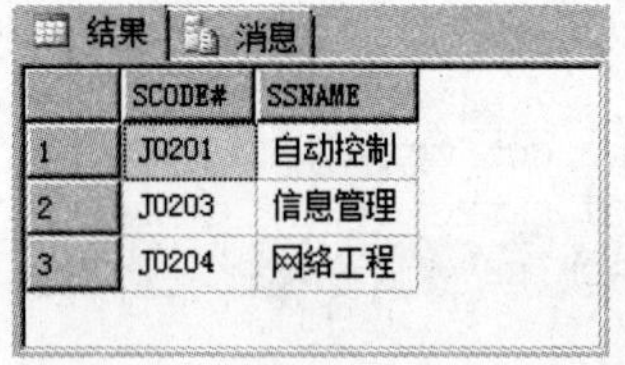

	SCODE#	SSNAME
1	J0201	自动控制
2	J0203	信息管理
3	J0204	网络工程

图 11-38　查询后的结果

5. 关闭与删除游标

（1）游标使用完后应及时关闭。关闭游标的句法格式为：

```
CLOSE{{[GLOBAL]<游标名>}|<游标变量名>}
```

说明：

1）可选项 GLOBAL，指出原定义的游标是全局游标；

2）< 游标名 > 为已定义的游标的名称；

3）< 游标变量名 > 为与已打开游标关联的游标变量的名称。

（2）利用 DEALLOCATE 删除游标后，即可释放该游标占用的内存及其他系统资源。

删除游标的句法格式为：

```
DEALLOCATE{{[GLOBAL]< 游标名 >}|<@ 游标变量名 >}
```

说明：

1）< 游标名 > 为已定义的游标的名称；

2）<@ 游标变量名 > 为与已打开游标关联的游标变量的名称，且必须为 cursor 类型。

11.7.4　使用 Visual C# 的数据查询操作

在第 11.7.2 节中我们使用了宿主语言 Visual Basic.Net，下面我们在 Visual Studio 2010 的 Visual C# 以及 SQL Server 2012 的环境下，以前述章节中已经创建好的数据库表 SS（SCODE#，SSNAME），专业表（专业代码，专业名称）为对象，进行数据查询操作，介绍嵌入式 SQL 在宿主语言 Visual C# 下，数据查询应用程序的设计方法。

1. 设计查询交互界面窗体

（1）打开 Microsoft Visual Studio 2010，并选择“文件 / 新建 / 项目”，选择“Windows 窗体应用程序”，创建新的 C# 项目。

（2）将项目名称由“ WindowsFormsApplication1”修改为“ SQL Cursor Demo”，并单击“确定”按钮，如图 11-39 所示。

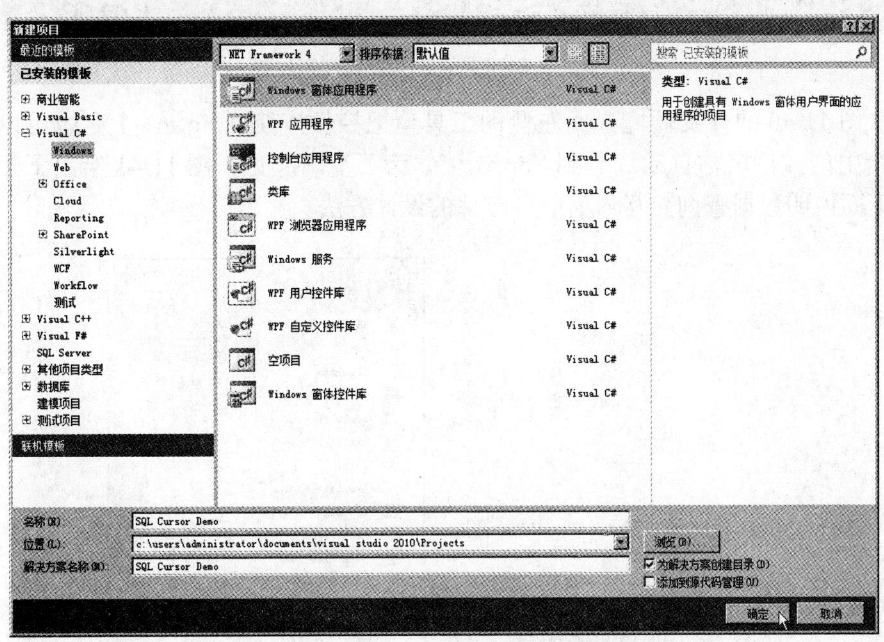

图 11-39　“新建项目”对话框

（3）创建数据查询交互界面窗体，如图 11-40 所示中间的 SQL Cursor Demo（是指在计算机屏幕上以表格形式显示的当前关系，或表格形式展示的系统与用户的交互界面）。

由于查询结果会以多条记录的格式显示，所以这里需创建一个 ListView 控件（从“工具箱 / 公共控件”中拖拽至窗口 Form1）；为了区别查询结果中被选中的当前记录，需要创建一个 groupBox 控件（“工具箱 / 容器”）；由于专业表中有两个字段，所以需要创建两个 TextBox 控件（“工具箱 / 公共控件”）；为了对显示结果及被选中的当前记录进行控制，需要创建三个 Button 控件（下一条记录、修改记录、游标复位，“工具箱 / 公共控件”）；添加“专业代码：”和“专业名称：”两个 Label 控件。

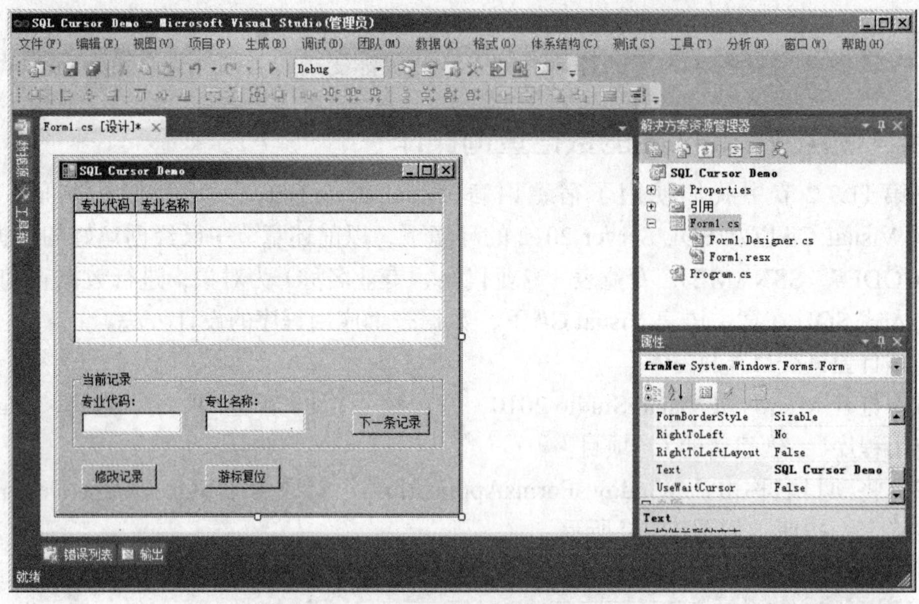

图 11-40 创建中的数据查询交互界面

可从图 11-40 的开发环境界面左侧的工具箱把控件拖拽到 Form1 上，也可以通过双击工具箱中的控件名称自动加载到 Form1 上。为了清晰起见，图 11-41 给出了工具箱的图示。下面说明数据查询交互界面中各控件的设计方法。

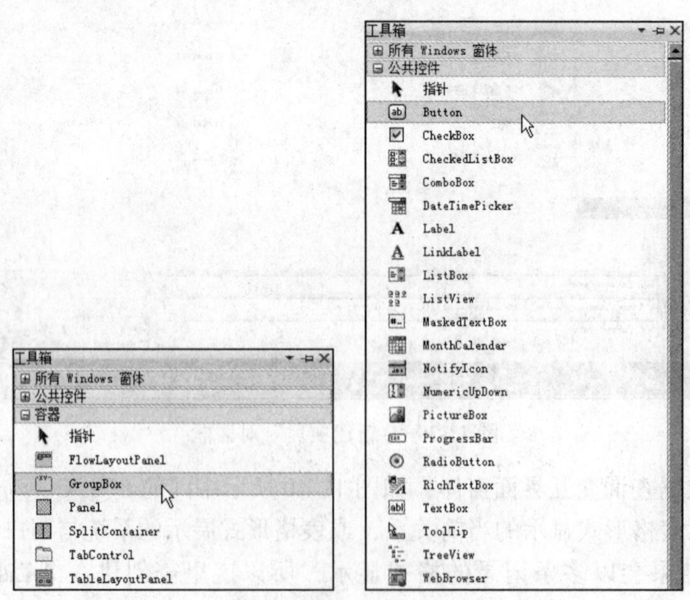

图 11-41 添加控件工具箱

1）修改 ListView 控件。ListView 控件对应于查询交互界面窗体（见图 11-40）上部的表格结构。这是一个多条记录显示的表格，此处须修改控件中的属性 GridLines 和 View。单击 ListView 控件对应的查询交互界面窗体表格结构内的任何部位，在系统弹出的属性框（见图 11-42）内修改 GridLines 属性为“True”，如图 11-42 所示。再修改属性 View 为“Details”。

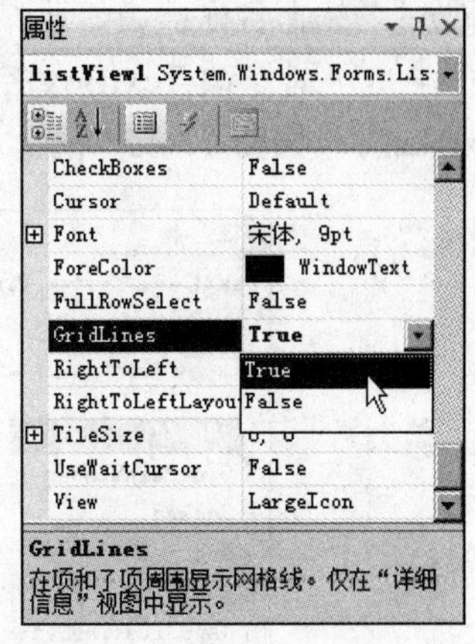

图 11-42　修改 ListView 控件属性

然后，单击 ListView 控件右上角的小三角按钮（见图 11-43 圆圈内），会弹出如图 11-43 右侧所示的对话框。

接下来，可单击“编辑列”，系统弹出如图 11-44 所示的对话框，单击“添加”，先为系统添加两个成员 SCODE（由于“#”号不能作为成员名，请对应修改 DXGL 数据库的表 SS 中的该字段名，即去掉 SCODE# 的“#”号，否则运行程序有误）和 SSNAME。

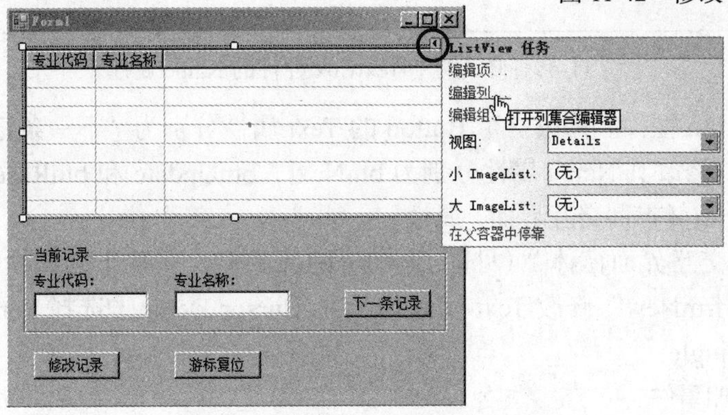

图 11-43　修改 ListView 控件列属性

这时将图 11-44 中用下划线标注的 Name 属性修改为 SCODE，Text 属性修改为“专业代码”。同理修改第二个成员名为“SSNAME”，及其 Text 属性为“专业名称”。单击“确定”按钮完成。

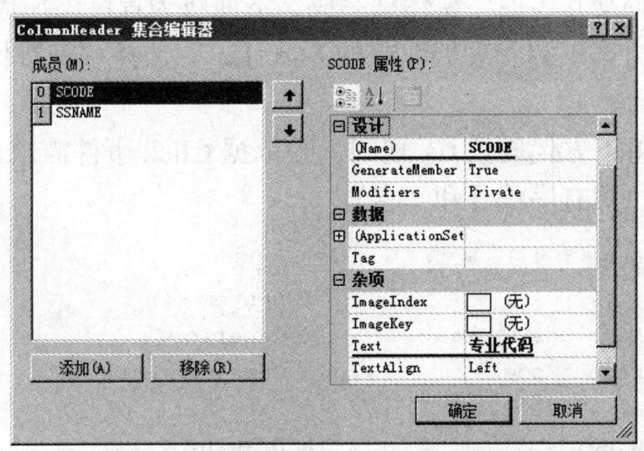

图 11-44　编辑 ListView 控件的列

2）修改 groupBox1 控件。鼠标单击查询交互界面窗体中部的 groupBox1 控件对应区域的任何部分，即可在弹出的属性框中修改 Text 属性为“当前记录”。

3）修改 Label 控件的属性。这里需要修改两个 Label 控件的 Text 属性分别为“专业代码:”“专业名称:”，修改结果如图 11-40 所示。

4）分别修改 TextBox 控件。修改两个 TextBox 控件的 Name 属性分别为 textCode，textName，如图 11-45 所示。

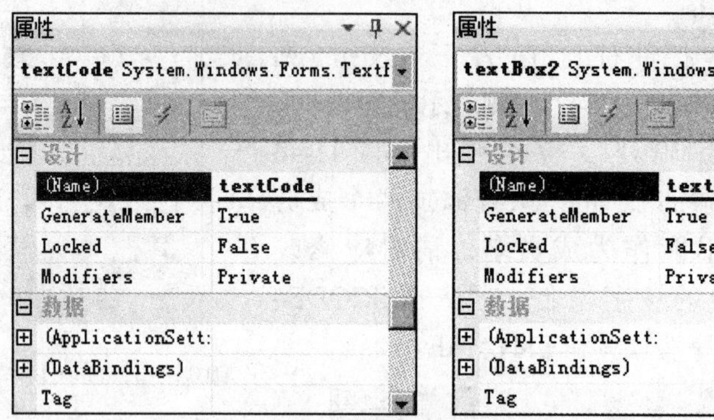

图 11-45　修改两个 TextBox 控件的 Name 属性

5）修改 Button 控件。修改三个 Button 的 Text 属性分别为“下一条记录”“修改记录”和“游标复位”。修改其 Name 属性分别为 btnNext，btnUpdate 和 btnReset。

6）修改 Form1（查询交互界面）属性。

单击“查询交互界面窗体”（见图 11-40）的标题栏，在弹出的属性框中修改 Form1 的 Name 属性为 frmNew，修改 Text 属性为 SQL Cursor Demo，选择 FormBorderStyle 的属性值为 FixedSingle。

2. 为按钮添加事件

双击“查询交互界面窗体”中的“下一个记录”按钮，系统会自动为该按钮添加 Click 事件的代码，并跳转至代码编辑处。使用同样的方法为“修改记录”和“游标复位”按钮添加 Click 事件。

3. 为程序添加代码

至此，设计“查询交互界面”窗体已完成，下面将为程序添加代码。

（1）右击“解决方案资源管理器”中的 Form1.cs，选择“查看代码”，系统打开代码视图，如图 11-46 所示。

（2）添加代码（将下方代码按 C# 规则，并依据 Click 事件需求，放入 Form1.cs 窗口中的对应位置，可以去掉有序编号和文字）。

```
//在最上方为程序添加必要的参照引用类:
using System;                          //引用 System 类
using System.Collections.Generic;      //引用 Generic 类
using System.ComponentModel;           //引用 ComponentModel 类
using System.Data;                     //引用 Data 类
using System.Drawing;                  //引用 Drawing 类
using System.Windows.Forms;            //引用 Forms 类

using System.Data.Common;              //引用 Common 类
using System.Data.SqlClient;           //引用 SqlClinet 类
using System.Text;                     //引用 Text 类
```

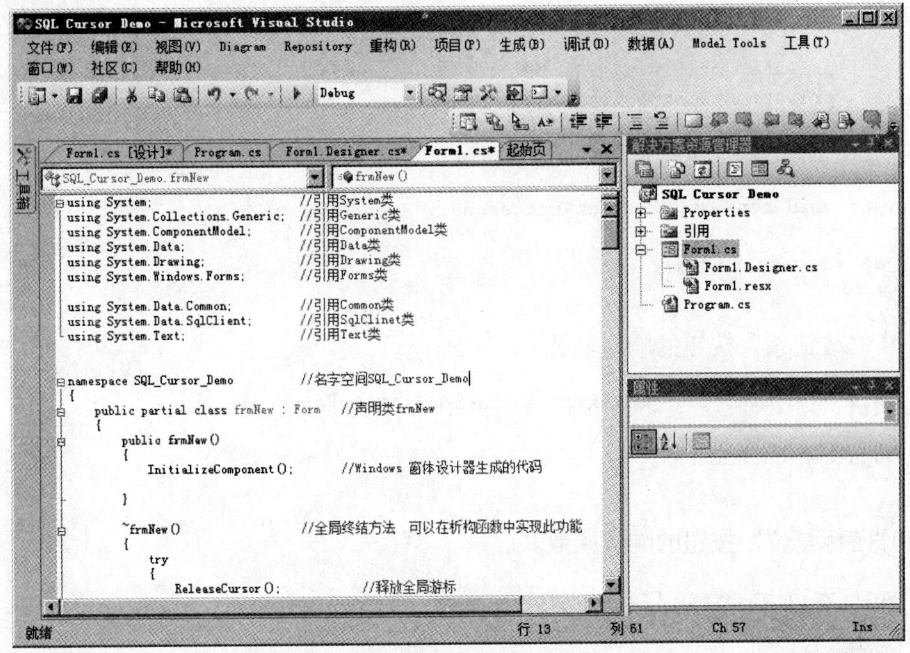

图 11-46 添加代码

(3) 定义名字空间。

```
namespace SQL_Cursor_Demo              // 名字空间 SQL_Cursor_Demo
{
    public partial class frmNew : Form     // 声明类 frmNew
    {
        public frmNew()
        {
            InitializeComponent();         //Windows 窗体设计器生成的代码

        }
        ~frmNew()                          // 全局终结方法  可以在析构函数中实现此功能
        {
            try
            {
                ReleaseCursor();           // 释放全局游标
                if (sqlConnection != null)
                {
                    sqlConnection.Close();  // 关闭链接
                }
            }
            catch (System.Exception ex)
            {
                Console.WriteLine(ex.Message);         // 输出错误信息
            }

        }
        private const string USER = "sa";              //SQL 默认系统登录用户名
        private const string PWD = "Sql2012";          //SQL 系统登录密码
        private const string SERVER = "localhost";     // 连接本地数据库服务器或实例名
        private const string DB = "DXGL";              // 需要链接的数据库名
```

```
    private const string Trusted_Connection = "no";        //信任链接

    private bool InitialOK;                               //判断链接初始化状态
    private SqlConnection sqlConnection;                  //数据库链接对象
```

（4）“下一条记录”按钮的响应函数。

```
private void btnNext_Click(object sender, EventArgs e)
{
    ShowNextByCursor();
}
```

（5）“修改记录”按钮的响应函数。

```
private void btnUpdate_Click(object sender, EventArgs e)
{
    UpdateByCursor();
}
```

（6）“游标复位”按钮的响应函数。

```
private void btnReset_Click(object sender, EventArgs e)
{
    Reset();
}
```

（7）初始化全局游标的方法，将使用该游标逐个读取数据记录。

```
private void InitializeCursor()
{
    string sqlString = "";
    sqlString += "DECLARE CC2 CURSOR SCROLL ";            //声明单向游标
    sqlString += "FOR SELECT * FROM SS ";
    sqlString += "OPEN CC2 ";                             //打开游标
    sqlString += "FETCH NEXT FROM CC2 ";                  //读取第一行数据

    SqlCommand SqlCmd = new SqlCommand(sqlString, sqlConnection);   //执行 SQL
    SqlCmd.ExecuteNonQuery();
}
```

（8）释放全局游标的方法。

```
private void ReleaseCursor()
{
    string sqlString = "";
    sqlString += "CLOSE CC2 ";        // 关闭游标
    sqlString += "DEALLOCATE CC2 ";   // 删除不再使用的游标

    SqlCommand SqlCmd = new SqlCommand(sqlString, sqlConnection);
    SqlCmd.ExecuteNonQuery();

}
```

（9）InitializeDB 和 ConnectTo 方法一起完成数据库连接的创建和检验工作。

```
private void InitializeDB()
{
    InitialOK = true;
    sqlConnection = ConnectTo(SERVER, DB);
```

```
    if (InitialOK == true)
    {
        Reload();
    }
}
```

（10）创建数据库链接的方法。

```
private SqlConnection ConnectTo(String server, String database)
{
    SqlConnection SqlConn = new SqlConnection(); //声明一个数据库连接对象
    //创建一个用来构造数据库连接字串的工具对象
    SqlConnectionStringBuilder builder = new SqlConnectionStringBuilder();
    builder.AsynchronousProcessing = true;
    builder.ConnectTimeout = 1000;
    builder.DataSource = server;          // 通过预设常量，初始化链接属性
    builder.InitialCatalog = database;
    builder.UserID = USER;
    builder.Password = PWD;

    //在控制终端输出一个调试信息，以备查看链接状态
    Console.WriteLine(builder.ConnectionString);
    SqlConn.ConnectionString = builder.ToString();      // 返回链接串

    try
    {
        //尝试使用 Try,Catch 尝试连接，一旦错误马上捕捉异常
        SqlConn.Open();       //尝试打开连接
    }
    catch (System.Exception ex)                  //当出现异常时，抛出异常
    {
        Console.WriteLine(ex.Message);    //输出调试信息
        SqlConn = null;                   //释放链接资源
        InitialOK = false;                //设置链接成功判断标志
    }
    return SqlConn;    //如果成功连接，程序逻辑在此返回可用的链接对象
}
```

（11）数据记录读取方法，读取当前表达所有记录到ListView。

```
private void Reload()
{
    //初始化全局游标的方法
    String SQL = "select * from SS";
    ListViewItem item;
    ListViewItem.ListViewSubItem subItem;

    SqlCommand SqlCmd = new SqlCommand(SQL, sqlConnection);
    SqlDataReader reader;
    listView1.Items.Clear();
    try
    {
        reader = SqlCmd.ExecuteReader();
        while (reader.Read())
        {
            item = new ListViewItem(reader[0].ToString());    //创建
ListView条目
            subItem = new ListViewItem.ListViewSubItem(item, reader[1].
```

```
ToString ());
                    item.SubItems.Add(subItem);
                    listView1.Items.Add(item);
                }
                reader.Close();
            }
            catch (System.Exception ex)
            {
                Console.WriteLine(ex.Message);
            }

            reader = null;

            if (listView1.Items.Count > 0)
            {
                textCode.Text = listView1.Items[0].Text;  //显示课程代码
                textName.Text = listView1.Items[0].SubItems[1].Text;  //显示课程专
业名称
            }
        }
```

（12）数据库重置的方法。

```
        private void Reset()
        {
            string SQL = " select * from SS ";
            try
            {
                ReleaseCursor();        //释放先前声明的全局游标
                InitializeCursor();     //重新声明一个新的全局游标

                string sqlString = "";
                sqlString += "TRUNCATE TABLE SS ";          //清空原表单

                SqlCommand SqlCmd = new SqlCommand(sqlString, sqlConnection);
                SqlCmd.ExecuteNonQuery();
                SqlDataAdapter adapter = new SqlDataAdapter(); //声明一个数据适配器
                adapter.SelectCommand = new SqlCommand(SQL, sqlConnection);
                //初始化适配器
                SqlCommandBuilder builder = new SqlCommandBuilder(adapter);
                DataTable table = new DataTable();  //建内存表
                adapter.Fill(table);    //初始化内存表

                DataRow row;
                row = table.NewRow();      //添加默认数据

                row[0] = "J0201";
                row[1] = " 软件工程 ";
                table.Rows.Add(row);

                row = table.NewRow();
                row[0] = "J0202";
                row[1] = " 计算机科学 ";
                table.Rows.Add(row);

                row = table.NewRow();
                row[0] = "J0203";
                row[1] = " 信息管理 ";
```

```
            table.Rows.Add(row);

            row = table.NewRow();
            row[0] = "J0204";
            row[1] = " 网络工程 ";
            table.Rows.Add(row);

            adapter.Update(table);
        }
        catch (System.Exception ex)
        {
            Console.WriteLine(ex.Message);
        }
        Reload();
    }
```

（13）显示下一条记录的方法。

```
    private void ShowNextByCursor()
    {
        string sqlString = " ";

        //声明变量以从游标获取记录数据
        sqlString += "DECLARE @code NVARCHAR(20) ";

        //将游标移动到下一条记录，并将游标指向的记录数据放入变量中
        sqlString += "DECLARE @name NVARCHAR(20) ";

        //从变量返回数据
        sqlString += "FETCH NEXT FROM CC2 INTO @code,@name ";
        sqlString += "select @code,@name";

        SqlCommand SqlCMD = new SqlCommand(sqlString, sqlConnection);
        SqlDataReader reader;

        try
        {
            reader = SqlCMD.ExecuteReader(); //使用 data reader 读取一条记录
            reader.Read();

            if (reader[0].ToString().Length > 0)
            {
                textCode.Text = reader[0].ToString();   //为控件赋值，以便读出
                textName.Text = reader[1].ToString();
            }
            else
                MessageBox.Show(" 已经是最后一行 ");
            reader.Close();
        }
        catch (System.Exception ex)
        {
            Console.WriteLine(ex.Message);
        }
        reader = null;
    }
```

（14）使用游标更新表记录的示例方法。

```
    private void UpdateByCursor()
```

```
        {
            String sqlString = "";          //为SQL查询语句添加间隔符

            sqlString += "Update SS ";    //读取第行数据，并将其置为当前行

            // 修改第行的专业名称值
            sqlString += "SET scode='" + textCode.Text + "', " + "SSNAME='" +
textName.Text + "' ";
            sqlString += "WHERE CURRENT OF CC2 ";

            SqlCommand SqlCmd = new SqlCommand(sqlString, sqlConnection);

            try
            {
                SqlCmd.ExecuteNonQuery();
            }
            catch (System.Exception ex)
            {
                Console.WriteLine(ex.Message);
            }
            Reload();
        }

        private void frmNew_Load(object sender, EventArgs e)
        {
            InitializeDB();          //初始化数据库
            InitializeCursor();      //初始化游标
        }
    }
}
```

说明：由于版面限制，书中代码有换行，读者最好不要换行，请将代码在一行内完成。

11.8 数据库运行维护与优化

数据库应用系统投入正式运行，意味着数据库设计与开发阶段的工作基本结束，运行与维护阶段开始。数据库应用系统的运行和维护是个长期的工作，是数据库设计工作的延续和提高。数据库运行维护阶段的基本工作是系统运行状况的收集和记录；数据库转储备份与恢复；数据库完整性、安全性控制；数据库故障的处理与数据库恢复；必要的改正性维护、扩充性维护、完善性维护；数据库性能检测与重组。数据库日常的维护工作主要由 DBA 完成。

1. 系统运行状况的收集和记录

对于一个大型或较大型的数据库应用系统来说，进行日常性的数据库运行状况的记录和信息收集非常重要。记录数据库运行状况不仅是数据库管理员的基本职责，而且这些信息对于数据库性能的分析评价和故障恢复都有着重要的参考价值。管理员借助相应工具在数据库运行过程中监测数据库系统的运行情况，掌握系统当前或以往的负荷、配置、应用和其他相关信息，并对监测数据进行分析。

2. 数据库的转储与恢复

数据库的转储、备份和恢复是数据库日常维护中最重要的工作之一。对于大型或较大型的数据库系统来说，必须每日进行数据库备份；对于一般的小型数据库来说，也要

根据转储、备份计划对数据库进行定期备份，以保证在数据库发生故障时，能尽快将数据库恢复到最近的一致性状态。

3. 数据库的完整性、安全性控制

根据数据库的应用环境的变化，及时提供对数据库信息的安全存取服务，保证数据库数据的可用性、完整性和安全性，进而保证所有合法数据库用户的合法权益。

4. 检测并改善数据库的性能

数据库性能检测就是利用数据库管理系统提供的系统性能参数检测工具，经常性地查看数据库运行过程中物理性能参数的变化情况，检测和分析数据库存储空间的应用情况。特别是，数据库经过较长时间的运行后，会因记录的不断插入、删除和修改产生大量空间碎片，造成数据库运行性能的急剧下降，所以要时常对空间碎片进行整理，必要时要对数据库进行重组，按原设计重新安排数据库存储位置，以保证数据库始终运行于最佳状况。

5. 数据库故障的处理与数据库恢复

数据库在运行过程中，可能因意外的事故、硬件或软件故障、计算机病毒或“黑客”攻击等各种原因，造成数据库故障或信息丢失，数据库维护中的一个重要任务，就是能及时发现并排除这类故障，以保证数据库的正常运行。

6. 数据库性能优化

数据库应用系统在投入实际应用后，和其他软件系统一样，还可能会发现这样或那样的 bug。因此，必然要进行改正性维护或优化；当然，也常常会出现用户要求扩充某些功能的情况，所以这就涉及某种程度的扩充性维护；更有可能会发现某些设计时考虑不周的情况，所以也须进行必要的完善性优化维护。其优化可能包括以下几种。

（1）数据库运行环境与参数调整。这里包括外部调整、内存分配调整、磁盘 I/O 调整、竞争调整等，若测试 CPU，空闲时使用率超过 90%，说明服务器缺乏 CPU 资源；若高峰时 CPU 使用率很低，说明 CPU 资源充足。测试网络，因为大量 SQL 数据会使网络速度变慢，必要时调整网络。修改参数以控制连接到数据库的最大进程数；减少调度进程的竞争；减少多线程服务进程竞争；减少重做日志缓冲区竞争；减少回滚段竞争。

（2）模式调整与优化。模式调整与优化包括，增加派生性冗余列、增加冗余列、重新组表、分割表、新增汇总表等。增加具有相同语义的列，避免查询时的连接操作；经常查看的某些由多个表连接的数据可以考虑重新组表；将频繁使用的统计操作的中间结果或最终结果存储在汇总表中，当用户发出汇总需求时，即可直接从汇总表中获取数据，降低了数据访问量以及汇总操作的 CPU 计算量。

（3）存储优化。存储优化包括物化视图、聚集等。预先计算并保存表连接或聚集等耗时较多的操作结果，提高了读取速度，还可以进行远程数据的本地复制。特别适用于抽取大数据量表中某些信息，以及分布式环境中跨节点进行多表数据连接的场合。

（4）查询优化。查询优化包括，合理使用索引、避免或简化排序、消除对大型表数据的顺序存取、避免复杂的正则表达式、使用临时表加速查询、用排序来取代非排序磁盘存取、避免不充分的连接条件、使用存储过程、不随意使用游标、事务处理优化等。

7. 使用 SQL Server Profiler

SQL Server 2012 自带的 SQL Server Profiler 是一款非常强大的工具，用于监视 SQL

Server 数据库引擎实例或 Analysis Services 实例的图形用户界面。使用它可以捕获和分析数据库中发生的相关事件，例如，存储过程的执行等。而捕获的信息可以作为性能诊断中的依据。可以通过 SQL Server Profiler 访问 SQL 跟踪。还可以使用 Transact-SQL 系统存储过程来访问 SQL 跟踪。SQL Server Profiler 可以使用 SQL 跟踪的全部事件捕获功能，并添加跟踪表信息，将跟踪定义保存为模板，提取查询计划和死锁事件，作为单独的 XML 文件以及重播跟踪结果，以此进行诊断和优化。

11.9 小结

数据字典是关于数据的数据库，它针对数据流图上的各个元素做出详细定义和说明。

数据库的应用系统开发必须从用户的需求分析入手，绘制数据流图、数据字典等；找出实体集之间的联系，给出 E-R 模型，做出概念结构设计；在此基础上对 E-R 模型做必要的规范化设计，优化关系模型；最后给出存储结构和存取方法的物理结构设计。实际应用中的数据库系统往往依存某个宿主语言或通过 API 接口，对数据进行查、改、增、删处理。数据库的系统优化维护等，主要由数据库管理员 DBA 完成，且日常的主要任务是检查新的警告性日志，并做日志备份；查看数据库的备份是否正确；检查数据库的性能是否正常合理，是否有足够的空间和资源等。

习题 11

1. 请解释下列术语

数据库管理员	系统分析员
应用程序员	数据库生命周期
递归联系	一对一联系（1 ∶ 1）
一对多联系（1 ∶ N）	多对多联系（M ∶ N）
实体集	联系集
数据流图	isa 联系
弱实体	弱联系
稠密索引	实体 – 联系模型
线性索引	语义模型
稀疏索引	索引存储块或索引块
记录索引块或叶块	B^+ 树的阶
宿主语言	应用程序
宿主程序	结果集
游标	输出宿主变量
输入宿主变量	实体集的标识码

2. 请写出数据库应用系统的几个生命周期，每个时期又分别分为哪几个阶段？
3. 请简述数据库应用系统生命周期中八个阶段的主要任务。
4. 请说明用户需求分析过程建立的组织结构层次方框图的作用。

5. 请简述数据流图的用途和作用。
6. 请简述数据字典的内容和作用。
7. 请写出用户需求分析的具体步骤。
8. 请写出概念结构设计的具体步骤。
9. 在下列情况下，请简述实体–联系模型向关系模型转换的一般原则。
（1）当两个实体集间的联系为 M ： N 联系时；
（2）当两个实体集间的联系为 1 ： N 联系时；
（3）当两个实体集间的联系为 1 ： 1 联系时。
10. 请解释图 11-12 中的“TYPE 类型”是联系的含义。
11. 请用实体–联系图表示一个组织的语义模型。
12. 请将图 11-12 的实体–联系图转换成关系模型。
13. 请给出分 E–R 图设计和总体 E–R 图设计的用途区别。
14. 请分别描述命名冲突、属性特征冲突和结构冲突。
15. B^+ 树与 B^- 树有什么不同？ B^+ 树有什么优点？
16. 请简述 B^+ 树的查找算法。
17. 请简述 B^+ 树的插入算法。
18. 请画出在图 11-26 的 B^+ 树中插入主键值为 20 的数据索引项后的 B^+ 树。
19. 请画出在图 11-26 的 B^+ 树中删除主键值为 140 的数据索引项后的 B^+ 树。
20. 请画出在图 11-28 的 B^+ 树中插入主键值为 190 的数据索引项后的 B^+ 树。
21. 请画出在图 11-28 的 B^+ 树中删除主键值为 99 的数据索引项后的 B^+ 树。
22. 请写出建立索引的目的。
23. 请写出建立索引的基本前提。
24. 请分别描述稠密索引和稀疏索引，请说明两者有何优缺点。
25. 请简述数据聚簇的基本思想。
26. 请简单描述聚集索引和非聚集索引。
27. 根据 E–R 图向关系模型转换的一般原则，试不参考书中的内容，将图 1-5 转换成关系模型。
28. 请简述关系数据模型的规范化设计过程。
29. 请问在关系数据库的逻辑设计中，规范化理论的作用是什么？
30. 请问 SQL Server 2012 的数据文件的用途是什么？
31. 请问 SQL Server 2012 的日子文件的用途是什么？
32. 请问在 SQL Server 2012 中，日志文件为什么没有包括在文件组中？
33. 请简述嵌入式 SQL 的优越性。
34. 请问打开游标的含义是什么？
35. 请问在进行数据库物理存储模式创建之前一般要对哪些存储结构因素进行考虑和设计？
36. 请问数据库的应用行为设计阶段做哪些事情？
37. 请问数据库运行维护阶段做哪些事情？

第 12 章

PowerDesigner 与数据库设计

12.1 PowerDesigner 简介

12.1.1 概述

PowerDesigner（以下简称 PD）是 Sybase 公司的 CASE（computer aided software engineering，计算机辅助软件工程）工具集（也就是一种开发环境），可以方便地对管理信息系统进行分析设计，几乎包括了数据库模型设计的全过程。可以制作数据流程图、概念数据模型、物理数据模型，可以生成多种客户端开发工具的应用程序，还可为数据仓库制作结构模型，也能对团队设计模型进行控制。PD 可与许多流行的数据库设计软件，如：PowerBuilder，Delphi，Visual Basic 等配合使用来缩短开发时间和优化系统设计。

PowerDesigner 15 是一款集成了企业架构分析、UML（Unified Modeling Language，统一建模语言）和数据建模的 CASE 工具。它不仅可以用于系统设计和开发的不同阶段（业务分析、概念模型设计、逻辑模型设计、物理模型设计以及面向对象开发阶段），而且可以满足管理、系统设计、开发等相关人员的使用。它是业界第一个同时提供业务分析、数据库设计和应用开发的建模软件。PowerDesigner 功能强大，使用简单。自身提供了一个复杂的交互环境，支持开发生命周期的所有阶段，即从处理流程建模到对象和组件的生成。

12.1.2 操作环境

PowerDesigner 启动后，进入 Power Designer 的操作环境（见图 12-1），该操作环境共有四个窗口。

（1）对象浏览器（browser tree view）：对象浏览器可以用分层结构显示工作空间。

（2）输出窗口（output window）：显示操作的结果。

（3）结果列表（result list）：用于显示生成、覆盖和模型检查结果，以及设计环境的总体信息。

（4）图表窗口（diagram window）：用于组织模型中的图表，以图形方式显示模型中各对象之间的关系。

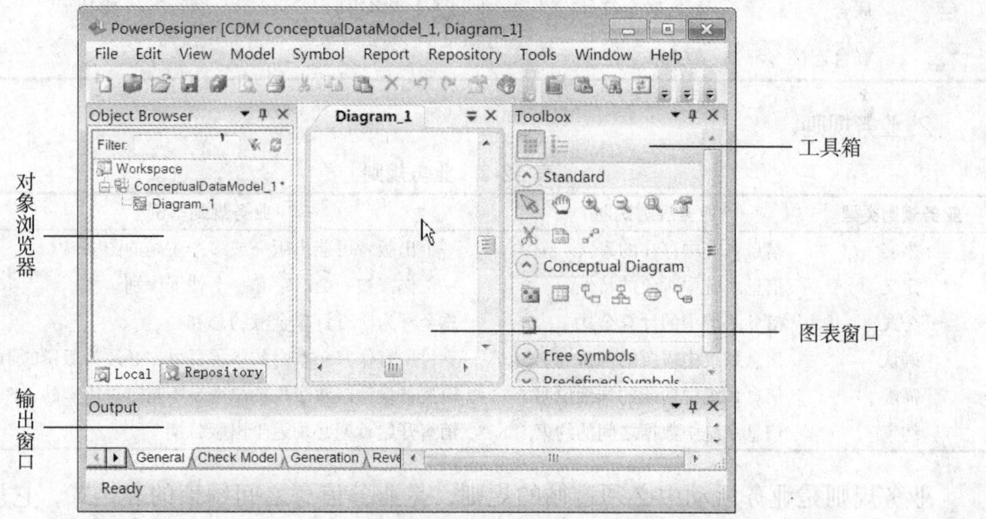

图 12-1　Power Designer 操作环境

12.1.3　操作说明

1. 基本操作

针对图 12-1 中的概念数据模型窗口（conceptual data model，CDM），表 12-1 列出了常用工具面板（palette）包含的基本操作。

表 12-1　创建 CDM 的基本操作工具

图形	名称	操作	图形	名称	操作
	指针	选择符号		文件	插入一个文件符合
	整体选择	选择全部符号，一起设置大小		注释	插入注释符号
	放大	放大视野范围		连接 / 扩展依赖	在图表中的符号之间画一个图形连接，在注释和一个对象之间画一个注释连接，在两个支持扩展依赖的对象之间画一个扩展依赖
	缩小	缩小视野范围		主题	插入主题符合
	打开包图表	显示选择包的图表		文本	插入文本
	属性	显示选择的符号属性		线条	插入一条线
	删除	删除符号		圆弧	插入一个圆弧
	包	插入包符号		长方形	插入一个长方形
	实体	插入实体符号		椭圆	插入一个椭圆
	关系	插入关系符号		圆角矩形	插入一个圆角矩形

（续）

图形	名称	操作	图形	名称	操作
	继承	插入集成符号		折线	插入一条折线
	联合	插入联合符号		多边形	插入一个多边形
	联合连接	插入联合链接符号			

2. 业务规则

表 12-2 业务规则

业务规则类型	业务规则说明	业务规则举例
事实	信息系统中存在的事实	一个出版者可能出版一或多个主题的图书
定义	信息系统中对象的特性	一位作家被一个名字和一个住址识别
公式	信息系统中的计算公式	总金额为所有订单金额的总和
确认	信息系统中需要的确认	支付所有作家一本书的版税百分比必须为版税的 100%
需求	信息系统中功能的详细说明	模型被设计以致版税的总数量不超过总售卖的 10%
约束	信息系统中数据之间的约束	销售开始日期必须迟于出版日期

业务规则是业务活动中必须遵循的规则，是业务信息之间约束的表达式，它反映了业务信息数据之间的完整性约束。当信息实体中包含的信息发生变化的时候，系统都会检查这些信息是否违反特定的业务规则。当使用业务规则约束 CDM 的时候，它们不被转变为可执行的代码。业务规则可能被实现为 PDM 的约束。

3. 创建业务规则

业务规则是信息系统对描述对象数据完整性的特殊约束。一个标准、一个客户的需求或者一个软件开发规范手册都可以是一个业务规则。当实体中包含的信息发生改变时，系统都会检查这些信息是否违反了特定的业务规则。这些业务规则有：constraint（约束型）、definition（定义型），fact（事实型），formula（公式型），requirement（需求型）和 validation（校验型）。

业务规则一般可以通过数据库的触发器、存储过程、数据约束或应用程序来实现。为了描述实体中数据的完整性，可以先在 CDM 模型中定义业务规则，然后在 PDM 模型或应用程序中实现。在“大学管理数据库系统”中（本章均以该系统为例），以“校验型”为例介绍如何定义业务规则。

点击“File/New Model”，打开“New Model”对话框（见图 12-2），点击左侧“Model type”，然后点击“Model type”窗口中的“Conceptual Data Model”，点击“ok”按钮，此时新建了名为“Conceptual Data Model_1”的 CDM 模型。

然后依次点击“Model/Business Rules”，打开“业务规则列表”窗口（见图 12-3）。然后在空行上点击鼠标，输入业务规则的相应项，然后点击“Apply”。其中各项的含义如下：

（1）Name——业务规则名称；

（2）Code——业务规则代码；

（3）Comment——业务规则注释；

（4）Rule Type——业务规则类型。

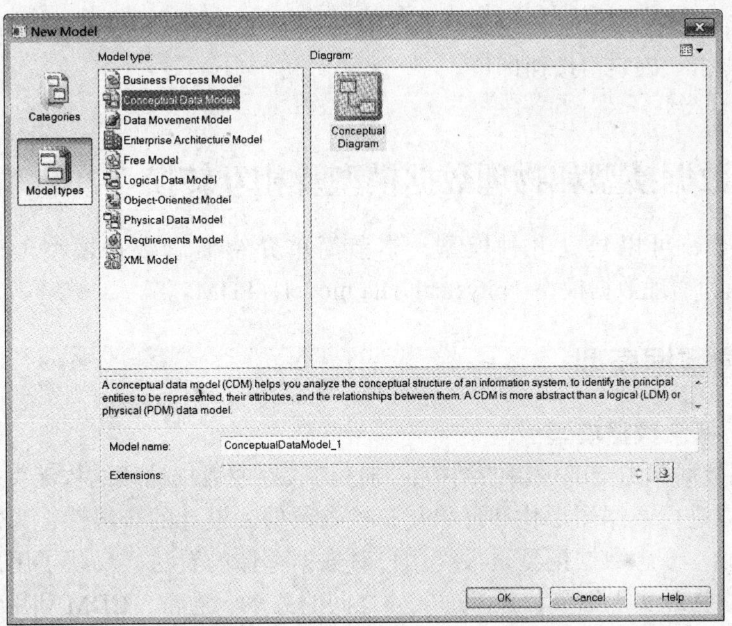

图 12-2 新建“CDM 模型”窗口

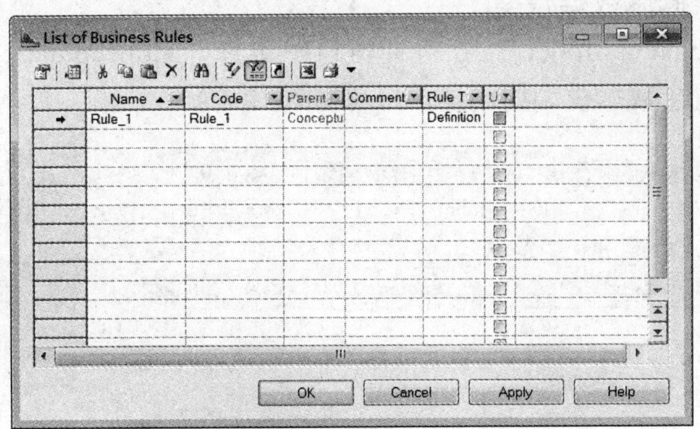

图 12-3 “业务规则列表”窗口

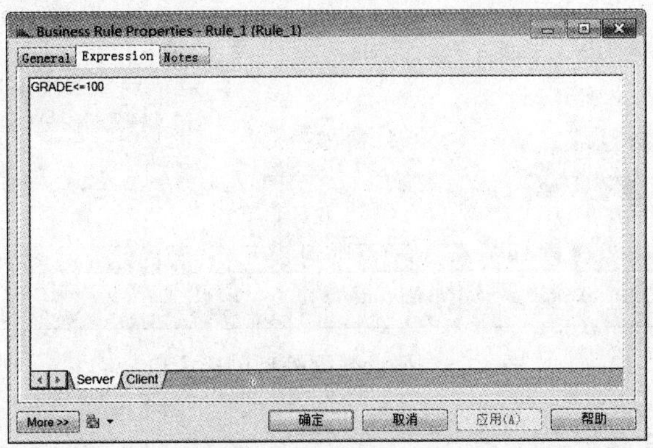

图 12-4 “业务规则属性”窗口

定义完毕，在对象浏览器窗口选择刚才定义的业务规则 Rule_1，然后点击工具栏上的 Properties 工具。打开“业务规则属性”窗口，在 Expression 页中输入 GRADE<=100（见图 12-4），点击“确定”按钮即可。

12.2 概念数据模型和物理数据模型及相互转换

PowerDesigner 可以建立九种模型，本节简单介绍概念数据模型（conceptual data model，CDM）和物理数据模型（physical data model，PDM）。

12.2.1 概念数据模型

12.2.1.1 概念数据模型

CDM 表现数据库的全部逻辑的结构，与任何软件或数据储藏结构无关。通过建立概念数据模型可以进行数据图形化和形象化，检查数据表设计的合法性，为物理数据模型的设计提供基础。概念数据模型是最终用户对数据存储的看法，反映了用户的综合性信息需求。不考虑物理实现细节，只考虑实体之间的关系。通常，CDM 利用实体–关系图（简称 E-R 图）作为表达方式。

12.2.1.2 创建概念数据模型

依次点击“File/New Model”，在打开窗口中选择“Conceptual Data Model”选项，点击“确认”进入概念数据模型的创建窗口（见图 12-5）。

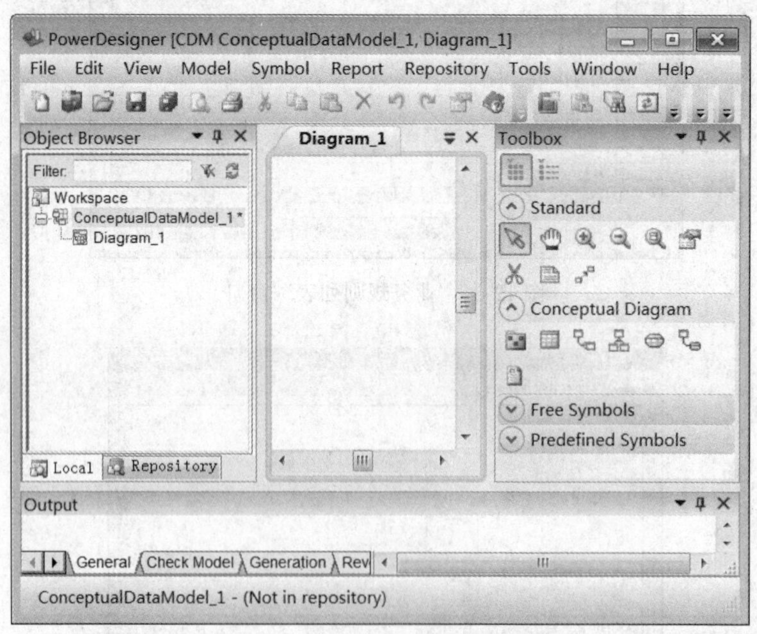

图 12-5 概念数据模型创建窗口

12.2.1.3 创建实体

1. 定义实体

“大学管理数据库系统”包含的实体有学生（ST）、教工（T）、课程（C）、专业（SS）

（请参考第 1.4.2 节）。表 12-3 给出了这些实体之间的关系。

表 12-3 “大学管理数据库系统”实体关系

实体一	实体二	关系描述	关系
课程	学生	一门课程可以有多个学生选修，一个学生可以选多门课程	多对多
专业	学生	一个专业可以有多名学生	一对多
教工	课程	一位教师讲授几门课程，一门课程可有多位老师讲授	多对多

2. 建立实体

（1）建立实体框。在常用工具面板（palette）中，选择实体（entity）图标，回到屏幕中单击鼠标左键，一个实体就被放置在单击的位置。单击鼠标右键可以使鼠标恢复箭头形状。

（2）定义实体。双击实体图形符号打开实体定义窗口，选择“General”页，对实体的基本情况进行设置（见图 12-6）。“General”页各个字段含义如下：

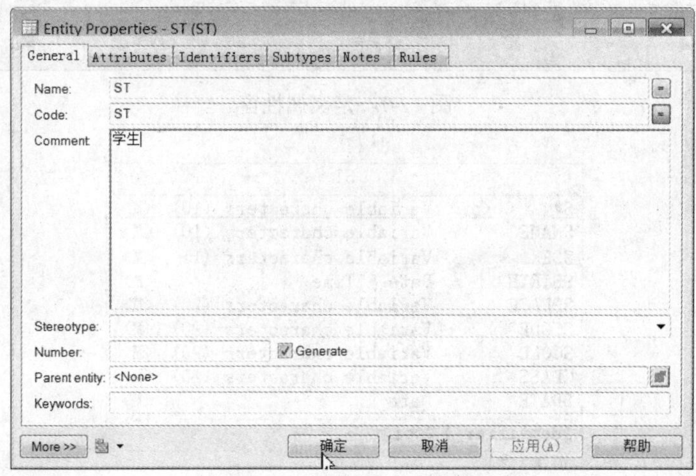

图 12-6 “实体属性”窗口

1）Name——实体名称，可以输入中文信息；

2）Code——实体代码，必须输入英文；

3）Comment——对实体的注释；

4）Number——实体个数（将来的记录条数）。

（3）定义属性。选择“Attributes”页，输入实体各个属性（见图 12-7）。其中“Attributes”各字段含义如下：

1）Name——属性名称，可以输入中文信息；

2）Code——属性代码，必须输入英文；

3）Data Type——根据属性选择合适的数据类型；

4）Domain——使用的域作为数据类型；

5）M——mandatory，强制属性，表示属性值是否允许为空；

6）P——primary identifier，主键标识符；

7）D——displayed，在实体符号中是否显示属性。

（4）点击“确定”按钮，返回 CDM 窗口，建立的学生实体的图形符号（见图 12-8）。

按步骤 1 到步骤 4 依次创建其余实体。

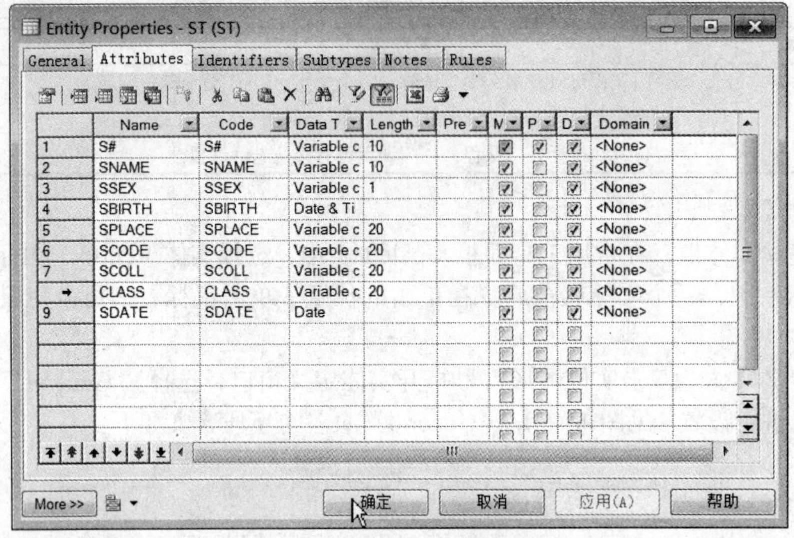

图 12-7　定义属性窗

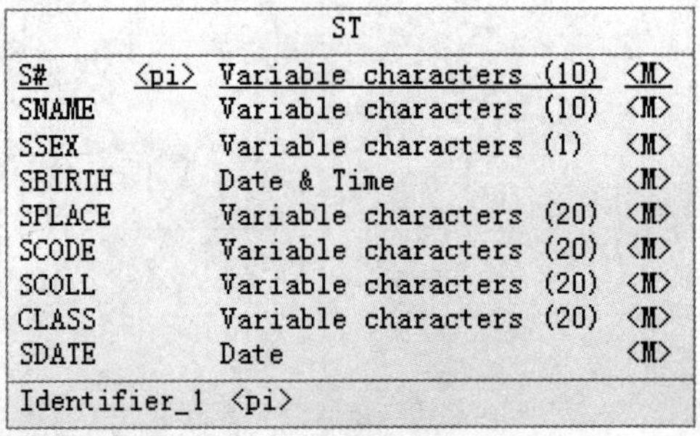

```
ST
S#        <pi>  Variable characters (10)  <M>
SNAME           Variable characters (10)  <M>
SSEX            Variable characters (1)   <M>
SBIRTH          Date & Time               <M>
SPLACE          Variable characters (20)  <M>
SCODE           Variable characters (20)  <M>
SCOLL           Variable characters (20)  <M>
CLASS           Variable characters (20)  <M>
SDATE           Date                      <M>
Identifier_1  <pi>
```

图 12-8　学生实体的图形符号

3. 建立实体之间的联系

在完成实体创建以后，接下来要建立这些实体之间的联系。

（1）在常用工具面板中，选择“Relationship”图标，对要建立联系的两个实体中的一个单击鼠标左键，拖动鼠标到另外一个实体上，然后释放鼠标，这样就可以建立两个实体间的联系。单击鼠标右键可以使鼠标恢复箭头形状。

（2）双击两实体之间的联系符号，打开“联系属性”窗口（见图 12-9）。“General”页各个字段含义如下：

1）Name——联系名称，可以输入中文信息；

2）Code——联系代码，必须输入英文；

3）Comment——联系注释；

4）Entity1 和 Entity2——实体名称。

（3）在“联系属性”窗口单击“Detail”页。其中“SS to ST”表示实体“专业”到实体“学生”的联系。根据表 12-3 设置关系表之间的联系属性。

（4）重复步骤 1 到步骤 3，定义其他实体的联系（见图 12-10）。

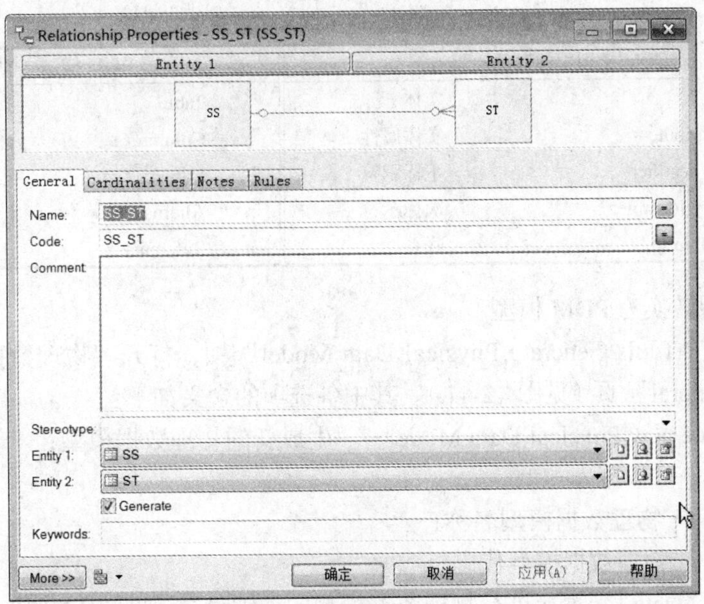

图 12-9 “联系属性”窗口

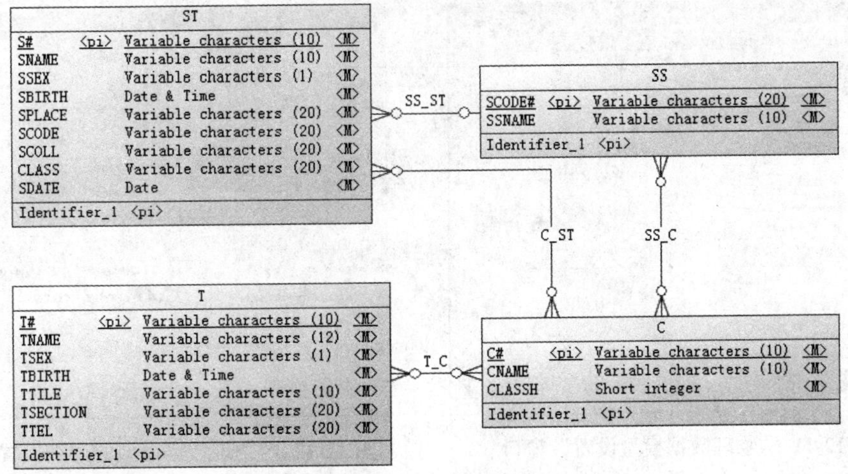

图 12-10 实体间的联系

12.2.2 物理数据模型

CDM 模型完成了系统的概要设计，由此就可以利用系统提供的自动转换功能，将 CDM 模型直接转换为 PDM 模型，完成数据库的物理设计，并对 CDM 模型的 E-R 图进行检查和修改。保证数据在数据库中的完整性和一致性。PDM 是适合于系统设计阶段的工具。PDM 模型的建立有三种途径：第一，像 CDM 模型一样一步一步建立；第二，将 CDM 模型转换为 PDM 模型；第三，通过逆向工程由数据库产生（请参考第 12.3.2 节）。本节只叙述由 CDM 模型转换为 PDM 模型的过程。

在 CDM 模型转换成 PDM 模型时，CDM 模型中的对象要转换成 PDM 中的对象。CDM 模型与 PDM 模型中的对象关系如表 12-4 所示。

表 12-4 CDM 模型与 PDM 模型对象对照表

CDM 模型中的对象		PDM 模型中的对象	
Entity	实体	Table	表
Entity Attribute	实体属性	Column	列
Primary Identifier	主标示符	Primary Key	主键和外键
Secondary Identifier	次标示符	Alternate Key	候选键
Relationship	联系	Reference	参照关系

CDM 模型转换为 PDM 模型：

（1）点击“Tools/Generate Physical Data Model”项，打开“物理数据模型设置”窗口，选择“General”页（见图 12-11）。其中各选项的含义如下：

1）Generate new Physical Data Model——生成新的物理数据模型；

2）DBMS——数据库类型；

3）Name——物理数据模型名称；

4）Code——物理数据模型代码。

（2）选择“Detail”页，进行物理数据模型的详细设置（见图 12-12）。其中各选项含义如下：

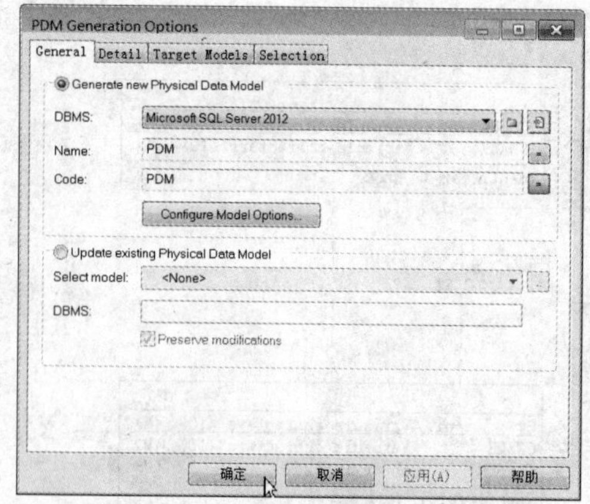

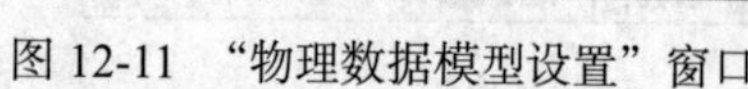
图 12-11 “物理数据模型设置”窗口

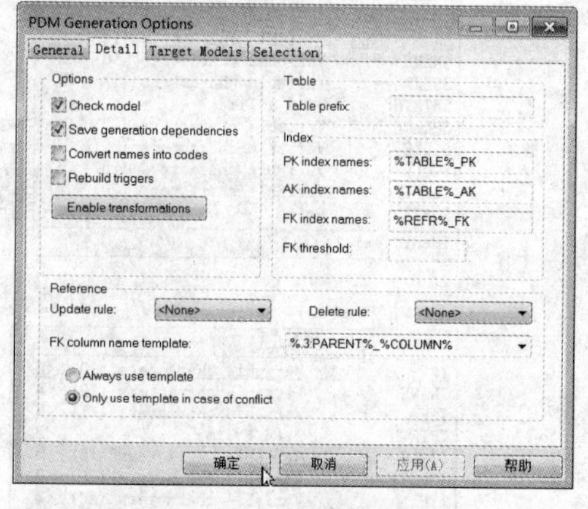

图 12-12 “物理数据模型的详细设置”窗口

1）Check model——生成模型时进行模型检查，若发现错误停止生成；

2）Save generation dependencies——生成 PDM 模型时保存模型中每个对象的对象标志，主要用于合并两个从同一个 CDM 模型生成的 PDM 模型；

3）Table prefix——表的前序；

4）PK index names——主键索引的名称；

5）FK threshold——在外部键上创建索引需要记录的最少值选项；

6）Update rule——更新规则；

7）Delete rule——删除规则；

8）FK column name template——外部键列名使用的模板；

9）Always use template——是否总是使用模板；

10）Only use template in case of conflict——仅在发生冲突时使用模板。

（3）选择“Selection”页，选择概念数据模型中已定义的实体（见图 12-13）。

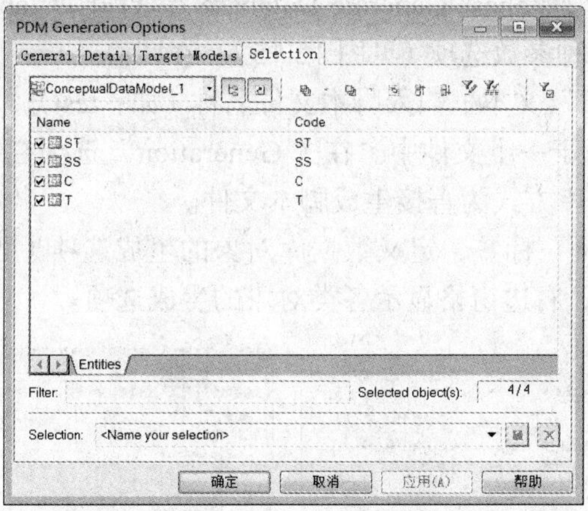

图 12-13 “概念数据模型实体选择”窗口

（4）选择完毕后，单击“确认”按钮，开始生成物理数据模型。生成的 PDM 如图 12-14 所示。

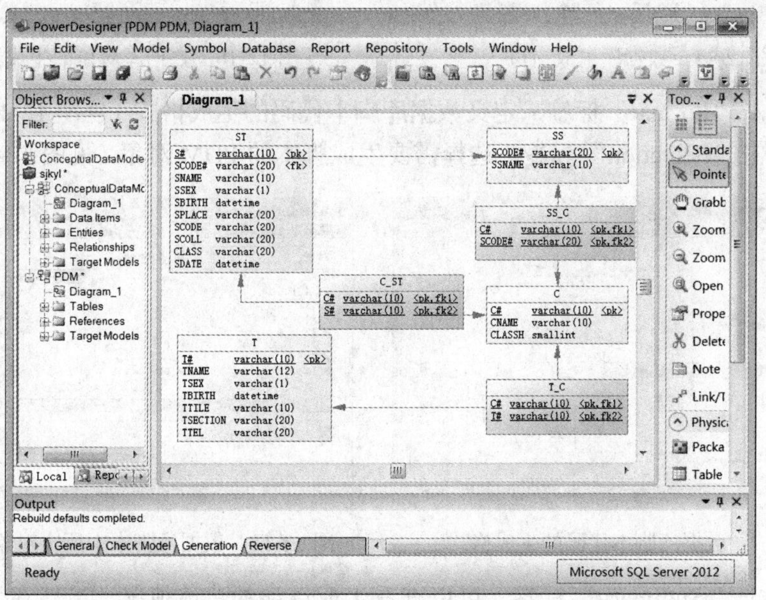

图 12-14 由 CDM 生成 PDM

12.3 正向与逆向工程

12.3.1 正向工程

正向工程是指从 PDM 产生一个数据库，或产生一个能在数据库管理系统环境中运行的数据库脚本。如果选择 ODBC 方式，则可以直接连接到数据库，从而直接产生数据库表以及其他数据库对象。利用 PDM 可以生成或修改数据库。

1. 利用 PDM 生成数据库

（1）选择菜单栏“ Database/Generate Database”，打开 Database Generation 窗口，其中包括生成数据库的各种参数选项（见图 12-15）。在“ Director”后选择脚本文件的存放目录，并在“ File name”文本框输入脚本文件名称（如：test）。勾选上“ One file only”，表示所生成脚本将包含于一个文件中。在“ Generation”选项栏中选择“ Script general”单选框，确认生成数据库方式为直接生成脚本文件。

（2）单击“ Options”标签，定义数据库对象的生成选项（见图 12-16），左边窗格显示 PDM 中对象的类型，右边窗格显示各类对象的生成选项。

图 12-15　数据库生成窗口

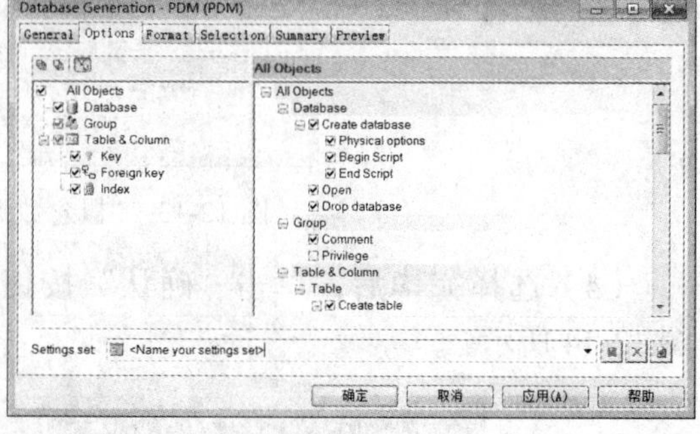

图 12-16　数据库对象的生成选项窗口

（3）单击“Format”标签，定义数据库脚本代码的生成格式（见图 12-17）。

（4）单击“Selection”标签，选择需要生成脚本的 PDM 对象（见图 12-18）。

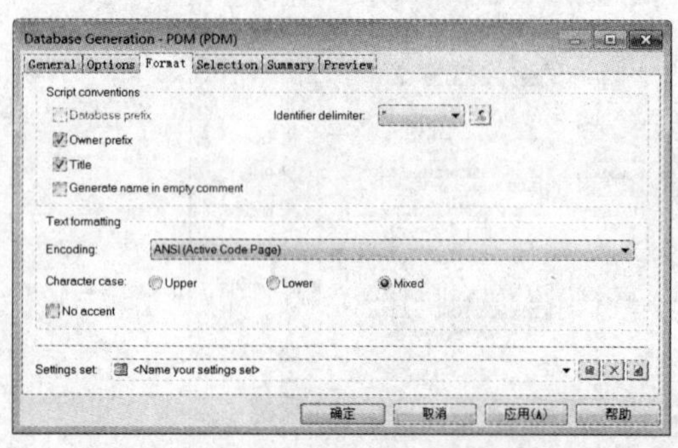

图 12-17　数据库脚本代码的生成格式

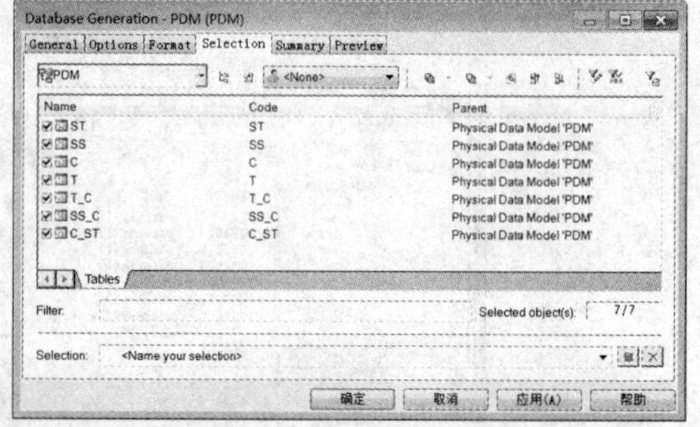

图 12-18　数据库脚本中所含对象的选择窗口

（5）单击“ Summary”标签，可以查看生成选项的总体情况，虽然在该窗口不能编辑生成选项代码，但可以查找、保存、打印和复制这些代码（见图 12-19）。

（6）单击“确定”按钮，则在选定的目录下生成“test.sql”文件。

（7）打开 SQL Server 2012，新创建一个数据库，如：PDTest。

（8）双击已产生的文件“ test.sql”，并在 SQL 的 PDTest 数据库下运行，即可完成 PDM 到数据库的转换。

2. 利用 PDM 修改数据库模式

数据库生成后，在后续的开发中发现数据设计有遗漏，或者是缺少字段，或者是参照完整性不一致，都要修改 PDM，并将修改同步到物理数据库。

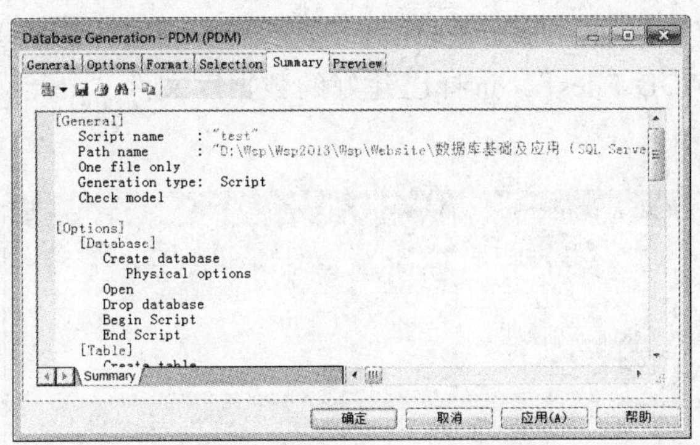

图 12-19　生成选项的预览窗口

在 PowerDesigner 中提供了 Modify Database 的功能，在菜单 DataBase 下。同步有两种方式，第一种是 PD 和物理数据库比较，PD 直接将差异同步到物理数据库。这种情况具有很大的冒险性：① 在同步修改物理数据库的过程中，如果发生错误，难以跟踪，难以将已经同步的数据表回滚，在此期间也会因备份数据会在物理数据中产生很多的临时表，需要手工删除；② 在某些情况下，如在某个表中新增一列，该列是外键，不能为空，且该表中已经有数据了，这种情况 PD 会将该表先重新命名（在表名前加入 tmp_），主要目的是备份该表的数据。然后创建修改过后的表，再将临时表的数据导入新表，这时，导入新表的数据就需要加入外键，就需要手工调整脚本，再行导入临时表数据。

第二种就是 PDM 先和物理数据库比较，产生差异脚本，再用手工同步这些差异脚本到物理数据库中。这种方法策略比较稳妥一些，能清楚地知道对哪些表做了修改，修改后是什么样子。可以对脚本进行修改，有选择地执行脚本。

12.3.2　逆向工程

逆向工程是指将已存在的数据库生成 PDM 模型。数据可能是从脚本文件或一个开放数据库连接数据来源。当逆向工程使用脚本的时候，能使用一个单一脚本文件或一些脚本文件。

以 SQL Server 2012 数据库为例，介绍逆向工程的两种方法。

1. 方法一

（1）点击“File/Reverse Engineer/Database”，弹出对话框“New Physical Data Model”，选择 SQL Server 版本，然后确定（见图 12-20）。

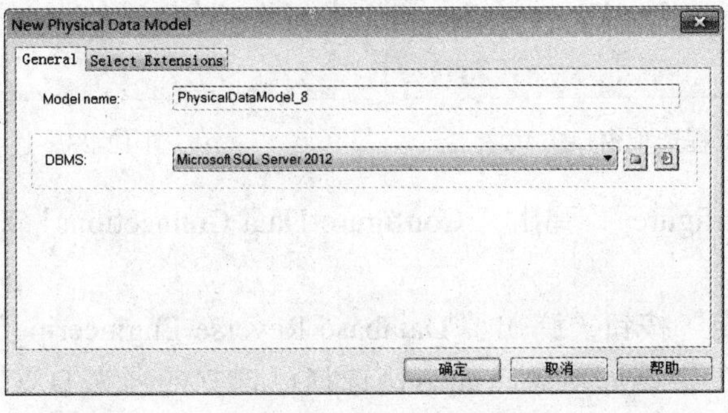

图 12-20　选择 DBMS

（2）单击“确定”按钮后进入逆向工程选项窗口（见图 12-21），选择“ Using script files”，然后点击“ ADD Files”，选择已建好的数据库文件“ test.sql”。单击“确定”按钮生成 PDM 模型。

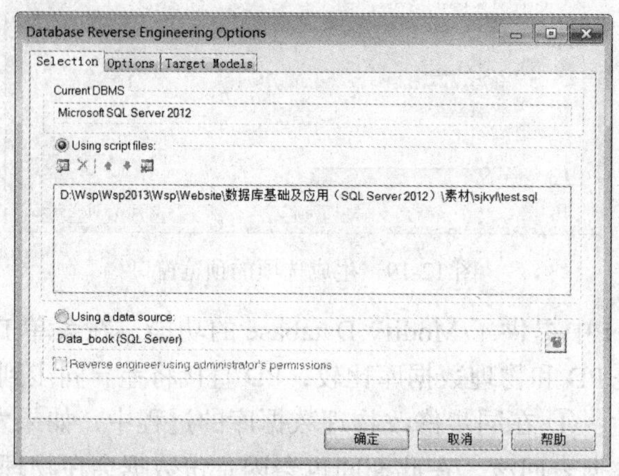

图 12-21 逆向工程选项窗口方法之一

2. 方法二

（1）建立 ODBC 数据源。打开“控制面板 / 管理工具 / 数据源（ODBC)”。选择系统 DSN，新建命名为“Data_book”的数据源，驱动程序选择 SQL Server。

（2）单击“ File/Reverse Engineer/Database”，弹出对话框“New Physical Data Model”，选择 SQL Server 版本，然后确定。

（3）单击“确定”按钮后进入逆向工程选项窗口（见图 12-22），选择“ Using a data source”，然后点击右侧的“连接到数据源”，然后选择已建好的数据源“Data_book”（见图 12-23）。

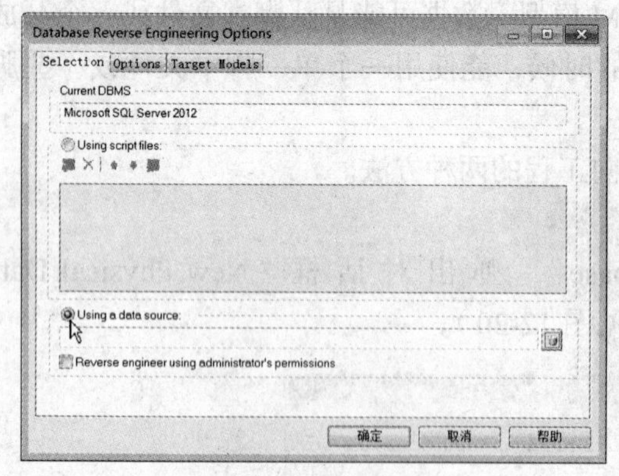

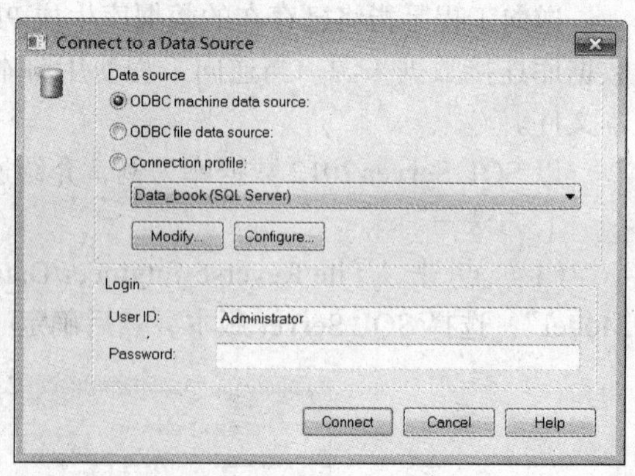

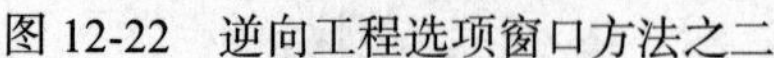

图 12-22 逆向工程选项窗口方法之二

图 12-23 连接到数据源

（4）单击“ Configure”，弹出“ Configure Data Conneetions”对话框，选择“ Data_book”（见图 12-24）。

（5）单击“确定”按钮，弹出“ Database Reverse Engineering”对话框，选择你想要添加进反向工程的数据库对象，如本例选择已建立的名为 DXGL 的数据库，勾选出所有要导入的表（见图 12-25），单击“ OK”键即可将表结构完全导入到 PDM 下（见

图 12-26）。

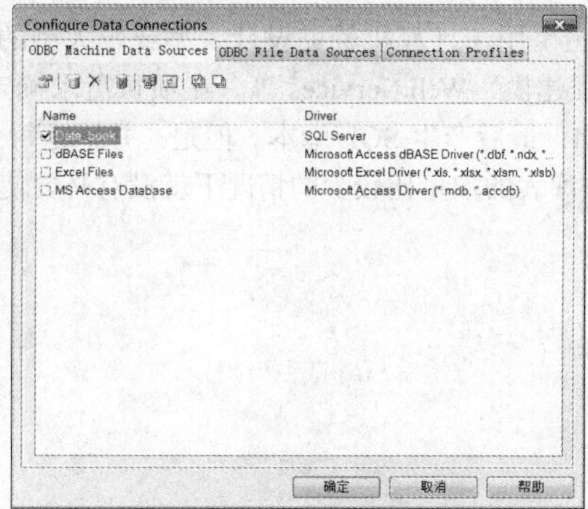

图 12-24　配置数据源连接

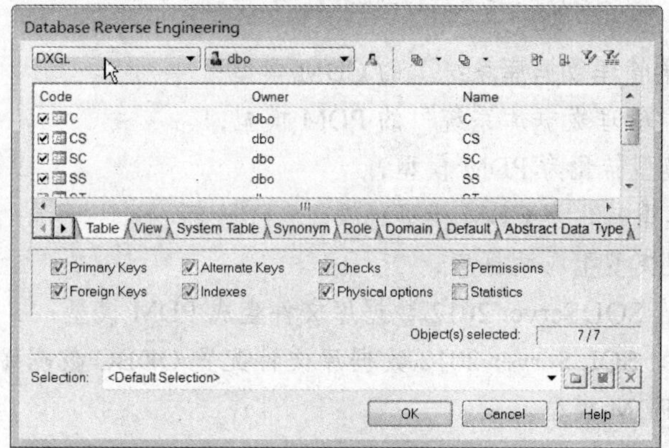

图 12-25　选择导入表

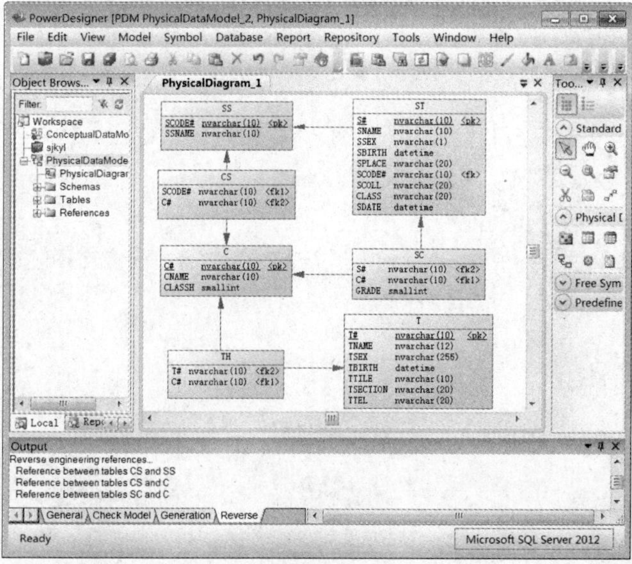

图 12-26　逆向工程生成的 PDM

12.4 小结

PowerDesigner 工具主要用于计算机辅助设计大型或较大型的系统，PD 用途不局限于数据建模，如业务流程建模，Web Services 等。在项目需求确定后就可以绘制 CDM，然后由 CDM 转换成 PDM，最后产生 SQL 脚本。但是，并不是每个设计都需要用到 PD，例如较小的系统，或数据库表的数量比较少的情况下就没有必要使用 PowerDesigner。

习题 12

1. 请解释下列术语。

   CDM

   PDM

   正向工程

   逆向工程

2. 上机练习作业。

   （1）请建立“大学管理数据库系统”的 CDM 模型；

   （2）请建立“大学管理数据库系统”的 PDM 模型；

   （3）请把 CDM 模型转化为 PDM 模型；

   （4）请把 PDM 模型转化为 CDM 模型；

   （5）请利用 PDM 模型生成数据库；

   （6）请利用建立的 SQL Server 2012 数据库文件生成 PDM 模型；

   （7）请利用建立的 SQL Server 2012 数据库文件配置 ODBC 数据源，然后利用 ODBC 数据源生成 PDM 模型。

第13章

SQL Server 2012的数据库恢复与保护

进入数据库应用系统的运行阶段，很可能会受到来自各方的干扰或破坏，如硬软件故障，“黑客”攻击、病毒破坏，以及数据库管理员的误操作等。因此，数据库管理系统必须提供一定的数据保护功能，以确保数据库中数据的安全可靠和正确有效。而数据库管理系统一般都会提供完整性、安全性、数据恢复、事务管理机制、并发控制等数据库保护措施。

13.1 数据库的完整性

所谓数据库的完整性（integrity）是指数据库的任何状态变化都能反映真实存在的客观世界的合理状态。数据库中的数据应始终保持正确的状态。数据库中存在的信息是对客观世界的反应，这就要求数据库系统中的所有运算都应保持数据的逻辑完整性。进一步讲，数据库的完整性包括数据库中数据的正确性和相容性。所谓正确性是指数据是有效的、有意义的，而不是荒谬的或不符合实际的。所谓相容性是指在多用户、多用户进程共享和公用数据库的情况下，保证对数据库中数据更新时不出现与实际不一致的情况。数据库是否具备完整性，关系到数据库系统能否真实地反映现实世界，因此维护数据库的完整性是非常重要的。

为维护数据库的完整性，DBMS必须提供一种机制来检查数据库中的数据，看其是否满足语义规定的条件。这些加在数据库数据之上的语义约束条件称为数据库完整性约束条件，它们作为模式的一部分存入数据库中。数据库的完整性机制就是用于防止不符合语义的错误数据的输入和输出，即所谓“垃圾进垃圾出”（garbage in garbage out）造成的无效操作和错误结果。

13.1.1 完整性约束条件

完整性约束是为保护数据库中数据的正确性和相容性所做的各种检查或数据应满足的约束条件。完整性检查是围绕完整性约束条件进行的，因此完整性约束条件是完整性控制机制的核心。完整性约束条件作用的对象可以是关系、元组、列三种。其中关系的约束是若干元组之间、关系集合上以及关系之间的联系的约束。元组的约束是元组中各个字段间的联系的约束。列约束主要是列的类型、取值范围、精度、排序等的约束条件。

完整性约束条件涉及的这三类对象，其状态可以是静态的，也可以是动态的。

1. 静态约束

所谓静态约束是指数据库处于某一确定状态时，数据对象应满足的约束条件。它是反映数据库状态合理性的约束，是最重要的一类完整性约束。静态约束可分为三类。

（1）静态列级约束。静态列级约束是对一个列的取值域的说明，这是最常用也最容易实现的一类完整性约束，包括以下几方面：

1）对数据类型的约束，包括数据的类型、长度、单位、精度等；

2）对数据格式的约束；

3）对取值范围或取值集合的约束，也称为域完整性约束；

4）对空值的约束，也称为类型完整性约束；

5）其他约束。

每个关系的每个属性列都有一个定义域，其数据类型、取值范围、空值约束等就构成了各个属性列的静态列级约束。例如，人的性别值只能是男或是女；人的身高至少必须是大于零的值，等等。这些都可能是关系列的取值范围。

【例 13-1】 新建一个大学管理数据库中的教工关系模式 Tnew。

Tnew（T#，TNAME，TSEX，TBIRTH，TTITLE，TSECTION，TTEL）

利用 SQL 语句定义（创建）该关系表的语句格式为：

```
CREATE TABLE Tnew
    (T# nvarchar(10) NOT NULL,
    TNAME nvarchar(10) NOT NULL,
    TSEX nvarchar(1) NOT NULL CHECK(TSEX IN('男','女')),
    TBIRTH datetime NOT NULL,
    TTITLE nvarchar(20) NULL,
    TSECTION nvarchar(20) NULL,
    TTEL nvarchar(20) NULL,
    PRIMARY KEY(T#));
```

说明：这个关系定义语句，不仅定义了该关系（关系名为 Tnew，共有七个列，主键是 T#)，而且给出了各个列的定义和列级静态约束。例如教工编号 T# 应由少于或等于 10 个字符组成，且不能为空值；教师的性别只能是“男”或“女”二者之一。如果违反这个规定，系统就会拒绝接收该列或该记录的数据，并报告违反约束情况。

（2）静态元组约束。一个元组是由若干个列值组成的，静态元组约束就是规定元组的各个列之间的约束关系。例如，如果表中有三个列分别是：单价、数量、金额，且它们之间的关系应该符合金额 = 单价 × 数量，那么当某条记录的单价与数量确定后，其金额便唯一确定。

（3）静态关系约束。在一个关系的各个元组之间或者若干关系之间常常存在各种联系或约束。常见的静态关系约束有以下几种。

1）实体完整性约束，也称为关系完整性约束，用于定义表的行和列的控制规则。由于每个关系的主键值必须唯一，且非空。这一非常重要的约束由实体完整性实现，所以实体完整性约束也称主键完整性约束。

2）引用实体完整性约束，是指一个关系的外键的值，必须与另一个关系的主键的值相匹配。如果没有与某外键匹配的主键，就会出现引用数据库中不存在的实体的情况，显然就违反了引用完整性。另外，如果数据库中包含永远都不可能被访问或被引用的数据，则数据库显然不具有引用完整性，整个数据库也就变得不可信。

3）函数依赖约束。大部分函数依赖约束都在关系模式中定义。

4）统计约束，即字段值与关系中多个元组的统计值之间的约束关系。例如，在一些大型系统中，为了满足多个表之间的横向和纵向统计关系，缩短系统的响应时间。关系表中除了各个元组中的数据分量关系外，还专门设了一个元组存储各个元组中数据分量的汇总值。这样在这些存储数据分量的元组与存储有汇总值的元组之间就存在着统计约束关系。

【例 13-2】 如果在学习关系SC中，专门设有各门课的平均成绩记录，那么就在学习关系SC的各门课程平均成绩记录的分数字段与该课程的所有其他元组（有关各个学生学习该门课程及成绩的元组）之间存在着统计约束关系。

图13-1是学习关系统计约束关系的示例。其中学号为20140000后的五个元组，就是表中相关学生所学这五门课程成绩的平均成绩元组。

学号	课程号	分数
201401001	C020101	92
201401002	C020101	78
201402001	C020101	90
201402001	C020102	93
201401001	C020102	92
201401002	C020202	90
201401003	C020202	75
201401001	C020301	88
201402002	C020301	95
201402003	C020301	85
201403001	C020302	92
20140000	C020101	87
20140001	C020102	93
20140002	C020202	83
20140003	C020301	89
20140004	C020302	92

图13-1 统计约束示例

实体完整性约束和引用完整性约束是关系模型的两个极其重要的约束，称为关系的两个不变性。

实体完整性约束一般是通过创建唯一性索引实现的。在一个关系表上建立了唯一性索引后，如果在插入或修改关系时发现有主键相同的两个记录，系统就会报错，并阻止新插入或修改的记录存入库中。

引用实体完整性主要表现在数据录入或修改时，录入或修改的关系表中各字段的合法性、有效性和存在性（例如，在某大学的学生关系数据库中，学生所属专业和院系等必须是大学存在的、合法的专业名称和院系名称）。在系统实现时，一种方式是从专用菜单表中选取的方式实现，例如，在大学生关系数据库的专业字段录入中，不接受用户输入的专业名称（尽管他输入的专业名称可能是正确的），而只接受从专业名称菜单中选择的合法专业名称。另一种方式是利用触发器实现引用完整性检查。

2. 动态约束

静态约束属于被动的约束机制。在查出对数据库的操作违反约束后，只能做些比较简单的动作，例如拒绝操作。比较复杂的操作还需要由程序员去安排。如果希望在某个操作后，系统能自动根据条件转去执行各种操作，甚至执行与原操作无关的操作，可以使用触发器机制实现。

触发器（trigger）是一个能因某一个事件触发，而由系统自动执行的 SQL 语句或语句序列。它可以实现查询、计算、评估、交流，以及完成更复杂的功能。一个触发器由三部分组成。

（1）事件。事件是指对数据库的修改、插入、删除操作。触发器在这些事件发生之前、发生时或发生之后被触发而执行。

（2）条件。触发器检测事件是否发生的条件。触发器测试条件是否成立，如果条件成立，就执行相应的动作，否则什么都不做。

（3）动作。当测试条件满足时执行的对数据库的操作。如果触发器测试满足预定的条件，那么就由 DBMS 执行相应的动作。动作可以是触发事件不发生，即撤销事件，例如删除已插入的元组等。动作也可以是一系列对数据库的操作，甚至可以是与触发事件本身无关的其他操作。

动态约束是指数据库从一种状态转变为另一种状态时，新、旧值之间所应满足的约束条件，它是反映数据库状态变迁的约束。动态约束亦称触发器约束，可分为三类。

（1）动态列级约束。动态列级约束是修改列定义或列值时应满足的约束条件，包括以下两个方面。

1）修改列定义时的约束。例如，将允许空值的列改为不允许空值时，如果该列目前已存在空值，则拒绝这种修改。

2）修改列值时的约束。修改列值有时需要参照其旧值，并且新旧值之间需要满足某种约束条件。例如，职工工资调整不得低于其原来工资，学生年龄只能增长，等等。

（2）动态行级约束。动态行级约束是指修改记录的值时，记录中各个字段间需要满足某种约束条件。例如，职工工资调整时新工资不得低于原工资 + 工龄 ×1.5，等等。

（3）动态关系约束。动态关系约束是加在关系变化前后状态上的限制条件，例如事物的一致性、原子性等约束条件。

13.1.2 完整性控制

DBMS 的完整性控制机制应具有以下三个方面的功能。

（1）定义功能，提供定义完整性约束条件的机制。

（2）检查功能，检查用户发出的操作请求是否违背了完整性约束条件。

（3）保护功能，如果发现用户的操作请求使数据违背了完整性约束条件，则采取一定的动作来保护数据的完整性。

完整性约束条件分成域完整性约束条件和关系完整性约束条件两大类。约束条件有的非常简单，有的则比较复杂。一个完善的完整性控制机制应该允许用户定义各种完整性约束条件。检查是否违背完整性约束，通常是在一条语句执行完后立即检查，这类约束称为立即执行约束（immediate constraints）。有时完整性检查需要延迟到整个事务执行结束后再进行，检查正确方可提交，这类约束称为延迟执行约束（deferred constraints）。

在关系数据库系统中，除实体完整性和引用完整性以外的其他完整性约束条件，可以归入用户定义的完整性。在使用完整性控制机制时需要考虑几个问题。

1. 外键能否接受空值问题

在引用完整性时，利用参照约束说明的列或列组称为外键。系统的引用完整性不仅提供了外键的定义机制，还提供定义外键列是否允许空值的机制。

【例 13-3】 对于课程关系 C（C#，CNAME，CLASSH）和学习关系 SC（S#，C#，GRADE）。显然，如果没有课程，就不会有学习该课程的成绩，所以称课程关系表 C 和学习关系表 SC 之间就构成父子表关系，课程关系表 C 为父表，学习关系表 SC 为子表。

建立登记成绩的学习关系表 SC(子表) 之前，先要建立课程关系表 C(父表)，语句为：

```
CREATE TABLE C
    (C# nvarchar(10),
    CNAME nvarchar(20) NOT NULL,
    CLASSH int NOT NULL,
    PRIMARY KEY(C#));
```

说明：主键为课程号 C#。

接着建立学习关系（成绩）表 SC（子表），语句为：

```
CREATE TABLE SC
    (S# nvarchar(10),
    C# nvarchar(10),
    GRADE int,
    PRIMARY KEY(S#,C#),
    FOREIGN KEY(C#)
    REFERENCES C(C#));
```

说明：建立的学习关系表 SC 的主键有 S# 和 C#，但 C# 同时为外键。这种定义实现了学习关系表 SC 对课程关系表 C 的引用完整性约束，即学习关系中的课程号只能是课程关系中的课程号，且学习关系中的课程号不能为空值，即外键不能接受空值。

2. 在被参照关系中删除元组问题

一般地，当要删除被参照关系的某个元组，而参照关系存在若干元组，其外键值与被参照关系删除元组的主键值相同时，可有三种不同的策略。

（1）连带删除（on delete cascade）。若课程关系 C（C#，CNAME，CLASSH）和学习关系 SC（S#，C#，GRADE）。如前所述，本例中的课程关系表 C 为父表，而学习关系表 SC 为子表。若有学习关系 SC 的定义语句：

```
CREATE TABLE SC
    (S# nvarchar(10),
    C# nvarchar(10)
    PRIMARY KEY(S#,C#),
    FOREIGN KEY(C#)
    REFERENCES C(C#)
    ON DELETE CASCADE,
    GRADE int);
```

则在“C# nvarchar（10）”后附加“REFERENCES C（C#）”表示 C# 是学习关系 SC 的单字段外键，即 C# 是课程关系 C 的单字段主键；并且学习关系 SC 中的 C# 值一定要在课程关系 C 中出现。其后的“ON DELETE CASCADE”进一步表示，在课程关系 C 中删除某个 C# 值的元组时，也要在学习关系 SC 中删除这个 C# 值的所有元组。

（2）受限删除（restricted delete）。仅当参照关系（子表）中没有任何元组的外键值与被参照关系（父表）中要删除元组的主键值相同时，系统才执行删除操作，否则拒绝此删除操作。

（3）置空值删除（null delete）。当删除被参照关系（父表）的元组时，将参照关系（子表）中相应元组的外键值置为空值。例如，在连带删除的例子中，如果将建立学习关系表 SC 中的“ON DELETE CASCADE”约束换成“ON DELETE SET NULL”，就表示在删除课程关系 C（父表）中的某个 C# 值的元组同时，将学习关系表 SC（子表）中所有的这个 C# 值转换成空值，表示“未知”或“没有值”。

3. 在参照关系中插入元组问题

一般地，将参照关系（子表）插入某个元组，而被参照关系（父表）不存在相应的元组时，被参照关系（父表）的主键值与参照关系（子表）插入元组的外键值相同，这时可采用受限插入和递归插入两种策略。

从上面的讨论我们看到 DBMS 在实现引用完整性时，除了要提供定义主键、外键的机制外，还需要提供不同的策略供用户选择。选择哪种策略，都要根据应用环境的要求确定。

13.1.3 SQL Server 2012 的完整性控制

在 SQL Server 2012 数据库中，根据数据完整性涉及的方式不同，它所作用的数据库对象和范围也不同，可以将数据完整性分为实体完整性、域完整性、引用完整性和用户定义完整性。SQL Server 2012 提供了各种机制以强制数据的完整性（见表 13-1）。

表 13-1 SQL Server 2012 的数据库完整性分类表

完整性类型	实现机制	描述
域完整性	DEFAULT	指定列的默认值
	CHECK	指定允许值
	外键约束	指定必须存在的值
	NULL	是否允许空值
实体完整性	主键约束	每行的唯一标识
	UNIQUE	不允许有重复 key
引用完整性	FOREIGN KEY	定义的列的值必须与某表的主键值一致
	CHECK	基于另一列的值
用户定义完整性	触发器	由用户定义不属于其他任何完整性类别的特定业务规则

约束是实现强制数据完整的 ANSI 标准的方法，是 SQL Server 数据库实现强制数据完整性的重要方式。约束确保合法的数据值存入数据列中，并满足表间的约束关系。下面介绍 SQL Server 2012 的完整性约束。

1. 主键约束

一般在 SQL Server 2012 数据库中，保存数据的表都要设置主键。设置主键约束的数据表将符合两个数据完整性规则，一是列不允许有空值，即指定的 PRIMARY KEY 约束，将数据列隐式转换为 NOT NULL 约束；二是不能有重复的值。如果对具有重复值或允许有空值的列添加 PRIMARY KEY 约束，则数据库引擎将返回一个错误，且不得添加。

【例 13-4】 大学管理数据库中，将学生关系 ST 的“学号”字段 S# 设置为主键。

用户可以使用 SQL Server Management Studio 工具为数据库建立主键约束，具体操作过程如下所述。

（1）启动 SQL Server Management Studio 工具，打开大学管理数据库 DXGL。

（2）在“表”对象中，右击学生关系表 ST，单击“设计”，打开“表设计器”。

（3）在“表设计器”界面上，单击要定义为主键的列（学号 S#）的行选择器。若要选择多个列，在按住 Ctrl 键的同时单击其他列的行选择器。

（4）右击该列的行选择器，然后选择“设置主键”菜单命令（见图 13-2），完成主键设置。系统将自动创建名为“PK_ST”的主键索引，可以通过展开“数据库 DXGL/ 表 / ST 表 / 索引”查看，也可以通过选择图 13-2 快捷菜单中的“索引 / 键”，打开对话框查看，如图 13-3 所示。

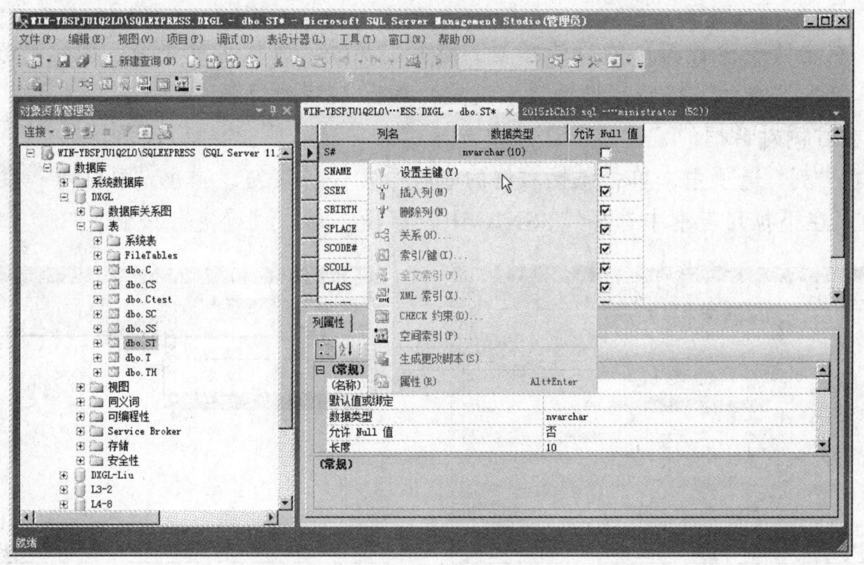

图 13-2　选择“设置主键”菜单命令

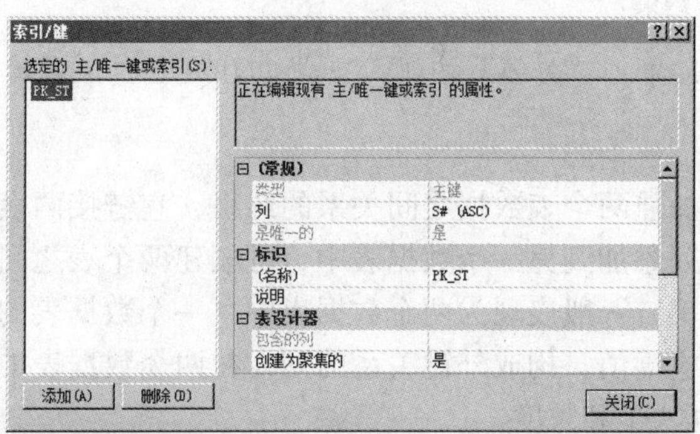

图 13-3　通过“索引 / 键”对话框查看系统自动创建的主键索引

（5）若需要调整属性列的排位，可单击某列左边的黑三角拖拽至所需位置即可。

2. UNIQUE 约束

UNIQUE 约束是指表中的任何两行都不能有相同的列值。主键也强制实施唯一性，但主键不允许 NULL 的出现。一般情况下 UNIQUE 约束用于确保在非主键列中不输入重复的值。

用户可以在创建表时，将 UNIQUE 约束作为表定义的一部分，也可以在已经存在的数据表，用图形工具或者 T-SQL 脚本添加 UNIQUE 约束。一个表可含有多个 UNIQUE 约束。

【例 13-5】 在大学管理数据库中，对专业关系 SS 的“专业名称”字段 SSNAME 创建 UNIQUE 约束，以确保该列取值的唯一性。

（1）启动 SSMS 工具，打开大学管理数据库 DXGL。

（2）在“表”对象中，右击专业关系表 SS，单击“设计”命令，打开“表设计器”。

（3）在“表设计器”界面上，单击要定义为主键的列（专业名称 SSNAME）的行选择器。

（4）右击“表设计器”的行选择器，选择“索引 / 键”菜单命令，弹出“索引 / 键”对话框，单击“添加”按钮，进行属性设置，如图 13-4 所示。

1）在右侧对话框的“类型”选项中选择“唯一键”项。

2）在“列”选项中，单击属性右侧的省略号（…）按钮，弹出“索引列”对话框（见图 13-5）。在下拉列表框中选择“SSNAME”字段，单击“确定”按钮。

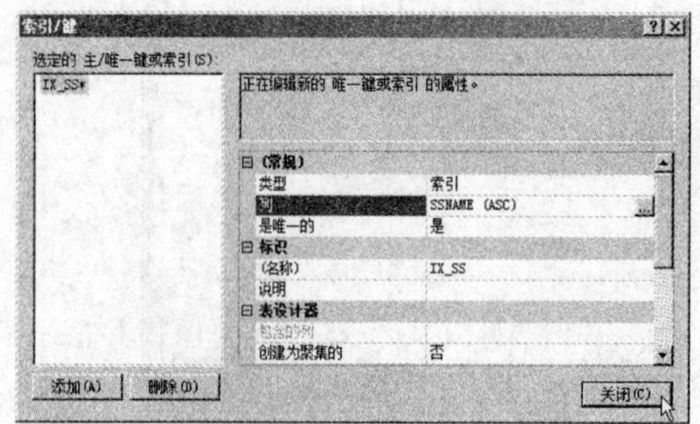

图 13-4 在“索引 / 键”对话框中设置 UNIQUE 约束

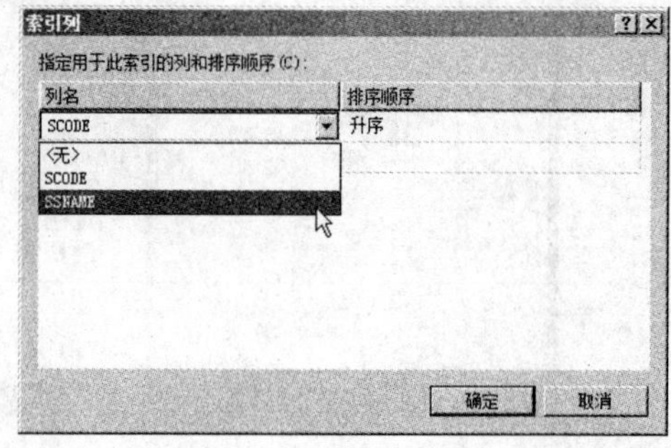

图 13-5 “索引列”对话框

（5）返回图 13-4，单击“关闭”按钮，完成 UNIQUE 约束的建立。

3. 外键约束

外键用于建立和加强两个表数据之间关系的约束，它链接两表的一列或多列。通过将数据表中主键值的列添加到另一个数据表中，可创建两个表之间的关系。这个主键列就成为第二个表的外键。一般表现为两个数据表中，一个数据表的某一列的所有值，全部取自另外一个表的主键值。构成外键关系的列，在两个数据表中必须具有相同的数据类型（或相关的数据类型）和长度。

【例 13-6】 在大学管理数据库中，为学习关系 SC 的“学号”字段 S# 创建外键约束，以保证该列取值与学生关系 ST 的“学号”字段 S# 的取值相对应。（注意：学生关系 ST

的“学号”字段 S# 必须已经设置为主键）

（1）启动 SSMS 工具，打开大学管理数据库 DXGL。

（2）在“表”对象中选择学习关系表 SC，打开“表设计器”。

（3）在“表设计器”界面上右击鼠标，在弹出的快捷菜单（见图 13-2）内单击“关系”命令，弹出“外键关系”对话框，如图 13-6 所示，单击“添加”按钮创建新的关系。

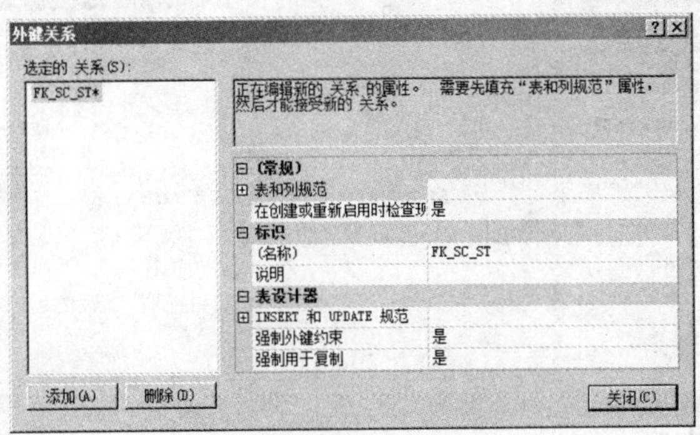

图 13-6 “外键关系”对话框

（4）在“外键关系”对话框中，将名称改为“FK_SC_ST”，单击“表和列规范”，单击属性右侧的省略号（…）按钮，弹出“表和列”对话框。

（5）在“表和列”对话框中，从“主键表”列表中选择学生关系“ST”，数据列（主键表下方的选择框）选择“S#”，在外键表中选择“S#”项，单击“确定”按钮，如图 13-7 所示。

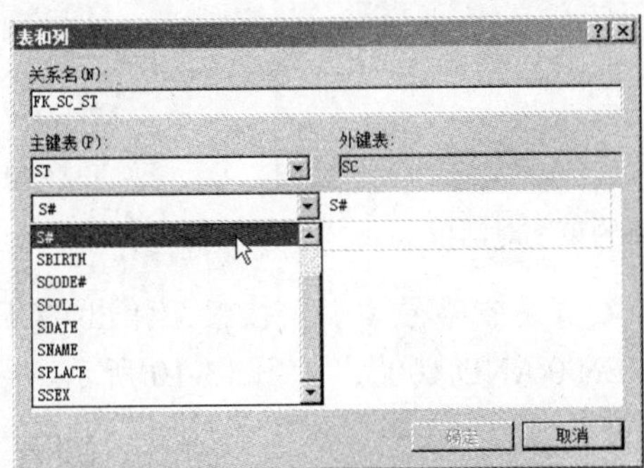

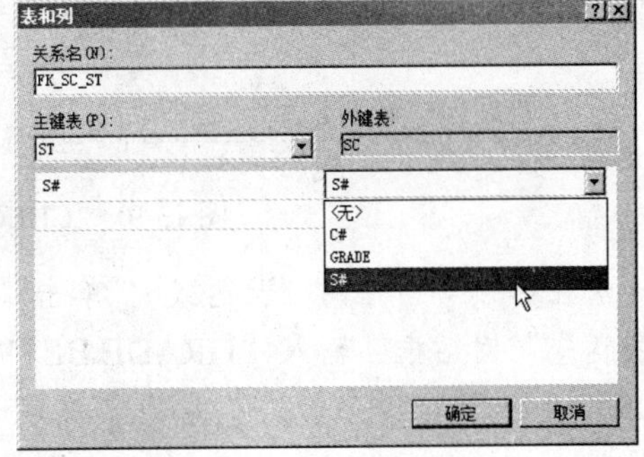

图 13-7 “表和列”对话框

（6）返回图 13-6，单击“关闭”按钮，保存所完成的设置。

4. CHECK 约束

CHECK 约束是限制列可接受的值，它可以强制域的完整性。

【例 13-7】 在大学管理数据库中，对于学习关系 SC 的“成绩”字段 GRADE，要求值在 0 ～ 100 之间。

（1）启动 SSMS 工具，打开大学管理数据库 DXGL。

（2）在“表”对象中选择学习关系表 SC，选中 GRADE 属性。

（3）在 SSMS 的菜单栏单击“表设计器”，选择“CHECK 约束”命令（见图 13-8），弹出“CHECK 约束”对话框，如图 13-9 所示，单击“添加”按钮，创建新的 CHECK 约束。

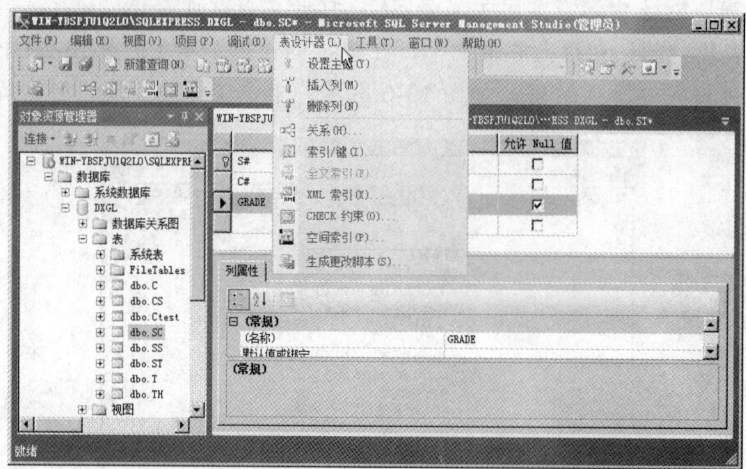

图 13-8　选择“CHECK 约束”命令

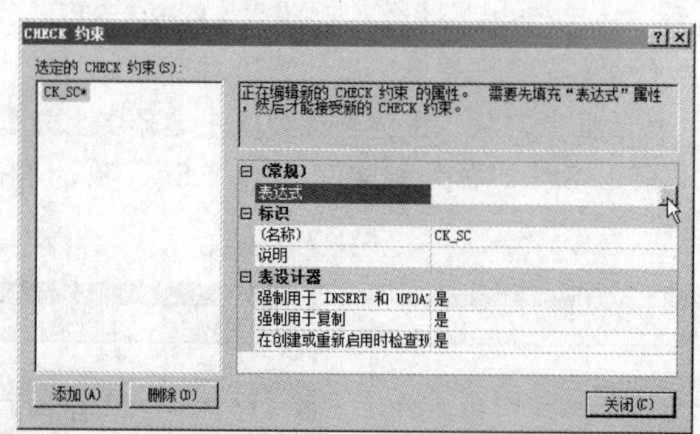

图 13-9　“CHECK 约束”对话框

（4）在右侧对话框的“表达式”，单击属性右侧的省略号（…）按钮，弹出“CHECK 约束表达式”对话框，输入“GRADE BETWEEN 0 AND 100”，如图 13-10 所示。

（5）返回图 13-9，单击“关闭”按钮保存，完成设置。

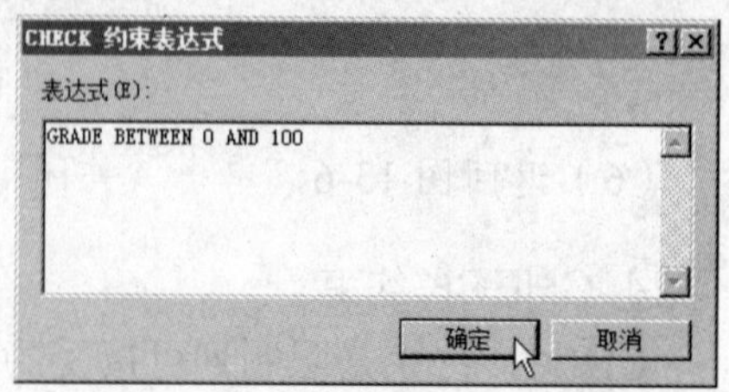

图 13-10　“CHECK 约束表达式”对话框

5. DEFAULT 约束

默认值是一种常用的约束。在数据库表中插入行时没有为列指定值，默认值则指定列中使用什么值。默认值可以是计算结果为常量的任何值，例如常量、内置函数或数学表达式。

【例 13-8】 在大学管理数据库中，为学习关系 SC 的“成绩”字段 GRADE 设置默认值“0”。

（1）操作如上，在学习关系 SC 表中选中 GRADE 属性。

（2）在下方窗口的“列属性”选项页中，选择“默认值或绑定”项，在其右侧的对话框中输入默认值“0”，如图 13-11 所示。

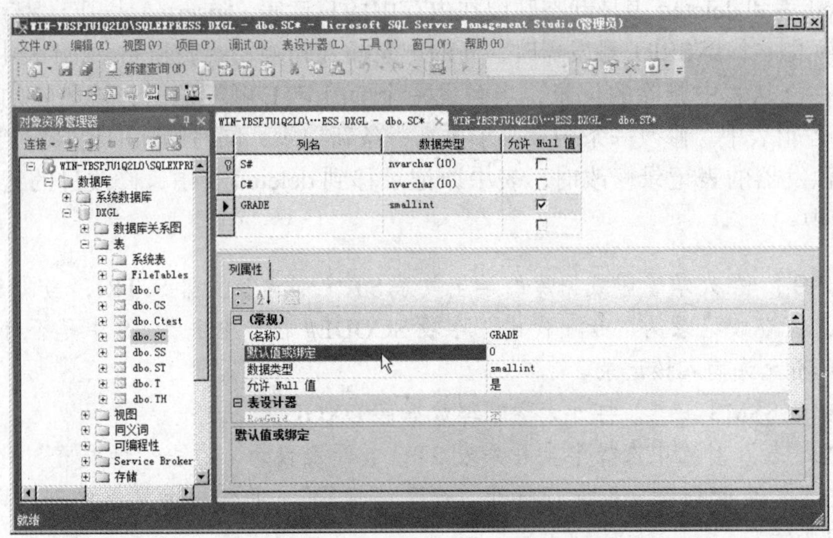

图 13-11 默认值设置

（3）单击“保存”按钮，保存数据表，即完成建立 DEFAULT 约束。

6. 触发器控制

数据库触发器是一种使用非说明方法实施完整性约束的方法。在 SQL Server 中，触发器是一类特殊的存储过程，主要作用是实现由主键和外键不能实现的、复杂的引用完整性及数据的一致性。也就是说，主要用于表间的完整性约束，它还可以用于解决高级形式的业务规则、复杂行为限制，以及实现定制记录等问题。

SQL Server 2012 主要提供两大类触发器：DML 触发器和 DDL 触发器。

（1）DML 触发器。DML 触发器是当数据库服务器中发生数据操作语言（data manipulation language，DML）事件时要执行的操作。DML 事件包括对表或视图发出的 UPDATE，INSERT 或 DELETE 语句。DML 触发器用于在数据被修改时，强制执行业务规则，以及扩展 SQL Server 数据库约束、默认值和规则的完整性检查逻辑。DML 触发器包括两种类型：AFTER 触发器和 INSTEAD OF 触发器。

1）AFTER 触发器：在 INSERT，UPDATE，DELETE 语句操作后执行。

2）INSTEAD OF 触发器：在 INSERT，UPDATE，DELETE 语句执行时替代执行。

（2）DDL 触发器。DDL 触发器是 SQL Server 的一种特殊的触发器，在相应数据定义语言（data definition language，DDL）语句时触发。该触发器一般用于在数据库中执行管理任务，例如，审核以及规范数据库操作。本章所讲的触发器主要是 DML 触发器。

触发器主要由三部分组成，触发事件或语句、触发限制和触发器动作。触发事件或语句是指引起激起触发器的 SQL 语句，是对一指定的表的 INSERT，UPDATE 或 DELETE 语句。触发限制是指定一个布尔表达式，当触发器激发时该布尔表达式必须为真。触发器是一个特殊的过程，当触发语句发出触发限制计算为真时，该过程被执行。

执行触发器时，系统自动创建两个特殊的逻辑表 inserted 表和 deleted 表。它们与该触发器作用的表具有相同的表结构，用于保存因用户操作而被影响到的原数据值或新数据值。

inserted 表和 deleted 表是动态驻留在内存中的只读表。inserted 表用于保存插入的新记录，当触发一个 INSERT 触发器时，新的记录插入到触发器表和 inserted 表中。deleted 表用于保存已从表中删除的记录，当触发一个 DELETE 触发器时，被删除的记录存放到 deleted 逻辑表中。修改一条记录等于插入一条新记录，同时删除旧记录。当对定义了 UPDATE 触发器的表记录修改时，表中原记录移到 deleted 表中，修改过的记录插入到 inserted 表中。

【例 13-9】 在大学管理数据库的学生关系 ST 上创建触发器 S_TRI，当向 ST 插入一条记录时，检查该记录的“专业代码”字段 SCODE# 在专业关系 SS 中是否存在，如果不存在，则不允许插入该记录。

（1）启动 SSMS 工具，打开大学管理数据库 DXGL。

（2）在“表”对象中选择学生关系表 ST，展开表目录，右击“触发器”对象，选择“新建触发器”菜单命令，系统将打开“查询编辑器”，并给出触发器的创建命令格式，如图 13-12 所示。

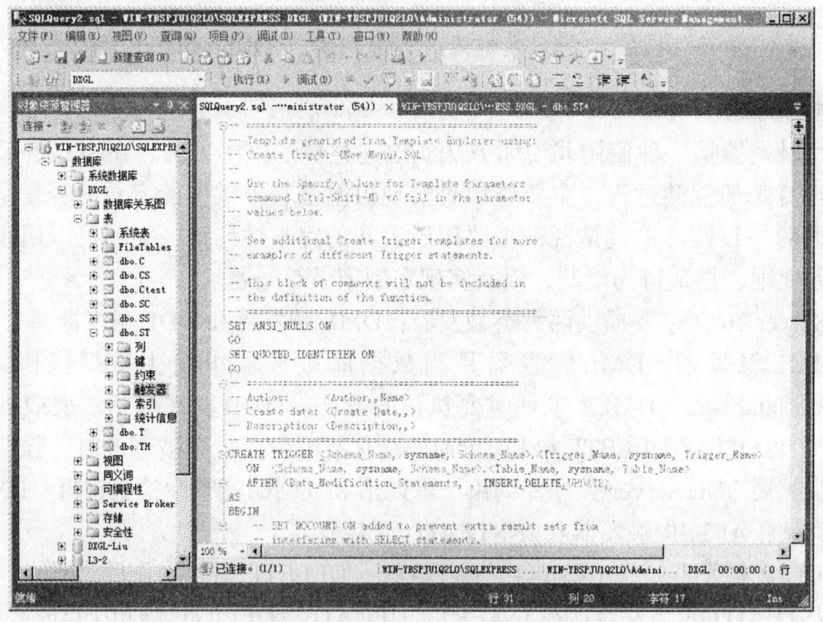

图 13-12 “查询编辑器”下的触发器创建命令格式

（3）在“查询编辑器”中，用户根据需要修改触发器名称，添加触发器内容，如下列代码所示，完成触发器的编写，再单击“执行”按钮，在出现“命令已成功完成”的提示后，即完成创建。表目录的“触发器”对象下将出现该触发器名，如图 13-13 所示。

触发器代码如下：

```
CREATE TRIGGER S_TRI ON ST
    FOR INSERT
AS
BEGIN
    IF EXISTS (SELECT * FROM inserted a
```

```
            WHERE a.SCODE# NOT IN (SELECT SS.SCODE# FROM SS))
    BEGIN
        RAISERROR('违背数据的一致性。',16,1)          /* 参数参见例 7-7 说明 */
        ROLLBACK TRANSACTION
    END
END
```

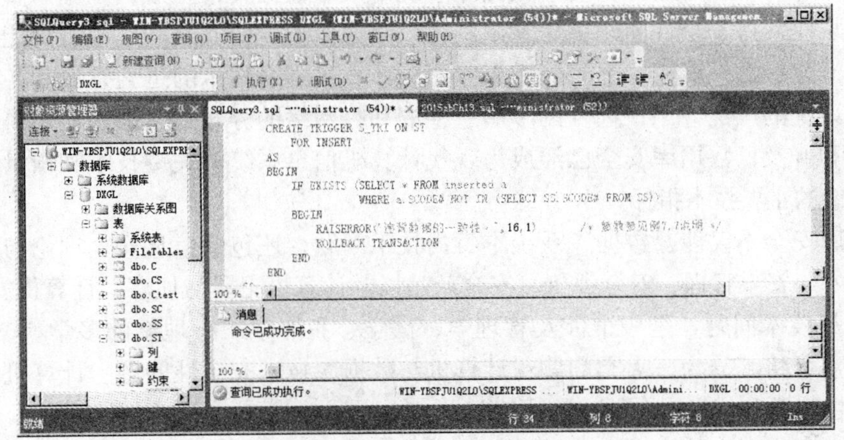

图 13-13　触发器创建成功

针对原有学生关系 ST 表（表 1-3）内的数据，当执行 SQL 语句为：

```
INSERT INTO ST
VALUES ('201404002','杨春霞','女','1997-05-09','西安市','J0804','电子工程',
        '201403','20140901');
```

时，由于‘J0804’在专业关系表 SS（表 1-4）中不存在，故系统发出相应的消息（见图 13-14）。若将‘J0804’改为‘J0204’，则插入成功。

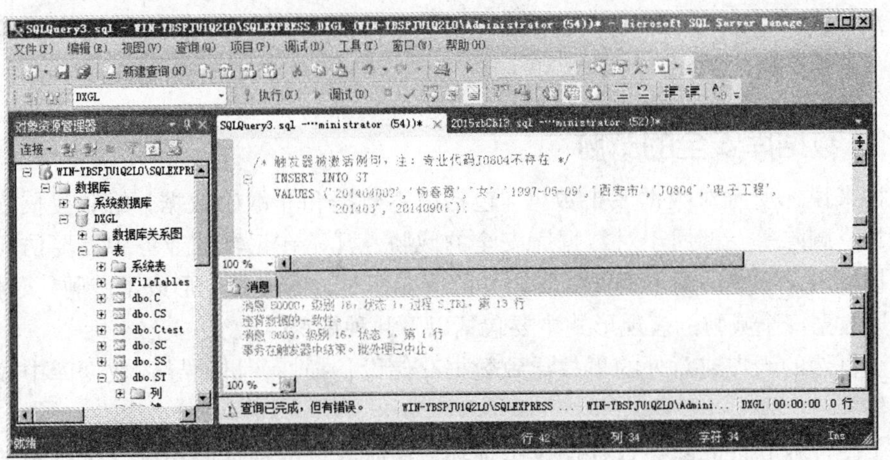

图 13-14　系统发出相应的消息“违背数据的一致性！”

13.2　数据库的安全性

数据库的安全性是指在信息系统的不同层次保护数据库，防止未授权的数据访问，避免数据的泄漏、不合法的修改或对数据的破坏。安全性问题不是数据库系统所独有的，它来自各个方面，其中既有数据库本身的安全机制如用户认证、存取权限、视图隔离、跟踪与审查、数据加密、数据完整性控制、数据访问的并发控制、数据库的备份和恢复等方面，也涉及计算机硬件系统、计算机网络系统、操作系统、组件、Web 服务、客户端应用程序、网络浏览器等。由于数据库系统中大量数据集中存放，多用户直接共享数据资源，从而使得安全性问题更为突出。每一个方面产生的安全问题都有可能导致数据库数据的泄露、意外修改、丢失等后果。随着计算机网络技术的迅猛发展和各种基于网络的信息系统的广泛应用，远程的多用户存取和跨网络的分布式数据库应用得到了进一步的发展和普及，数据库安全已经成为现代计算机信息系统的关键技术和衡量现代数据库系统性能的主要技术指标。

数据库安全不仅涉及数据库系统本身的技术问题，还包括信息安全理论与策略、信息安全技术、安全管理、安全评价、安全产品以及计算机犯罪与侦察、计算机安全法律、安全监察等技术问题，是一个涉及管理学、法学、犯罪学、心理学的多学科交叉问题。但从总体上可将其分为三大类问题：计算机与数据库技术安全性问题、计算机与数据库管理安全性问题和信息安全的政策法律问题。

计算机与数据库技术安全性问题是指，在计算机与数据库系统中采用具有一定安全性的硬件、软件来实现对数据库系统及其所存数据的安全保护，使计算机或数据库系统在受到无意或恶意的攻击时仍能正常运行，并保证数据库中的数据不丢失、不被更改、不泄露。

计算机与数据库管理安全性问题是指技术安全之外的问题，诸如软硬件意外故障、场地的意外事故、管理不善而导致的因计算机存储设备和数据介质的物理破坏，使数据库中数据丢失等安全问题，视为管理安全。

信息安全的政策法律问题是指，国家和政府部门颁布的有关计算机犯罪、信息安全保密的法律、道德准则、政策法规和法令等。本书的性质决定了本节只讨论计算机与数据库的技术安全性问题。

13.2.1 数据库安全的威胁

严格来说，所有对数据库中数据（包括敏感数据和非敏感数据）的非授权读取、修改、添加、删除等，都属于对数据库安全的威胁。凡是在正常的业务中需要访问数据库时，使授权用户不能得到正常数据库服务的情况都对数据库安全形成了威胁。具体来说，对数据库数据安全威胁的表现形式主要包括以下几种情况。

（1）自然的天灾或意外的事故导致数据存储设备损坏，进而导致数据库中数据的损坏和丢失。

（2）硬件或软件故障导致存储设备损坏，系统软件或数据库系统安全机制失效，导致数据库中的数据损坏和丢失，或无法恢复。

（3）敌对方通过不同手段对系统软件或硬件的破坏引起的信息丢失。

（4）数据库管理员或系统用户的误操作，导致应用系统的不正确使用而引起的信息丢失。

（5）授权用户滥用权限而引起的信息窃取，或通过滥用权限蓄意修改、添加、删除系统或别的用户的数据信息。

（6）“黑客”和敌意的攻击使系统瘫痪而无法恢复原数据信息，或篡改和删除数据等造成的信息丢失。

（7）病毒引起的数据损坏和丢失。

（8）授权用户利用合法的权限通过在系统中安装特洛伊木马（隐藏在公开的程序内部，收集系统环境的信息与程序）来对数据库数据进行攻击。

（9）利用天窗和隐通道（藏在合法程序内部的一段程序代码）实现对数据库数据的攻击或进行数据窃取。

（10）非法授权用户绕过 DBMS 直接对数据进行读写。

综合以上对数据库数据安全威胁的表现形式可知，数据威胁实质上可归结为以下三个方面。

（1）数据损坏，包括因存储设备全部或部分损坏引起的数据损坏，因敌意攻击或恶意破坏造成的整个数据库或部分数据库表被删除、移走或破坏。

（2）数据篡改，即对数据库中数据未经授权进行修改，使数据丢失原来的真实性。

（3）数据窃取。数据窃取包括对敏感数据的非授权读取、非法拷贝、非法打印等。

13.2.2 数据库安全控制

数据库安全控制的核心是提供对数据库信息的安全存取服务，即在向授权用户提供可靠的信息和数据服务的同时，又拒绝非授权用户对数据的存取访问请求，保证数据库数据的可用性、完整性和安全性，进而保证所有合法数据库用户的合法权益。

与计算机系统的安全性控制一样，数据库系统的安全措施是逐级逐层设置的，其安全模型如图 13-15 所示。

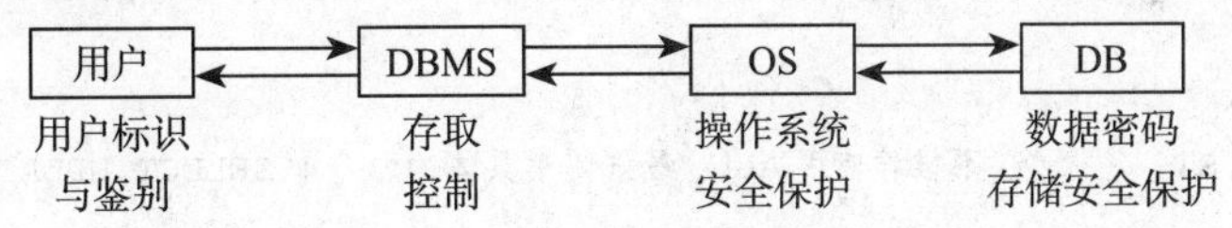

图 13-15　数据库系统的安全模型

在一个多用户的数据库系统，特别是在一个开放的网络数据库系统中，用户标识和鉴别是数据库系统安全控制机制提供的最重要的、最外层的安全保护措施。其方法是由系统提供一定的方式让用户标识自己的身份。每当用户要求进入系统时，由系统进行核对，通过鉴定后才提供数据库系统使用权。

数据库安全性关心的主要问题就是 DBMS 的存取控制机制。数据库的存取控制机制定义和控制一个对象对另一个对象的存取访问权限。对存取访问权限的定义称为授权。数据库安全最重要的一点就是确保把访问数据库的权限只授权给有资格的用户，同时令所有未被授权的人员无法接近数据。

在 SQL 语言中，对用户的授权用 GRANT 命令实现，权限回收由 REVOKE 命令实现。

（1）用户的授权。授权语句的功能是创建新用户、授权或更改用户口令。对不同用户的授权命令格式为：

```
GRANT { ALL [ PRIVILEGES ] }
    | permission [ ( column [ ,...n ] ) ] [ ,...n ]
    [ ON [ class :: ] securable ] TO principal [ ,...n ]
    [ WITH GRANT OPTION ] [ AS principal ]
```

说明：GRANT 的功能是将安全对象的权限授予主体。其语句的完整语法非常复杂。上面的语法格式经过了简化，以突出说明其结构，其详细描述请读者参考其他资料。

（2）撤销授权。授予用户的权限可以撤销。撤销权限的命令格式为：

```
REVOKE [ GRANT OPTION FOR ]
       {
       [ ALL [ PRIVILEGES ] ]
       | permission [ ( column [ ,...n ] ) ] [ ,...n ]
    }
    [ ON [ class :: ] securable ]
    { TO | FROM } principal [ ,...n ]
    [ CASCADE] [ AS principal ]
```

说明：REVOKE 的功能是取消以前授予或拒绝了的权限。其语句的完整语法同样非常复杂。这里也是简化过的格式，其详细描述请读者参考其他资料。

1. 数据库对象的授权

在数据库系统中，数据库对象主要包括表、视图等。不同的用户对数据库对象具有不同的操作权限，这些操作权限包括查询（SELECT）权、插入（INSERT）新记录权、修改（UPDATE）记录权、删除（DELETE）记录权等。定义（或授予）一个用户的存取权限就是要定义这个用户可以在哪些数据库对象上进行哪些类型的操作。

【例 13-10】 dbo 把学生关系 ST 的所有特权授予学籍管理子系统用户 M_Sub，并允许学籍管理子系统用户 M_Sub，将获得的权限授予其他用户，授权语句为：

```
USE DXGL
GO
GRANT ALL ON ST     /* 不推荐使用 ALL，最好使用具体的命令如 SELECT,UPDATE,INSERT 等 */
    TO M_Sub
    WITH GRANT OPTION;
```

M_Sub 用户把学生关系 ST 的 SELECT 权限授予计划管理子系统用户 M_Jh，授权语句为：

```
GRANT SELECT ON dbo.ST TO M_Jh;
```

说明：在运行本例前，必须先创建两个用户，即 M_Sub 和 M_Jh，创建语句如后所述。必须先创建登录用户以后才能创建用户。可在“对象资源管理器”下展开“安全性/登录名”，看到已建好的登录名“M_Sub”（见图 13-16）。dbo. ST 表示表 ST 的真正拥有者是 dbo。ALL 权限已不再推荐使用，并且只保留用于兼容性目的。它并不表示对实体定义了 ALL 权限，最好使用具体的命令如 SELECT，DELETE 等。GRANT OPTION 表示被授权者在获得指定权限的同时还可以将指定权限授予其他主体。

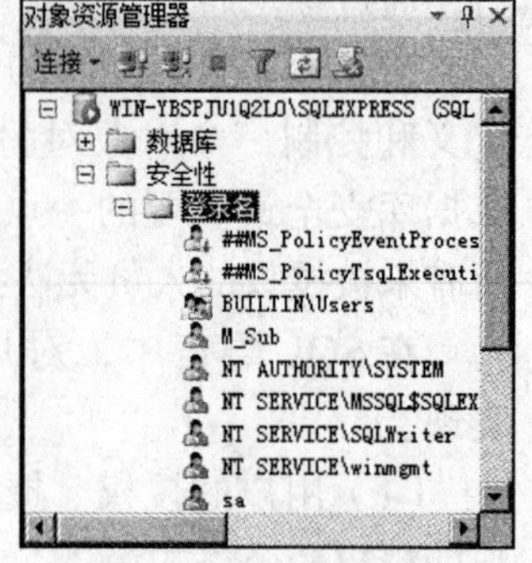

图 13-16　登录名 M_Sub

```
CREATE LOGIN M_Sub              /* 创建登录用户M_Sub，密码为"Wsp123" */
    WITH PASSWORD = 'Wsp123';
USE DXGL;
CREATE USER M_Sub;              /* 创建用户M_Sub */
GO

CREATE LOGIN M_Jh               /* 创建登录用户M_Jh，密码为"Wsp123" */
    WITH PASSWORD = 'Wsp123';
USE DXGL;
CREATE USER M_Jh;               /* 创建用户M_Jh */
GO
```

若要删除登录用户和用户可以使用语句：

```
DROP LOGIN M_Sub;               /* 删除登录用户M_Sub */
DROP USER M_Sub;                /* 删除用户M_Sub */
```

2. 数据库对象权限的撤销

授予用户的数据库对象操作权限可以撤销。撤销数据库对象操作权限的描述见例13-11。

【例 13-11】 撤销授予学籍管理子系统用户 M_Sub 对学生关系 ST 的所有操作权限。

撤销用户 M_Sub 所有操作权限的语句为：

```
REVOKE ALL ON ST FROM M_Sub CASCADE;     /* 撤销用户M_Sub对ST的所有操作权限 */
```

说明：在撤销 M_Sub 用户对象 ST 的所有操作权限的同时，用户 M_Jh 也就同时失去了对表 dbo.ST 的 SELECT 权限。

当用户被授予了对数据库对象的操作权限后，用户的这些操作权限就存储在数据字典中。每当用户发出数据库的操作请求后，DBMS 查找数据字典，根据用户权限进行合法权限检查。若用户的操作请求超出了定义的权限，系统将拒绝执行此操作。

按照上述对数据库对象操作权限的授权方法一般称为自主存取控制。目前的大型 DBMS 一般都支持 C2 级中的自主存取控制。

在自主存取控制中，用户对于不同的数据库对象有不同的存取权限，不同的用户对同一个数据库对象也有不同的权限，而且用户还可以将自己拥有的存取权限转授给其他用户。因此自主存取控制非常灵活。

在数据库对象操作权限的授权中，数据对象范围越小，授权子系统就越灵活。例如上面的修改授权定义可精确到字段级，而有的系统只能对关系授权。授权粒度越细，授权子系统就越灵活，但系统定义与检查权限的开销也会相应地增大。

衡量授权子系统精巧程度的另一个尺度是能否提供与数据值有关的授权。上面的授权定义是独立于数据值的，即用户能否对某类数据对象执行的操作与数据值无关，完全由数据名（属性）决定。反之，若授权依赖于数据对象的内容，则称为与数据值有关的授权。

自主存取控制能够通过授权机制有效地控制其他用户对敏感数据的存取。但是由于用户对数据的存取权限是"自主"的，用户可以自由地决定将数据的存取权限授予别人、决定是否也将“授权”的权限授予别人。在这种授权机制下，仍可能存在数据的“无意泄露”。

13.2.3 视图机制

进行存取权限控制时，可以为不同的用户定义不同的视图，把数据对象限制在一定的范围内，也就是说，通过视图机制把要保密的数据对无权存取的用户隐藏起来，从而自动地对数据提供一定程度的安全保护。

视图机制可以对某些列进行保护，从而维护实现列级安全性。在定义视图时，未被定义为视图列的那些表的字段自动被保护起来。另外，还可以对视图中的列作更新特权来实现列级安全性。

在前面介绍的数据库的表级安全性中，为数据库对象的SELECT，INSERT，UPDATE和DELETE操作授权不能限制被授予者使用哪些记录，但可利用一个带选择条件的视图限制被授权用户对某些行的访问，从而使那些不满足条件的行自动得到保护，实现了维护行级安全性。

【例13-12】 在学生关系表ST上建立只有属性列学号、姓名、专业，且班级仅为201402的视图，并将查询权限授予该班的辅导员DONG_QING，然后以DONG_QING（董晴）的身份进行操作。

（1）建立视图。

```
USE DXGL
GO
CREATE VIEW ST_Sub    /* 创建视图 ST_Sub */
    AS SELECT S#,SNAME,SCODE# FROM ST
        WHERE CLASS='201402'
        WITH CHECK OPTION;
```

说明：建立的视图为ST_Sub（S#，SNAME，SCODE#），其中的关系ST为：

ST（S#，SNAME，SSEX，SBIRTH，SPLACE，SCODE#，SCOLL，CLASS，SDATE）

（2）授权。

```
GRANT SELECT ON ST_Sub      /* 向 DONG_QING 授予对视图 ST_Sub 的查询权 */
    TO DONG_QING;
```

（3）以DONG_QING的身份进行操作，运行结果如图13-17所示。

```
SELECT * FROM ST_Sub;
```

	S#	SNAME	SCODE#
1	201402001	李小四	J0202
2	201402002	王小五	J0203
3	201402003	赵小六	J0202

图13-17 查询结果

说明：在运行本例授权语句前，仍然须先创建用户“DONG_QING”，语句如下：

```
CREATE LOGIN DONG_QING          /* 创建登录用户 DONG_QING, 密码为 "Wsp123" */
    WITH PASSWORD = 'Wsp123';
USE DXGL;
```

```
CREATE USER DONG_QING;          /* 创建用户 DONG_QING */
GO
```

若想以DONG_QING的身份进行操作，必须将当前用户切换至DONG_QING用户，可用下列语句：

```
select SESSION_USER                          /* 查看当前用户 */
execute as user='DONG_QING'                  /* 切换当前用户为 DONG_QING */
revert                                       /* 返回切换前用户 */
```

所以，若想正确完成本例，其步骤是：①创建视图ST_Sub；②创建用户名DONG_QING；③授权；④切换用户至DONG_QING；⑤查看并确认当前用户为DONG_QING；⑥运行查询语句；⑦查看结果是否相符；⑧返回切换前用户；⑨是否考虑删除用户和登录用户。

在例13-12中，201402班的辅导员只能查询该班学生的情况，从而实现了对其他班的同学的记录（行）的隐藏和保护。而且约定只能查看学生的学号、姓名和专业，所以也实现了对原学生关系ST的某些属性列（如出生地等）的隐藏和保护。若想查看当前用户的权限，还可以使用fn_my_permissions表值函数，其语句如下（详情请参考其他书籍）：

```
USE DXGL;                  /* 查看当前用户的权限 */
SELECT * FROM fn_my_permissions(NULL, 'DATABASE');
GO
```

或

```
EXECUTE sp_helprotect @username = 'DONG_QING';
```

13.2.4 审核

审核是将若干元素组合到一个包中，用于执行一组特定服务器操作或数据库操作。SQL Server审核的组件组合生成的输出称为审核。就像由图形和数据元素生成并组建的定义报表一样。审核SQL Server数据库引擎实例或是单独的数据库，涉及跟踪和记录数据库引擎中发生的事件。通过SQL Server审核，用户可以创建服务器审核，其中可以包含针对服务器级别事件的服务器审核规范和针对数据库级别事件的数据库审核规范。经过审核的事件可以写入事件日志（event logs）或审核文件（audit files）。

SQL Server的审核级别有若干种，具体取决于用户的安装、政府要求或标准要求。SQL Server审核提供若干必需的工具和进程，用于启用、存储和查看对各个服务器和数据库对象的审核。用户可以记录每个实例的服务器审核操作组，或记录每个数据库的数据库审核操作组或数据库审核操作。在每次遇到可审核操作时，都将发生审核事件。

SQL Server 2012的所有版本均支持服务器级审核。数据库级审核限制为Enterprise，Developer和Evaluation版本。有关详细信息，请参考SQL Server 2012各个版本支持的功能。

1. SQL Server审核

SQL Server审核对象收集单个服务器实例或数据库级操作和操作组以进行监视。这种审核处于 SQL Server 实例级别。每个 SQL Server 实例可以具有多个审核。

2. 服务器审核规范

服务器审核规范对象属于审核。用户可以为每个审核创建一个服务器审核规范，因为它们都是在 SQL Server 实例范围内创建的。服务器审核规范可收集许多由扩展事件功能引发的服务器级操作组。

3. 数据库审核规范

数据库审核规范对象也属于 SQL Server 审核。针对每个审核，用户可以为每个 SQL Server 数据库创建一个数据库审核规范。数据库审核规范可收集由扩展事件功能引发的数据库级审核操作。用户可以向数据库审核规范添加审核操作组或审核事件。请勿在用户数据库审核规范中包括服务器范围的对象（如系统视图）。

审核的结果将发送到目标为文件、Windows 安全事件日志或 Windows 应用程序事件日志。必须定期查看和归档这些日志，以确保这些目标具有足够的空间来写入更多记录。SQL Server Audit 的每一个功能和命令都有其独特的权限需求。需要指出的是，任何经过身份验证的用户可以读取和写入 Windows 应用程序事件日志。应用程序事件日志要求的权限比 Windows 安全事件日志要低，所以安全性也低于 Windows 安全事件日志。

可以使用 SQL Server Management Studio 或 Transact-SQL 定义审核。在创建并启用后，目标将接收各项审核。用户可以使用 Windows 中的“事件查看器”实用工具读取 Windows 事件。对于文件目标，用户可以使用 SQL Server Management Studio 中的“日志文件查看器”或使用 fn_get_audit_file 函数来读取目标文件。

DBMS 提供了一整套的实现各种审核操作命令，详细介绍审核操作语句超出了本书的内容范围。审核操作通常很费时间和空间，所以 DBMS 往往都将其作为可选特征，允许 DBA 针对应用的安全性要求，灵活地创建、打开、取消或关闭审核功能。

13.2.5 数据加密

对于高度敏感性数据（如财务数据、军事数据、国家机密），除以上所述的安全性措施以外，还可以采用数据加密技术。

数据加密是防止数据库中数据在存储和传输中失密的有效手段。加密的基本思想是根据一定的算法将原始数据（明文，plain text）变换为不可直接识别的格式（密文，cipher text），使得不知道解密算法的人无法获知数据的内容，增强了数据的安全性。

加密方法主要有两种，一种是替换方法，该方法使用密钥（encryption key）将明文中的每一个字符转换为密文中的一个字符。另一种是置换方法，该方法仅将明文的字符按不同的顺序重新排列。单独使用这两种的任意一种都是不够安全的。但是将这两种方法结合起来就能提供相当高的安全程度。采用这种结合算法的例子是美国 1977 年制定的官方加密标准，即数据加密标准（data encryption standard，DES）。有关 DES 的密钥加密技术及密钥管理问题等已超出本书范围，这里不再讨论。

在数据库技术广泛应用的今天，攻击检测、计算机病毒防御等已经成为数据库安全的重要课题，但随着量子通信技术的成熟，很多防范问题将会得到较好的解决。

13.3 数据库恢复方式

在数据库应用系统中，最核心的部分往往是数据库。一旦数据库遭到损坏，将会给用户带来巨大的损失。鉴于数据库的运行环境，计算机的软、硬件故障，外部故障，应用程序设计中隐藏的错误，计算机病毒，操作人员的误操作或人为破坏等，都可能导致数据库的安全性和完整性损坏。由于这些可能故障的存在，且不可预测和难以避免，所以，应当建立一套应对预案，使得数据库在遭受破坏或处于不可靠状态时，能够使数据库恢复到一个正确或已知的状态上来。数据库的恢复技术研究指的是，当数据库中的数据遭到破坏时，进行数据库恢复的策略和实现技术。

13.3.1 故障分类

数据库在运行过程中出现的故障多种多样，总体上可分为三类：事务故障、系统故障和介质故障。

1. 事务故障

事务故障主要指数据库在运行过程中，出现的输入数据错误、运算溢出、应用程序错误、并发事务出现死锁等非预期的情况，而使事务未能运行到正常结束就夭折，导致事务非正常结束的一类故障。由于事务故障的非预期性，使得夭折的事务对数据库中数据的影响是难以预料的。

2. 系统故障

系统故障主要指数据库在运行过程中，由于硬件故障、操作系统或DBMS故障、数据库管理误操作、外部环境变化（如突然停电）等情况，导致所有正在运行的事务（或数据）以非正常方式终止的一类故障。

这类故障发生时，一些尚未完成的事务的结果可能已送入物理数据库；有些已完成事务提交的结果可能还有一部分或全部留在缓冲区尚未写回到物理数据库中去，从而造成数据库中数据的不一致性状态。

3. 介质故障

介质故障主要指数据库在运行过程中，由于磁头碰撞、磁盘损坏、瞬时强磁场的干扰等情况，使得数据库中数据部分或全部丢失的一类故障。

13.3.2 基本恢复方式

通常把遭到破坏的数据库还原到原来的正确状态或用户可接受的状态的过程称为数据库恢复。数据库恢复采用的基本原理就是数据冗余，即利用冗余地存储在“别处”的信息，部分地或全部地重建数据库。使用冗余数据最常用的技术是数据转储（又称倒库，dump）和建立日志文件（log file）。在一个数据库系统中这两种方法通常是一起使用的。由于导致数据库的安全性和完整性遭到破坏的原因多种多样，信息的破坏程度不尽相同，所以数据库恢复是一个费时、费事且相当复杂的过程。数据库的恢复机制涉及如何建立冗余数据和如何利用这些冗余数据实施数据库恢复两个关键问题。下面从这两方面介绍最常用的数据转储和日志文件数据库恢复方式及其实现技术。

1. 数据库转储

所谓数据库转储就是定期地把整个数据库或数据库中的数据拷贝到其他磁盘上保存起来的过程。转储中用于备份数据库或数据库中数据的数据文件称为后援副本。当数据库遭到破坏时，可以利用后援副本把数据库恢复到转储时的状态。

由于数据库遭到破坏的时间是随机的，所以通过装入后援副本只能把数据库恢复到转储时的状态。要想把数据库恢复到故障发生时的状态，还必须重新运行自转储以后的所有更新事务。例如在图 13-18 中，系统在 T_a 时刻停止运行事务并进行数据库转储，在 T_b 时刻转储完毕后，就可得到在 T_b 时刻具有一致性的数据库后援副本。假设系统运行到 T_f 时刻发生故障。那么为了恢复数据库，首先需要重装在 T_b 时刻得到的数据库后援副本，将数据库恢复至 T_b 时刻的状态。然后需要重新运行自 T_b 时刻至 T_f 时刻的所有更新事务，这样就可把数据库恢复到故障发生前的一致状态。

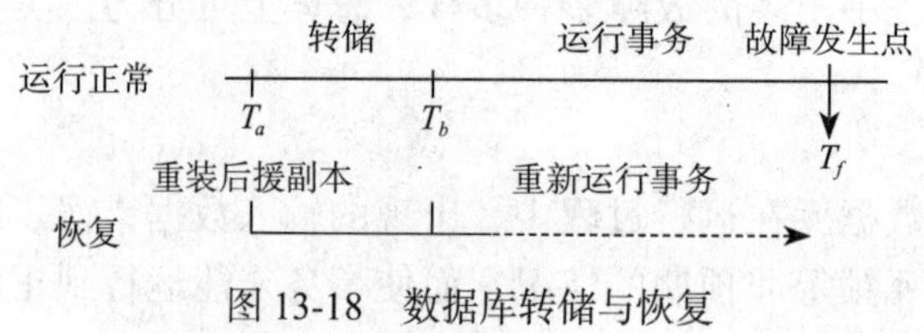

图 13-18　数据库转储与恢复

数据库转储是一件十分耗费时间和资源的事情，应根据数据库应用性质的不同，确定一个合理的转储周期，像银行等金融机构的数据库转储周期至少应为一天一次，而用于日常事务处理的办公系统的数据库转储周期相对可以长一些。

数据库转储分为静态转储和动态转储两种方式。

静态转储是指在系统中无运行事务时进行的转储操作，即在转储操作开始的时刻，数据库处于一致性状态，而转储期间不允许（或不存在）对数据库进行任何更新活动。显然，静态转储得到的一定是一个满足数据一致性的后援副本。静态转储简单，但转储必须等到运行的用户事务结束后才能进行。同样，新的事务必须等待转储操作结束后才能开始执行。显然，这会降低数据库的可用性。

动态转储是指在转储期间允许用户对数据库进行更新操作的转储操作，即转储操作和用户事务并发执行。动态转储可以克服静态转储必须等到运行的用户事务结束后才能进行转储操作的缺点，也不会影响新事务的运行。但是，转储结束时后援副本上的数据并不能保证正确有效。例如，在转储期间的某个时刻 T_c，系统把数据 A=80 转储到磁盘上，而在下一时刻 T_d，某一事务将 A 改为 100。转储结束后，后援副本上的 A 已是过时的数据了。为此，必须把转储期间各事务对数据库的更新活动登记至日志文件。然后，通过后援副本和日志文件把数据库恢复到正确的状态。

数据库转储还可以分为海量转储和增量转储两个方式。海量转储是指每次转储完全部数据库。增量转储则指每次只转储上一次转储后更新过的数据。从恢复角度看，利用海量转储方式得到的后援副本进行恢复一般来说更方便一些，但不足之处是当数据库很大，或事务处理十分频繁时，增量转储方式更加实用有效。

2. 日志文件

DBMS 把所有事务对数据库的更新（修改、插入、删除）信息都记录在一个文件上，该文件就称为日志文件。不同的数据库系统其日志文件的格式并不完全一样。但概括起来主要有以记录为单位的日志文件和以数据块为单位的日志文件两种类型。

在以记录为单位的日志文件中，日志文件中登记的关于每一次数据库更新的情况信息称为一个运行记录。一个运行记录通常包括如下一些内容：

（1）更新事务的标识（标明是哪个事务）；

（2）操作的类型（修改、插入或删除）；

（3）操作对象；

（4）更新前的旧数据值（对于插入操作此项为空）；

（5）更新后的新数据值（对于删除操作此项为空）；

（6）事务处理中的其他信息，如事务开始时间、事务结束时间、真正写回到数据库的时间等。

对于以数据块为单位的日志文件，只要某个数据块中有数据被更新，就将整个更新前和更新后的内容放入日志文件中。

日志文件在数据库恢复中起到非常重要的作用。可以用来进行事务故障恢复和系统故障恢复，并协助后援副本进行介质故障恢复。

在静态转储方式中，也可以建立日志文件。当数据库毁坏后，可重新装入后援副本把数据库恢复到转储结束时刻的正确状态，然后利用日志文件，对已完成的事务进行重做（redo）处理（因为已完成的事务对数据库的更新操作结果，由于出现故障已被丢失了，所以要重做）；对故障发生时尚未完成的事务进行撤销处理（因为尚未完成的事务对数据库状态的影响是未知的，所以只有撤销相关操作，才能使数据库恢复到故障前的正确状态）。这样不必重新运行那些已完成的事务程序就可把数据库恢复到故障前的正确状态，如图 13-19 所示。

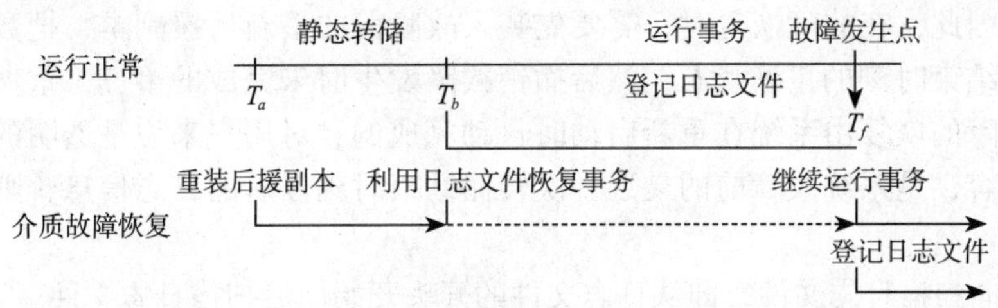

图 13-19　利用日志文件恢复数据库

在动态转储方式中必须建立日志文件，将后援副本和日志文件综合起来才能有效地恢复数据库。为保证数据库的可恢复性，登记日志（logging）文件时必须遵循下述两条原则：

（1）必须严格按并发事务执行的时间次序进行登记；

（2）必须先写日志文件，后回写数据库。

把对数据的更新写回到数据库中和把表示这个更新的日志记录写到日志文件中是两个不同的操作。有可能在这两个操作之间发生故障，即这两个写操作只完成了一个时发生故障。如果先把对数据库的更新写回数据库，而在运行记录中没有登记这个更新情况，则当故障发生后就无法恢复这个更新。如果先写日志，但没有更新数据库，则在按日志文件恢复时，只不过是多执行一次不必要的撤销（undo）操作，并不会影响数据库的正确性。所以为了安全，一定要先写日志文件，即首先把日志记录写到日志文件中，然后再写对数据库的更新。

13.3.3 恢复策略

1. 恢复事务故障

事务故障是指因非预期情况使事务未能运行到正常结束而夭折的故障。对这种故障的恢复处理方式是，利用恢复子系统撤销该事务已对数据库进行的修改。恢复事务故障由系统自动完成，对用户是透明的。恢复步骤如下。

（1）反向扫描日志文件，即从日志文件的最后开始向前扫描日志文件，查找该事务的日志信息。

（2）如果找到的是该事务的开始标记，则转步骤（5）。

（3）如果找到的是该事务已做的某更新操作的日志信息，则对数据库执行该更新事务的逆操作，若原更新操作是修改操作，则逆操作为将“更新前的值”写回数据库的操作，即用修改前的值代替修改后的值；若原更新操作是插入操作，则逆操作为删除“更新后的记录”（原插入记录）的操作；若原更新操作是删除操作，则逆操作为插入“更新前的值”(记录) 的操作。

（4）转步骤（2），继续反向扫描日志文件。

（5）结束反向扫描，事务故障恢复完成。

2. 恢复系统故障

系统故障造成的数据库不一致状态主要有两类：一是未完成的事务对数据库的更新可能已写入了数据库；二是已提交的事务对数据库的更新可能还留在缓冲区没来得及写入数据库。因此，在故障恢复时，需要先装入故障前的最新后援副本，把数据库恢复到最近的转储结束时刻的正确状态，然后撤销故障发生时未完成的事务，重做已完成的事务。系统故障的恢复由系统在重新启动时自动完成的，对用户来说是透明的。假设日志文件中的内容，是系统故障前的最近一次转储结束时刻以后的日志信息，则恢复步骤如下所述。

（1）正向扫描日志文件，即从日志文件的开头开始向后扫描日志文件。

1）对于找出的在故障发生前已经提交的事务（已提交事务的标志是，既有该事务开始的日志信息，也有该事务已提交的日志信息)，将其事务标记记入重做队列中。

2）对于找出的在故障发生时尚未完成的事务（尚未完成事务的标识是，只有该事务开始的日志信息，而无该事务的提交日志信息)，将其事务标记记入撤销队列。

（2）对撤销队列中的各个事务进行撤销处理，其方法是：正向扫描日志文件，对每个重做事务的更新操作执行逆操作（与事务故障恢复步骤（3）类似)。

（3）对重做队列中的各个事务进行重做处理，其方法是：正向扫描日志文件，对每个重做事务的更新执行日志文件登记的操作，即将日志记录中“更新后的值”写入数据库。

3. 介质故障的恢复

介质（一般指磁盘、磁带等存储设备）故障是最严重的一种故障。一旦发生介质故障，磁盘上的物理数据和日志文件将会受到破坏。其恢复方法是重装数据库，然后重做已完成的事务。具体如下所述。

（1）装入故障发生时刻最近一次的数据库转储后援副本，使数据库恢复到最近一次转储时的一致性状态。对于动态转储的数据库后援副本，还须同时装入转储开始时刻的日志文件副本，利用恢复系统故障的方法（redo+undo），才能将数据库恢复到一致性状态。

（2）装入故障发生时刻最近一次的数据库日志文件副本，重做已完成的事务，即首先扫描日志文件，找出故障发生时已提交的事务的标识，将其记入重做队列。然后正向扫描日志文件，对重做队列中的所有事务进行重做处理，将数据库恢复至故障前某一时刻的一致状态。

介质故障恢复需要数据库管理员重装最近转储的数据库后援副本和有关的日志文件副本，并通过执行系统提供的恢复命令由 DBMS 完成恢复工作。

13.3.4 具有检查点的恢复技术

利用日志技术进行数据库恢复时，恢复子系统必须搜索日志，确定哪些事务需要 REDO，哪些事务需要 UNDO。一般来说，我们需要检查所有日志记录。这样做有两个问题，一是搜索整个日志将耗费大量的时间；二是很多需要 REDO 处理的事务实际上已经将它们的更新操作结果写到数据库中了，然而恢复子系统又重新执行了这些操作，浪费了大量时间。为了解决这些问题，发展了具有检查点的恢复技术。这种技术在日志文件中增加一类新的记录，即检查点（checkpoint）记录，增加一个重新开始文件，并让恢复子系统在登录日志文件期间动态地维护日志。所谓检查点，就是表示数据库是否正常运行的一个时间标志，用于在数据库恢复时，由恢复管理子系统根据检查点来判断哪些事务是正常结束的，从而确定恢复哪些数据和如何进行恢复。检查点（时间标志）记录可以由恢复子系统按照预定的时间间隔，如 20 分钟，写入日志文件中；也可以按照某种规则来建立检查点，例如每当日志文件已写满一半时就建立一个检查点。每个检查点记录的内容包括：

（1）建立检查点时刻所有正在执行的事务清单；

（2）这些事务最近一个日志记录的地址。

重新开始文件用于记录各个检查点记录在日志文件中的地址。

动态地维护日志文件和建立检查点需要按序执行如下的操作：

（1）将当前日志缓冲区中的所有日志记录写入磁盘的日志文件中；

（2）在日志文件中写入一个检查点记录；

（3）将当前数据缓冲区的所有数据记录写入磁盘的数据库中；

（4）检查点记录在日志文件中的地址写入一个重新开始文件。

在上述的操作中，进行步骤（1）的原因是因为在数据库系统运行时，为了减少内存访问次数，不是把有关运行记录直接存入物理存储器中，而是先将其存入相应的主存缓冲区中，待缓冲区满时才将缓冲区的内容一次写入物理存储器中。这样，只有将当前日志缓冲区中的所有日志记录先写入磁盘的日志文件中时，才能确保在发生故障时检查点前的运行记录都真正写入了日志文件中。

上述建立检查点的顺序遵循了“日志记录优先写入”的原则。这样若在向物理存储器写数据记录时发生故障，系统也能根据已写入日志文件的日志记录恢复数据库；若先写数据记录，而日志文件中没有记录下这些修改，当需要撤销和重做事务时就无法恢复这些修改。

使用检查点方法恢复数据库可以改善恢复效率。因为若事务 T 在一个检查点之前已经提交，则 T 对数据库所做的修改就一定都写入了数据库。这样，在进行恢复处理时没有必要对事务 T 执行重做操作，而只要考虑最近一个检查点之后执行的事务就可以了。

图 13-20 说明了在系统发生故障时，不同事务完成情况的几种类型和恢复子系统采用的不同的恢复策略。

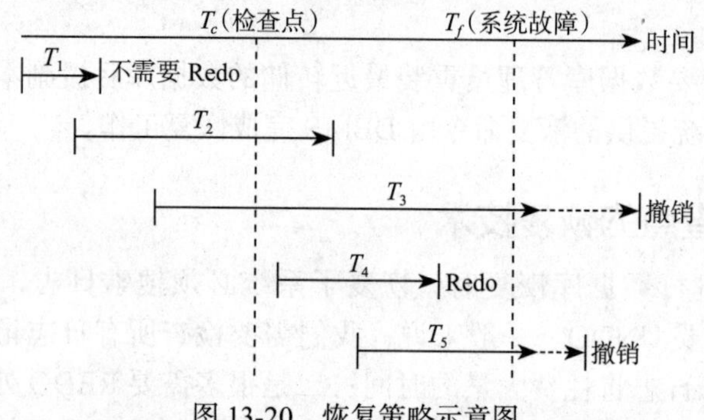

图 13-20　恢复策略示意图

说明：

（1）T_1 类事务不需要重做。因为 T_1 类事务在检查点以前已经写入数据库并提交，在发生系统故障时不会受影响，所以无须恢复。

（2）T_2 类事务应该重做。T_2 类事务在检查点之前开始执行，在系统故障点之前完成并提交。由于提交是在检查点之后，不能保证在发生系统故障时该类事务的更新已经写入物理数据库，但在日志文件中有该类事务所有更新操作的完整记录，所以该类事务应该重做。

（3）T_3 类事务应该撤销。T_3 类事务在检查点之前开始执行，在系统故障发生时还未完成。一般来说，日志文件中只有该类事务所有更新操作的部分记录，这类事务应该撤销，以使数据库恢复到该类事务执行前的一致状态。

（4）T_4 类事务应该重做。T_4 类事务在检查点之后开始执行，在系统故障发生之前完成并提交。由于该类事务对数据库所做的修改在故障发生时可能还在缓冲区中尚未写入数据库，但在日志文件中有该类事务所有更新操作的完整记录，所以该类事务应该重做。

（5）T_5 类事务应该撤销。在检查点之后开始执行，在系统故障发生时还未完成。日志文件中只有该类事务所进行的更新操作的部分记录，这类事务应该撤销。

假设已经建立需要执行撤销操作的事务队列 Undo_LIST 和需要执行重做操作的事务队列 Redo_LIST，则恢复子系统采用检查点方法进行数据库恢复的步骤如下所述。

（1）从重新开始文件中找到最后一个检查点记录在日志文件中的地址，由该地址在日志文件中找到最后一个检查点记录。

（2）由该检查点记录得到检查点建立时刻所有正在执行的事务，并设这些事务构成一个事务队列 Active_LIST，把 Active_LIST 暂时放入 Undo_LIST 队列，Redo_LIST 队列暂为空。

（3）从检查点开始正向扫描日志文件，如有新开始的事务 T_i，把 T_i 暂时放入 Undo_LIST 队列；如有提交的事务 T_j，把 T_j 从 Undo_LIST 队列移到 Redo_LIST 队列，直到日志文件结束。

（4）对 Undo_LIST 中的每个事务执行撤销操作，对 Redo_LIST 中的每个事务执行重做操作。

13.3.5 数据库镜像

数据库镜像（mirror）是 DBMS 根据 DBA 的要求，自动把整个数据库或其中的关键数据复制到另一个磁盘上，每当主数据库更新时，DBMS 会自动把更新后的数据复制过去，即 DBMS 自动保证镜像数据与主数据的一致性。由于介质故障是数据库系统中最为严重的一种故障。数据库系统一旦出现介质故障，就可能使用户对数据库的应用处理全部中断，并造成较大的数据信息损失。这类故障恢复起来也比较费时。

随着信息技术的不断发展和应用的不断普及，信息已经成为日常事务处理和进行决策的宝贵资源。为了确保在磁盘介质出现故障后不会造成信息丢失和不影响数据库的可用性，在数据库系统中采用了数据库镜像技术，也称为镜像磁盘技术。所谓镜像磁盘技术是指数据库以双副本的形式存于两个独立的磁盘系统中，两个磁盘系统有各自的磁盘控制器，一个磁盘称为主磁盘或主设备，另一个磁盘称为次磁盘或镜像设备，它们之间可以互相切换。在读数据时，可以选择其中任一磁盘；在写磁盘时，两个磁盘都写入相同的内容，且一般是先把数据发送到主磁盘，然后再发送到次磁盘。这种把所有写入主设备的数据也同时写入镜像设备的方式称为数据库设备的动态“复制”。这样，当其中一个磁盘因为介质故障而丢失数据时，就可由另一个磁盘保证系统的继续运行，并自动利用另一个磁盘数据进行数据库的恢复，不需要关闭系统和重装数据库后援副本。在没有出现故障时，数据库镜像还可以用于并发操作，即当一个用户对数据库加排他锁（请参考第 13.5.2 节）修改数据时，其他用户可以读镜像数据库上的数据，而不必等待该用户释放锁。

数据库镜像是通过数据库设备的动态“复制”来实现的，频繁地复制存储操作自然会降低系统运行效率，因此在实际应用中用户往往只选择对关键数据镜像（如对日志文件镜像），而不是对整个数据库进行镜像。

13.4 事务机制

13.4.1 事务的概念及其特性

用户对数据库的更新操作可能是一个 SQL 语句，也可能是多个 SQL 语句序列，也可能是实现多种操作的一个完整程序。而一个事务被定义为一个要么全做，要么全不做的不可分割的操作序列，是数据库运行中的一个逻辑工作单元。由于对数据库的操作是由 SQL 语句来实现的，所以，一个事务是一个要么全做，要么全不做的不可分割的 SQL 语句序列。

举例来说，当要购买千元以上的设备时，就要将购买设备的款项从购买方的账户转到公司的账户上去。显然，从一个账户扣除款项和给另一个账户增加款项的操作是同时进行且密切相关的，或者同时成功，或者同时失败，二者必居其一。由此可见，事务应具有以下特性。

1. 原子性

原子性（atomicity）表示事务的执行，要么全都执行，要么全都不执行。一个事务对数据库的所有操作是一个不可分割的操作序列。

2. 一致性

一致性（consistency）表示无论数据库系统中的事务成功与否，无论系统处于何种状态，都能保证数据库中的数据始终处于一致状态，即数据库中的数据总能保持在正确的状态。

3. 隔离性

隔离性（isolation）是指一个事务内部的操作及使用的数据对其他并发事务来说是隔离的，并发执行的两个或多个事务可以同时运行而互不影响。当多个事务并发执行时，系统总能保证与这些事务依此单独执行时的结果一样。

4. 永久性

永久性（durability）表示一个事务一旦完成，它对数据库中数据的改变就会永久性保存，随后的其他操作，哪怕出现致命的系统故障也不会影响其结果的改变。

事务的这四个特性又被称为事务的 ACID 特性。事务的 ACID 特性分别是由 DBMS 的事务管理子系统、完整性控制子系统、并发性控制子系统和恢复管理子系统实现。

13.4.2 事务的提交与回退

虽然一个事务可以是包含对数据库进行多种操作的一个完整的程序，但实际上可以把一个用户程序的多种操作划分为多个事务。其划分方法是由 SQL 的事务控制语句实现。SQL 用于事务控制的语句如表 13-2 所示。

表 13-2 SQL Server 2012 的事务语句

BEGIN DISTRIBUTED TRANSACTION	ROLLBACK TRANSACTION
BEGIN TRANSACTION	ROLLBACK WORK
COMMIT TRANSACTION	SAVE TRANSACTION
COMMIT WORK	

表 13-2 列出了 SQL Server 2012 的事务语句，其语句的主要功能如下所述。

（1）BEGIN DISTRIBUTED TRANSACTION 语句表示指定一个由 Microsoft 分布式事务处理协调器（MS DTC）管理的 Transact-SQL 分布式事务的起点。执行该语句的 SQL Server 数据库引擎的实例是事务创建者，并控制事务的完成。当为会话发出后续 COMMIT TRANSACTION 或 ROLLBACK TRANSACTION 语句时，控制实例请求 MS DTC 在所涉及的所有实例间管理分布式事务的完成。

（2）BEGIN TRANSACTION 语句表示标记一个显式本地事务的起始点。在事务结束之前出现任何系统故障和操作错误时，都可以用“ROLLBACK TRANSACTION”撤销该事务，并使事务回滚到这个起始点，即数据库的状态仍然是当时起始点的原状态。

（3）COMMIT TRANSACTION 语句表示标志一个成功的隐性事务或显式事务的结

束。事务一旦提交，在此之前对数据的改变将永久性地保存而不再可能被撤销。

（4）COMMIT WORK 语句表示标志事务的结束。此语句的功能与 COMMIT TRANSACTION 相同，但 COMMIT TRANSACTION 接受用户定义的事务名称。

（5）ROLLBACK TRANSACTION 语句表示将显式事务或隐性事务回滚到事务的起点或事务内的某个保存点。可以使用该语句清除自事务的起点或到某个保存点所做的所有数据修改。在事务执行过程中，如果程序中设定的错误检查机制发现事务执行有错误，就可利用事先安排好的“ROLLBACK TRANSACTION”语句撤销该事务，从而使数据库的状态回滚到执行该事务前的状态。

（6）ROLLBACK WORK 语句表示将用户定义的事务回滚到事务的起点。此语句的功能与 ROLLBACK TRANSACTION 相同，但 ROLLBACK TRANSACTION 接受用户定义的事务名称。

（7）SAVE TRANSACTION 语句表示在事务内设置保存点或标记。保存点可以定义在按条件取消某个事务的一部分后，该事务可以返回的一个位置。如果将事务回滚到保存点，则根据需要必须完成其他剩余的 Transact-SQL 语句和 COMMIT TRANSACTION 语句，或者必须通过将事务回滚到起始点完全取消事务。若要取消整个事务，请使用 ROLLBACK TRANSACTION *transaction_name* 语句。这将撤销事务的所有语句和过程。

【例 13-13】 银行把一笔资金从甲方账户转账给乙方账户的事务过程。用于说明以显式方式“用 COMMIT TRANSACTION 命令使成功执行的事务提交，用 ROLLBACK TRANSACTION 命令使执行不成功的事务回退到该事务执行前的状态”的应用。

```
BEGIN TRANSACTION
    读甲方账户的余额 BALANCE;
    BALANCE=BALANCE-AMOUNT;            /*AMOUNT 表示转账金额数量 */
    写甲方账户新余额 BALANCE;
    IF(BALANCE<0)THEN
    {ROLLBACK TRANSACTION;             /* 撤销刚才的更新操作，事务结束 */
    打印 " 金额不足，不能转账 "
    }
    ELSE
    { 读乙方账户的余额 BALANCE1;
    BALANCE1=BALANCE1+AMOUNT;
    写乙方账户新余额 BALANCE1;
    COMMIT TRANSACTION;                /* 提交上面的两次更新操作，事务结束 */
    打印 " 转账完成 ";
    }
```

【例 13-14】 命名事务 TranName，并执行删除任务。

```
DECLARE @TranName varchar(20);          /* 声明变量，并命名为事务 TranName */
SELECT @TranName = 'MyTransaction';
BEGIN TRANSACTION @TranName;            /* 执行事务 TranName */
GO
USE DXGL;
GO
DELETE FROM DXGL.dbo.C
    WHERE C# = 'C050101';
GO
```

```
COMMIT TRANSACTION MyTransaction;
GO
```

说明：COMMIT TRANSACTION 为标志事务结束。

13.5 并发控制

数据库是一个可以供多个用户共同使用的共享资源。在串行情况下，每个时刻只能有一个用户应用程序对数据库进行存取，其他用户程序必须等待。这种工作方式是制约数据库访问效率的瓶颈，不利于数据库资源的利用。解决这一问题的重要途径是通过并发控制机制允许多个用户并发地访问数据库。

当多个用户并发地访问数据库时就会产生多个事务同时存取同一数据的情况。若对并发操作不加以控制就会造成错误地存取数据，破坏数据库的一致性。数据库的并发控制机制是衡量数据库管理系统性能的重要技术标识。

13.5.1 并发操作带来的数据不一致性问题

通过下面的例子来说明并发操作带来的数据不一致性问题。

【例 13-15】 在一个飞机订票系统中，可能会出现下列的一些业务活动序列。

（1）甲售票点读航班 X 的机票余额数为 A=50。

（2）紧接着，乙售票点读同一航班 X 的机票余额数为 A=50。

（3）甲售票点卖出一张机票，然后修改机票余额数为 A=A−1=49，并把 A 写回数据库。

（4）乙售票点也卖出一张机票，同时接着修改机票余额数为 A=A−1=49，并把 A 写回数据库。

到此时，实际上卖出了两张机票，但数据库中机票余额数却只减少了 1。

假设上述的甲售票点对应于事务 T_1，乙售票点对应于事务 T_2，则上述事务过程的描述如图 13-21 所示。

时间	T_1 事务	T_2 事务	数据库中的 A 值
t_0			50
t_1	Read（A）		
t_2		Read（A）	
t_3	A:=A−1		
t_4	write（A）		
t_5			49
t_6		A:=A−1	
t_7		write（A）	
t_8			49

图 13-21 并发操作引例（丢失修改示例）

仔细分析上述的飞机订票系统的运行机制可知，并发操作可能带来的数据不一致性情况有三种：丢失修改、读过时数据和读“脏”数据。

（1）丢失修改。两个事务 T_1 和 T_2 读入同一数据并修改，T_2 提交的结果破坏了 T_1 提交的结果，导致 T_1 的修改被丢失。上述的飞机订票的例子就属于此类。

（2）读过时数据，也称不可重复读。两个事务 T_1 和 T_2 读入同一数据并进行处理，在事务 T_1 对其处理完并将新结果存入数据库（提交）后，事务 T_2 因某种原因还未来得及对其进行处理，也就是说此时 T_2 持有的仍然是原来读取的（未被 T_1 更新的）旧数据值。这相当于 T_2 读的是过时的数据，会造成不一致分析问题。这类情况的一个事务过程描述如图 13-22 所示。

时间	T_1 事务	T_2 事务	数据库中的 A 值
t_0			50
t_1	Read（A）		
t_2		Read（A）	
t_3	A:=A−10		
t_4	write（A）		
t_5			40

图 13-22　读过时数据示例

（3）读“脏”数据。事务 T_1 读某数据，并对其进行了修改，在还未提交时，事务 T_2 又读了同一数据。但由于某种原因 T_1 接着被撤销，撤销 T_1 的结果是把已修改过的数据值恢复成原来的数据值，结果就形成 T_2 读到的数据与数据库中的数据不一致。这种情况称为 T_2 读了“脏”数据，即不正确的数据。这类情况的一个事务过程描述如图 13-23 所示。

时间	T_1 事务	T_2 事务	数据库中的 A 值
t_0			50
t_1	Read（A）		
t_2	A:=A−10		
t_3	write（A）		
t_4		Read（A）	40
t_5	ROLLBACK		
t_6			50

图 13-23　读“脏”数据示例

产生上述三类数据不一致性的主要原因是并发操作破坏了事务的隔离性。并发控制就是要通过正确的调度方式，使一个用户事务的执行不受其他事务的干扰，从而避免造成数据的不一致性。并发控制的主要技术是锁（locking）机制。

13.5.2　封锁

封锁是实现并发控制的一个非常重要的技术。所谓封锁就是事务 T 在对某个数据对象（如表、记录等）操作之前，先向系统发出请求，对其加锁。加锁后的事务 T 就对该数据对象有了一定的控制，在事务 T 释放它的锁之前，其他事务不能更新此数据对象。简单地说，就是数据对象的加锁（LOCK）和解锁（UNLOCK）。锁是防止存取同一资源的用户之间出现不正确地修改数据或不正确地更改数据结构的一种机制。基本的封锁类型有两种：排他锁（exclusive locks，简称 X 锁，又称写锁）和共享锁（share locks，简称 S 锁，又称读锁）。表 13-3 给出了 SQL Server 2012 主要锁的描述。

1. 排他锁

排他锁用于数据修改操作，例如 INSERT，UPDATE 或 DELETE。确保不会同时同一资源进行多重更新。当某个事务 *T* 为修改某数据对象 *A*，且不允许其他事务修改对象 *A*，或不允许其他事务对该对象加 S 锁时，则该事务可以对 *A* 加排他锁。

若事务 *T* 对数据对象 *A* 加了 X 锁，则该事务可以读取 *A* 和修改 *A*，但在事务 *T* 释放 *A* 上的 X 锁之前其他任何事务都不能再对 *A* 加任何类型的锁。这就保证了其他事务在事务 *T* 释放 *A* 上的 X 锁之前不能再读取和修改 *A*。

表 13-3　SQL Server 2012 锁类型

锁定提示	描述
HOLDLOCK（保持锁）	等同于 SERIALIZABLE。请参考 SERIALIZABLE。HOLDLOCK 仅应用于那些为其指定了 HOLDLOCK 的表或视图，并且仅在使用了 HOLDLOCK 的语句定义的事务的持续时间内应用
NOLOCK（不加锁）	等同于 READUNCOMMITTED。请参考 READUNCOMMITTED
NOWAIT	指示数据库引擎在遇到表的锁时，立即返回一条消息
PAGLOCK（页锁）	指定添加页锁（否则通常可能添加表锁）
READCOMMITTED	指定读操作使用锁定或行版本控制来遵循有关 READ COMMITTED 隔离级别的规则
READPAST	指定数据库引擎不读取由其他事务锁定的行。如果指定了 READPAST，将跳过行级锁
READUNCOMMITTED	指定允许脏读。不发布共享锁来阻止其他事务修改当前事务读取的数据，其他事务设置的排他锁不会阻碍当前事务读取锁定数据。允许脏读可能产生较多的并发操作，但其代价是读取以后会被其他事务回滚的数据修改
REPEATABLEREAD	设置事务为可重复读隔离性级别
ROWLOCK（行级锁）	使用行级锁，而不使用粒度更粗的页级锁和表级锁
SERIALIZABLE	保持共享锁直到事务完成，使共享锁更具有限制性；而不是无论事务是否完成，都在不再需要所需表或数据页时立即释放共享锁。等同于 HOLDLOCK
TABLOCK（表锁）	指定使用表级锁，而不是使用行级或页面级的锁。获取的锁类型取决于正在执行的语句。如果同时指定了 HOLDLOCK，该锁一直保持到这个事务结束
TABLOCKX（排他表锁）	指定在表上使用排他锁
UPDLOCK（修改锁）	指定采用更新锁（update lock）并保持到事务完成。UPDLOCK 仅对行级别或页级别的读操作采用更新锁。如果将 UPDLOCK 与 TABLOCK 组合使用或出于一些其他原因采用表级锁，将采用排他（X）锁
XLOCK	指定采用排他锁并保持到事务完成。如果同时指定了 ROWLOCK, PAGLOCK 或 TABLOCK，则排他锁将应用于相应的粒度级别

2. 共享锁

共享锁用于不更改或不更新数据的操作（只读操作），如 SELECT。当某个事务 *T* 希望阻止其他事务，修改它正在读取的某数据对象 *A* 时，则 *T* 事务可以对 *A* 加共享锁。

若事务 *T* 对某数据对象 *A* 加了 S 锁，则该事务可以读 *A* 但不能修改 *A*，其他事务只能再对 *A* 加 S 锁，但在事务 *T* 释放 *A* 上的 S 锁之前不能对 *A* 加 X 锁。这就保证了其他事务可以读 *A*，但在事务 *T* 释放 *A* 上的 S 锁之前不能对 *A* 做任何修改。

排他锁和共享锁的控制方式可以用图 13-24 的相容矩阵（compatibility matrix）来表示。

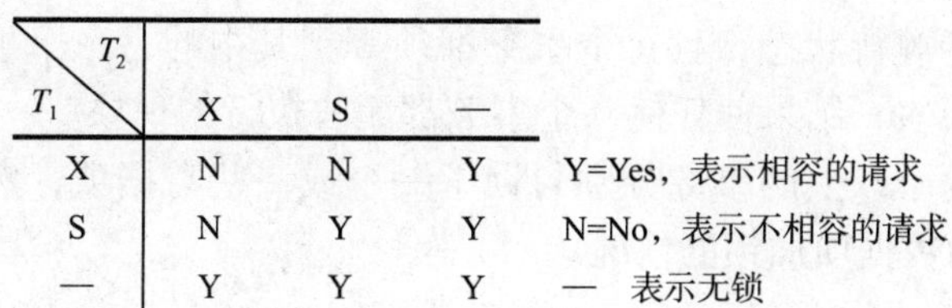

T_1 \ T_2	X	S	—	
X	N	N	Y	Y=Yes，表示相容的请求
S	N	Y	Y	N=No，表示不相容的请求
—	Y	Y	Y	— 表示无锁

图 13-24　封锁类型的相容矩阵

3. SQL Server 的锁机制

SQL Server 2012 提供强大而完备的锁机制（在联机参考中称为“表提示”），用以实现数据库系统的并发性和高性能。用户既能使用 SQL Server 的缺省设置，也可以在 SELECT 语句中使用“加锁选项”来实现预期的效果。SQL Server 2012 锁的适用范围主要有：DELETE，INSERT，SELECT，UPDATA 和 MERGE。下面是 SQL Server 锁表的语句。

```
SELECT * FROM table WITH (HOLDLOCK)          /* 其他事务可以读取表，但不能更新删除 */
SELECT * FROM table WITH (TABLOCKX)          /* 其他事务不能读取、更新和删除表 */
```

说明：注意两条语句的区别，前一条是其他事务可以读取表，但不能更新删除；后者是其他事务不能读取、更新和删除表。

SQL Server 2012 锁描述及在 SELECT 语句中“加锁选项”的功能说明请见表 13-2。

13.5.3　活锁与死锁

13.5.3.1　活锁和死锁的概念

数据库中采用封锁的方法与操作系统类似，可能引起活锁或死锁等问题。

1. 活锁

活锁是指事物 T_1 可以使用资源，但它让其他事物先使用资源；事物 T_2 可以使用资源，但它也让其他事物先使用资源，于是两者一直谦让，都无法使用资源。

如果事务 T_1 对数据项 R 封锁后，事务 T_2 又申请对数据项 R 加锁，于是 T_2 等待。此后，T_3 也申请对数据项 R 加锁。但当 T_1 释放了 R 上的封锁后，系统首先批准了 T_3 请求，这样 T_3 先于 T_2 获得了对 R 的封锁，T_2 继续等待。接着，T_4 又申请对数据项 R 加锁，当 T_3 释放了 R 上的锁后，系统又批准了 T_4 的请求，T_2 继续等待。这里，虽然 T_2 有无限次获得对数据项 R 封锁的机会，但却总由其他事务 T“抢”得了对数据项 R 的封锁，以至于使 T_2 有可能永远处于等待状态，这种情况称为饥饿。活锁可以认为是一种特殊的饥饿。

避免活锁的简单方法是采用先来先服务的策略，封锁子系统按请求封锁的先后次序对事务排队。

2. 死锁

如果事务 T_1 封锁了数据项 R_1，T_2 封锁了数据项 R_2，然后 T_1 又申请封锁 R_2，因 T_2 已封锁了 R_2，于是 T_1 等待 T_2 释放 R_2 上的锁。接着 T_2 又申请封锁 R_1，因 T_1 已锁了 R_1，T_2 也只能等待 T_1 释放 R_1 上的锁。这样就出现了 T_1 等待 T_2 释放锁，而 T_2 又在等待 T_1 释放锁，以至于 T_1 和 T_2 两个事务永远处于相互等待状态而不能结束，形成死锁，即两个或两个以上的事务都处于等待状态，且每个事务都须等到其中的另一个事务解除封锁时，它（们）才能继续执行下去，结果使任何一个事务都无法执行的现象。

死锁也可能是两个以上的事务分别封锁了一个或一些数据项，然后它们又都申请对已被其他事务封锁的数据项加锁的情况。

13.5.3.2 死锁的预防

在数据库中，产生死锁的原因是两个或多个事务都已封锁了一些数据对象，然后又都请求对已为其他事务封锁的数据对象加锁，从而出现死等待。为了防止死锁发生，就要破坏产生死锁的条件。预防死锁通常采用以下两种方法。

1. 一次封锁法

一次封锁法要求每个事务必须一次性将所有要使用的数据项全部加锁，否则就不能继续执行。一次封锁法虽然可以有效地预防死锁的发生，但也存在一些问题。由于数据库中的数据是不断变化的，原来不要求封锁的数据，在执行过程中可能会变成封锁对象，而一次封锁是将以后要用到的全部数据项加锁，这样就扩大了锁的范围，从而降低了系统的并发度。

2. 顺序封锁法

顺序封锁法是预先对数据对象规定一个封锁顺序，所有事务都按这个顺序进行封锁。例如在 B 树结构的索引中，可规定封锁的顺序必须是从根节点开始，然后是下一级的子女节点，逐级封锁。顺序封锁法可以有效地防止死锁，但也同样存在一些问题。因为事务的封锁请求一般是随着事务的执行而动态确定的，而且待封锁的数据对象很多，很难预先确定出每一个事务要封锁的数据对象，因此也就很难按规定的顺序进行封锁。

也就是说，操作系统中预防死锁的策略并不适合数据库，依据数据库的特点，在 DBMS 中普遍采用诊断并解除死锁的方法。

13.5.3.3 死锁的诊断与解除

1. 超时法

如果一个事务的等待时间超过了规定的时限，就认为发生了死锁。超时法实现简单，但不足之处也很明显。一是有可能误判死锁，即当事务因为其他原因等待时间超过时限时，系统就会误认为发生了死锁；二是若时限设置得太长，可能出现死锁发生后不能及时发现。

2. 有向等待图法

另一种检测死锁的方法是画一个表示事务等待关系的有向等待图 $G=(T, U)$。其中 T 为节点集合，每个节点表示一个正在运行的事务；U 为有向边集合，每条有向边表示事务的等待关系。若 T_1 正在等待给被 T_2 锁住的数据项加锁，则在 T_1 和 T_2 之间划一条有向边，方向是 T_1 指向 T_2。图 13-25a 表示事务 T_1 等待 T_2，T_2 等待 T_1，产生死锁。图 13-25b 表示事务 T_1 等待 T_2，T_2 等待 T_3，T_3 等待 T_4，T_4 又等待 T_1，产生死锁。

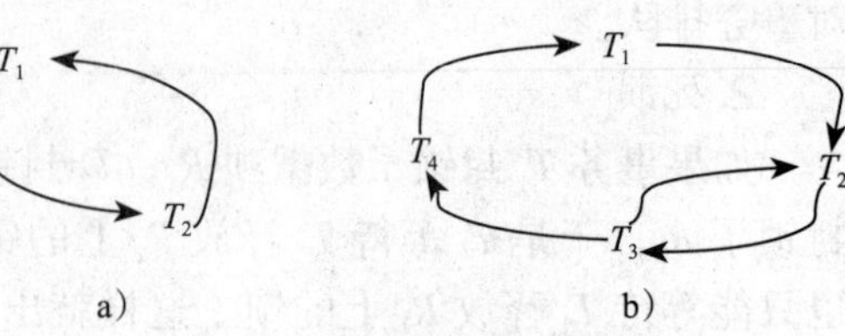

图 13-25 事务等待

事务的有向等待图动态地反映了所有事务的等待情况。有向等待图中的每个回路意味着死锁的存在；如果无任何回路，则表示无死锁产生。并发控制子系统周期性地（例如每隔 10 秒）生成事务等待图，并检测事务的有向等待图。若发现图中存在回路，就表示系统中出现了死锁。

DBMS 的并发控制子系统一旦检测到系统中存在死锁，就要设法解锁。通常采用的方法是选择一个处理死锁代价最小的事务，将其撤销，释放此事务持有的所有的锁，使其他事务得以继续运行下去。当然，对为撤销的事务所执行的数据修改操作必须加以恢复。

13.5.4 并发调度的可串行性

DBMS 对并发事务的调度可能会产生不同的结果，那么什么样的调度是正确的呢？显然，串行调度是正确的。执行结果等价于串行调度的调度也是正确的。在例 13-15 中（见图 13-21），事务 T_1 和 T_2 都给 A 减少了 1，但结果却只减少了 1。如果是先执行 T_1，然后再执行 T_2，结果就不同了。在通常情况下，如果一个事务在执行过程中没有与其他事务并发运行，也就是说该事务的执行没有受到其他事务干扰时，就认为该事务的运行结果是正常的或者是预想的，即当多个事务串行执行时，各事务的运行结果一定是正确的。因此，仅当几个事务的并发运行结果与这些事务按某一次序串行运行的结果相同时，这样的并发操作才是正确的。通常把按某一执行次序安排的事务执行的步骤称为调度（schedule）。多个事务的并发执行是正确的，当且仅当其结果与某一次序串行地执行它们时的结果相同，称这种调度策略为可串行化（serializable）调度。可串行性（serializability）是并发事务正确性的判别准则。按照这个准则的规定，一个给定的并发调度，当且仅当它可串行化时，才认为是正确调度。

【例 13-16】 下面通过银行的转账业务，来说明事务调度及可串行化调度的有关概念。假设在银行转账业务中的两个事务 T_1 和 T_2 分别包含下列操作：

（1）事务 T_1：从账号 A 将数量为 200 的款项转到账号 B；

（2）事务 T_2：从账号 B 将 20% 的款项转到账号 C。

假设 A, B 和 C 的初值分别为 800、500 和 300。如果按先执行 T_1，后执行 T_2 的顺序，执行结果为 A=600，B=560，C=440，如图 13-26a 所示。如果按先执行 T_2，后执行 T_1 的顺序，执行结果为 A=600，B=600，C=400，如图 13-26b 所示。虽然执行结果不同，但它们都是正确的调度，并且具有 $A+B+C$ 之和保持不变的性质。

在图 13-26c 中，两个事务是交错执行的并发调度，其执行结果与串行调度图 13-26b 的执行结果相同，所以这两个调度是等价的，其并发调度也是正确的。

在图 13-26d 中，两个事务也是交错执行的并发调度，其执行结果为 A=600，B=700，C=400，与两个事务的任一串行调度结果都不相同，且不具有 $A+B+C$ 之和保持不变的性质。所以该并发调度是错误的。

为了保证并发操作的正确性，DBMS 的并发控制机制必须提供一定的手段来保证调度的可串行化。目前 DBMS 普遍采用两段锁（two-phase locking，2PL）协议的方法实现并发调度的可串行性，从而保证调度的正确性。

事务 T_1	事务 T_2
Read（B）	
B:=B+200	
write（B）	
	Read（B）
	Temp:=B*0.2
	B:=B-temp
	write（B）
	Read（C）
	C:=C+temp
	write（C）

a）先执行 T_1 后执行 T_2 的正确并发调度

事务 T_1	事务 T_2
	write（B）
	Read（C）
	C:=C+temp
	write（C）
Read（A）	
A:=A-200	
write（A）	
Read（B）	
B:=B+200	
write（B）	

b）先执行 T_2 后执行 T_1 的正确并发调度

事务 T_1	事务 T_2
Read（A）	
A:=A-200	
write（A）	
	Read（B）
	Temp:=B*0.2
	B:=B-temp
	write（B）
Read（B）	
B:=B+200	
write（B）	
	Read（C）
	C:=C+temp
	write（C）

c）正确的并发调度

事务 T_1	事务 T_2
Read（A）	
A:=A-200	
	Read（B）
	Temp:=B*0.2
	B:=B-temp
write（A）	
Read（B）	
	write（B）
	Read（C）
B:=B+200	
write（B）	
	C:=C+temp
	write（C）

d）错误的并发调度

图 13-26　四种不同的调度策略

13.5.5　两段锁协议

所谓两段锁协议是指所有事务必须分两个阶段对数据项加锁和解锁。

（1）在对任何数据进行读、写操作之前，首先要申请并获得对该数据的封锁。

（2）在释放一个封锁后，事务不再申请和获得任何其他封锁。

其“两段”的含义是，一是获得封锁，也称为扩展阶段。在这一阶段中，事务可以申请获得任何数据项上的任何类型的锁，但不能释放任何锁。二是释放封锁，也称为收缩阶段。在这一阶段中，事务可以释放任何数据项上的任何类型的锁，但是不能再申请任何锁。

如果事务 T_i 遵守两段锁协议，它的封锁序列就应该如图 13-27 所示。

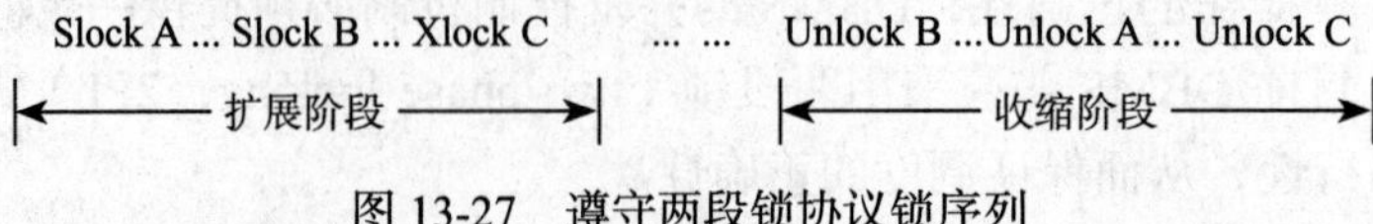

图 13-27　遵守两段锁协议锁序列

如果事务 T_j 不遵守两段锁协议，那么，其封锁序列可能是：

```
Slock A……Unlock A……Slock B……Xlock C……Unlock C……Unlock B
```

可以证明，若并发执行的所有事务均遵守两段锁协议，则对这些事务的任何并发调度策略都是可串行化的。

值得注意的是，两段锁协议是并发调度可串行化的充分条件，而不是必要条件。在实际中也有一些事务并不遵守两段锁协议，但它们却可能是可串行化调度。另外，还要注意两段锁协议和防止死锁的一次封锁法的异同点。一次封锁法要求每个事务必须一次将所有要使用的数据全部加锁，否则就不能继续执行。因此一次封锁法遵守两段锁协议；但两段锁协议并不要求事务必须一次将所有要使用的数据全部加锁，因此遵守两段锁协议的事务也可能发生死锁。除两段锁协议外，还有其他一些封锁协议，感兴趣的读者请参考其他相关文献。

13.5.6　封锁的粒度

封锁对象的大小称为封锁粒度（granularity）。封锁对象可以是逻辑单元，也可以是物理单元。以关系数据库为例，封锁对象可以是这样一些逻辑单元，如：属性值（记录值）、属性（字段）、元组（记录）、关系、索引项、整个索引直至整个数据库；也可以是一些物理单元，如：页（数据页或索引页）、物理记录等。

当封锁粒度比较小时，数据库能够锁的数据项就多，也就允许更多的事务并行操作，系统开销也较大；当封锁粒度比较大时，数据库能够锁的数据项就越少，事务的并行度就会降低，但系统开销较小。实际中封锁粒度的大小要根据需要而定。

1. 多粒度封锁

在一个系统中若同时提供多种封锁粒度供不同事务选择，则称这种加锁方法为多粒度封锁（multiple granularity locking）。在选择粒度时，应同时考虑封锁系统开销和并发度两个因素，合理的封锁粒度选择可获得最优的效果。一般来说，需要处理大量元组的事务可以以关系为封锁粒度；需要处理多个关系的大量元组的事务可以以数据库为封锁粒度；而对于一个处理少量元组的用户事务来说，以元组为封锁粒度则比较合适。这种以数据库、关系和元组为不同级粒度的加锁，就构成了多粒度树（见图 13-28）。

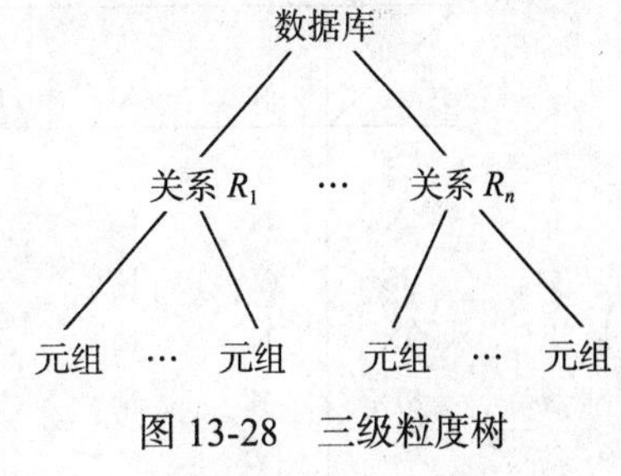

图 13-28　三级粒度树

多粒度封锁协议允许多粒度树中的每个节点被独立地加锁。对一个节点加锁意味着这个节点的所有后裔节点也被加以同样类型的锁。因此，在多粒度封锁中的一个数据对象可能以两种方式加锁——显式封锁和隐式封锁。

显式封锁是应事务的请求直接加到数据对象上的封锁；隐式封锁是该数据对象没有独立加锁，但由于其上级节点加锁而使该数据对象被加上了锁。

一般对某数据对象加锁时，系统不仅要检查该数据对象上有无显式封锁与之冲突，还要检查其所有上级节点，看本事务的显式封锁是否与该数据对象上的隐式封锁（由上级节点已加的封锁）相冲突；另外还要检查它的所有下级节点，看上面的显式封锁是否与本事务的隐式封锁（将加到下级节点的封锁）相冲突。显然，这样的检查方法效率很低。为此人们引进了一种新型锁，称为意向锁（intention lock）。这样 DBMS 便无须逐一检查下一级节点的显式封锁了。

2. 意向锁

意向锁的含义是如果对一个节点加意向锁，则说明该节点的下层节点正在被加锁；对任一节点加锁时，必须先对它的上层节点加意向锁。这样 DBMS 就不必逐一检查下一节点了。

如，当某一事务对任一元组加锁时，必须先对它所在的数据库和关系加意向锁。这样，事务 T 要对关系 R 加排他锁 X 时，系统只要检查根节点数据库和关系 R 是否已加了不相容的锁，而不再需要搜索和检查 R 中的每一个元组是否加了 X 锁。

常用的意向锁主要有三种：意向共享锁（intent share lock），简称 IS 锁；意向排他锁（intent exclusive lock），简称 IX 锁；共享意向排他锁（share intent exclusive lock），简称 SIX 锁。

（1）IS 锁。若对某数据对象加 IS 锁，表示它的后裔节点拟（有意向）加 S 锁。例如，事务 T_1 要对 R_1 中的某个元组加 S 锁，则要首先对关系 R_1 和数据库加 IS 锁。

（2）IX 锁。若对某数据对象加 IX 锁，表示它的后裔节点拟（有意向）加 X 锁。例如，事务 T_1 要对 R_1 中的某个元组加 X 锁，则要首先对关系 R_1 和数据库加 IX 锁。

（3）SIX 锁。若对某数据对象加 SIX 锁，表示对它加 S 锁，再加 IX 锁，即 SIX=S+IX。例如对某个表加 SIX 锁，则表示该事务要读整个表（所以要对该表加 S 锁），同时会更新个别元组（所以要对该表加 IX 锁）。

图 13-29a 给出了这些锁的相容矩阵，从中可以发现这五种锁的强度如图 13-29b 所示的偏序关系。所谓锁的强度是指它对其他锁的排斥程度。一个事务在申请封锁时以强锁代替弱锁是安全的，反之则不然。

T_1 \ T_2	S	X	IS	IX	SIX	—
S	Y	N	Y	N	N	Y
X	N	N	N	N	N	Y
IS	Y	N	Y	Y	Y	Y
IX	N	N	Y	Y	N	Y
SIX	N	N	Y	N	N	Y
—	Y	Y	Y	Y	Y	Y

Y=Yes，表示相容的请求

N=No，表示不相容的请求

S，X，IS，IX 和 SIX 分别表示前面介绍的五种锁

— 表示无锁

a）数据锁的相容矩阵

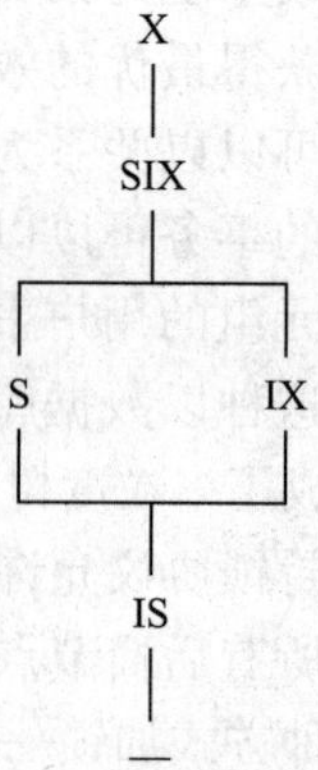

b）锁强度的偏序关系

图 13-29 加意向锁后锁的相容矩阵与偏序关系

在具有意向锁的多粒度封锁方法中任意事务 T 要对一个数据对象加锁，必须先对它的上层节点加意向锁。申请封锁时应该按自上而下的次序进行；释放封锁时则应该按自下而上的次序进行。例如，事务 T_1 要对关系 R_1 加 S 锁，则要首先对数据库加 IS 锁。检

查数据库和 R_1 是否已加了不相容的锁（X 或 IX）。不再需要搜索和检查 R_1 中的元组是否加了不相容的锁（X 锁）。使用这种方法提高了系统的并发度，减少了加锁和解锁的开销，并已经在实际的数据库管理系统产品中得到广泛应用。

13.6 小结

数据库中的数据安全与否，取决于多种因素，其中，数据库自身的设计、安全机制、完整性约束等，都是非常重要的环节。除此之外，很可能还有一些意想不到的原因，诸如，网络故障、系统故障、人为故障、自然损伤等。这些都有可能造成数据库系统的错误，通过本章的学习，我们尽可能地了解和使用一些防范措施，使我们得以在故障发生之前给予防范，在故障发生之后予以快速恢复。使用视图机制，限制用户的使用权限，特别是改、增、删操作，以防止数据库数据的丢失和损坏。审核一般用于安全性要求较高的部门，这种操作通常会消耗过多资源。具有意向锁的多粒度封锁方法提高了系统的并发度，减少了加锁和解锁的开销。不同的数据库系统提供的封锁类型、封锁协议等不尽相同，但其依据的基本原理和技术是共同的。

习题 13

1. 请解释下列术语。

事务
事务的原子性
事务的隔离性
事务的永久性
数据库的安全性
存取控制
完整性约束
静态约束
动态约束
触发器
事务故障
系统故障
介质故障
完整性规则
引用完整性约束
实体完整性约束
立即执行约束
延迟执行约束
数据转储
静态转储
动态转储
日志文件
检查点
数据库镜像
丢失修改
读过时数据
读“脏”数据
锁
排他锁
共享锁
共享更新锁
锁协议
死锁
活锁
两段锁协议
可串行化调度
锁粒度
多粒度锁
意向锁

2. 请描述数据威胁实质上包括哪几种。
3. 请简述数据库的 DBA 特权包括哪些。
4. 请简述完整性控制机制具有的功能。
5. 请简述触发器与过程或函数的区别。
6. 请简述事务故障恢复的恢复方法。
7. 请简述系统故障恢复的恢复方法。
8. 请简述介质故障恢复的恢复方法。
9. 请问为什么建立检查点的顺序应遵循“日志记录优先写入”的原则?
10. 请问使用检查点方法恢复数据库有哪些优点?
11. 对于如图 13-20 所示的几种故障类型，请解释恢复子系统应采用的恢复策略及其原因。
12. 请简述在采用检查点的恢复方法中，恢复子系统进行数据库恢复应包含哪些操作?
13. 请问数据库的并发操作会带来哪些问题? 如何解决?
14. 预防死锁有哪几种方法? 请问如何预防死锁?
15. 请问为什么有些锁需要保留到事务结束，而有些锁可随时解除?
16. 请简述显式封锁和隐式封锁。
17. 请描述意向锁有哪些突出的优点。
18. 请建立一个普通用户 ZHANG_SAN，密码选择“123”，并设置其对表 ST 只有查询和添加功能。

新技术篇

本篇导读

本篇共有两章，其中第 14 章主要介绍 Web 数据库的基本概念、发展历程和 Web 数据库体系结构。介绍客户机 / 服务器和浏览器 / 服务器的主要结构和其结构的不同之处。给出了多种 Web 数据库的访问接口，以及在各种接口下 Web 数据库的连接技术。最后结合实际给出了一组在 SQL Server 2012 下，针对 Web 数据库交互访问的查、改、增、删实例。

数据库的发展日新月异，目前更是向“云端”发展。本篇第 15 章，首先介绍新应用领域对数据库技术的需求及其对数据库技术发展的推进，然后从数据库技术新发展的角度，简要地介绍了几种典型的数据库新技术及技术特征，特别是目前许多互联网巨头采用的 NoSQL 数据库，同时，也简单介绍了数据仓库和数据挖掘技术。

第14章

Web数据库技术

14.1 Web数据库概述

Web数据库即网络数据库，又称网站数据库、网页数据库。简单地说，就是用户利用浏览器作为输入界面，输入必要的数据，浏览器将这些数据传送至网站，网站再对输入数据实施处理，并将其执行的结果返回给浏览器，通过浏览器将最终执行结果提交给用户。可以简单地认为，Web数据库就是因特网+数据库（Internet+DB）。万维网（WWW）技术是20世纪90年代初的产物，Web数据库近年来的发展速度更是令人叹为观止。在因特网的热潮席卷之下，原本在单机或局域网中使用的数据库早已向因特网中延伸，并且已逐步取代或完全取代前者，成为当今网络数据存储发展的主流趋势。WWW是一个大规模的分布式超媒体信息储藏所，是Internet中最流行、最主要的信息服务方式，能够把各种类型的信息资源，如静态图像、文本、数据、视频和音频有机地结合起来，建立起Internet站点上WWW服务器的超媒体信息，方便用户在Internet上浏览、查询和共享，有力地推进了Internet技术的飞速发展。

14.1.1 万维网

20世纪80年代末，在欧洲粒子物理实验室（the European laboratory for particle physics，CERN）工作的蒂姆·伯纳斯·李（Tim Berners-Lee，人称WWW之父）通过研究（人们的视觉处理以页为基础），得出一个结论：电子资料应以页的方式呈现。以此出发，他使用超文本为中心的管理方式来组织网络上的资料；并提出了建立、存取与浏览网页的方法；建立了超文本标识语言（hyper text markup language，HTML）；设计了超文本传输协议（hypertext transport protocol，HTTP）用于获取超链接文件；使用统一资源定位器（uniform resource locator，URL）来定位网络文件、站点或服务器。万维网并非某种特殊的计算机网络，而是一个大规模的、联机式的信息存储地，是一个基于超文本（hypertext）方式的信息检索服务工具。万维网（World Wide Web，简称Web）将全世界

Internet上不同地点的许多信息资源有机地组织在一起，连接成一个信息网，通过连接的方法（超链接）能够非常方便地从Internet上的一个站点访问另一个站点，从而主动地按需获取丰富的信息。万维网最大的特点是拥有非常友善的图像界面、非常简单的操作方法，以及图、文、声、像并茂的显示方式。

万维网的出现是Internet发展中的一个非常重要的里程碑，它使得Internet上的网站数量以指数规律增长，使Internet从少数的计算机专家手中，变为普通百姓也能触手可及的信息资源。随着信息量和用户数的迅速增长，在很短的时间内，Internet得到迅猛发展。

万维网由分布在全球各地的Web节点组成，而Web节点由Web服务器维护和管理的多个Web页面组成。页面可以包含文本、表格、图形图像、动画、声音、3D影像等，以及其他任何信息的超媒体文档。任何一个Web节点都有进入该节点的起始页面，该页面被称为该节点的"主页"。页面与页面之间通过超链接相连，可以从一个页面通过超链接进入同一节点或其他节点上的另一页面。

万维网使用统一资源定位符URL来标识网上的各种资源，并使每一个资源在整个Internet的范围内具有唯一的标示符URL。这里所说的"资源"是指在Internet上可以被访问的任何对象，包括文件目录、文件、文档、图形图像、声音等，以及与Internet相连的任何形式的数据。只要有了对资源定位的URL，系统就可以对资源进行各种操作，如查找、存取、更新、替换等。

万维网使用超文本标识语言作为制作万维网页面的标准语言，消除了不同计算机之间信息交流的障碍，使任何一台计算机都能显示出任何一个万维网服务器上的页面。它以客户机/服务器方式工作。但是这里的客户端是通过"浏览器"工具软件与服务器"沟通"的，服务器保存并管理大量资源，这种架构现称为浏览器/服务器方式。客户机使用"浏览器"向Web服务器发出请求，Web服务器对来自客户端的请求做出应答，回送客户索要的Web页（见图14-1）。客户端与服务器之间通过超文本传输协议HTTP通信。

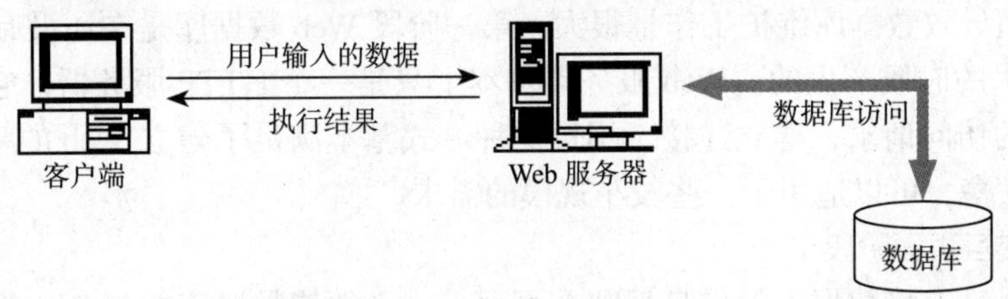

图14-1　客户端与服务器端的交互过程

简言之，万维网是以超文本标识语言和超文本传输协议为基础的，能够提供Internet服务、一致性用户界面、分布式、多平台的交互式超媒体信息系统。

14.1.2　Web数据库

数据库技术经过几十年的发展，其功能越来越强大，各种数据库系统，如Oracle，Sybase，Informix，SQL Server等，都具有对大批量数据进行有效组织管理和快速查询检索的功能。为了适应网络数据的高效存取，使用交互式动态Web页面，必须以大量数据资源为基础，因此自然要引入数据库管理。

Web数据库不仅集合了Web技术和数据库技术的优点，而且使二者都发生了质的变化。Web 网页由静态页面发展成了有数据库支撑的动态网页，而数据库实现了开发环境和应用环境的分离，用户仅需要使用一款浏览器就可以实现跨平台操作，或获取各种服务。

就像传统的数据库一样，Web 数据库是可供用户访问的数据或信息集散地，然而 Web 数据库是一个全新的应用领域，它与传统的数据库应用系统有着许多不同的方面。具体来说，使用 WWW 访问数据库的优点主要有以下几点。

（1）使用成熟的浏览器工具软件，无须再为客户开发数据库应用的客户端软件。Web 应用对数据库的访问都可以通过浏览器来完成，可以使用统一的界面，降低成本，减少培训，并使得用户可以非常简便地访问数据库。

（2）标准统一，开发过程简单。HTML 是 WWW 信息的组织方式，是一种国际标准。使用 WWW 服务器与 HTML 标准，开发者甚至只须学会 HTML 一种语言，只须学习一种界面——浏览器界面。

（3）交叉平台支持。几乎在各种操作系统上都可以使用成熟的浏览器，在 WWW 服务器上编制的 HTML 文档，可以被所有平台的浏览器执行，实现跨平台操作。

14.1.3 Web 技术的发展

Web 技术从最初对简单文档的浏览发展到当今复杂电子商务的应用，主要经历了静态文档、动态交互页面和事务处理三个阶段。

1. 静态文档阶段

这一阶段的 Web 技术，主要是用于简单静态 Web 页面的浏览。Web 数据库提供静态文档的管理和访问，程序员根据数据库内容用 HTML 编写 Web 页面，用户对数据库的访问实际是对该静态文件 HTML 的访问，这种模式下的 Web 数据库不能实时访问。为保持用户访问的信息与数据库信息相同，当数据库内部信息更新时，必须同时修改相应的静态文件，从而导致数据库维护工作量很大。第一阶段 Web 数据库是在还没有出现 Web 数据库访问技术的时候产生的，Web 服务器基本上只是一个 HTTP 服务器，它负责接收客户端浏览器的访问请求，建立连接。不过这种方式基本满足了建立 Web 的初衷，实现了信息资源的共享，可以适用于一些较小规模的需求。

2. 动态交互页面阶段

为了实时动态将数据库的信息反映在页面上，必须使数据库能与 Web 服务器直接连接，这需要使用通用网关接口（common gate interface，CGI）编程。在这一阶段的 Web 数据库中，CGI 技术根据数据库的内容自动更新有关部门的静态页面，提供给最终用户。用户访问的是静态的 HTML 文档，但文档内容是随着数据库而改变的动态内容。由于本阶段的 Web 数据库不能保持数据库连接状态，存在性能瓶颈，缺少扩展性和保密性等诸方面的限制而逐渐被淘汰。目前基本上不再使用 CGI 技术。

3. 事务处理阶段

Web 数据库除了提供第二代 Web 数据库的功能外，还提供基于 Web 的联机事务处理（on line transaction process，OLTP）能力，在 Web 的客户端与服务端实现了动态和个性化的交流和互动。随着 Web 数据库的不断发展，简单的 CGI 程序演变成为具有强大功能的数据库应用服务器，应用服务器既有面向 Web 服务器的接口，又有面向数据库服务器的接口。当 Web 服务器接收到 Web 客户访问动态数据内容的请求，需要和数据库连接的时候，就能够通过应用服务器建立起来数据库服务器和 Web 服务器之间的连接，这种连接让 Web 客户既能够访问数据库形成动态页面，又能完成 OLTP 能力，即查改增删的后三步，处理数据库数据。此阶段是通过 Internet 浏览器界面对数据库完成远程操作（查、改、增、删），这对于终端用户来说，非常简单方便，且更加适应 Internet 技术的发展和网络互联互通的需要。

数据库形成的动态页面，由动态网站支撑，而动态网站开发的核心技术是 Web 数据库。随着 Web 技术、分布式对象技术以及安全保密技术的发展，Web 技术发展的难题是如何实现实时的事务处理、可伸缩性、可扩展性、安全性和客户认证等。Web 对象技术通过分布和对象技术允许客户机直接同相关服务器联系，避免了众多客户端直接访问 Web 服务器所形成的瓶颈。这样，从单个功能服务器到整个服务器系统都可以伸缩地运行到一个或多个服务器上，动态地平衡客户端请求负载。技术的进步有效地解决了在 Web 上进行实时可伸缩的事务处理，并且这些技术仍处于不断的发展之中。

14.2 Web 数据库系统的体系结构

数据库系统的体系结构是指在计算机系统环境下数据库管理系统及其数据库应用系统的体系结构。数据库系统的体系结构与数据库系统的应用环境是密切相关的，随着计算机技术的发展以及数据库系统应用环境的演变，数据库系统的体系结构也在不断地改变。由早期的单机系统、多机系统、集中式模式，向客户机 / 服务器（client/server，C/S）模式和浏览器 / 服务器（browser/server，B/S）工作模式发展。

14.2.1 客户机 / 服务器体系结构

客户机 / 服务器结构是以计算机网络环境为基础，将计算任务有机地分配给多台计算机的结构。客户机 / 服务器结构主要由三部分组成：客户机、服务器，以及客户和服务器之间的连接支持。

1. 客户机

客户机又称用户工作站，一般由微型计算机担当。每一台客户机都运行在它自己的，并为服务器所认可的操作系统环境中。客户机主要通过服务器享受网络上提供的各种资源。

客户机的主要功能是接收用户的数据和处理要求，执行应用程序，并把应用程序中主要的数据处理、数据存取和信息服务要求提交给服务器，待收到服务器送回的处理和服务结果后，做必要的处理，然后把最终的处理结果输出显示给用户。

2. 服务器

服务器，也称伺服器，是提供计算服务的设备。由于服务器需要响应服务请求，并进行处理，因此一般来说服务器应具备承担服务并且保障服务的能力。由于须提供高可靠的服务，因此在处理能力、稳定性、可靠性、安全性、可扩展性、可管理性等方面要求较高。

服务器的主要功能是建立进程和网络服务地址，接收用户请求，监听用户调用，分配可用的服务器资源，实现用户的数据存取、数据处理和数据服务，能将处理与服务结果返回给客户，并释放与用户的连接。

在网络环境下，根据服务器提供的服务类型不同，服务器可分为文件服务器、数据库服务器、应用程序服务器、WEB 服务器等。

3. 连接接口

连接接口是一种实现客户机和服务器之间连接和通信的标准网络接口和标准软件接口。例如，开放式数据库互连（open database connectivity，ODBC）就是一种基于 SQL 访问组织规范的数据库连接应用程序接口。连接支持的主要功能是实现客户机和服务器之间的透明网络连接和数据通信。

4. C/S 结构数据库系统

客户机 / 服务器结构的数据库系统是把 DBMS 功能和应用分开，使网络中某个（些）节点上的计算机专门用于执行 DBMS 的功能，称为数据库服务器（见图 14-2）。其他节点上的计算机安装 DBMS 的外围开发工具，支持用户的应用，称为客户机（或应用服务器）。二者相结合，协同工作，分布处理，其基本思想是共享服务器资源。服务器一端完成 DBMS 的核心处理，包括接收来自客户端的数据库请求、处理数据库请求、格式化结果，并传给客户端，进行安全性确认和完整性检查；维护数据库附加数据、事务恢复、优化查询及更新处理等。把应用开发工具放在客户端，完成管理用户界面，接受用户数据，处理应用任务，生成数据库请求并向服务器发出数据库请求，从服务器接收结果并格式化结果等。对于客户机和服务器端一般只要建立与数据源的连接，就如同操作本地数据库一样方便。这些工作都是由网络中间软件来完成的。

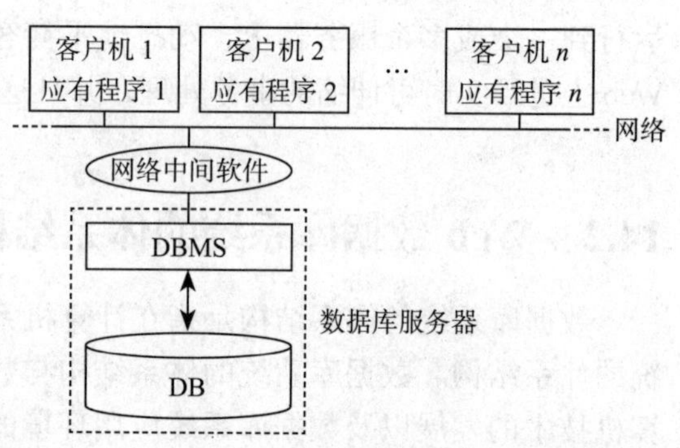

图 14-2　C/S 结构的数据库系统

C/S 结构的数据库系统分为集中数据库服务器结构和分布服务器结构两种。如果 C/S 结构的数据库系统中只有单个数据库服务器，则称为集中服务器结构的 C/S 结构数据库系统；如果 C/S 结构的数据库系统中有多个数据库服务器，则称为分布服务器结构的 C/S 结构数据库系统。在分布服务器结构的 C/S 结构数据库系统中，数据分布在多个数据库服务器中，各个客户共享多个数据库服务器中的数据，且每个客户可以访问网上的任意一个数据库服务器；同理，每个数据库服务器可以响应网上的任何一个客户的请求。此时，多个数据库服务器将协同工作，并提供多数据库服务器数据的透明访问。

C/S 系统最初被设计成两层模式。在这种结构中，所有的表示逻辑和应用逻辑等均运行在客户机端，所有客户端都必须安装应用软件和工具，因而使客户机变得很“肥”（肥客户机）；服务器则成为数据库服务器，仅负责全局数据的存取、处理和维护，响应用户请求，因而使服务器相对较“瘦”（瘦服务器）。这使得应用系统的性能、可伸缩性和可扩展性较差。随着信息系统结构的复杂程度不断加深和规模的日益扩大，两层 C/S 结构的数据库系统逐渐暴露出一些局限性和缺陷，所以出现了三层 C/S 结构的数据库系统。

14.2.2 浏览器/服务器体系结构

浏览器/服务器结构和客户机/服务器结构，本质上都是请求/应答方式，但C/S结构需要在客户机上装载大量的应用软件，负担较重；而B/S结构是基于超链接（hyperlink）、超文本标识语言（HTML）、Java的三层C/S结构，客户机上只须安装单一的浏览器软件，负担很轻，是一种全新的体系结构。而且，B/S结构通过浏览器可以访问几个应用平台，形成一点对多点、多点对多点的结构模式，解决了跨平台的问题。B/S结构代表了当前数据库应用软件技术发展的趋势，是目前人们开发Web数据库系统普遍采用的数据库系统结构。

1. 三层B/S结构的数据库系统

B/S结构将数据处理过程分为表示层、功能层和数据层三个部分，分别由Web浏览器、具有应用程序扩展功能的Web服务器和数据库服务器实现。三层B/S结构的数据库系统如图14-3所示。

（1）表示层。表示层位于客户端，其任务是由Web浏览器向网络上的某一Web服务器提出服务请求，Web服务器用HTTP（超文本传输）协议和HTML来描述和组织信息，把所需的主页传送给客户端，客户机接受传来的主页文件，并把它显示在Web浏览器上。

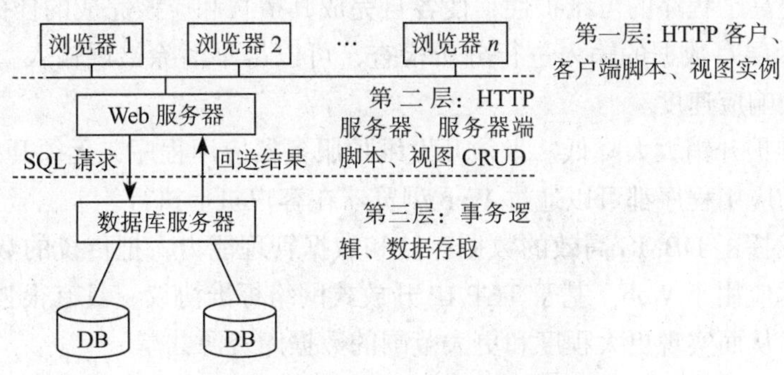

图14-3 三层B/S结构的数据库系统

（2）功能层。功能层的任务是接受用户的请求，首先需要执行相应的扩展应用程序与数据库进行连接，通过SQL等方式向数据库服务器提出数据处理申请，而后等数据库服务器将数据处理的结果提交给Web服务器，再由Web服务器传送回客户端。

（3）数据层。数据层的任务是接受Web服务器对数据库操纵的请求，实现对数据库的查改增删操作，并把执行结果提交给Web服务器。

这种结构使得用户交互、应用业务处理和数据管理三者彻底分离，与C/S结构一样，以请求/应答方式来执行应用。所以，本质上讲B/S也是一种C/S结构。可以说，B/S结构不仅实现了数据处理的C/S方式，还实现了应用程序的C/S方式。

B/S结构的最大特点是：在Internet或Intranet上，B/S结构的数据库系统工作无平台限制。用户可以通过浏览器访问Internet上的文本、图像、声音、视频等多媒体数据。而这些信息有可能是由许多不同的Web服务器产生的，Web服务器又可能通过各种不同的方式与数据库服务器连接，这里的数据库服务器是数据的最终存放地。一个多层B/S结构的数据库系统结构图如图14-4所示。

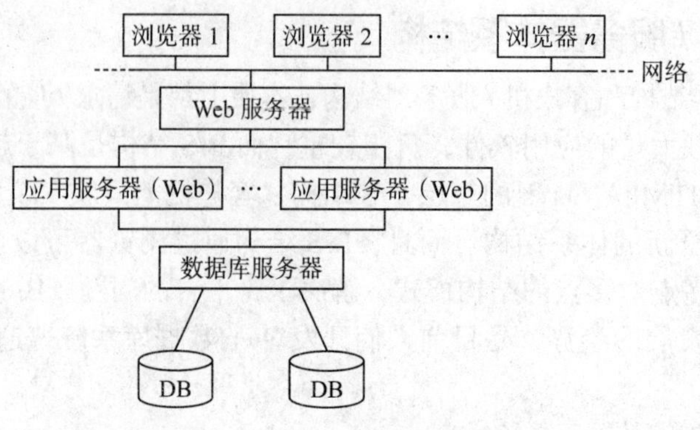

图 14-4　多层 B/S 结构的数据库系统

2. B/S 结构数据库系统的特点

B/S 结构的数据库系统具有以下主要优点。

（1）规范和统一了客户端程序的标准——浏览器模式，减轻了客户端的压力，解决了 C/S 结构中客户端程序的异构性和跨平台性，完全实现了跨平台访问计算机及其网络上的各种资源，同时也延伸了客户机和服务器的物理距离。

（2）将用户交互、应用业务处理和数据管理三者彻底分离，从而方便用户进行严格的安全管理，提高了程序的可维护性，使各自完成其擅长和应该完成的任务。

（3）在表示层对数据的输入进行分析检查，可以尽早消除错误输入，减少网上传输的数据量，加快响应速度。

（4）软件维护开销大大降低。只须开发维护服务器应用程序，无须开发客户端程序，服务器上所有的应用程序都可以通过 Web 浏览器在客户机上执行。

（5）充分发挥了 DBMS 高效的数据存储和数据管理能力，把传统的数据库访问、存取和维护等技术应用于 Web。基于 TCP/IP 开放式网络标准协议，具有很强的系统独立性和平台无关性，从而实现更大程度和更大范围的数据库资源共享。

B/S 数据库系统的主要缺陷是，在安全性和单一针对性等上，尚不如 C/S 体系结构。

总之，B/S 结构从根本上改变了 C/S 体系结构的缺陷，是应用系统体系结构中一次深刻的变革，是当前世界最先进的网络体系结构，代表了全球应用软件技术的发展趋势。目前三层或多层的 B/S 体系结构已被广泛应用。

14.3　Web 数据库访问

Web 数据库系统的主要目的是实现 Web 与数据库的连接，以便生成基于 HTML 的数据库数据动态页面。相关技术称为 Web 数据库访问技术（也称为动态页面技术）。

对 Web 数据库访问技术的要求有：

（1）高效性。数据库的访问速度要快，以适应对大量数据的快捷访问。

（2）安全性。Web 数据库数据有多客户端共享，其安全防护更加重要。

（3）客户端的简洁性。客户端通常使用浏览器访问 Web 数据库，通常不配置客户端数据源，即客户端零配置。

（4）开放性（异构性）。Web 数据库访问技术应该具有能够适应异构平台的性能，即满足异构网络、异构平台等。

（5）可扩展性。在 Web 数据应用系统中，会涉及大量的业务逻辑，而且随着时间的推移，业务逻辑很可能发生变化，还可能产生新的业务逻辑，因此，Web 数据库访问技术也必须具有可扩展性。

目前 Web 数据库访问技术种类繁多，大致可分为三种。

第一种在 Web 服务器端提供中间件来连接服务器和数据库服务器，常用的中间件技术有通用网关接口（CGI）、应用程序编程接口（WebAPI），ODBC，JDBC，ADO.NET 等。这些技术的特点是采用 Web 服务器作为通信中介，由 Web 服务器启动应用程序，并由应用程序完成对数据库的访问，结果信息再经 Web 服务器返回客户端浏览器。应用程序通过中间件访问 Web 数据库的一般结构如图 14-5 所示。采用 CGI 访问数据库的技术目前已基本淘汰。

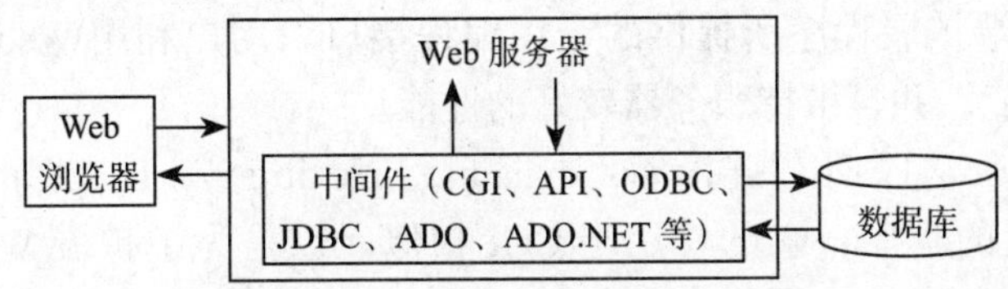

图 14-5　基于中间件的 Web 数据库系统

第二种是把应用程序下载到客户端运行，在客户端直接访问数据库服务器，例如：Java Applet 等。这种访问技术的一般结构如图 14-6 所示。

第三种方式可看成上述两种方法的组合。在服务器端提供中间件，同时将应用程序的一部分下载到客户端，并在客户端通过 Web Server 及中间件访问数据库。

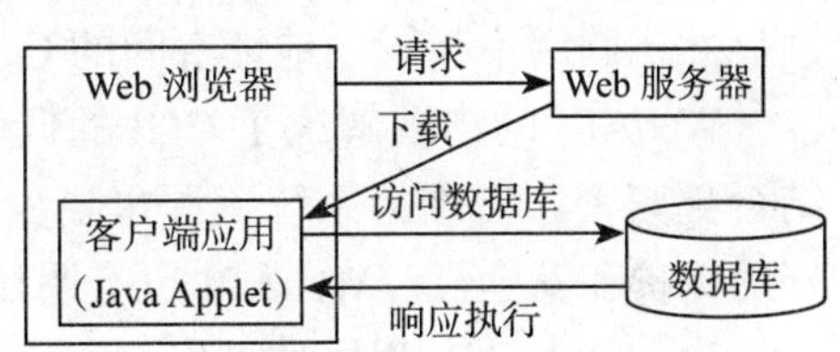

图 14-6　基于客户端的 Web 数据库系统

用户可以使用 CGI，WebAPI，ODBC，JDBC，ADO.NET 等和动态页面开发技术 ASP，ASP.net，JSP，PHP 等，开发 Web 应用系统。

通常，Web 数据库的环境由硬、软两者组成。硬件元素包括 Web 服务器、客户机、数据库服务器、网络。软件元素包括客户端必须有能够解释执行 HTML 代码的浏览器，Web 服务器必须具有自动解释生成 HTML 代码的功能，如 ASP，ASP.net 等；后台具有能自动完成数据操作指令的数据库系统，如 Access，SQL Server，Oracle，MySQL 等。

14.4　Web 数据库接口

数据库访问接口，即数据库中间件。它作为一座桥梁，“横跨”在前端客户机和后端数据库之间，充当一个中间层，负责接收客户端的数据请求，做一些简单处理（如 SQL 格式转换、确定数据源等）后，把请求再传递给相应的后端数据库服务器，进行最后的数据处理，然后再将结果由数据库中间件返回给客户端。数据库中间件不单进行与数据库连接等有关数据库的处理，也可以将传统 C/S 环境下的处于客户端或服务器端的应用层移植到中间层上，精简客户端或服务器端。

Web 数据库系统中的数据库中间件必须有面向 Web 服务器的接口和面向 DBMS 的接口。它负责管理 Web 服务器和数据库服务器之间的通信，并提供应用程序服务。由于驻留在 Web 服务器上，因而中间件能够调用作为 Web 服务器和数据库服务器之间“传输机制”的应用程序，此程序可以实现对数据库的各种操作，将数据库操作请求（一般是 SQL 语句）传递到数据库，并将输出转换为 HTML 页面，然后再由 Web 服务器将 HTML 页面返回到 Web 浏览器。目前主要使用的数据库中间件编程技术是 WebAPI，ODBC，ADO，ADO.NET 等。

14.4.1 WebAPI

为了克服早期 CGI 的局限性，一种基于共享 CGI 程序的改进方案应运而生，这就是应用程序编程接口 WebAPI。WebAPI 是某个 Web 服务器开发商为其产品用户开发类似于 CGI 程序的服务器端扩展程序所提供的专用编程接口。用户利用 WebAPI 可以完成 CGI 程序所能实现的功能，并且维持服务器较好的性能。

API 应用程序通常以动态链接库（dynamic link library，DLL）的形式提供，是驻留在 Web 服务器上的程序，它的作用与 CGI 相似，也是为了扩展 Web 服务器的功能。Microsoft 的 ISAPI，Netscape 的 NSAPI，O’Reilly 公司的 WSAPI 都是这种中间件的具体解决方案。

用 WebAPI 开发程序，性能大大优于 CGI 程序。因为 WebAPI 应用程序是与 Web 服务器软件处于同地址空间的 DLL，因此所有的 Web 服务器进程能够直接利用各种资源，这显然比调用不在同一地址空间的 CGI 程序所占用的系统时间更短。

WebAPI 的出现解决了 CGI 的低效问题。与 CGI 相比，API 应用程序与 Web 服务器结合更紧密，占用的系统资源也要少得多，而其运行效率却大大提高，同时还能提供更好的保护和安全性。WebAPI 也有明显缺陷（目前也已经很少采用）。

（1）开发 API 程序比开发 CGI 程序复杂得多，开发 API 程序需要一些编程方面的专门知识，如多线程、进程同步、直接协议编程以及错误处理等。

（2）各种不同的 API 互不兼容，缺乏一个统一的业界标准，用某种 API 编写的程序只能在特定的服务器上运行，使用范围受到极大的限制。

14.4.2 ODBC

ODBC 是开放数据库互连的简称，ODBC 是 Microsoft 公司提出的应用程序通用编程接口标准，用于对数据库的访问。

ODBC 定义了一个基于 SQL 的、公共的、与数据库无关的 API（应用程序设计接口），使每个应用程序利用相同的源代码就可访问不同的数据库系统，存取多个数据库中的数据。从而使得应用程序与数据库管理系统（DBMS）之间在逻辑上可以分离，使应用程序具有数据库无关性。也就是说，用 ODBC 生成的程序是与数据库或数据库引擎无关的。

ODBC 为数据库用户和开发人员屏蔽了异构环境的复杂性，提供了数据库访问的统一接口，为应用程序实现与平台的无关性和可移植性提供了基础，因而 ODBC 获得了广泛的支持和应用。

由客户端的数据库应用程序与ODBC结构组成的应用体系结构如图14-7所示。其主要由客户端的数据库应用程序、ODBC应用程序接口（ODBC API)、ODBC驱动程序管理器（ODBC driver manager)、驱动程序（driver)、数据源（data source)、不同RDBMS及其DB构成的数据库平台等组成。

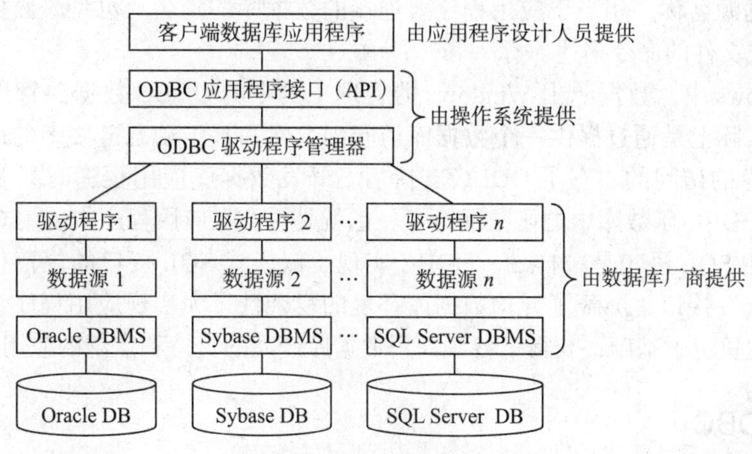

图14-7　ODBC应用体系结构

1. 客户端应用程序

客户端的应用程序提供系统与用户的界面，实现全部（用于C/S结构）或部分（用于B/S结构）应用逻辑，调用标准的ODBC函数和SQL语句，与驱动程序管理器连接，并通过驱动程序管理器调用驱动程序所支持的函数来操纵数据库。

2.ODBC应用程序接口

ODBC应用程序接口是一种使用ODBC技术实现应用程序与数据库互连的标准接口。

3. 驱动程序管理器

驱动管理程序用于管理系统中存在的各种驱动程序，并把客户端应用程序对数据库的各种操作请求，通过驱动程序管理器提交给ODBC驱动程序。当一个应用程序请求与其数据源连接时，驱动程序管理器读取该数据源的描述，定位并加载相应的驱动程序，管理应用程序与驱动程序的连接，初始化ODBC调用，提供ODBC函数的入口点，检查ODBC调用参数的合法性等。

4. 驱动程序

驱动程序是一个用于支持ODBC函数调用的模块，通常是一个动态链接库。ODBC驱动程序处理ODBC函数的调用，将应用程序的SQL请求提交给指定的数据源，接收由数据源返回的结果和状态信息，并把该结果和状态信息传给应用程序。

不同RDBMS的驱动程序是不同的。为了使一个应用程序能与不同的数据源连接，每种数据库都要向ODBC驱动程序管理器注册它自己的驱动程序，驱动程序管理器能够确保应用程序正确地调用相应的RDBMS，并保证把取自不同数据库的数据正确地回送相应的应用程序。不同数据库的驱动程序由该数据库系统软件中提供的驱动程序安装程序安装和注册。

5. 数据源

ODBC 用户数据源存储了如何与指定的数据提供者连接的信息。所以在开发一个由 ODBC 技术支持的数据库应用程序时，首先要建立数据源，并给它命名。数据源名称给 ODBC 驱动程序管理器指出了数据库的名称和用户默认的连接参数等。之后，用户就可以使用该数据源名称，相当于应用程序要连接的数据库的别名。可见，数据源是一种对现有数据库或文件的命令描述。

在 Windows 中，数据源由 Windows 的管理工具中的 ODBC 数据源管理器安装和建立。ODBC 实际上是通过提供一个数据库访问函数库和基于动态链接库的运行支持环境实现对数据库的访问的。有了 ODBC 支持后，开发数据库应用程序时只要调用标准的 SQL 语句和 ODBC 函数库中的函数就行了。也就是说，在应用程序中使用 ODBC 中的调用函数和使用 SQL 语句是一样的。ODBC 实现了嵌入式 SQL 接口的规范化，提供了数据库访问的统一接口，屏蔽了异构数据库环境的复杂性，为实现应用程序与平台的无关性和可移植性奠定了基础，获得了各种商用数据库产品的支持和广泛的应用。

14.4.3 JDBC

JDBC（Java data base connectivity）是 Sun 公司针对 Java 语言提出的与数据库连接的 API 标准。与 ODBC 类似，JDBC 是特殊类型的 API，这些 API 支持对数据库的连接和基本的 SQL 功能，包括建立数据库连接、执行 SQL 语句、处理返回结果等。与 ODBC 不同的是，JDBC 为单一的 Java 语言的数据库接口，而 ODBC 不适合直接在 Java 中使用，因为它使用 C 语言接口。从 Java 调用本地 C 代码在安全性、实现性、坚固性和程序的自动移植性方面都有许多缺点。

JDBC 由一群类和接口组成，通过调用这些类和接口所提供的方法，Java 程序可以连接不同的数据库，对数据库下达 SQL 命令并取得行结果。JDBC 主要有两种接口，分别是面向程序开发人员 JDBC API 和面向底层的 JDBC Driver API。JDBC API 是面向程序开发人员的，“对用户友好的”高级接口，它定义了 Java 中的类，用来表示数据库连接、SQL 指令、结果集合、数据库图元数据等。通过驱动程序管理器，JDBC API 可以利用不同的驱动程序连接不同的数据库系统。它允许应用程序员发送 SQL 指令并处理结果。JDBC Driver API 是面向驱动程序开发商的基础接口，在它之上可以建立高级接口和工具。对于大多数数据库驱动程序而言，仅实现 JDBC API 提供的抽象类就可以了。JDBC Driver 管理器负责管理连接到不同数据库的多个驱动程序。

JDBC 和 ODBC 一样是基于 X/Open 的 SQL CLI（调用级接口），它可以保证 JDBC API 在其他通用 SQL 级 API（包括 ODBC）之上实现。这意味着所有支持 ODBC 的数据库不加任何修改就能够与 JDBC 协同合作。

JDBC 的体系结构如图 14-8 所示，主要由客户端的 Java/JSP 应用程序、JDBC 应用程序接口（JDBC API）、JDBC 驱动程序管理器、JDBC 驱动程序、不同的数据库平台等组成。

与 ODBC 一样，JDBC 的体系结构同样有一个 JDBC 驱动程序管理器作为 Java 应用程序与数据库的中介，它把对数据库的访问请求转换和传送给下层的 JDBC 驱动程序，或者转换为对数据库的固有调用。更多的实现方式是通过 JDBC-ODBC 桥接驱动程序，转化为一个 ODBC 调用，进行对数据库的操作。

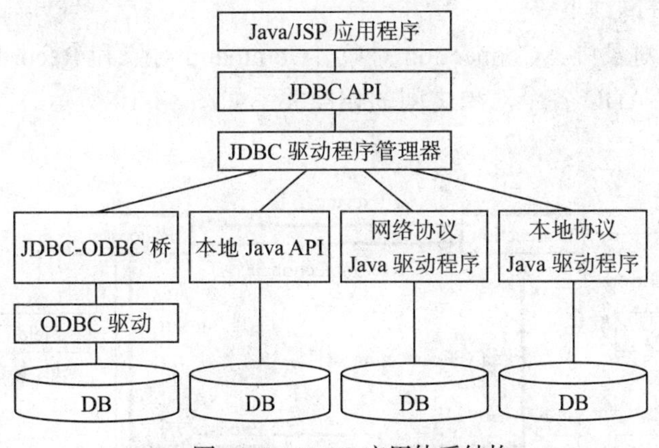

图 14-8 JDBC 应用体系结构

14.4.4 ADO

ActiveX 数据对象（ActiveX data object，ADO）是允许用户与数据存储进行交互的组件，是 ASP 的内置组件之一，通常也称为 ADO 组件，ADO 的作用是使用户能与数据进行通信，也就是只要基于某些数据就可以建立一个网页，或一种完全交互的电子商务系统。ADO 是 Microsoft Windows 的开放服务体系的标准组成部分，是人们广泛接受的用于数据库访问的应用程序接口，是一项容易使用并且可扩展的将数据库访问添加到 Web 页的技术。ADO 并不是一种新技术，而是采用现有的数据库访问技术，并把这些不同的数据库访问技术融合在一起，形成一种适应需要的方法，它提供了一个简单的程序化模型和完善的数据库处理功能。

1. ADO 对象模型

ADO 是采用层次框架实现的，其层次结构如图 14-9 所示。ADO 定义了七种独立的对象：Connection 对象、Command 对象、Recordset 对象、Filed 对象、Parameter 对象、Property 对象和 Error 对象。Connection 对象是其他对象与集合的基础，Connection 对象包含了一个 Errors 集合和一个 Error 对象，用来记录连接过程中所发生的错误信息；Command 对象包含了一个特有的 Parameters 集合和一个 Parameter 对象，用来传递 Command 对象所需的命令参数；Recordset 对象包含了一个 Fileds 集合和一个 Filed 对象，用来记录 Recordset 对象中各个字段的相关属性。同时 Connection 对象、Command 对象、Recordset 对象又都包含一个 Properties 集合

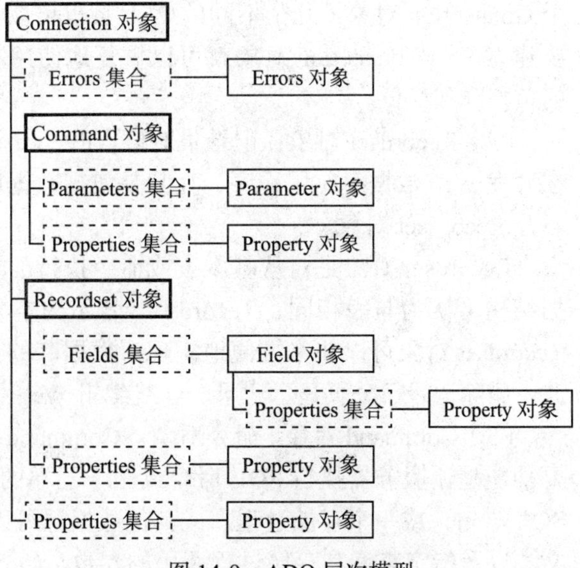

图 14-9 ADO 层次模型

和一个 Property 对象。通过这些对象与集合，用户可以很方便地建立数据库连接、执行 SQL 查询以及存取查询结果等。

在 ADO 的七个对象中，Connection 对象、Command 对象和 Recordset 对象是使用最多的三个主要对象。ADO 各个对象之间的相互关系如图 14-10 所示，其中有以下两个重要关系。

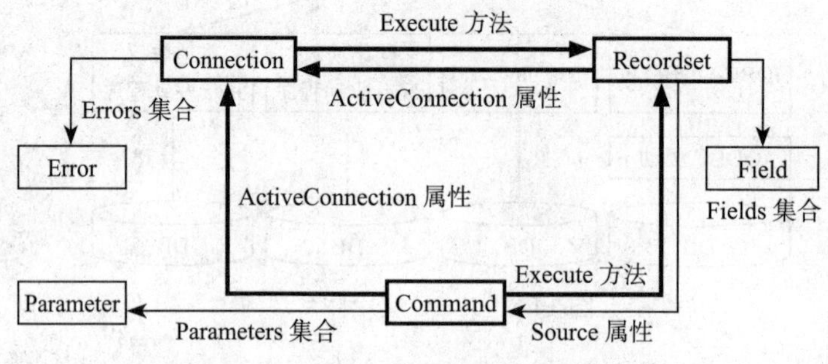

图 14-10　ADO 各对象之间的相互关系

（1）Connection 对象和 Command 对象使用 Execute 方法可以产生一个 Recordset 对象。

（2）Recordset 对象和 Command 对象使用 ActiveConnection 属性可以产生一个 Connection 对象。

2. ADO 对象功能

ADO 的七个数据对象的功能如下。

（1）Connection 对象：连接对象。要访问数据库首先就要建立与它的连接，Connection 对象用于建立 Web 服务器到数据源的连接，对数据库来说，Connection 对象是其与外界联系的唯一通道。Connection 对象负责打开和关闭与数据库的连接，而 Command 对象和 Recordset 对象对数据库的任何操作都要通过 Connection 对象才能够完成。

ADO 一个重要的特点就是共享机制。例如，几个不同的 Command 对象可以共享一个 Connection 对象，几个不同的 Web 页也可以共享一个 Connection 对象。也就是说，只要建立一个 Connection 对象就可以重复地使用它对数据库进行查询等操作，使得服务器的负担降到最低。

（2）Recordset 对象：记录集对象。Recordset 对象是 ADO 中的一个非常重要的对象，在开发 Web 数据库应用程序，尤其是实现数据库操作的一些高级处理功能时，几乎都离不开 Recordset 对象。

Recordset 对象是对从基本表或命令执行的结果所得到的整个记录集合的封装。其数据结构可认为与表相同，Recordset（若不为空）中的数据在逻辑上由行和列组成。利用 Recordset 对象可以非常方便地实现对数据库的各种操作和控制，如浏览记录、增加、修改、删除记录、分页显示记录、在线编辑 Web 页中的记录等。

（3）Command 对象 : 命令对象。Command 对象也是 ADO 的一个重要对象。它的主要功能是让服务器执行 SQL 命令或服务器端的存储过程。一个 Command 对象代表一个 SQL 语句，或一个存储过程，或其他数据源可以处理的命令。Command 对象包含了命令文本以及指定查询和存储过程调用的参数。Command 是一种封装数据源执行的某些命令的方法。使用 Command 对象可以对预定义的命令以及参数进行封装，可开发出高性能的数据库应用程序。

利用 Command 对象使服务器执行 SQL 命令时，要先创建 Command 对象，然后设置 Command 对象的 ActiveConnection 和 CommandText 属性值，最后才引用 Execute 方法使服务器执行设定的 SQL 语句。

若不使用 Command 对象，使服务器执行 SQL 命令可使用 Connection 对象的 Execute 方法。此外，还可以利用 Recordset 对象的 Open 方法。但无论是 Connection 的 Execute 还是 Recordset 的 Open 都只适合命令仅被执行一次的情形。若要多次执行某些命令，用这两种方法会降低系统的效率。

（4）Filed 对象：域对象。Recordset 对象有一个十分有用的对象集合 Fileds，Fileds 由多个 Filed 对象组成，Filed 对象代表一列普通类型数据，每个 Filed 对象对应 Recordset 对象中的一列。

（5）Parameter 对象：参数对象。它代表 SQL 存储过程或有参数查询中的一个参数。

（6）Property 对象：属性对象。它代表数据提供者的具体属性。ADO 对象有两种类型的属性：内置属性和动态属性。内置属性是指那些已在 ADO 中实现并且任何新对象可以立即使用的属性。Property 对象是基本提供者所定义的动态属性的容器。

（7）Error 对象：错误对象。它代表 ADO 错误，用来表示方法调用失败所产生的某个错误。

3. ADO 和数据库的连接

ADO 是一种功能强大的数据库应用程序接口。通过 ADO 访问数据库有两种途径，如图 14-11 所示，一种是通过 ODBC 驱动程序，另一种是通过数据库专用的 OLE DB Provider。后者有更高的访问效率。

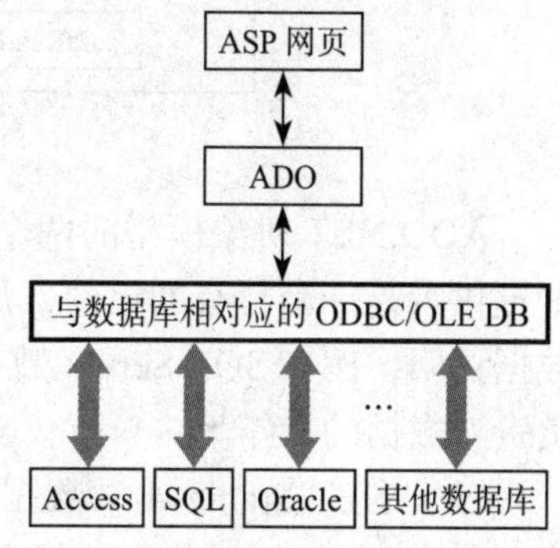

图 14-11 通过 ADO 访问数据库

14.4.5 ADO.NET

ADO.NET 是 Microsoft 对 ASP 的升级，是一个全新的数据访问标准，它为广泛的数据控制而设计（而不仅仅为数据库应用），使用起来较之前的 ADO 更灵活、更有弹性，也提供了更多的功能，更有效的数据存取手段。它采用面向对象结构，采用业界标准的 XML 作为数据交换格式，适用于多种操作系统平台。ADO.NET 是在 ADO 的基础上发展起来的，但并不是简单的升级，它在简化编程、维护和效能方面都做了相当大的改进，ADO.NET 是一项全新的技术。

1. ADO.NET 模型

ADO.NET 提供了功能强大的数据访问接口，它建立在 Internet 和 Intranet 基础之上，可以生成高效多层数据库应用程序。在 ADO.NET 中，数据的连接有两种方式：断开连接与直接连接。用户要求访问数据源时，建立连接后 ADO.NET 通过 DataSet 对象将数据源的数据读入，每个用户都有专属的 DataSet 对象。应用程序只有在要取得数据或是更新数据时才对数据源进行联机工作，所以应用程序所要管理的连接减少，数据源就不用一直和应用程序保持联机，其负载得到减轻，性能得到提高。

从图 14-12 的 ADO.NET 对象模型中，可以看到它分为“连接的对象”和“断开连接的对象”两部分。“连接的对象”主要有 Connection 对象、Command 对象及 DataReader 对象等，这些对象直接与数据库通信，以管理连接和事务，以及从数据库检索数据和向数据库提交所做的更改。“断开连接的对象”主要有数据集 DataSet 对象以及它包括的 DataTable 对象和 DataRelation 对象等，它们允许用户脱机处理数据，以便更好地提高系统效率。“断开连接的对象”与“连接的对象”不直接通信。

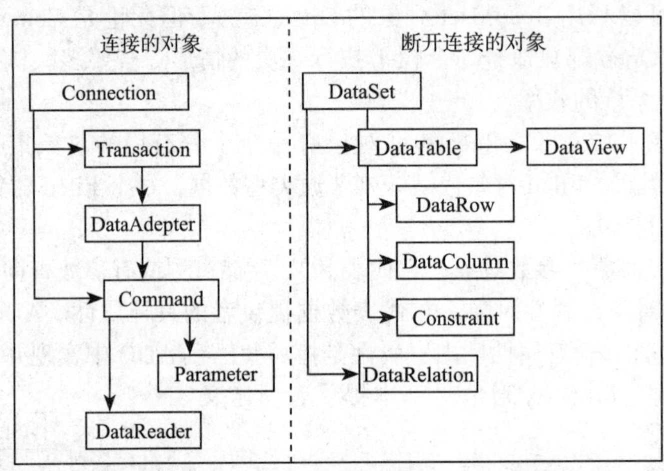

图 14-12 ADO.NET 对象层次结构

ADO.NET 对象模型的两个核心成员是 .NET 数据提供程序和 DataSet 对象。.NET 数据提供者是一套特有的组件，用于访问特殊类型的数据源。.NET 数据提供程序主要负责数据访问，例如 SQL Server 数据库。DataSet 是非连接的，位于内存中的数据存储，主要负责对数据的操作。

（1）.NET Framework 数据提供程序是数据库的访问接口，负责建立连接和数据操作。作为 DataSet 对象与数据源之间的连接，负责将数据源中的数据取出后置入 DataSet 对象中，或将数据存回数据源。.NET 数据提供程序包含了 Connection，Command，DataReader 和 DataAdapter 对象。Connection 对象提供与数据源的连接。Command 对象能够访问用于返回数据、修改数据、运行存储过程以及发送或检索参数信息的数据库命令。DataReader 从数据源中获取高性能的数据流。DataAdapter 提供连接 DataSet 对象和数据源的桥梁。DataAdapter 还可以使用 Command 对象在数据源中执行 SQL 命令，以便将数据加载到 DataSet 中，并使对 DataSet 中数据的更改与数据源保持一致。

（2）DataSet 对象是 ADO.NET 的核心，可以将它看成位于内存的数据库。DataSet 是专门为独立于任何数据源的数据访问而设计的。因此，它可以用于多种不同的数据源，可以使用 XML 数据，或用于管理应用程序本地的数据。DataSet 包含一个或多个 DataTable 对象的集合，这些对象由数据行和数据列以及有关 DataTable 对象中数据的主键、外键、约束和关系信息组成。.NET 数据提供程序与 DataSet 之间的关系如图 14-13 所示。

2. .NET 的数据提供程序

.NET Framework 数据提供程序在数据源和代码之间创建了一个最小层，以便在不牺牲功能为代价的前提下提供性能。可用的 .NET 数据提供程序（提供者）主要有四个（见图 14-14）。这四个数据提供程序中的每一个都有一个特定的目的，且都提供对特定类型数据源的访问。

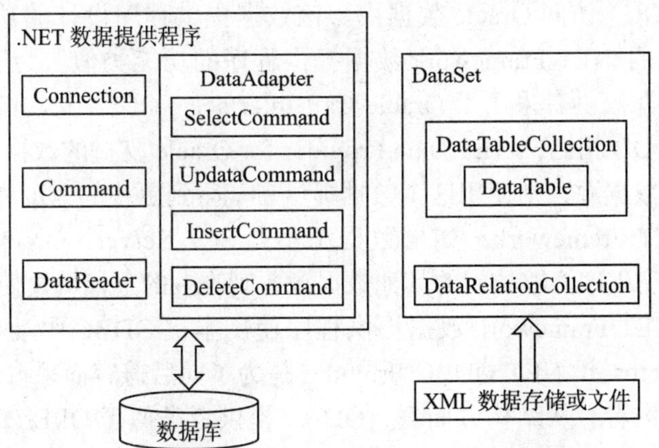

图 14-13 .NET 数据提供程序与 DataSet 之间的关系

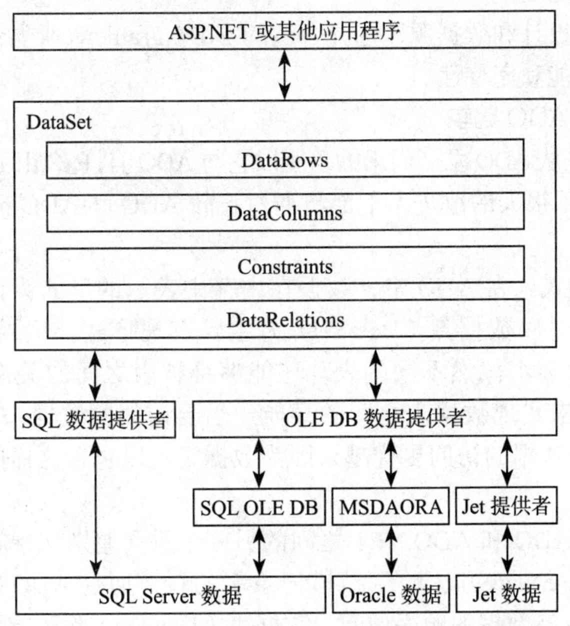

图 14-14 ADO.NET 访问数据库

（1）SQL Server .NET Framework。这个数据提供者提供了对 SQL Server 的数据访问。它为 SQL Server 快速、本地的 TCP/IP 接口提供便捷、健壮和可靠的 SQL 访问。SQL Server .NET Framework 数据提供程序使用它自身的协议与 SQL Server 通信。SqlClient 数据提供程序专用于 SQL Server 数据库。如果底层数据源为 SQL Server，这个数据提供者则是不二选择。

（2）OLEDB.NET Framework。OLEDB.NET Framework 数据提供程序通过 COM Internet 使用本机 OLE DB 启用数据访问。OLE DB 数据提供程序可使用任何 OLE DB 数据提供程序来处理数据，如果使用的不是 SQL Server，并且不能通过其他方式访问数据源，此时就可以使用 OLE DB 提供者。但这个提供者必须使用 COM Interop 层。因此，在 .NET Framework 中使用 OLE DB 时，将会增加系统的额外开销。

（3）Oracle.NET Framework。数据提供程序支持使用 Oracle 客户端软件提供的 Oracle 调用接口（OC）访问 Oracle 数据库。该数据提供程序设计的功能与 SQL Server，OLE DB 和 ODBC 的 .NET Framework 数据提供程序的功能类似。为了与 Oracle 数据库进行通信，这个数据提供者采用了 Oracle Call Interface（OCI），本地的 Oracle 客户通常使用 OCI。与 OLE DB 相比，.NET Data Provider for Oracle 支持的数据类型更多一些。如果使用的是 Oracle 数据源，则使用这个数据提供者能得到更快的速度和更可靠的性能。

（4）ODBC.NET Framework。如果数据源不是 SQL Server，Oracle 或 Access，也不是通过 OLE DB 驱动程序能够访问的其他数据源，则唯一的选择就是使用 ODBC Provider for.NET。ODBC .NET Framework 数据提供程序使用本机 ODBC 驱动程序管理器（DM）启用数据访问。Microsoft .NET ODBC Provider 是为了向后兼容而采取的措施，它不是一个高性能的数据提供者。从结构方面看，ODBC 提供者类似于 OLE DB 提供者——它充当 ODBC APT 外面的 .NET 包装器，并允许 ADO .NET 通过 ODBC 驱动程序访问数据源（如：Microsoft Excel 等）。

根据应用程序的设计和数据源，选择合适的 .NET Framework 数据提供程序可以提高应用程序的性能、功能和完整性。

3. ADO.NET 和 ADO 比较

因为 ADO.NET 是从 ADO 发展而来的，所以它与 ADO 有许多相似性。然而，ADO.NET 在 ADO 的基础上做了很大的改进。下面将通过比较 ADO 和 ADO.NET 的特征来阐明两者之间的差别。

（1）数据表现形式。在 ADO 中，数据在内存中表示的形式为记录集（RecordSet），而在 ADO.NET 中，它以数据集（DataSet）为主要表现形式。记录集好比一个单独的表，数据集可以包含多个截然不同的表，还能够维护表之间的关系，这种联系通过使用 DataRelation 对象来实现数据表之间的导航。当要访问的数据来自多个关联的表时，ADO.NET 比 ADO 对数据的访问更优越，因为数据集可以包含这样的数据，而记录集则不能。

（2）数据访问。ADO 和 ADO.NET 之间的另一个重要差别在于它们的数据访问方式不同。ADO 通过 MoveNext 方法顺序扫描记录集的行，而在 ADO.NET 中，DataReader 对象的 Read 方法只支持数据的顺序访问，数据集（DataSet）除了支持顺序访问之外，还允许对数据表中的行号进行随机访问。相比之下，在 ADO.NET 中数据访问变得更加容易、快速。

（3）断开连接方式的数据访问。在 ADO 中，记录集也可以实现断开连接方式的数据访问，但是这种连接方式效率不高，而且不是彻底断开连接方式，而 ADO.NET 则使用数据集完全实现了与数据源的断开连接方式。ADO 和 ADO.NET 在支持断开连接方式数据访问的方式的差异是：ADO 通过调用 OLE DB 提供者与数据库通信，而 ADO.NET 则使用数据适配器（dataadapter）与数据进行通信，这个适配器不仅可以与 OLE DB 提供者进行通信，还可以以 SQLClient 方式与 SQL Server 通信，以 Oracle 方式与 Oracle 数据库通信。这样做是因为数据适配器允许通过将数据库中的改动传送回数据库的方式进行管理，例如性能的优化以及数据的有效性检查。

（4）在应用程序之间共享数据。ADO通过COM调度机制传输断开连接方式的记录集，而ADO.NET则使用XML以数据集的形式传输数据。同COM调度相比，使用XML传输数据具有许多优点：更丰富的数据类型、更高的性能、能够穿透防火墙等。

14.5 Web数据库开发技术

早期的网站一般都是静态页面，但由于静态网页没有数据库的支持，工作量非常大，而且缺乏交互功能，因此当网站有大量信息需要维护及功能较多时，完全依靠静态网页显然无法实现。随着Web数据库的兴起，动态网页成为网站维护的必然要求。目前动态页面开发的主流技术有ASP，ASP.NET，PHP，Servlet，JSP等。

14.5.1 ASP技术

动态服务器页（active server pages，ASP）是非常流行的开放式Web服务器应用程序开发技术，Microsoft在其Windows平台上提供IIS（internet information server）作为Web服务，它提供使用VBScript或Jscript（Microsoft的JavaScript实现）、Perl等脚本语言的服务器端脚本运行环境，使得用这些脚本语言编写的脚本命令可以直接嵌入到HTML文件中，建立起动态的、交互的高性能Web应用程序。

1. ASP文件

ASP文件（扩展名为.asp）是一个文本文件，它可以包括文本（text）、HTML标识（tags）和Script命令的任意组合。ASP通过扩展名为.asp的ASP文件来实现，一个ASP文件相当于一个可执行文件，因此必须放在Web服务器上，并有可执行权限的目录下。ASP文件的创建和HTML类似，且和HTML开发集成，可以在同一个过程中完成。编写ASP文件非常简单，可以用任何无格式的文本编辑工具（如记事本），也可用专门的开发工具和ASP开发工具，如Visual Studio，Dreamweaver等。

ASP并不是一种语言，它只是提供一个环境来运行ASP文件中的Script命令。为了顺利使用ASP，必须遵守ASP的语法规则。ASP的语法由下面几个元素组成。

（1）定界符。定界符是用来界定一个标识单元的符号，如HTML里的“<”和“>”，同样，ASPScript的命令和输出表达也有定界符，它与text和HTML中的定界符都不同，ASPScript的命令定界符是“<%”和“%>”。例如，下面一条是赋值语句：

```
<% name="Timeout" %>
```

ASP使用“<%=”和“%>”向浏览器输出表达式，例如：

```
<%= name %>
```

将在浏览器上输出字符串Timeout。

（2）Script标识。ASP可以使用任何Script语言，只要提供相应的脚本引擎即可。ASP自身提供了VBScript和Jscript的引擎。ASP默认的Script语言是VBScript。如果要改变这一默认设置，例如改为JScript，只须在ASP文件的开头注明<%@

language=JScript%> 即可，也可以在一个 .asp 文件里使用几个不同的 Script 语言，只须把每段用“＜%”和“%＞”括起来即可。

（3）HTML 标识。在 ASP 文件中可以包含 HTML 语言的各种表达。

（4）ASP 内置对象。ASP 提供了七个内置对象来提供如下所述的更高一级的 Web 功能。

1）Request：服务器从客户端取得信息。

2）Response：服务器向客户端传送信息。

3）Server：提供对 Web 服务器的访问。

4）Session：存储特定用户会话所需信息。

5）Application：在一个 ASP 应用内让不同用户共享信息。

6）ObjectContext：用来配合服务器进行分布式事务处理。

7）ASPError：用来返回 ASP 出错的详细信息。

其中，最常用的是前三个对象。内置对象 Request 和 Response 是用来实现 Web Server 与浏览器交互的。内置对象 Server 提供属性和方法来使用服务器资源。内置对象 Session，Application 可解决具有协作机制的应用问题。通过 ASP 内置的对象、服务器组件（server component）可以完成非常复杂的任务，而且用户还可以自己开发或利用别人开发的服务器组件完成专门的任务。

2. ASP 访问数据库

ASP 工作过程如图 14-15 所示，当用户通过浏览器向 Web 服务器申请一个 *.asp 主页时，Web 服务器响应该请求，调用 ASP 引擎，解释执行将被请求的 *.asp 文件中的每一个命令，动态生成一个 HTML 页面，并送到浏览器。当遇到任何与 ActiveX Scripting 兼容的脚本（如 VBScript，JavaScript）时，ASP 引擎会调用相应的脚本引擎进行处理。若脚本中含有访问数据库的请求，就通过 ODBC 或 OLE DB 与后台数据库连接，有数据访问组件执行访问数据库操作，它依据访问数据库的结果集自动生成符合 HTML 的主页，以响应用户的请求。ASP 脚本是在服务器端解释执行的，所有相关的发布工作由 Web 服务器负责。

ASP 一般通过 ActiveX 组件 ADO（active data object）与数据库对话，它可以与任何跟 ODBC 兼容的数据库和 OLE DB 数据源进行高性能的连接，并通过 SQL 进行数据库访问操作。ADO 主要运行在服务器上，由 ASP 的服务器端的代码调用，通过 ADO 可以执行完整的数据库操作，包括增加、删除、修改、查询和调用存储过程。由于运行在服务器上，所以使用任何浏览器都可以访问 ADO。

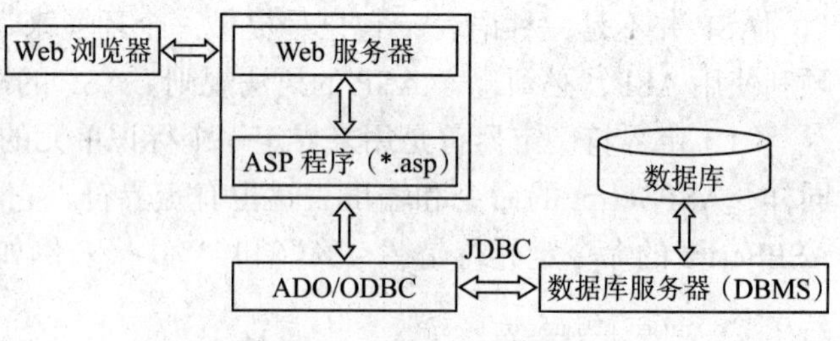

图 14-15 ASP 的工作流程

使用 ADO 访问数据库中数据的一般流程是：连接到数据源→给出访问数据源的命令及参数→执行命令→处理返回的结果集→关闭连接。

ASP 技术访问数据库的优点如下。

（1）完全与 HTML 标准的网页融合在一起。

（2）创建简单，容易产生，无须编译或链接即可执行，集成于HTML。

（3）ASP的执行与浏览器无关。

（4）面向对象。

（5）ASP与任何ActiveX脚本语言兼容。

（6）ASP直接建立在Web服务器中，并且作为Web服务器的一个服务运行，支持多用户、多线程。

（7）ASP是有记忆功能的，拥有强有力的会话管理机制，可以实现各请求之间的信息共享，提高了服务器的处理效率。

（8）ASP支持AxtiveX组件对象模式，可以通过COM/DCOM（组件对象模型、动态组件对象模型）获得较大规模和多层结构支持。

（9）通过使用脚本和组件，ASP允许用户将编程工作和网页设计及其他工作分离开来，让所有的表示层由ASP完成，所有的应用层由COM/DCOM组件完成，通过调用，实现整合，以实现表示层和应用层的分离。这就可以确保开发者能够将主要的精力用来考虑编写与业务相关的应用程序，而不必担心外观是怎样的。同时，它也使那些从事外观设计的人员可以利用一些工具，如Frontpage，Dreamweaver来对网页进行设计和修改，而不用过于关心编程问题。

14.5.2 ASP.NET技术

随着Microsoft公司的.NET平台的发布，ASP升级为ASP.NET，这不是简单的升级，而是一种基于.NET平台的新技术，是建立、管理、部署Web应用程序的最佳平台。整个ASP.NET由功能强大的Visual Basic.NET，Visual C#.NET，Visual C++.NET，Managed Extension forC++，XML，Visual J++等.NET兼容语言编写而成，它与.NET Framework紧密地结合，提供了模块化的设计方式。

ASP.NET程序是使用ASP.NET语法创建的各类型网页、服务的集合，它可能包含几个不同的文件类型及文件夹，包括Web Forms网页（ASP.NET网页）、用户控件，XML Web Services、配置文件及程序集等。ASP.NET主要用来创建Web Forms网页（ASP.NET网页）及XML Web Services。

ADO.NET为ASP.NET程序的开发提供了更为便利的数据库访问方法。通过ADO.NET访问数据库，其方式大致可以分为三类：通过ODBC方式访问数据库，通过OLE DB方式访问数据库，通过专有驱动程序访问数据库。其中ODBC，OLE DB方式与以ADO访问数据库的相应方式所使用的连接字符串格式完全相同，对数据库的操作步骤也基本相同，因此ADO程序员可以非常容易地转换到ADO.NET平台。

14.5.3 PHP技术

PHP是一种用于创建动态网页Web页面的服务器端HTML嵌入式脚本语言，它与ASP相似。用户可以混合使用PHP和HTML编写Web页面，当访问者浏览到该页面时，服务端会首先对页面中的PHP命令进行处理，然后把处理后的结果连同HTML内容一起传送到访问端的浏览器。

PHP 脚本语言的语法结构与 C 语言和 Perl 语言的语法风格非常相似。用户在使用变量前不需要对变量进行声明。使用 PHP 创建数组的过程也非常简单。PHP 还具有基本的面向对象组件功能，可以极大地方便用户有效组织和封装自己编写的代码。

与 ASP 不同的是，PHP 是一种源代码开放程序，拥有很好的跨平台兼容性。用户可以在 Windows NT 系统以及许多版本的 UNIX 系统上运行 PHP，而且可以将 PHP 作为 Apache 服务器的内置模块或 CGI 程序运行。

PHP 最大的特点是它强大的数据库支持功能，这使它能够访问目前几乎所有较为流行的数据库系统，但是一般来说 PHP 和 MYSQL 是最佳的搭配。

PHP 的缺点是缺乏规模和多层结构支持，而且提供的数据库接口支持不统一。

14.5.4 Servlet 技术

Servlet 是使用 Java 语言编写的运行在服务器端的 Java 小程序，它在初始化时装入 Web 服务器的存储空间，并成为服务器的一个组成部分。Servlet 在启动 Java 的 Web 服务器上运行并扩展了服务器的功能，使用户浏览器访问到的不再是一成不变的静态内容，而是基于数据库的、实时交互的动态页面。

Servlet 使用 Java Servlet API 及相关类（Java 类和软件包）编程，Servlet API 能融合在不同的 Web 服务器中。当启动 Web 服务器或 Web 浏览器第一次请求服务时，系统自动装入 Servlet 并使 Servlet 保持运行状态。每当客户端发来请求时，服务器都会启动一个线程与客户端交互。

Servlet 利用 JDBC 访问数据库。Servlet 通过 Web 上提供的请求和响应机制来扩展服务器的功能，当客户端发送请求给 Web 服务器时，服务器就将请求信息传递给一个 Servlet，该 Servlet 通过 JDBC 访问数据库，构造响应结果信息，经由服务器返回给客户端，从而实现 B/S 体系结构的 Web 数据库系统。

Servlet 数据库访问过程如图 14-16 所示。用户通过 Web 浏览器输入操作命令和数据，向 Web 服务器发出请求，调用 Servlet。Web 服务器收到请求后，加载相应的 Servlet，同时把用户请求信息传给该 Servlet。Servlet 分析用户请求信息，生成相应的 SQL 语句并执行，通过 JDBC 访问数据库服务器中的数据库，获得响应的结果集，生成 HTML 页面返回到客户端。

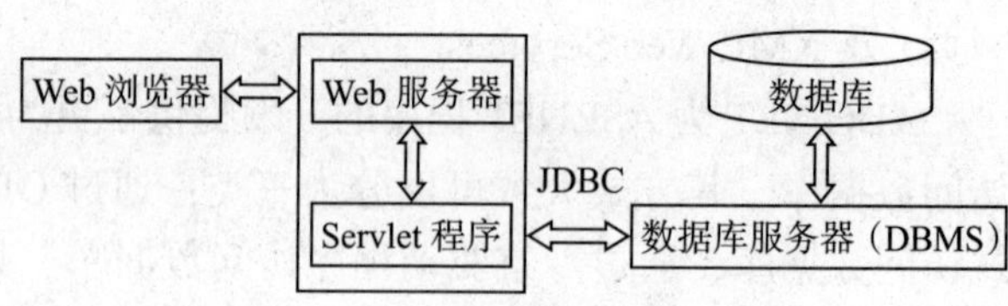

图 14-16 Servlet 的工作流程

Servlet 具有以下优势。

（1）Servlet 可以和其他资源（文件、数据库，Applets，Java 应用程序等）交互，以生成返回给客户端的响应内容。如果需要，还可以保存请求和响应过程中的信息。

（2）采用 Servlet，服务器完全授权对本地资源的访问（如数据库），并且 Servlet 自身将会控制外部用户的访问数量及访问性质。

（3）Servlet 可以是其他服务的客户端程序，例如，它们可以用于分布式应用系统中。

（4）可以从本地硬盘，或者通过网络从远端硬盘激活 Servlet。

（5）采用 Servlet 的自定义标识技术，可以在 HTML 页面中动态调用 Servlet。

（6）Servlet 提供了 Java 应用程序的所有优势——可移植、稳健、易开发。

（7）一个 Servlet 被客户端发送的第一个请求激活后，它将继续运行于后台，等待以后的请求。每个请求将生成一个新的线程，而不是一个完整的进程。多个客户能够在同一个进程中同时得到服务。这样既节省了 Web 服务器的系统资源又提高了响应速度，从整体上提高了系统的效率。

同其他 Web 动态页面开发技术相比，Java Servlet 具有更好的性能和开发效率，人们可以使用单一的、灵活的、功能强大的 Java 工具来满足各种编程需要。Java 的跨平台、跨服务器的支持能力能最大限度地保护 Servlet 的开发投资。

14.5.5 JSP 技术

JSP 是由 Sun Microsystems 公司倡导，许多公司参与建立的一种动态网页技术标准，是一种很容易学习和使用的、在服务器端编译执行的 Web 数据库系统应用程序编程语言。其脚本语言采用 Java，继承了 Java 的所有优点，在传统的网页 HTML 文件（*html, *.htm）中加入 Java 程序片段（scriptlet）和 JSP 标识，就构成了 JSP 网页（*.jsp）。JSP 文件的扩展名通常是 .jsp，并且一般放在网页存放的地方。

Web 服务器在遇到访问 JSP 网页的请求时，首先将 JSP 页面编译成对应的 Servlet，然后执行该 Servlet 将执行结果以 HTML 格式返回给客户。在 JSP 页面中可以操作数据库，重新定向网页以及发送 E-mail 等，这些是建立动态网站所需要的功能。所有程序操作都在服务器端执行，网络上传给客户端的仅是得到的结果，对客户浏览器的要求最低。

JSP 的工作是基于 Servlet 的，如图 14-17 所示，当用户第一次对 JSP 页面进行请求时，JSP 容器首先把 JSP 页面翻译成 Servlet，并启动该 Servlet 的一个线程与客户端进行交互。以后只要这个 Servlet 不丢失，所有客户端对该 JSP 页面的请求都是由 Servlet 的一个线程响应的。

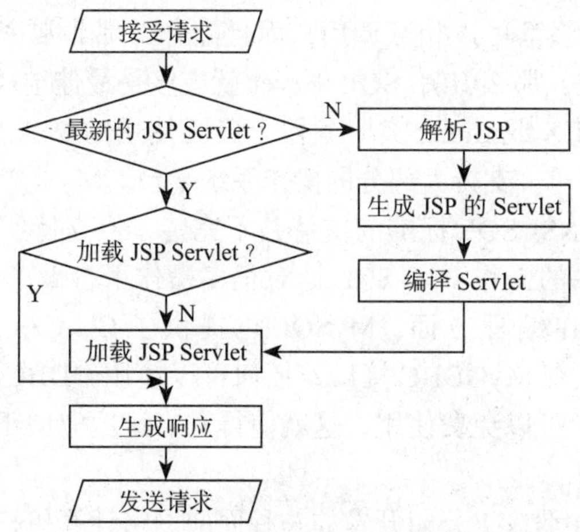

图 14-17 JSP 的工作原理

其实，JSP 并没有增加任何本质上不能用 Servlet 实现的功能。但是，在 JSP 中编写静态 HTML 更加方便，不必再用 println() 语句输出每一行 HTML 代码。更重要的是，借助内容和外观的分离，页面制作中不同性质的任务可以方便地分开。例如，由页面设计专家进行 HTML 设计，同时留出供 Servlet 程序员插入动态内容的空间。这也正是JSP网页最吸引人的地方之一。JSP能结合JavaBean技术来扩充网页中程序的功能。JavaBean是一种Java类，通过封装属性和方法成为具有某种功能或者处理某个业务的对象。

Web数据库访问技术种类繁多，这些技术在开发效率、运行速度、分布式事务处理及自扩展能力等方面，各具优势又各有不足。开发人员在开发过程中需要根据具体应用的需要选用不同的编程技术。

14.6 Web数据库设计初步

Web数据库设计的一般过程如下：

（1）建立网络服务器；

（2）选择作为Web数据库的数据库管理系统（如：SQL Server），设计和创建数据库；

（3）设计数据库访问接口；

（4）设计Web数据库应用程序；

（5）检测、调试。

14.6.1 可成为Web数据库的数据库

当前比较流行的Web数据库主要有SQL Server，MySQL和Oracle。这三种数据库适应性强、性能优异、使用简洁、应用广泛。

SQL Server是微软公司开发的一种对象关系型数据库。由于均出自微软，使得SQL Server和Windows，IIS等产品有着自然的联系。事实上，以Windows为核心的几乎所有微软的软件产品都采取了一致的开发策略，包括界面技术、面向对象技术、组件技术等，这样在微软的软件中很多都可以相互调用，而且配合得都非常密切。因此如果用户使用的是Windows操作系统，那么IIS，SQL Server就应该是最佳选择。

MySQL是当今UNIX或Linux类服务器上广泛使用的Web数据库系统。它于1996年诞生于瑞典的TcX公司，支持大部分的操作系统平台。MySQL的设计思想是快捷、高效、实用。虽然它对ANSI SQL标准的支持并不完善，但支持所有常用的内容，完全可以胜任一般Web数据库的工作。MySQL针对很多操作平台做了优化，完全支持多CPU系统的多线程方式。在编程方面，MySQL也提供了C，C++，Java，Perl，Python和TCL等API接口，而且有MyODBC接口，任何可以使用ODBC接口的语言都可以使用它。MySQL是开源的，可以免费使用，这就使得它广泛地应用于中小型企业网站和个人网站。

Oracle是Oracle（甲骨文）公司开发的一种面向网络计算机，并支持对象关系模型的数据库产品。它是以高级结构化查询语言为基础的大型关系数据库，是目前最流行的客户机/服务器体系机构的数据库之一。

上述三种数据库产品虽然在体系结构和操作方法上有许多相似的地方，但在应用环境上各有侧重。在开发应用系统选用数据库时，应针对实际情况采用合适的方案，以提高效益。

因此，只要该数据库带有ODBC或OLE DB接口驱动程序，它就能成为Web数据库。接下来选谁作为Web数据库呢？当然作为服务器级的数据库，此处首选SQL Server，因为SQL语句已经成为数据库查询的一种标准。而作为非服务器级的数据库首推Access数据库。相对于其他的数据库Access具有以下优点。

（1）Access ODBC所支持的SQL指令最齐全。

（2）Access ODBC执行效率胜于其他ODBC（此处不包括第三方开发的ODBC）。

（3）属于微软系列，微软的其他开发工具VB，VC++等，以及应用程序（Office系列）均以Access为数据库。

除了微软系列以外，当然可以使用Oracle，MySQL，或其他数据库系统，如：Informix，DB2等，读者可依据实际应用和项目要求，选取能发挥最大能力和最高效率的数据库系统。

14.6.2 使用SQL Server 2012的Web数据库设计

作为一个企业网站或商业网站，Web数据库是其不可缺少的组成部分，而个人网站则可视其情况取舍。数据库本身的设计和以往传统的数据库设计类似，包括库结构、字段、类型等的规划，对于较大型的数据库仍然要注意保证数据的唯一性和避免数据冗余。而一般网站的设计主要含有：

（1）网站架构的总体策划（包括页面策划、选择ISP等诸多事宜）；

（2）选择作为Web数据库的数据库系统；

（3）规划数据库结构；

（4）设计、开发；

（5）检测、调试；

（6）发布；

（7）维护更新。

图14-18给出的是某公司网站的结构，读者可据此作为一个基本框架设计Web数据库。在实际应用中可根据不同企业的不同要求调整结构，设计合理的数据库管理系统。

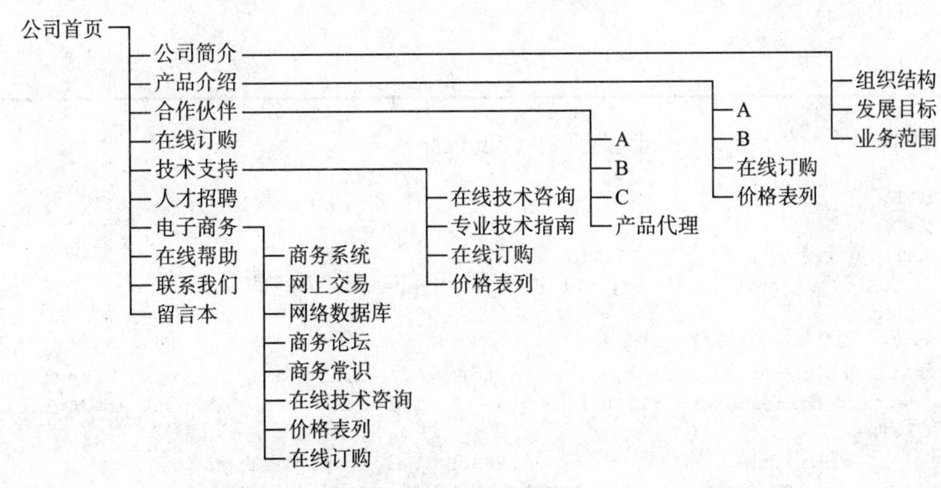

图14-18 网站模拟结构

注：图中的A，B，C分别代表不同的产品或合作伙伴等。

14.6.3 SQL Server 2012 Web 数据库设计实例

本节针对 ADO 的三个主要对象 Connection，Command 和 Recordset，展示 B/S 架构的 Web 数据库访问技术。本实例针对学生数据（表 1-3）完成查、改、删等操作（请读者经过学习自己补充添加功能），其系统框图如图 14-19 所示。使用的数据库库结构如表 14-1 所示，数据库名称为 ST，数据表名为 STb，实例程序组如下。

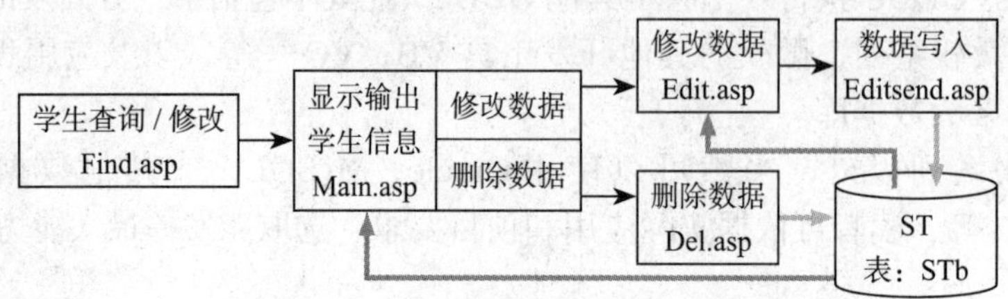

图 14-19 学生查询、修改系统框图

（1）例 14-1，学生查询、修改主页面（Find.asp）。

（2）例 14-2，输出学生数据，附有修改、删除功能（Main.asp）。

（3）例 14-3，提供学生数据修改页面，并提交修改数据（Edit.asp）。

（4）例 14-4，将修改后的数据写入数据库（Editsend.asp）。

（5）例 14-5，删除学生数据（Del.asp）。

（6）例 14-6，设定超链接状态的颜色变化等（Css.css）。

（7）例 14-7，数据库访问函数（Connsql.asp）。

（8）例 14-8，提供出错时的“警告信息窗”(Msg.asp)。

表 14-1 学生信息数据库表结构 STb

字段名	S	SNAME	SSEX	SBIRTH	SPLACE	SCODE	SCOLL	CLASS	SDATE
类　型	文本	文本	文本	日期	文本	文本	文本	文本	日期
宽　度	10	10	2		50	10	20	20	
说　明	学号	姓名	性别	出生日期	出生地	专业代码	所属学院	班级	入学时间
记录 1									
记录 2				同表 3-1					
记录 3									
⋮									

【例 14-1】 学生查询、修改主页面（Find.asp）。

```
<HTML>
<HEAD>
<TITLE>学生查询、修改主页面</TITLE>
  <LINK type="text/css" rel="stylesheet" href="css.css">
</HEAD>
<BODY>
<TABLE width="686" height="74" border="1" cellpadding="3" cellspacing="1"
align="center" bordercolor="#57801A" style="BORDER-COLLAPSE: collapse" id="Table1">
    <TR>
        <TH width="100%" bgcolor="#3F8805" height="26" align="center">
            <B><FONT color="#FFFFFF">查询主页</FONT></B></TH>
    </TR>
```

```
<TR>
<FORM method="POST" action="main.asp" name="form2" id="Form1">
<TD width="96%" align="center">
        按 <SELECT size="1" name="sort" id="Select1">
        <OPTION value="S">学号 </OPTION>
        <OPTION value="sname">姓名 </OPTION>
        <OPTION value="ssex">性别 </OPTION>
        <OPTION value="sbirth">出生日期 </OPTION>
        <OPTION value="splace">出生地 </OPTION>
        <OPTION value="SCODE">专业代码 </OPTION>
        <OPTION value="scoll">所属学院 </OPTION>
        <OPTION value="class">班级 </OPTION>
        <OPTION value="sdate">入学日期 </OPTION>
        </SELECT> 关键字:
        <INPUT type="text" name="keyword" size="15" id="Text1">
        <INPUT type="submit" value=" 查询 " name="submit" id="Submit1"></TD>
    </FORM>
    </TR>
</TABLE>
</BODY>
</HTML>
```

说明：若查询时在“关键字”内不输入任何信息，其查询结果显示所有记录。注意，由于ASP查询中不可以使用“#”号，所以要修改原数据库表字段，将“#”号去掉。

【例14-2】 输出学生数据，附有修改、删除功能（Main.asp）。

```
<!-- #include file="connsql.asp" -->
<HTML>
<HEAD>
<TITLE>输出学生数据，并具有修改、删除功能 </TITLE>
  <LINK type="text/css" rel="stylesheet" href="css.css">
</HEAD>
<BODY>
<TABLE width="754" border="1" cellpadding="3" cellspacing="0"
   bordercolor="#57801A" style="border-collapse: collapse" align="center" id=
"Table1">
     <TR>
       <TH height="26" bgcolor="#3F8805" colspan="9" align="center">
           <FONT color="#ffffff"><STRONG> 班级学生列表 </STRONG></FONT></TH>
       <TH width="77" height="26" bgcolor="#3F8805" align="center">
           <A href="find.asp"> 返回 </A></TH>
   </TR>
   <TR>
       <TD width="52" height="25" align="center">学号 </TD>
       <TD width="52" height="25" align="center">姓名 </TD>
       <TD width="33" height="25" align="center">性别 </TD>
       <TD width="63" height="25" align="center">出生日期 </TD>
       <TD width="117" height="25" align="center">出生地 </TD>
       <TD width="67" height="25" align="center">专业代码 </TD>
       <TD width="98" height="25" align="center">所属学院 </TD>
       <TD width="43" height="25" align="center">班级 </TD>
       <TD width="70" height="25" align="center">入学时间 </TD>
       <TD width="77" height="25" align="center">管理 </TD>
   </TR>
<%
   sql="select * from STb order by S asc"
```

```
        if request.form("keyword")<>"" then sql="select * from STb where "&
request.form("sort") &" like '%"& request.form("keyword") &"%' order by S asc"
    rs.open sql,conn,1,1
    if rs.recordcount=0 then response.write("<TR><TD height=50 colspan=9
align=center><FONT color=#ff0000><B>没有记录! </B></FONT></TD></TR>")
    do while not rs.eof
%>
    <TR>
        <TD width="52" height="25"><%=rs("S")%></TD>
        <TD width="52" height="25"><%=rs("sname")%></TD>
        <TD width="33" height="25"><%=rs("ssex")%></TD>
        <TD width="63" height="25"><%=rs("sbirth")%></TD>
        <TD width="117" height="25"><%=rs("splace")%></TD>
        <TD width="67" height="25"><%=rs("SCODE")%></TD>
        <TD width="98" height="25"><%=rs("scoll")%></TD>
        <TD width="43" height="25"><%=rs("class")%></TD>
        <TD width="70" height="25"><%=rs("sdate")%></TD>
        <TD width="77" height="25" align="center">
        <A href="edit.asp?id=<%=rs("s")%>">修改</A> |
        <A href="javascript:if (confirm('确定删除? '))window.location('del.asp?S=
<%= rs("s")%>')">删除</A>
        </TD>
    </TR>
<%
    rs.movenext
    loop
    rs.close
%>
</TABLE>
</BODY>
</HTML>
```

说明：<!-- #include file=" connsql.asp" -->语句的含意是将connsql.asp的全部代码扩展到本文件中。在删除记录时，需要用户确认，只有当用户确认后才可删除所选定的内容，此处使用了JavaScript脚本语言。

【例14-3】提供学生数据修改页面，并提交修改数据（Edit.asp）。

```
<!-- #include file="connsql.asp" -->
<HTML>
<HEAD>
<TITLE>学生信息修改</TITLE>
  <LINK type="text/css" rel="stylesheet" href="css.css">
</HEAD>
<BODY>
<TABLE width="850" height="74" border="1" cellpadding="3" cellspacing="1"
    align="center" bordercolor="#57801A" style="BORDER-COLLAPSE: collapse"
id="Table1">
    <TR>
        <TH height="26" bgcolor="#3F8805" colspan="9" align="center">
            <FONT color="#ffffff"><STRONG>学生信息修改</STRONG></FONT></TH>
        <TH width="150" height="26" bgcolor="#3F8805" align="center">
            <A href="find.asp">返回</A></TH>
    </TR>
        <TR>
```

```
            <TD width="63" height="25" align="center">学号</TD>
            <TD width="56" height="25" align="center">姓名</TD>
            <TD width="24" height="25" align="center">性别</TD>
            <TD width="70" height="25" align="center">出生日期</TD>
            <TD width="140" height="25" align="center">出生地</TD>
            <TD width="50" height="25" align="center">专业代码</TD>
            <TD width="79" height="25" align="center">所属学院</TD>
            <TD width="59" height="25" align="center">班级</TD>
            <TD width="70" height="25" align="center">入学时间</TD>
            <TD width="150" height="25" align="center">管理</TD>
        </TR>
    <%
        sql="select * from STb where S=" & "'" & request("id") & "'"
        rs.open sql,conn,1,1
        if rs.recordcount=0 then
            response.redirect("msg.asp?msg=您要修改的学生没有找到！")
        end if
    %>
        <FORM method="POST" action="Editsend.asp?id=<%=rs("S")%>" id="Form1">
        <TR>
          <TD width="63" height="25">
                <INPUT name="snu" type="text" id="Text1" value="<%=rs("S")%>"
size="9">
        </TD>
        <TD width="56" height="25">
            <INPUT name="name" type="text" id="Text2" value="<%=rs("sname")%>"
size="8">
        </TD>
        <TD width="24" height="25">
            <INPUT name="sex" type="text" id="Text3" value="<%=rs("ssex")%>"
size="2">
        </TD>
        <TD width="70" height="25">
            <INPUT name="sbir" type="text" id="Text4" value="<%=rs("sbirth")%>"
size="10">
        </TD>
        <TD width="140" height="25">
            <INPUT name="spl" type="text" id="Text5" value="<%=rs("splace")%>"
size="20">
        </TD>
        <TD width="50" height="25">
            <INPUT name="scd" type="text" id="Text6" value="<%=rs("SCODE")%>"
size="6">
        </TD>
        <TD width="79" height="25">
            <INPUT name="sco" type="text" id="Text7" value="<%=rs("scoll")%>"
size="10">
        </TD>
        <TD width="59" height="25">
            <INPUT name="clas" type="text" id="Text8" value="<%=rs("class")%>"
size="6">
        </TD>
        <TD width="70" height="25">
            <INPUT name="sdt" type="text" id="Text9" value="<%=rs("sdate")%>"
size="10">
```

```
        </TD>
        <TD width="150" height="25" align="center">
            <INPUT type="submit" value=" 修改 " name="modify" id="Submit1">
            <INPUT type="button" value=" 删除 " onClick="if (confirm(' 确定删除？ '))
window.location. href='del.asp?id=<%=rs("S")%>'" id="Button1" name="Button1">
            </TD>
        </TR>
        </FORM>
    <%rs.close%>
    </TABLE>
    </BODY>
    </HTML>
```

【例 14-4】将修改后的数据写入数据库（Editsend.asp）。

```
    <!-- #include file="connsql.asp" -->
    <HTML>
    <HEAD>
    <TITLE> 提交修改的学生数据 </TITLE>
      <LINK type="text/css" rel="stylesheet" href="css.css">
    </HEAD>
    <%
        sql="select * from STb where S=" & "'" & request("id") & "'"
        rs.open sql,conn,1,3
        if rs.recordcount=0 then
            response.redirect("msg.asp?msg= 您要修改的学生没有找到！ ")
        end if
        rs("s")=request("snu")
        rs("sname")=request("name")
        rs("ssex")=request("sex")
        rs("sbirth")=request("sbir")
        rs("splace")=request("spl")
        rs("SCODE")=request("scd")
        rs("scoll")=request("sco")
        rs("class")=request("clas")
        rs("sdate")=request("sdt")
        rs.update
        rs.close
        response.write(" 修改成功！ ")
    %>
    <P><A href="javascript:window.history.back(-1)"> 返回 </A>
    </HTML>
```

【例 14-5】删除学生数据（Del.asp）。

```
    <!-- #include file="connsql.asp" -->
    <HTML>
        <HEAD>
            <TITLE> 提交修改的学生数据 </TITLE>
            <LINK type="text/css" rel="stylesheet" href="css.css">
        </HEAD>
        <BODY>
    <%
        sql="select * from STb where S=" & "'" & request("s") & "'"
```

```
        rs.open sql,conn,1,3
        if rs.recordcount=0 then
            response.redirect("msg.asp?msg= 您要修改的学生没有找到！ ")
        End if
        rs.delete
        rs.update
        rs.close
        response.write(" 删除成功！ ")
    %>
        <P><A href="javascript:window.location.href='main.asp'"> 返回 </A>
    </BODY>
</HTML>
```

【例 14-6】 设定表格单元内容和超链接状态的字体、字号、颜色等（Css.css）。

```
TD {FONT-SIZE: 12px; COLOR: #000000; LINE-HEIGHT: 20px}
A: link {FONT-SIZE: 12px; COLOR: #000000; TEXT-DECORATION: none}
A: visited {FONT-SIZE: 12px; COLOR: #000000; TEXT-DECORATION: none}
A: active {FONT-SIZE: 12px; COLOR: #000000; TEXT-DECORATION: none}
A: hover {FONT-SIZE: 12px; COLOR: #ff0000; TEXT-DECORATION: none}
```

【例 14-7】 数据库访问函数（Connsql.asp）。

```
<%
    Dim rs,conn,strconn
    strconn="Provider=SQLOLEDB;Server=.\sqlexpress;"&_
            "Database=ST;UID=sa;PWD=Sql2012;Trusted_Connection=no"
    set conn=Server.CreateObject("ADODB.connection")
    conn.open strconn
    set rs=Server.CreateObject("ADODB.Recordset")
%>
```

说明：“.\sqlexpress”中的“.”表示本地，这里也可以写成“localhost\sqlexpress”“sqlexpress”是数据库默认的实例名。

【例 14-8】 提供出错时的“警告信息窗”(Msg.asp)。

```
<HTML>
<HEAD>
<TITLE> 错误信息 </TITLE>
    <LINK type="text/css" rel="stylesheet" href="Css.css">
</HEAD>
<BODY>
    <%=request.querystring("msg")%>
    <P> <A href="javascript:window.location.href='main.asp'"> 返回列表 </
A>  
        <A href="javascript:window.close()"> 关闭窗口 </A>
</BODY>
</HTML>
```

说明：将例 14-1 ～例 14-8 的代码等，统一放置在一个文件夹（如：L14）内，同时在 SQL Server 2012 下建好数据库 ST 和数据表 STb；打开“Internet 信息服务（IIS）管理器”添加“网站”，并配置好其他设置（包括启用父路径、启用 32 位应用程序等）；在浏览器的地址栏内输入地址（如：http://localhost:8013/find.asp，8013 为该实例在本书中所设的端口地址，读者须依实际端口填写），这样，即可打开本例首页，然后可做查、改、删等操作。读者经过学习可自主补充添加功能。

14.7 小结

几乎所有的数据库管理系统均与网络密不可分，基于B/S结构的管理系统无处不在。众所周知，网络的最大特点是资源共享，而资源共享的“资源”，来自数据库强有力的“后勤”保障。Web数据库技术集计算机技术、网络技术和数据库技术为一体，是数据库发展的必然方向。关系型数据库是目前使用最多、最广泛的数据模型，但随着新技术、新理论的不断推出，它也正向着更加完善的方向发展。

可以选择多种方案搭建Web服务器。在Window下使用IIS只是搭建Web服务器的方案之一。ASP，ADO帮助我们完成了对企业网站系统的数据库管理。

Web数据库可以使用的数据库系统有多种，只要数据库系统提供驱动程序，我们就可以实施异地远程访问。构建Web数据库系统的核心是数据库管理系统的设计，而数据库管理系统设计的核心就是管理软件的开发。Access和SQL Server各有优势，Access易学、易用，开发系统相对简单；SQL Server安全可靠、功能强大，是开发基于Internet的数据库管理系统的强有力工具。对于要求相对简单、数据处理单一的动态页面可以采用基于文件系统的管理模式。

习题14

1. 请简述Web数据库的概念。
2. 请简述客户机/服务器结构数据库系统的实现思想。
3. 请分别简述在三层B/S结构的数据库系统中，表示层、功能层和数据层的功能是什么。
4. 请描述B/S结构数据库系统的优点、缺点。
5. 请简述ODBC的组成部分，其功能是什么？
6. 请问ODBC的接口函数主要包括哪几类？各类函数的功能是什么？
7. 请简要说明ODBC工作流程。
8. 请简述JDBC驱动程序有哪些类型？
9. 请问什么是ADO？ ADO模型中包括哪些对象？它们的功能分别是什么？
10. 请简要说明ADO.NET的对象层次结构。
11. 请问ADO.NET中主要的.NET数据提供者有哪些？
12. 请比较ADO与ADO.NET的区别。
13. 请问什么是ASP？ ASP有什么技术特点？
14. 请简述ASP怎样访问数据库。
15. 请问Servlet是什么？ Servlet有何优点？
16. 请问什么是JSP？ JSP与Servlet的关系如何？
17. 请简述JSP的特点。
18. 编写例14-1～例14-8的代码，补充添加功能，运行该程序组，体验Web交互访问。

第 15 章

数据库技术的延展

数据库技术自 20 世纪 60 年代发展以来，于 20 世纪 80 年代逐渐成熟，并得到广泛的应用。由于计算机技术的不断进步，数据库技术、面向对象、多媒体、人工智能、计算机网络、云计算、大数据等技术相互渗透和融合，推动了数据库技术的全面发展，使它的应用更加深入，发展更加迅速，且呈现出与各种不同学科相互渗透、相互结合的发展趋势。

15.1 概述

自 20 世纪 80 年代以来，商用数据库产品的巨大成功和数据库技术的广泛应用，刺激了其他领域对数据库技术需求的迅速增长，新的应用领域不断出现，并在应用中提出了一些新的数据管理和技术支撑需求，有力地推动了数据库技术的研发。

15.1.1 新应用领域对数据库技术的需求

在计算机应用非常普及的今天，各学科间的相互交叉渗透更加深入，对信息技术的依赖日益紧密，几乎每一个技术领域都对数据库技术的支持提出了新的应用需求。其较有代表性的主要包括计算机辅助设计（CAD）系统、地理信息系统（GIS）、计算机集成制造系统（CIMS）、计算机辅助软件工程（CASE）、办公信息系统（OIS）、互联网应用等，云计算、大数据、互联网 +，则更不用说。

1. 计算机辅助设计系统

在计算机辅助设计 CAD 系统中，除传统的机械 CAD 系统、建筑 CAD 系统外，还有超大规模集成电路 CAD 系统等。这些 CAD 系统，均要求数据库管理系统能够对设计中，需要的大量标准图形部件和最终设计成的各种图形部件的结构进行有效的描述，对与之相关的结构数据进行有效的存储管理；对机械设备和建筑物的（图纸）设计进行有效的支持，对相应的图形结构及其部件进行灵活的装配；对设计“图纸”进行快速的检索和三维显示等。超大规模集成电路 CAD 系统，还要求数据库管理系统具有对复杂芯片设计中需要大量的可重用原始部件进行有效的存储管理能力。在 VLSI 设计中，对基本单元模型进行功能描述、芯片描述、布线描述等多方面描述；还有对复杂层次化结构的描述（如几何模板数据）；这种辅助设计的最后，还要对芯片设计中的不同版本的历史设计数据进行有效的管理。这些均需数据库做支撑。

2. 地理信息系统

作为支撑地理信息系统的数据库，除具有传统功能外，还应具备一些功能。

（1）在概念层上采用矢量观点、重叠观点、查询属性观点来支持 GIS 中的数据。

（2）支持位置数据的操作。这些操作包括空间谓词、空间变换和空间测度操作。空间谓词用来判断空间对象之间的位置关系；空间变换是由两个或多个空间对象按照一定的要求得到一个新的空间对象的操作；空间测度操作是从空间对象得到其某些数字特征的操作。

（3）具有可扩充性查询语言。这种扩充性指可以很方便地将用户定义的空间操作集成进去。

（4）有效地存储和组织空间数据，主要要求以矢量等形式存储点、线、面数据。

（5）具有长事务处理机制。所谓的长事务，主要是对此类事务处理的时间可能会较长，甚至是几天、几个月，或更长，并保证其修改数据不被破坏或丢失。

3. 计算机集成制造系统

在计算机辅助设计产品应用的需求分析、设计制造、管理检验和装配的全过程中，典型的计算机集成制造系统，涉及完成各个单一功能计算机之间的信息共享与传递、信息检索与一致性维护等。要求数据库管理系统能够提供面向工程环境的数据模型，具有定义新的数据模型和数据结构的能力，可以实现对复杂对象进行语义完整性和一致性的约束能力，并具有长事务处理及其安全性和可恢复性的保障。

4. 计算机辅助软件工程

在软件的开发过程中，典型的计算机辅助软件工程，需要数据库对各种开发文档、修改历史、测试结果等进行管理。要求数据库管理系统支持大型程序和文档的版本管理，支持长事务管理，并提供有效的有向图表示手段来表示语法分析树和流程图等，如本书在第 12 章介绍的典型 CASE 工具 PowerDesigner，就是其中之一。

5. 办公信息系统

典型的办公信息系统需要对图形、图像、声音、报表和文字等多媒体信息进行管理，因而给数据库管理系统提出了存储和处理复杂对象，支持复杂数据类型的应用需求。

6. 互联网应用系统

互联网应用，特别是电子商务的应用，对数据库提出了更高的要求，它需要处理诸如大文本、时间序列等许多非结构化数据类型等。

7. 云计算

这里的数据库需要支持对大数据的处理，可以完成每秒 10 万亿次以上的运算。这种超强的运算能力，甚至可以模拟核爆炸、气象分析、市场发展趋势等。

15.1.2 关系数据库系统的瓶颈

传统的关系数据库具有不错的性能，高稳定性、久经历史考验、使用简单、功能强大，当前在数据库应用领域中关系型数据库系统仍属主流。近年，由于网站的快速发展。论坛、博客、SNS、微博已成为 Web 领域的潮流。在这些新领域中，关系数据库系统时常会遇到一些“尴尬”，这便暴露了它的局限与不足，其主要有以下一些表现。

1. 对复杂对象的表达能力欠佳

关系数据库采用的是高度结构化的表格结构数据模型，语义表达能力差；难以表示客观存在的超文本、图形、图像、CAD 图件、声音等多种复杂对象；缺乏对工程、地理、测绘等领域对象所拥有的许多复杂异形结构的抽象机制和非结构化数据的表达能力；不能有效地处理在许多事物处理中用到的多维数据。

2. 对数据类型的支撑有限

传统的 RDBMS 只能理解、存储和处理诸如证书、浮点数、字符串、日期等这样的简单数据类型，不提供自定义数据类型机制和扩展自身数据类型集的能力。复杂的应用只能由用户通过程序利用简单的数据类型进行描述和支持，加重了用户的负担。特别是面对 Internet 用户需求的大量数据，如图形、声音、大文本、时间序列和地理信息等，这样的非结构化复杂数据类型，关系数据库系统更显得力不从心。

3. 管理和处理能力有限

关系数据库系统存储和管理的主要是数据，缺乏对知识的表达、管理和处理能力，不具备演绎和推理的功能。数据库中的数据反映的是客观世界中的静态和被动的事实，不能够在发现异常情况时主动响应和通过某些操作处理意外事件，因而不能满足 OIS（office information system）和 AIS（accounting information system）等领域中的高层管理和决策需求，限制了数据库技术的高级应用。

4. 关系数据库操纵语言与主语言之间存在着阻抗失配

关系数据库的 SQL 语言是一种结构化语言，而作为主语言的通用程序语言（如 C 语言）属于非结构化语言，所以这两种语言的类型不匹配。关系数据库 SQL 的一条 SQL 查询（SELECT）语句通常是将含有多行的数据集（查询结果）返回给应用程序，但宿主语言（如 C 语言）每次一般只能表示和处理一个元组的数据，即 SQL 是在集合上操作，而宿主语言（如 C 语言）是在集合的成员上操作。这种表示和处理能力上的不匹配使得查询结果的输出和显示比较麻烦，所以才引入游标机制将对集合的操作转换成对单个元组的操作。一般就把这种数据库操纵语言与宿主语言之间的不匹配称为阻抗失配。

由于数据库的应用领域不断扩大，用户的要求呈现出多样化和复杂化，而传统关系数据库技术所固有的局限性又不能适应和满足新的应用领域的需求，所以各种新型的数据库技术应运而生，如 NoSQL 数据库系统（请参考第 15.6 节）。

需要强调的是，这里分析关系数据库系统的局限性并不是批评或否定关系数据库系统。由于关系数据库比较擅长格式化数据的管理，要让它适用所有新的应用领域，显然是过于苛求。不过，正是应用需求的驱动，才推动了数据库技术的进步；同样，应用需求的不断变化，也会促进关系数据库系统性能的进一步提升和发展。

15.1.3 数据库技术新发展

数据库技术的新发展除了表现为数据模型越来越复杂，数据模型包含语义越来越多外，还呈现出多角度、全方位的发展态势。数据库技术与多学科技术的相互结合、相互渗透，是当前数据库技术发展的重要特征，并在此基础上产生和发展了一系列支持特殊应用领域的新型数据库系统，如分布式数据库、面向对象数据库、多媒体数据库、主动数据库、并行数据库、演绎数据库、模糊数据库、联邦数据库等，形成了共存于当今社会的数据库大家族。本章接下来主要介绍在数据库技术发展过程中产生较大影响的面向对象数据库系统、多媒体数据库系统、主动数据库系统和 NoSQL 数据库等。

数据库技术发展的另一个重要特征是出现了一些专门面向特定领域的新型数据库技术与系统，如空间数据库、工程数据库、统计数据库、科学数据库等。特别是作为空间数据库典型代表的地理信息系统已在环境和资源管理、土地利用、城市规划、森林保护、人口调查、交通、税收、商业网络、国防工业与军事等领域得到了十分广泛的应用，并取得了特别显著的军事、经济和社会效益，但这类数据库新技术已超出本书的教学范围，感兴趣的读者可参阅有关文献。另外，由于数据仓库对传统数据库技术的应用范围进行了有效拓展，它是数据库技术新发展的一个重要特征。本章将予以简要介绍。

15.2 分布式数据库系统

15.2.1 分布式数据库系统概述

分布式数据库系统（distributed data base，DDS）是数据库技术与计算机网络技术不断发展相互渗透的产物。伴随着计算机局域网络和 Internet 技术的迅猛发展，分布式数据库系统在信息处理和信息管理领域将得到进一步的发展和应用。

分布式数据库系统是相对于集中式数据库系统而言的。所谓集中式数据库系统可理解为，数据库系统的所有成分都是驻留在一台计算机内的，数据库系统的所有工作都是在一台计算机上完成的。20 世纪 80 年代以来，随着计算机网络技术的迅猛发展和网络技术的不断完善，分散在不同地点的数据库系统的互连成为可能，于是一些数据库系统开始从集中式走向分布式。

什么是分布式数据库系统呢？一个比较全面、确切并相对得到普遍认可的定义为：分布式数据库系统将数据分布地存放在由计算机网络相连的不同节点的计算机中，其中每一节点都有自治处理（独立处理）能力并能完成局部应用，而每一节点并不是互不相关的，它们在分布式数据库管理系统作用下，也参与（至少一种）全局应用程序的执行，该全局应用程序可通过通信网络系统存取若干节点的数据。简单地说就是数据分布、局部自治、全局参与。

数据分布是指各物理数据库是分布在网络的不同的场地（site）上的，这是分布式数据库有别于集中式数据库的重要特征。

局部自治是指每个节点不仅具有自治处理能力，而且还具有一定的局部应用能力，也就是说，如果这种局部应用能力比较强的话，每个节点的局部应用即可看作一个集中式数据库系统。所以早期的某些文献用图 15-1 来描述分布式数据库系

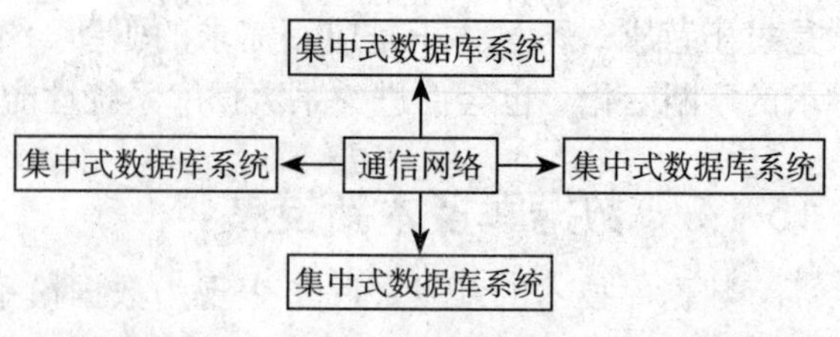

图 15-1 早期的分布式数据库系统示意

统也不是没有道理的。

全局参与是指分布式数据库系统中各分散的局部物理数据库在逻辑上是紧密联系的整体，其全局应用要从分布在多个场地的节点上存取数据，这种逻辑相关性也是分布式数据库有别于集中式数据库的重要特征。

图 15-2 是一个分布式数据库系统的示意图。每一个椭圆从计算机网络的角度看是一个节点，但从分布式数据库系统角度看是一个场地。不同场地之间通过计算机网络连接起来。不同场地之间可以相距几十公里以上（用广域网连接），也可以在一栋大楼内（用局域网连接）。每个场地的节点计算机可以是一台微机，也可以是一台中小型计算机。

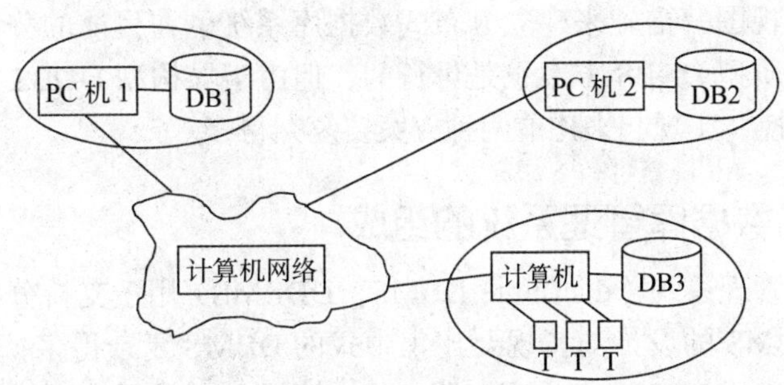

图 15-2 分布式数据库系统示意

分布式数据库的发展同关系数据库的产生是紧密相关的。关系数据模型以行和列构成的二维表格来组织数据，利用数据本身而不是指针来维系记录间的联系。在关系数据模型中，任何一张表的任何一行都可以通过其相应的共享列值与其他表中的行进行联结操作。所以，在必要的网络支持下，参与联结的表可以不处在同一台计算机和同一个数据库中，这便形成了分布式数据库系统的理论基础。

分布式数据库系统相对传统数据库有如下特点：

（1）在分布式数据库系统里不强调集中控制概念，它具有一个以全局数据库管理员为基础的分层控制结构，但是每个局部数据库管理员都具有高度的自主权。

（2）在分布式数据库系统中，除数据独立性概念外增加了一个新的概念，就是分布式透明性。所谓分布式透明性就是在编写程序时好像数据没有被分布一样，因此数据存储在不同场地并不会影响程序的正确性，但程序的执行速度会有所降低。

（3）与集中式数据库系统不同，数据冗余在分布式数据库系统中被看作需要的特性，其原因在于：首先，在需要的节点复制数据，可以增加系统的有效性。当然，在分布式数据库系统中对最佳冗余度的评价是很复杂的。

所以，分布式数据库系统具有灵活的体系结构，具有适用于分布式管理的控制机制，经济性能优越，系统的可靠性高、可用性好，局部应用的响应速度快，可扩展性好，易于集成现有系统。

在分布式数据库系统中，各个场地所用的计算机类型、操作系统和 DBMS 可能是不同的，各个节点计算机之间的通信是通过计算机网络软件实现的，所以对分布式数据库系统分类的主要考虑因素是局部场地的 DBMS 和数据模型。根据构成各个局部数据库的 DBMS 及其数据，可将分布式数据库系统分为三类：同构（homogeneous）同质型 DDBS（distributed data base system）、同构异质型 DDBS 和异构（heterogeneous）型 DDBS。

（1）同构同质型DDBS，指各个场地都采用同一类型的数据模型（例如，都采用关系模型），并且都采用同一型号的数据库管理系统。

（2）同构异质型DDBS，指各个场地都采用同一类型的数据模型，但采用了不同型号的数据库管理系统（例如分别采用了Oracle，SQL/DS，DB2等）。

（3）异构型DDBS，指各个场地采用了不同类型的数据类型，显然也就采用了不同类型的数据库管理系统。

如果从头开始研制一个分布式数据库应用系统，显然采用同构同质型DDBS方案是比较方便的。如果是把不同场地已经建立的不同产品（型号）的关系数据库系统结合起来，通过建立全局视图等措施来建立分布式数据库系统，在目前的分布式数据库技术支持下，采用同构异质型DDBS方案也是可行的，但由于异构型DDBS方案需要实现不同数据模型之间的转换，实现起来比前两种方案要复杂得多。

15.2.2 分布式数据库管理系统的组成

分布式数据库管理系统（distribute DBMS，DDBMS）用于支持分布式数据库的建立和维护。由于DDBMS的设计与实现要比集中式的DBMS复杂得多，所以许多DDBMS的设计是通过在集中式DBMS上扩充一些功能来实现的。给予这种设计放大建立分布式数据库所需的典型软件模块包括：

（1）数据库管理模块（DB）；

（2）数据通信模块（DC）；

（3）数据字典（DD）；

（4）分布式数据库（DDB）。

对于两个场地来讲，这些部分的连接关系如图15-3所示。

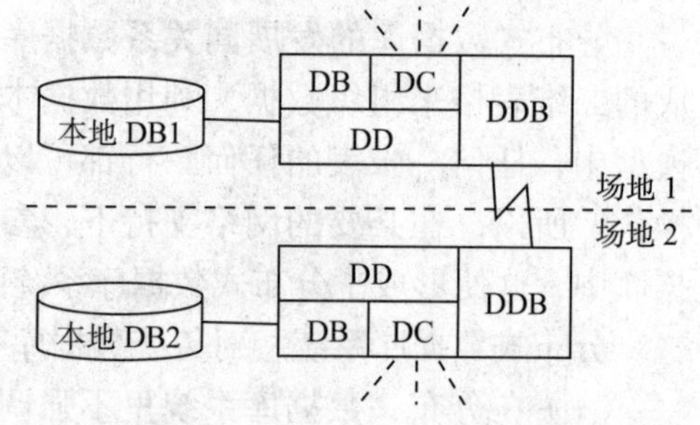

图15-3 DDBMS的典型组成方式

其中，DD除具有集中式数据库的字典功能外，还包括了不同场地的数据分布地信息。DDB只表示计算机网络环境中各节点上的数据库的集合，而DDBMS表示上述四个部分的所有内容和功能，即负责分布式环境中数据管理，提供某种程度的分布透明性，提供某种程度的分布式事务的并发控制和恢复的一组软件系统。

15.3 面向对象数据库系统

15.3.1 面向对象数据库系统概述

面向对象数据库系统（object-oriented data base system，OODBS）是数据库技术与面向对象技术相结合而产生的，用于支持非传统应用领域的新型数据库系统。面向对象数据库的核心是面向对象的数据模型。面向对象的数据模型吸收了面向对象程序设计方法的核心概念和基本思想，采用面向对象的观点，来描述现实世界中的实体（对象）的逻辑结构和对象间的限制与联系等。面向对象数据库管理系统（OODBMS，object-oriented database management system）的基本要求主要包括三个方面。

1. 支持面向对象的数据模型

OODBMS 区别于传统数据库管理系统的最重要的标志就是支持面向对象的数据模型。具体来说，就是支持对象的逻辑结构与对象间的限制和联系，并提供给面向对象系统中的其他高级机制。能够存储和处理各种复杂对象，支持如超长正文数据、图形、图像、声音数据等多媒体数据处理。

2. 提供面向对象的数据库语言

面向对象数据库的许多基本概念来自于面向对象的程序设计（object-oriented programming，OOP），但面向对象数据库（object-oriented data base，OODB）的语言不同于 OOP。与关系数据库系统一样，一种 OODB 的编程语言应该包括对象定义语言、对象查询语言以及对象 / 数据控制语言，并具有类似于 SQL 的非过程化特点。这些语言必须能完全反映面向对象模型所固有的灵活性和约束，支持消息传递，提供完备的计算能力，实现面向对象数据库语言与面向对象程序语言的无缝（Seamless）连接。

3. 提供面向对象数据库的管理机制，并具备传统数据库的管理能力

OODBMS 应提供长事务的处理能力、并发控制与并发事务处理技术、对象的存储管理能力、完整性约束和版本管理等，并应具备传统数据库的管理能力。

由于面向对象技术的发展和面向对象数据库的广泛应用需求及技术上的独特性，自 20 世纪 80 年代中期开始，许多数据库厂商和研究机构都开始了面向对象数据库系统的研制工作，并出现了一些典型的、有代表性的原型系统，如 IRIS，ORION，Ontos 和 O_2 等。纵观这些系统的设计和实现技术可知，面向对象数据库系统的实现途径主要有以下几种。

（1）通过在面向对象程序设计语言的基础上，扩充面向对象数据模型来建立面向对象数据库管理系统。

这种方法是面向对象数据库研究中最早采用的方法之一。采用这种研制方法的最典型的代表就是美国 Serviologic 公司于 1983 年开始研究的 GemStone 系统。GemStone 以 Smalltalk 为基础，其目标是把面向对象的语言概念与数据库系统概念相结合，开发一个集二者优点于一身的良好的面向对象数据库系统的开发环境。另一个典型的代表是美国 Ontologic 公司以 C++ 语言为基础开发的 Ontos 系统。

（2）通过在现有的关系数据库系统上扩展关系数据模型，增加对面向对象数据类型的支持来建立面向对象数据库管理系统。

由于通过 20 世纪 80 年代末期到 20 世纪 90 年代初期的，关于“面向对象数据库时下一代数据库”“面向对象数据库宣言”“第三代数据库宣言”等下一代数据库系统的展望和大讨论，人们已经基本上形成了新一代数据库系统是关系数据库与面向对象数据库共存的共识，所以数据库研究机构和厂商目前基本上都采用这种研究和开发模式，且采用这种途径开发的数据库系统被称为“对象 – 关系数据库系统”（object relational database system，ORDBS）。

这种开发模式的一个典型代表系统是美国加州大学伯克利分校研制的 POSTGRES 系统。且当今在 Oracle V.8i 或 SQL Server 2000 等以上版本，都在关系数据库系统基础上提供了对象数据类型的支持功能。

（3）利用面向对象数据模型，从零开始建立全新的面向对象数据库管理系统。

这是一种建立纯粹的面向对象数据库管理系统的实现途径。其典型的代表系统是法

国 O_2 Technology 公司开发的 O_2 系统等。

与传统的数据库相比，面向对象数据库具有许多优点，如包含更多的数据语义信息，对复杂数据对象的表达能力更强等。但面向对象数据库还只是一种新兴的技术，其发展远不如关系数据库成熟，面向对象数据库模型还缺乏完美的数学基础，面向对象数据库的语言也缺乏形式化的基础。因此，作为一项新兴的技术，面向对象数据库还有待进一步的研究。但它对数据库理论和技术研究与发展具有十分重要的意义，并具有广泛的应用前景。

面向对象数据库系统将面向对象的能力赋予数据库设计和数据库应用开发人员，从而可以大大提高开发人员的工作效率和应用系统的质量。

（4）面向对象的复杂对象构造能力增强了对客观世界的模拟能力。

在关系数据库系统中，层次数据、嵌套数据或复合数据需要用多个关系的元组表示，且关系中的属性只能采用简单数据类型。这样当要查询层次数据、嵌套数据或复合数据时，就需要多个关系的连接，不仅表示能力差，而且影响查询速度。在面向对象数据库系统中，对象的属性可以是另外一个对象，对象的这种复合结构不仅能自然地表示层次数据、嵌套数据或复合数据之间的关系，并易于理解，而且可以提高查询速度。

（5）面向对象的封装性屏蔽了实现细节和复杂性，降低了数据库应用系统开发和维护的难度。

对象封装将程序和数据封装在一起作为存储和管理的单位，也是用户使用的单位，从外部只能看到它的接口，看不到实现细节，对象内部的实现修改不影响对对象的使用，因此使系统的开发和维护变得更加容易。

（6）面向对象的继承性使数据库应用程序的可重用成为可能。

在面向对象数据库系统中，类的定义和类库的层次结构体现了客观世界中对象的内部结构及对象之间的联系。同时，类定义中的封装方法保存了数据库中应用编程的结果。应用开发人员可以在已建立的类库的基础上派生出新的类，继承已存在的类的属性和方法，重用应用编程的结果。这种重用对于复杂的数据库应用系统的开发具有重要的意义。

当然，面向对象数据库也存在明显的不足。当前的面向对象数据库还缺乏安全性和并发控制机制，因而大多数纯粹的面向对象数据库在商业性应用中遇到了困难。

15.3.2 面向对象数据库管理系统的组成

面向对象数据库管理系统主要由对象子系统和存储子系统组成。

1. 对象子系统

对象子系统由模式管理、事务管理、查询处理、版本管理、长数据管理、外围工具等模块组成。

模式管理模块主要负责面向对象数据库模式的管理、生成系统数据字典、初始化数据库、建立数据库框架、实现完整性约束等。

事务管理模块主要负责长事务和并发事务管理、故障处理与数据库恢复等。

查询处理模块主要负责对象创建、对象查询、消息接受与处理，以及查询优化等。

版本管理模块负责对象版本的控制与管理。在面向对象的数据库系统中，当一个对象建立后，该对象可能有一些新版本从它派生出来，而其他一些新版本又能从它们（派生出来的新版本）再派生出来。版本控制就是用来实现对这些派生出来的对象版本进行管理和控制的。

长数据管理模块主要负责大型对象数据的管理。因为像工程设计中的图形、大面幅复杂图像、视频信息流等这样的对象信息量都比较大，其数据量可能达到数兆字节，显然需要进行特殊的管理。

外围工具是指用于支持面向对象数据库设计和应用的辅助开发工具，如模式设计工具、类图浏览工具、类图检查工具、可视程序设计工具和系统调试工具等。

2. 存储子系统

存储子系统主要包括缓冲区管理和存储管理等模块。

缓冲区管理模块主要负责内外存交换缓冲区的管理，处理对象标识符与存储地址之间的转换。

存储管理模块主要负责物理存储空间管理和物理存储性能的改善。

另外，下面的两个重要概念对于理解面向对象数据库管理系统中的有关功能模块的功能也是十分重要的。

（1）版本管理。20 世纪 90 年代广泛应用的 VAX 计算机的 VMS 操作系统提供了保存文件的各个版本的功能，即同一文件按其修改时间的不同视为不同的文件（文件名相同，修改时间不同）。在这样的系统中，如果把计算机文件系统中的一个同名文件看作一个对象的话，在计算机软件开发过程中该对象就会产生（推演出）许多版本。因此，版本（Version）就是对象的一个可识别状态，对象的演化过程就构成了版本历史。

版本管理（version management）是新一代数据库系统中最重要的建模要求之一。由于在最初的对象建立后，各对象的新版本会相继地派生出来，所以面向对象数据库系统必须提供良好的版本管理功能，其主要的版本管理功能包括版本的创建、撤销、合并和存储管理等；版本信息的定义和维护；版本历史的查询和维护；版本的一致性维护等。

（2）长事务。所谓长事务就是持续时间很长的事务。例如，一个长事务的持续时间可能达到几秒、几分，甚至几小时。长事务主要出现在 CAD 和 CAM 等系统的工程设计或查询事务中，也会出现在 CASE 系统的软件分析与设计的事务中。

长事务的处理涉及对象的版本化、成组事务、非连续性事务、并发控制与软封锁、恢复等处理技术和处理策略。鉴于篇幅有限，不再赘述。

15.4 多媒体数据库

15.4.1 多媒体数据库概述

传统的关系数据库管理系统只支持基本的规范数据类型。随着计算机技术的飞速发展和广泛应用，对计算机和数据库提出了处理和管理各种表示复杂对象的不规则数据的要求。特别是图像、声音、动态视频等这样的多媒体信息，数据类型不规则，数据的取值范围不一致，数据的量级不相同。因此，就提出了如何对这些多媒体信息进行表示、组织、存储、查询和检索的问题，多媒体数据库技术应运而生。

媒体（media）是信息的载体。多媒体是指多种信息媒体，例如图形、图像、声音、视频、文本、数字、字符等的复合体或有机集成。多媒体数据库管理系统是指把不同媒体数据进行一体化组织、存储和管理的数据库管理系统。

由于多媒体数据库需要同时管理规则数据（例如数字、字符等）和非规则数据（例如图形、图像、声音、视频、文本等）。非规则数据除有数据量大和处理复杂等特点外，其中的图形和图像等数据还具有空间特性，声音和视频等数据还具有时序特性。这些都给多媒体数据的处理和管理带来了新的技术要求。

1. 多媒体数据的组织和存储要求

由于某些多媒体数据的数据量巨大，按照传统的方法是无法对其进行组织和存储管理的，所以除了需要为这类数据选择专门的逻辑组织方式和物理存储方式外，还需要附加一些必要的处理操作。例如，对动态视频数据需要进行专门的压缩和解压缩，等等。

2. 多媒体数据的处理要求

对多媒体数据支持的事实表明，系统中的媒体数据类型不仅增加较多，而且复杂媒体的数据类型和数据量的比例明显增大。对于每一种媒体数据类型，都要求有适合于它的数据结构、存取方法、操作要求、基本功能和实现方法。这些都给多媒体数据的处理带来了困难，给系统的实现提出了更高的技术要求。

3. 多媒体数据的查询要求

多媒体数据的引入使系统查询方式呈现出多样性。它要求系统不仅要支持传统的精确查询方式，而且要支持非精确查询、相似查询、模糊查询等。在以图像处理为主要应用目的的信息系统（图像数据库）中，一般要求系统具有基于内容的检索功能，例如按图像的纹理特征、颜色特征、边缘特征、形状特征等进行查询。

4. 其他处理和管理要求

在多媒体数据的引入过程中还会出现其他一些要求。例如动态视频的播放可能需要几个小时，所以就需要系统提供长事务支持功能；在用复杂媒体数据描述问题时，对系统的表现形式、表现质量、系统效率等都有一定要求。因而对系统的有关实现技术提出了更高的要求。

当前的各种商用数据库管理系统，例如 Oracle，Sybase，DB2，SQL Server 等，都提供了对多媒体数据类型的支持，其支持方式主要是在系统中引入无结构数据类型实现对多媒体数据的存储。但总的来说，它们对多媒体应用的支持是有限的。在多媒体数据库的研究和设计中还有许多技术问题需要研究解决，这些问题主要有：

（1）多媒体数据模型的研究；

（2）多媒体数据库的标准化查询与操作语言研究；

（3）多媒体数据库的用户接口技术研究；

（4）多媒体数据的存储和组织技术研究；

（5）多媒体数据的一体化管理技术研究；

（6）多媒体数据库的控制与并发机制研究等。

15.4.2 多媒体数据库管理系统的组成

由于多媒体数据的多样性，所以很难用一个数据模型面向所有的媒体应用需求。尽管有各种各样的多媒体数据库出现，但目前还没有一个得到公认的多媒体数据模型，因而也没有一个标准的多媒体数据库体系结构。分析当前各种多媒体数据库的组织方式，其组织结构主要有以下两种实现方式。

1. 组合型多媒体数据库的组织结构

这种组织结构的基本思想是根据多媒体数据的多样性特点，分别为每一种媒体数据建立数据库，分别为每一种媒体数据的数据库建立相应的数据库管理系统。其组织结构如图 15-4 所示。

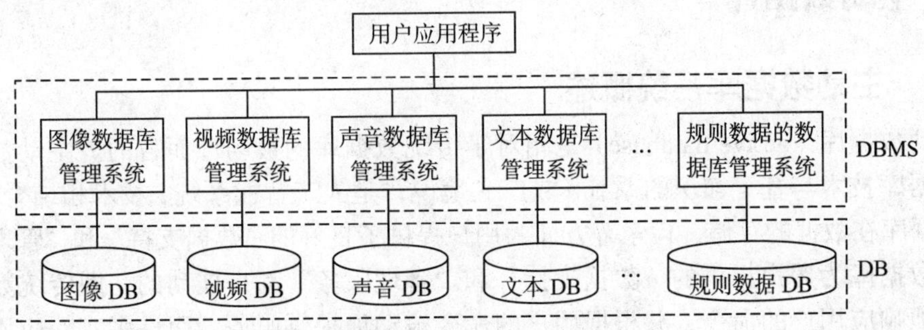

图 15-4　组合型多媒体数据库的组织结构

在这种结构的多媒体数据库系统中，可以利用各种单一媒体数据库的技术对各个媒体的数据库分别进行管理。各个单一媒体的数据库管理系统及其数据库虽然是相对独立的，但它们之间可以通过相互通信进行一定的协调和执行相应的操作。用户既可以对单一媒体的数据库进行访问，也可以对多个媒体的数据库进行访问。但从总体上来说，同时对多个媒体的数据库进行联合查询操作等是比较困难的。也就是说，这种组织结构的多媒体数据库中的各个不同媒体数据库之间的协调是相当有限的，用户必须按照应用要求，通过对不同媒体的数据库管理系统和相应的数据库的操作和访问实现应用要求，所以用户应用程序的设计要相对复杂一些。

2. 主从型多媒体数据库的组织结构

这种组织结构的基本思想是，在各种不同媒体的数据库管理系统上建立一个主数据库管理系统，通过主 DBMS 对各个从 DBMS 的管理和控制，从外部应用的角度弱化多媒体数据的多样性，降低用户应用程序设计的复杂性。但每一种媒体数据的数据库仍由各自的数据库管理系统管理。其组织结构如图 15-5 所示。

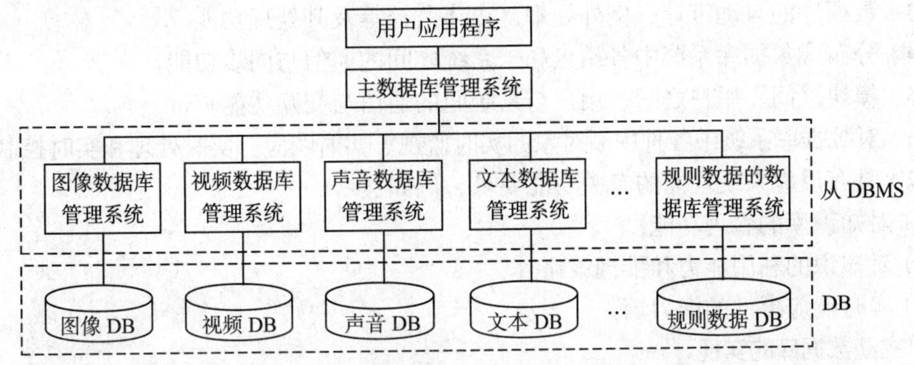

图 15-5　主从型多媒体数据库的组织结构

在这种结构的多媒体数据库系统中，微观上各个媒体数据库的管理仍是由各种单一媒体的数据库管理系统实现的。但在宏观上，用户对数据库的访问是由主 DBMS 实现的，用户对多种媒体数据的查询结果的集成也是由主 DBMS 实现的。这样用户对多种媒体数据的综合查询对用户来说事项是透明的，从而使用户应用程序的设计要相对简单一些。

15.5 主动数据库

15.5.1 主动数据库系统概述

主动数据库（active database）是相对于传统数据库的被动性而言的。主动数据库系统是数据库技术与基于知识的系统（或广义地说，是人工智能系统）技术相结合的产物。传统数据库在数据的存储、检索等方面为用户提供了良好的“数据支持”和“管理服务”。但传统数据库为用户提供的“数据支持”和“管理服务”都是被动的，即传统数据库只能被动地响应用户的命令，并根据用户的命令被动地提供服务。而许多实际应用需要数据库提供某种主动性的操作和服务。例如在过程控制、军事应用、实时监控和计算机集成制造等系统中，常常希望系统能根据数据库的当前状态，主动地执行某些操作或提供某种服务，特别是能够根据系统的运行环境或系统状态，提高对紧急事件的反应（如报警）和主动处理能力，提供对用户的实时性信息服务。

1. 主动数据库管理系统的功能

主动数据库系统应首先完成传统数据库管理系统的基本功能，这是建立一个数据库系统的根本目的。同时要充分体现主动数据库系统的主动处理和主动服务功能，而这正是主动数据库系统有别于传统数据库系统的根本标志。

主动数据库系统的主动功能依赖于事件知识库中事件种类与事件数量的多少，以及对事件的检测能力。与事件的种类相对应，主动数据库管理系统应该实现以下主动性功能。

（1）各种实时监控、时间同步及其控制功能。

（2）数据库的使用与更新，数据库状态、数据库异常、数据库的一致性与完整性检查的动态监视等及其处理功能。

（3）数据库的自动审计、例外处理、出错监控等及其处理功能。

（4）分布式数据库系统中各站点和子系统之间的通信与同步功能。

（5）模块之间、用户之间、用户与系统间的通信与交互功能。

（6）对数据库系统中各种中断对象的实时监视、实时响应、实时处理和实时控制功能。

（7）具有反应系统性能的有关功能要求，例如：

1）对知识库的管理功能；

2）对知识的利用能力和推理策略等；

3）实时响应事件的能力等。

2. 主动数据库的实现

主动数据库的实现主要应考虑三个方面的问题：一是主动数据库管理系统的设计与实现；二是事件知识库的设计与组织；三是事件监视器的设计与实现机制。

主动数据库管理系统的实现途径实际上与面向对象数据库管理系统的实现途径类似，有三种实现途径：

一是在原有的数据库和管理系统上进行改造。这种方式涉及如何在原有的系统中加入事件知识库和事件监视器，并保证在数据库的日常业务处理中使系统具有主动应急处理和主动服务的独特功能。

二是首先将某种程序语言改造成一种主动程序设计语言，对事件知识库的管理和事件监视器的功能与机制由主动程序设计语言承担。然后与传统的宿主系统类似，把对数据库的操作嵌入到主动程序设计语言中。

三是设计全新的主动数据库管理系统，实现数据库与事件知识库在同一系统的相容，实现数据库语言（包括 DDL，DML 和 DCL）、主动（应用）程序设计语言和事件监视器的彻底融合。

3. 主动数据库系统的现状

目前的大多数数据库产品通过引入“触发器”（trigger）实现部分主动性功能，主要用于信息系统中的商业规则的描述和自动维护。随着具有主动性功能的商品化数据库系统的广泛应用，数据库的主动性功能正逐步在各种应用领域开始发挥作用。

不过，数据库的主动性功能目前还限于对如 Oracle，Sybase 等这样的成熟商品化系统的美化和包装，且主动性功能还比较弱。在全方位地实现主动数据库的知识模型与检测机制，及大型应用的开发中还存在许多值得研究的问题。

（1）触发器的表达能力有限，还无法描述和表示复杂的事件。也就是说，目前只能在比较简单的事件发生时触发一些简单的处理和服务。进一步讲，就是时间规则的表示能力还比较弱。

（2）主动机制的实现还没有形成一套完整的技术理论和普遍认同的技术方法，基本上还是各用各的“招数”，局限性和可移植性较差。

（3）触发执行的可靠性等还有待进一步完善。

尽管主动数据库在发展中还存在一些问题，但其作为一个活跃的研究领域，必将为数据库技术的全面进步做出应有的贡献。

15.5.2 主动数据库系统的组成

主动数据库系统主要由三部分组成。

（1）传统的数据库系统，用于实现传统数据库的基本功能。

（2）事件知识库，是一组由事件驱动的知识集合。该事件知识库至少包括三部分知识。一是描述系统中所有可能发生的事件的知识。每一项知识表示在相应的事件发生时，如何主动地执行 IF-THEN 产生式规则集。二是与产生式规则中的条件有关的事实或状态的描述知识。三是由事件表达式与 IF-THEN 产生式规则集合组成的事件规则。每个规则表示在相应的事件发生时，如何主动地根据知识库中的知识来执行预先设定的动作，从而达到主动地提供对紧急事件的反应和主动处理能力，及对用户的实时性信息服务的目的。

（3）事件监视器，是一个实时监视事件库中的事件是否发生的监视模块。一旦事件发生，就会主动触发事件响应机制。

15.6 NoSQL

15.6.1 NoSQL 概述

NoSQL（not only SQL），即不仅仅是 SQL，泛指非关系型数据库，是一项全新的数据库。NoSQL 一词最早出现于 1998 年，是 Carlo Strozzi 开发的一个轻量、开源、不提供 SQL 功能的关系数据库。这一概念直至 2009 年才得以“茁壮”起来。NoSQL 的支持者们提倡运用非关系型的数据存储，这对当前占据主流的关系型数据库，无疑是一种全新的观念变革。随着互联网 Web2.0 网站的兴起，特别是超大规模和高并发社交网络服务（SNS，social networking services）类型的 Web2.0 纯动态网站，传统的关系数据库已显得力不从心，并显露出一些难以克服的问题，但由于非关系型数据库其本身的特质，这项技术得到了很好的推广发展，并已经进入到所谓的第二代。Google 的 BigTable 和 Amazon 的 Dynamo 使用的就是 NoSQL 型数据库。

关系型数据库严格遵循 ACID 规则，即原子性、一致性、隔离性和持久性（请参见第 13.4 节）。NoSQL 则不完全相同，它主要用于分布式计算系统，而对于一个分布式计算系统来说，有一个 CAP 定理（CAP theorem），又称为布鲁尔定理（Brewer's theorem），是说在一个分布式计算系统中，不可能同时满足以下三点：

（1）一致性（consistency），所有节点在同一时间具有相同的数据。

（2）可用性（availability，保证每个请求不管成功或者失败都有响应。

（3）分隔容忍性（partition tolerance），系统中任意信息的丢失或失败不会影响系统的继续运作。

CAP 的核心就是，一个分布式系统不可能同时很好地满足一致性、可用性和分隔容忍性这三个需求，最多只能同时较好地满足其中的两个。

因此，根据 CAP 原理将 NoSQL 数据库分成了满足 CA 原则、满足 CP 原则和满足 AP 原则的三个大类（见图 15-6）。

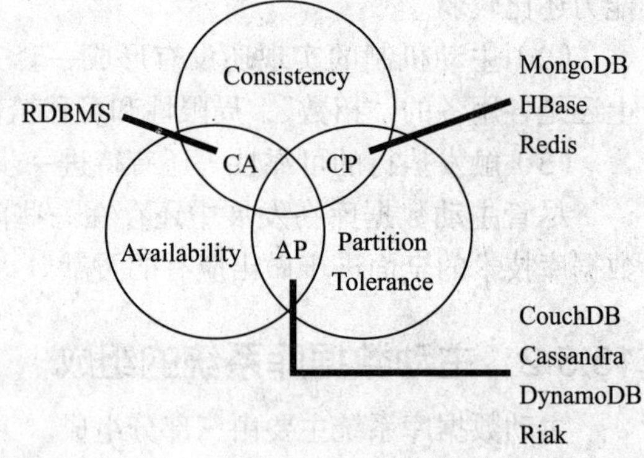

图 15-6 CAP 定理

（1）CA——单点集群，满足一致性、可用性的系统，通常在可扩展性上不太强大。

（2）CP——满足一致性、分隔容忍性的系统，通常性能不是特别高。

（3）AP——满足可用性、分隔容忍性的系统，通常可能对一致性要求低一些。

15.6.2 NoSQL 对比 RDBMS

NoSQL 之所以能得到发展，是因为它做到了传统关系型数据库做不到的事，我们使用 Python，Ruby，Java，.Net 等语言编写应用程序，这些语言有一个共同的特性——面向对象。但是我们使用 MySQL，PostgreSQL，Oracle 以及 SQL Server，这些数据库同样有一个共同的特性——关系型数据库。这里就牵扯到了“阻抗失配（impedance mismatch)”这个术语。存储结构是面向对象的，但是数据库却是关系的，所以在每次存储或者查询数据时，我们都需要做转换。类似 Hibernate，Entity Framework 这样的 ORM 框架确实可以简化这个过程，但是在对查询有高性能需求时，这些 ORM（object/relation mapping）框架便捉襟见肘（见图 15-7）。

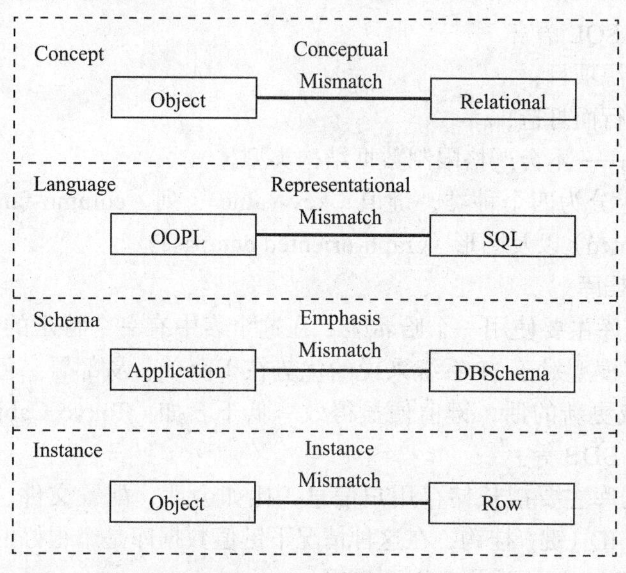

图 15-7　关系型数据库存在的问题 impedance mismatch

随着计算机及网络应用的深入发展，需要储存更多的数据，服务更多的客户以及需要更强的计算能力。为适应这种需求，用户须不停地扩展。这种扩展一般分两类，一种是纵向扩展，即购买更好的机器、更多的磁盘、更多的内存等；另一种是横向扩展，即购买更多的机器组成集群。在巨大的规模下，纵向扩展发挥的作用并不是很大。首先，单机性能提升需要巨额的开销并且有性能的上限，对于 Google 或 Facebook 的规模，永远不可能使用一台机器支撑所有的负载。鉴于这种情况，需要一种新型的数据库，因为以往的关系数据库并不能很好地运行在集群上。当然用户也可能会去搭建关系数据库集群，但这使用的是共享存储，并不是我们想要的类型。

针对 NoSQL 数据库与 RDBMS 不同数据的处理“主攻”方向，表 15-1 给出了一份粗略的分析报告。

表 15-1　NoSQL 与 RDBMS 分析比较

NoSQL	RDBMS
代表着不仅仅是 SQL	高度组织化结构化数据
没有声明性查询语言	结构化查询语言（SQL）
没有预定义的模式	数据和关系都存储在单独的表中
键值对存储、列存储、文档存储、图形数据库	数据操纵语言，数据定义语言
最终一致性，而非 ACID 属性	严格的一致性
非结构化和不可预知的数据	基础事务
CAP 定理	
高性能，高可用性和可伸缩性	

15.6.3 NoSQL 的存储类型及应用

在 RDBMS 遇到尴尬时，NoSQL 勇敢地“站”了出来。已经存在的 NoSQL 数据库有很多，比如 MongoDB，Redis，Riak，HBase，Cassandra 等。它们每一个都可能拥有以下几个特性中的一个：

（1）不再使用 SQL 语言；

（2）通常是开源项目；

（3）为集群运行而打造；

（4）弱结构化——不会严格限制数据结构类型。

NoSQL 大体上分为四个种类，键值（key-value）、列（column-family databases）、文档（document-oriented）以及图形（graph-oriented databases）。

1. 键值存储数据库

键值存储数据库主要使用一个哈希表，在这个表中有一个特定的键和一个指针指向特定的数据。键值模型对于 IT 系统来说的优势在于简单、易部署。但是如果 DBA 只对部分值进行查询或更新的话，键值便显得效率低下。如：Tokyo Cabinet/Tyrant，Redis，Voldemort，Oracle BDB 等。

键值存储数据库主要擅长储存用户信息，比如会话、配置文件、参数、购物车等。这些信息一般都和 ID（键）挂钩，在这种情况下键值数据库是个很好的选择。

键值存储数据库一般不适用于以下情况。

（1）取代键查询，而是通过值查询。键值数据库中根本没有通过值查询的途径。

（2）需要储存数据之间的关系。在键值数据库中不能通过两个或两个以上的键来关联数据。

（3）事务的支持。在键值数据库中故障产生时不可以进行回滚。

2. 列存储数据库

列存储数据库将数据储存在列族（column family）中，一个列族存储经常被一起查询的相关数据。例如，若有一个 Person 类，我们通常会一起查询他们的姓名和年龄而不是工资。在这种情况下，姓名和年龄就会被放入一个列族中，而工资则被放在另一个列族中。列存储数据库通常是用来应对分布式存储的海量数据。键仍然存在，但是它们的特点是指向了多个列。这些列是由列族来安排，如：Cassandra，HBase，Riak 等。

列存储数据库主要擅长以下情况。

（1）日志。这里将数据储存在不同的列中，每个应用程序可以将信息写入自己的列族中。

（2）博客平台。储存每个信息到不同的列族中。如，标签可以储存一个列，类别也可以“占据”一个列，而文章则可以储存在另一个列。

列存储数据库一般不适用于以下情况。

（1）在需要 ACID 事务的场合，如 Cassandra 就不支持事务。

（2）原型设计。如果我们分析 Cassandra 的数据结构，就会发现结构是基于我们期望的数据查询方式而定的。在模型设计之初，我们根本不可能去预测它的查询方式，而一旦查询方式改变，我们就必须重新设计列族。

3. 文档型数据库

文档型数据库的灵感是来自于 Lotus Notes 办公软件，而且它同第一种键值存储相类似。文档数据库会将数据以文档的形式储存。每个文档都是自包含的数据单元，是一系列数据项的集合。每个数据项都有一个名称与对应的值，值既可以是简单的数据类型，如字符串、数字和日期等；也可以是复杂的类型，如有序列表和关联对象。数据存储的最小单位是文档，同一个表中存储的文档属性可以是不同的，数据可以使用 XML，JSON 或者 JSONB 等多种形式存储。文档型数据库可以看作键值数据库的升级版，而且文档型数据库比键值数据库的查询效率更高，如：MongoDb，CouchDB，RavenDB，国内有 SequoiaDB。

文档存储数据库主要适用于以下情况。

（1）日志。在企业环境下，每个应用程序都有不同的日志信息；数据库并没有固定的模式，可以使用它储存不同的信息。

（2）分析。鉴于文档存储数据库的弱模式结构，在不改变模式状态的情况下，可以储存不同的度量方法，以及添加新的度量。

文档存储数据库一般不擅长在不同的文档上添加事务，也不支持文档间的事务。

4. 图形数据库

图形结构的数据库同其他行列以及刚性结构的 SQL 数据库不同，它使用灵活的图形模型，并且能够扩展到多个服务器上，允许我们将数据以图形的方式储存。NoSQL 数据库没有标准的查询语言（SQL），因此进行数据库查询需要制定数据模型。许多 NoSQL 数据库都有 REST 式的数据接口或者查询 API，如：Neo4J，InfoGrid，Infinite Graph 等。

图形数据库主要适用于以下情况。

（1）对关系性依赖较强的数据。

（2）推荐引擎。如果将数据以图的形式表现，那么将会非常有益于推荐引擎的制定。

图形数据库一般不擅长处理与之不相适的数据模型。且适用范围很小，通常很少有操作会涉及全图。

NoSQL 数据库的这四大类型粗略分析如表 15-2 所示。

表 15-2　NoSQL 数据库的四大分类分析

分类	Examples 举例	典型应用场景	数据模型	优点	缺点
键值存储数据库	Tokyo Cabinet/Tyrant，Redis，Voldemort，Oracle BDB	内容缓存，主要用于处理大量数据的高访问负载，也用于一些日志系统等	Key 指向 Value 的键值对，通常用 hash table 来实现	查找速度快	数据无结构化，通常只被当作字符串或者二进制数据
列存储数据库	Cassandra，HBase，Riak	分布式的文件系统	以列簇式存储，将同一列数据存在一起	查找速度快，可扩展性强，更容易进行分布式扩展	功能相对局限
文档型数据库	CouchDB，MongoDb	Web 应用（与 Key-Value 类似，Value 是结构化的，不同的是数据库能够了解 Value 的内容）	Key-Value 对应的键值对，Value 为结构化数据	数据结构要求不严格，表结构可变，不需要像关系型数据库一样需要预先定义表结构	查询性能不高，而且缺乏统一的查询语法

（续）

分类	Examples 举例	典型应用场景	数据模型	优点	缺点
图形数据库	Neo4J，InfoGrid，Infinite Graph	社交网络，推荐系统等。专注于构建关系图谱	图结构	利用图结构相关算法。比如最短路径寻址，N 度关系查找等	很多时候需要对整个图做计算才能得出需要的信息，而且这种结构不太好做分布式的集群方案

除以上四种以外，还有对象存储（通过类似面向对象语言的语法操作数据库，通过对象的方式存取数据），XML 数据库（高效的存储 XML 数据，并支持 XML 的内部查询语法，比如 XQuery，Xpath）。由此可知，NoSQL 数据库在以下的这几种情况下比较适用。

（1）数据模型比较简单。

（2）需要灵活性更强的 IT 系统。

（3）对数据库性能要求较高。

（4）不需要高度的数据一致性。

（5）对于给定 key，比较容易映射复杂值的环境。

（6）XML 数据处理。

其实 NoSQL 数据库仅仅是对关系数据库在某些方面（如性能，扩展等）的弥补，单从功能上讲，NoSQL 的几乎所有功能，关系数据库都能做得到，选择 NoSQL 并非功能上的原因。所以，我们一般会把 NoSQL 和关系数据库进行结合使用，需要使用关系特性的时候使用关系数据库，需要使用 NoSQL 特性的时候使用 NoSQL 数据库，各尽所能，各尽其责。举例来说，若存储用户评论，大致有评论主键 id、评论对象 aid、评论内容 content、用户 uid 等字段。可以确定的是评论内容 content 肯定不会在关系数据库中用子句“ where content=***”查询，评论内容一般也是大文本字段。这样可以把主键 id、评论对象 aid、用户 uid 存储在关系数据库，而评论内容存储在 NoSQL 数据库，这就为关系数据库节省了存储 content 占用的磁盘空间，从而节省大量 I/O，对评论内容 content 也更容易做 Cache。如：

```
// 从 SQL Server 中依据评论对象 aid，查询出第 100 条后的 20 条评论主键 id 列表
commentsObj=request(" 评论对象 aid")
sql="SELECT TOP 20 id FROM commentsTb WHERE id NOT IN (SELECT TOP 100 id FROM commentsTb) AND aid=" & "'" & commentsObj &"'"
……
// 根据主键 id 列表，从 NoSQL 取回评论实体数据
commentsList=NoSQL.get(commentIds);
```

15.7 数据库新技术的其他应用领域

数据库技术被应用到特定的领域中，出现了移动数据库、工程数据库、地理数据库、统计数据库、科学数据库、空间数据库、信息检索系统、专家决策系统等多种数据库，使数据库领域中新的技术内容层出不穷。鉴于篇幅有限，仅简要介绍几种数据库的基本概念。

1. 移动数据库

移动数据库（mobile database）作为分布式数据库的延伸和扩展，拥有分布式数据库的诸多优点和独特的特性，能够满足未来人们访问信息的要求，具有广泛的应用前景。

移动数据库是能够支持移动式计算环境的数据库，其数据在物理上分散而在逻辑上集中。它涉及数据库技术、分布式计算技术、移动通信技术等多个学科，与传统的数据库相比，移动数据库具有移动性、位置相关性、频繁的断接性、网络通信的非对称性等特征。

移动数据库基本上由三种类型的主机组成：移动主机（mobile hosts），移动支持站点（mobile support stations）和固定主机（fixed hosts）。

固定主机就是通常含义上的计算机，它们之间通过高速固定网络进行连接，不能对移动设备进行管理。移动支持站点具有无线通信接口，可以和移动设备进行数据通信。移动支持站点和固定主机之间的通信是通过固定网络进行的。一个移动支持站点覆盖的地区区域被称为信元（cell），在一个信元内的移动主机可以通过无线通信网络与覆盖这一区域的移动支持站点进行通信，完成信息数据的检索。移动数据库管理系统的主要特征有：

（1）内核结构微小化；

（2）支持标准的 SQL；

（3）强化的事务管理功能；

（4）完善的数据同步机制；

（5）支持串行、TCP/IP、红外、蓝牙等多种连接协议；

（6）完备的嵌入式数据库管理功能；

（7）支持多种流行的嵌入式操作系统，如：Windows CE，Palm OS，Android 等。

2. 工程数据库

工程数据库（engineering database）是一种能存储和管理各种工程图形，并能为工程设计提供各种服务的数据库。它适用于 CAD/CAM、计算机集成制造（CIM）等通称为 CAX 的工程应用领域。传统的数据库只能处理简单的对象和规范化数据，而对具有复杂结构和内涵的工程对象以及工程领域中的大量“非经典”应用则无能为力。工程数据库正是针对传统数据库的这一缺点而提出的，它针对工程应用领域的需求，对工程对象进行处理，并提供相应的管理功能及良好的设计环境。

工程设计库管理系统是用于支持工程数据库的数据库管理系统，基于工程数据库中数据结构复杂、相互联系紧密、数据存储量大的特点，工程数据库管理系统的功能与传统数据库管理系统有很大不同，主要应具有以下功能。

（1）支持复杂多样的工程数据的存储和集成管理。

（2）支持复杂对象（如图形数据）的表示和处理。

（3）支持变长结构数据实体的处理。

（4）支持多种工程应用程序。

（5）支持模式的动态修改和扩展。

（6）支持设计过程中多个不同数据库版本的存储和管理。

（7）支持工程长事务和嵌套事务的处理和恢复。

在工程数据库的设计过程中，由于传统的数据模型难以满足 CAX 应用对数据模型的要求，需要运用当前数据库研究中一些新的模型技术，如扩展的关系模型、语义模型、面向对象的数据模型。目前的工程数据库研究虽然已取得了很大的成绩，但要全面达到应用所要求的目标，仍有待进一步深入研究。

3. 统计数据库

统计数据是人类对现实社会各行各业、科技教育、国情国力的大量调查数据，是人类社会活动结果的实际反应，是信息行业的重要内容。采用数据库技术实现对统计数据的管理，对于充分发挥统计信息的作用具有决定性的意义。

统计数据库（statistical database）是用来对统计数据进行存储、统计（如求数据的平均值、最大值、最小值、总和等）、分析的数据库系统。统计数据库向用户提供的是统计数字，而不是某一个体的具体数据。统计数据库中的数据可分为两类：微数据（microdata）和宏数据（macrodata）。微数据描述的是个体或事件的信息，而宏数据是综合统计数据，它可以直接来自应用领域，也可以是微数据的综合分析结果。

统计数据具有层次型特点，但并不完全是层次型结构；统计数据也有关系型特点，但关系型也不完全满足需要。虽然一般统计表都是二维表，但统计数据的基本特征是多维的，例如经济统计信息，由统计指标名称、统计时间、统计空间范围、统计分组特性、统计度量种类等相互独立的多种因素方可确定地定义出一批数据。这反映在数据结构上就是一种多维性。由此，统计表格虽为二维表，而其主栏与宾栏均具有复杂结构。多维性是统计数据的第一个特点，也是最基本的特点。此外，统计数据在一定时间（年度、月度、季度）期末产生大量数据，故入库时总是定时的大批量加载。经过各种条件下的查询以及一定的加工处理，通常又要输出一系列结果报表。这就是统计数据的“大进大出”特点。还有，统计数据的时间属性是一个最基本的属性，任何统计量都离不开时间因素，而且经常需要研究时间序列值，所以统计数据又有时间向量性。最后，随着用户对所关心问题的观察角度不同，统计数据查询出来后常有转置的要求，例如若干指标的时间序列值，考虑指标之间的比例关系时常以时间为主栏、指标为宾栏；而考虑时间上的增长量、增长率时，又常以时间为宾栏、指标为主栏。统计数据还有其他一些特点，但基本特性是多维结构特性。

统计数据库与其他数据库不同，对安全有特殊的要求，须防止有人利用其提供的合法查询，推出他不应了解的某些具体数据。鉴于其自身的一系列特点，一般关系型数据库尚不能完全满足其需求。因此，如何使用 RDBMS 建立统计数据库，是一项具有特定技术的工作。

4. 空间数据库

空间数据库（spacial database）是以描述空间位置和点、线、面、体特征的拓扑结构的位置数据及描述这些特征的性能的属性数据为对象的数据库。其中的位置数据为空间数据，属性数据为非空间数据。而空间数据是用于表示空间物体的位置、形状、大小和分布特征等信息的数据，用于描述所有的二维、三维和多维分布的关于区域的信息，其不仅具有表示物体本身的空间位置及状态的信息，还具有表示物体的空间关系的信息。非空间信息主要包含表示专题属性和质量描述的数据，用于表示物体的本质特征，以区别地理实体，对地理物体进行语义定义。空间数据库的研究始于 20 世纪 70 年代的地图制图与遥感图像处理领域，其目的是为了有效地利用卫星遥感资源迅速制出各种经济专题地图，由于传统数据库在空间数据的表示、存储和管理上存在许多问题，从而形成了空间数据库，这个多学科交叉的数据库研究领域。其当前成果，大多数以地理信息系统的形式出现，主要应用于环境和资源管理、土地利用、城市规划、森林保护、人口调查、交通、税收、商业网络等领域的管理与决策。

空间数据库的目的是利用数据库技术实现空间数据的有效存储、管理和检索，为各种空间数据库用户使用。目前，空间数据库的研究主要集中于空间关系与数据结构的形式化定义、空间数据的表示与组织、空间数据查询语言、空间数据库管理系统。

那么在什么场景下我们会摒弃关系数据库而选用其他非结构化的数据库系统呢？举例来说，如果应用环境中关系数据库完全能够胜任当前的工作，而你又非常善于使用和维护关系数据库，则完全没必要迁移到 NoSQL 上；如果是金融、电信等以数据为首要任务的领域，使用 Oracle 数据库便可提供高可靠性，除非遇到特别大的瓶颈，否则也不建议尝试 NoSQL；但关系数据库大部分都在 Web2.0 的网站中出现了瓶颈，开发人员在磁盘 IO、数据库可扩展的优化上都花费了相当多的精力，比如做分表分库（database sharding)、主从复制、异构复制等，可是做这些工作需要的技术含量越来越高，越来越具挑战性。如果遇到这种场合的话，建议应该尝试一下 NoSQL。

15.8　数据仓库与数据挖掘

随着关系数据库技术的日益成熟和广泛应用，以传统事务处理为主要特征的数据库应用水平不断提高。特别是随着应用的不断深入，一方面某些企业和部门对数据库应用系统的需求不再局限于传统的事务处理；另一方面，一些企业和部门在数据库应用系统的运行过程中积累了大量的业务数据。这样，他们就自然提出了能否利用数据库中的大量历史业务数据，辅助企业或部门领导进行决策的问题，因此，数据仓库与数据挖掘技术便应运而生。那么什么是数据仓库呢？王珊教授在她的《数据仓库技术与联机分析处理》一书中这样描述：数据仓库是一个用以更好地支持企业或组织的决策分析处理的、面向主题的、集成的、不可更新的、随时间变化的数据集合。

15.8.1　数据仓库技术的基本思想

在一个以传统的面向业务处理和数据管理的企业数据库应用系统的使用过程中，会随着时间的推移而积累出反映该企业生产经营活动的大量原始数据。这些数据可能不再与当前的生产经营活动有关，但通过对它们的统计特性的分析与处理，往往会从某些方面反映出该企业生产经营的历史信息和发展态势，从某些角度勾画出市场营销的宏观特征，从而为下一步生产经营活动的决策提供依据。数据仓库（data warehouse，DW）技术正是基于这一基本思想，以服务于传统业务处理和数据管理的数据库中的历史数据为基本依据，以企业中的某一宏观分析领域所涉及的分析对象为主题，主要以反映数据变化历史的时间点或时间段为参照来进行不同层次的数据抽取和数据集成。然后将按不同层次抽取和集成的数据存储在不同层次的数据仓库中，并利用这些不同层次的数据仓库中的宏观数据进行不同级别的辅助决策活动。

15.8.2 数据仓库的数据组织

从数据仓库技术的基本思想可知，数据仓库的数据组织涉及数据的来源、数据的抽取与集成、数据存储与数据组织、数据查询与分析等。

1. 数据的来源

数据仓库的数据主要来源于两类数据源。一是面向操作型业务处理和数据管理的关系数据库中的历史数据。现有的数据仓库产品几乎都提供了从关系数据库提取数据的接口和引擎。二是外部数据源的与分析主题有关的数据。这些数据是与决策业务相关的外部（如市场、竞争对手等）瞬时信息。外部数据通过人机接口获取。

2. 数据的抽取与集成

从数据仓库的应用目的来看，并不是用于业务处理与数据管理的操作型数据库中的数据都是决策支持所必需的。数据仓库中的数据通常是按照分析对象的主题来组织的。所以为了建立满足不同类型、不同层次决策应用需求的数据仓库，必须对源于面向操作型业务处理的关系数据库的历史数据和源于外部的瞬间数据进行抽取和集成。

3. 数据存储与数据组织

数据仓库的数据存储涉及元数据和数据仓库数据。

元数据是关于数据的数据。在传统的关系数据库中，数据字典就是元数据。但数据仓库中的元数据比数据字典的内容更丰富、更复杂。数据仓库中的元数据用于定义数据仓库的数据结构和有关控制信息，反映了数据仓库中的数据与数据源（特别是与面向业务处理的操作型数据库）之间数据结构的映射关系与转换规则。

数据仓库中数据主要采用关系型数据库（的关系表）和多维数据库存储方式。基于关系表的存储方式是将数据仓库组织成关系数据库的存储形式；基于多维数据库的存储方式采用多维数组结构组织数据，并通过多维索引和相应的元数据控制存储过程和管理存储数据。

4. 数据查询与分析

建立数据仓库的主要目的是辅助企业或组织的决策过程，其决策的依据是对数据仓库中反映企业或组织的生产经营历史信息和发展态势的宏观特征信息的分析结果。所以在对数据仓库中数据进行分析时，不仅要求具有满足某种决策要求的良好的分析系统和分析工具，而且要求系统具有高效的查询性能，以便快速查询出在分析过程中要用到的大量数据信息。与此同时，为了直观地描述发展态势信息和多维数据之间的关系，还需要相应的多维分析工具和多维信息显示手段。

15.8.3 数据仓库的体系结构

从总体上来说，数据仓库系统主要由数据源、多级数据仓库和OLAP以及数据挖掘、数据输出三部分（或三个层次）组成。一个典型的数据仓库系统的体系结构如图15-8所示。

数据仓库系统中的数据源主要来自于传统的、面向业务处理的操作型数据库中的数据。另外，根据决策和分析处理过程的需要，还要即时通过计算机的输入设备输入一些同决策和分析主题相关的外部数据。

数据仓库系统的数据输出部分利用查询报表、多维数据分析与显示、直方图和曲线图等多种数据展现形式描述决策结果。

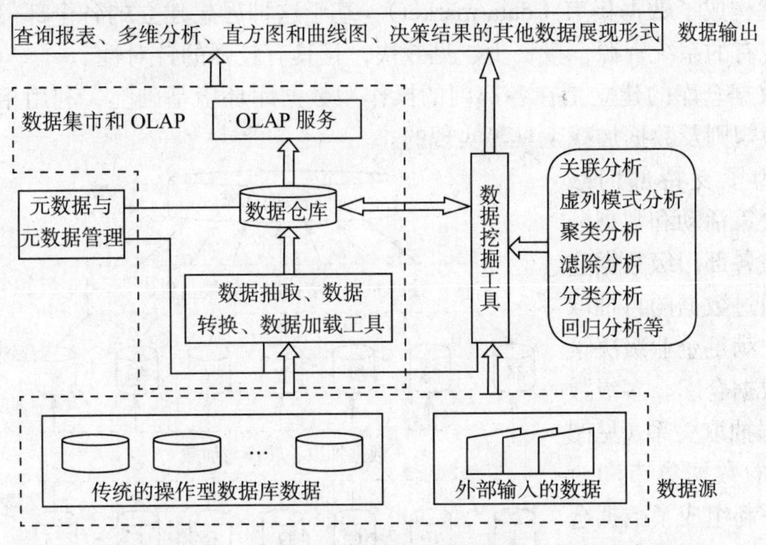

图 15-8 一个典型的数据仓库系统的体系结构示意

1. 元数据及其元数据管理

元数据是关于数据的数据。在传统的操作型数据库中，元数据用于描述数据库中各个数据库（表）中的字段信息、各数据库表之间的联系信息、数据库的完整性与一致性约束信息、数据库表的索引等。传统数据库中的元数据即数据字典中的数据。

在数据仓库中，元数据主要包括三类。

（1）用于描述如何把传统操作型数据库中的数据抽取或转换到数据仓库中去的元数据，这类元数据主要包括：

1）所有源数据项的名称、属性、存储方式与存储途径的描述、数据内容的功用等；

2）进入数据仓库数据的抽取模型或抽取规则描述；

3）进入数据仓库数据的转换规则描述等。

（2）用于描述各种与决策业务相关的数据和模型，以及反映与决策输出结果展现形式的映射关系的元数据。这类元数据主要包括：

1）关于数据仓库支持的决策主题的描述；

2）数据信息与决策业务的关系、数据的决策业务使用规则；

3）数据模型及其与数据仓库的关系等。

（3）用于管理数据仓库中数据的元数据。

数据仓库中的元数据比传统数据库中的元数据丰富和复杂得多。元数据的内容是在数据仓库的设计和完善性维护过程中不断充实和不断完善的。元数据的设计在数据仓库设计中占有十分重要的作用和地位。

2. 多级数据仓库和联机分析处理

为了全面地支持企业中的各种层次的决策业务，满足企业中各种各样的数据分析需求，在建立数据仓库时，一般按数据需求分析和决策业务的层次抽取和组织数据，建立相应的多级数据仓库。其基本思想是：在建立数据仓库时，首先按（大型）企业中的各个部门的数据分析需求和决策业务要求，建立适用于各个部门的应用环境和数据规模，并满足其业务数据分析和决策活动要求的部门级数据仓库。这种按不同部门需求建立的多个数据仓库就构成了数据集市（data market）。基于这种思想建立的各个部门的数据仓库可充分利用现有的系统资源，投资少、见效快，且具有较强的针对性。

部门及数据仓库的建立是在各部门的操作型数据库环境基础上，利用相应的数据抽取和数据转换规则及数据加载工具等实现的。

同时，为了支持部门级以上的高层决策活动和数据分析需求，可在各部门级数据仓库的基础上通过数据的再抽取和集成，建立满足企业级决策需求的全局数据仓库。多级数据仓库的数据抽取关系（见图15-9），其中的数据集市和全局数据仓库一起组成了数据仓库系统中的数据仓库。

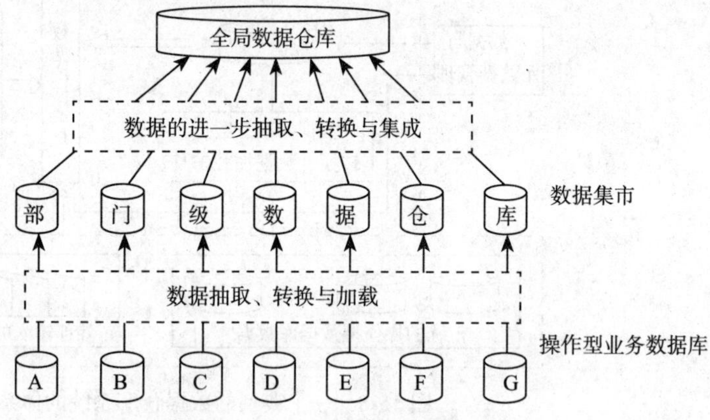

图 15-9 多级数据仓库的数据抽取关系

联机分析处理（on line analytical processing，OLAP）是一种用于支持复杂的分析操作，实现快速、灵活的大数据量查询处理，提供直观易懂的查询、分析和决策结果的展现形式，侧重于对决策人员的决策活动进行支持的连击数据访问与分析系统。

联机分析处理的主要特点是面向决策人员，特别是高层决策人员；主要以数据仓库为基础进行数据分析处理；采用便于非数据处理专业人员理解的多维报表、直方图和曲线图等结果展现形式输出分析与决策结果；同时采用先进的数据库体系结构等。

3. 数据仓库的基本特征

数据仓库以传统的操作型数据库中的数据为基础而建立，但其用途不再是日常的操作型事务处理，而是服务于组织或企业的决策过程。显然，数据库中的操作型数据与数据仓库中的分析型数据应该是有区别的。表 15-3 是 W.H.Inmon 在 *Building the Data Warehouse* 一书中给出的操作型数据与分析型数据的 11 点区别。

表 15-3 操作型数据与分析型数据的区别

操作型数据	分析型数据
细节的	综合的，经过提炼的
在存取的瞬间是准确的	代表过去的数据
可更新	不可更新
操作需求事先知道	分析需求事先不知道
生命周期符合 SDLC（系统生命周期法）	生命周期不同于 SDLC
对性能（如操作时延等）要求高	对性能要求较宽松
一个时刻操作一个数据	一个时刻操作一个集合
事务驱动	分析驱动
面向应用	面向分析
一次操作数据量少	一次操作数据量大
支持日常操作需求	支持管理需求

分析可知，数据仓库中的数据的主要特征可表述为：数据仓库中的数据是面向主题的；数据仓库中的数据是集成的；数据仓库中的数据是不可更新的；数据仓库中的数据是随时间不断变化的。

所谓主题，就是数据仓库中进行数据抽取、数据综合和数据分析过程中所涉及的主要分析对象。所谓面向主题，就是围绕各个分析对象来刻画一个组织或企业中的各项数据及各数据之间的联系。简言之，就是围绕主题组织数据，围绕主题进行分析、归纳和决策。所谓集成，就是数据仓库中的数据通过数据抽取、数据转换和数据加载等方式，并按一定的主题从原有的、分散的数据库中的大量的数据中综合而来，其综合过程实质上是一个数据集成过程。所谓不可更新，就是数据仓库中的数据反映的是一段相当长的时间内的历史数据内容，是通过对操作型数据库的不同时间点上的快照进行统计、分析、综合及重组而导出的数据。所以这些数据不能更新，只能要么保存在数据仓库中供数据分析和决策之用，要么因为不再需要而被删除。所谓随时间变化，就是数据仓库随时间的变化在不断增加新的数据；数据仓库随时间的变化在不断删除旧的数据；数据仓库中的大量的综合数据随时间的变化又不断地被重新综合。

最后需要指出的是，数据仓库建库的基本技术和方法目前仍采用关系数据库的库组织方法。但库的概念设计用的不是E-R法，而是面向主题的概念数据表（库）设计方法。

15.8.4　数据挖掘

数据挖掘（data mining，DM）是指从大量的、不完全的、有噪声的、模糊的、随机的数据中，提取隐含在其中的，人们事先不知的，但又是潜在有用的信息和知识的过程。它是一种利用各种分析技术和工具，从大量的数据中抽取数据的信息特征，发掘数据的潜在联系，建立数据的预测模型的技术和过程。

数据挖掘是一门交叉学科，包括数据库系统、统计学、机器学习、可视化和信息科学。数据挖掘的技术基础是人工智能，进行挖掘的分析方法分为描述性分析挖掘方法（the method of description）和预测性分析挖掘方法（the method of prediction）。描述性分析用于分析系统中的数据的特征，以便为预测做准备。预测性分析用于在描述性分析得到的结论的基础上对系统的发展做出估计，以便为决策提供依据。

描述性分析挖掘方法主要包括关联分析（associations）、序列模式分析（sequential patterns）、聚类分析（clustering）和滤除分析（distillation）等。

预测性分析挖掘方法主要包括分类分析（classifiers）和统计回归分析（statistical regression）；采用的数学模型主要包括人工神经网络（artificial neural networks）、遗传算法（genetic algorithms）、决策树（decision trees）、规则推理（rule induction）、模糊逻辑（fuzzy logic）等。

数据挖掘的过程可分成以下三个步骤：

（1）数据准备。包括数据选择；数据的统计特征（如平均值和均方差等）计算；数据的提取、一致性分析及集成等。

（2）利用数据挖掘技术、挖掘方法和挖掘工具进行数据挖掘，并将挖掘结果存储在数据库知识库中，同时也可利用各种展现工具和可视化工具将数据挖掘结果提供给用户。

（3）对挖掘结果的评价和验证。可以通过上述挖掘过程的递归执行或选用不同的挖掘模型的多次挖掘来达到满意的挖掘结果。

15.8.5　SQL Server数据挖掘应用

本节以医疗费用的异常检测为分析案例，依据数据挖掘方法，结合SQL Server数据挖掘平台，在创建数据立方体的基础上利用聚类 EM（expectation maximization）算法建立一个对医疗费用进行预测的模型，并通过真实值与预测值的比较，依据小概率事件原理得出异常程度。通过对医疗费用的预测与分析，得出异常的数据，可为医疗异常费用的稽查提供判断依据。

1. 数据源的选取

数据源的选取，本文的数据源于湖南省岳阳市社保信息系统。现有的社保数据库系统中保存了医疗费用分析需要的两方面数据：一是关于参保人员的个体特征信息，二是参保人员的医疗消费行为信息。医疗费用信息主要有：药品费、诊疗费、检查费、治疗费、手术费、麻醉费、总费用等。影响医疗费用的因素主要有：患者实际住院天数、参保类型、就诊方式、医院等级、个人身份、农民工标识、公务员标识、大额医疗补充标识、企业补充医疗标识、参保日期、住院次数、性别、年龄段等。

2. 数据的 ETL

ETL（extract-transform-load）是指对数据抽取、转换、装载的过程。对业务数据库的参保人员的个体特征信息表和参保人员的医疗消费行为信息表进行 ETL 过程，得到数据表：FactMeasures 表（度量信息）、Hospital 表存储医院信息、Outlier 表存储异常程度、Person 表存储人员信息、Region 表存储地区信息、Time 表存储时间信息，保存在 SQL Server 的数据库 EDStandard 中。实验选取 10 430 例冠心病病种记录进行分析。

3. 创建数据立方体

在 SQL Server 中通过 Business Intelligence Development Studio 工具创建商业智能项目中的 Analysis Services 项目。数据源选择 EDStandard 数据库，数据源视图选取的表信息如下，事实表：FactMeasures 表，维度表：Hospital 表、Outlier 表、Person 表、Region 表、Time 表。创建星形结构多维数据集如图 15-10 所示。

4. 创建数据挖掘结构

从数据仓库 EDStandard 中选择数据挖掘表，数据挖掘算法选取 Microsoft 算法提供的可伸缩 EM 算法，可以高效地对数据集进行聚类，而不须理会数据集的大小。可伸缩框架通过压缩不会在聚类之间来回移动的数据，使他们不参与重复训练，这样让出部分空间，整个数据流可以一次装载到内存，每次处理一块数据。Microsoft Clustering 算法 CLUSTERING_METHOD 参数默认值为 1，即使用可伸缩 EM 算法。

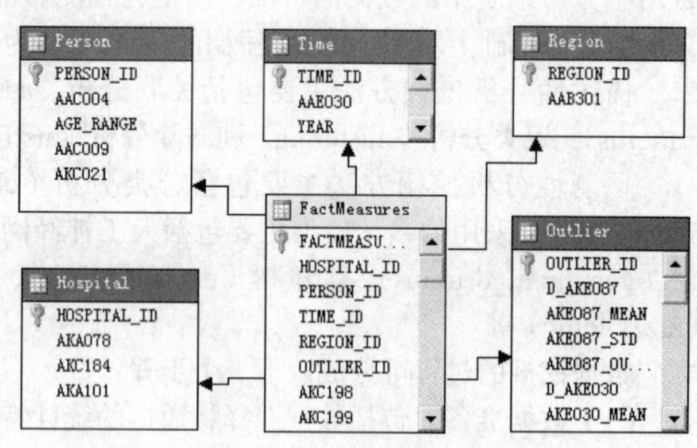

图 15-10 多维数据集

聚类的可预测列，选择字段如下：药品费（AKE065）、诊疗费（AKE030）、检查费（AKE040）、治疗费（AKE066）、手术费（AKE045），麻醉费（AKE087）。聚类指标的输入列选取来自对各医疗费用影响较大的影响因素：年龄（AAC006）、数据期别（AAE034）、实际住院天数（AKC198）、医疗机构等级（AKA101）、就诊方式（AKA078）、行政区划代码（AAB301）、性别（AAC004）、本年度住院次数（AKC200）、本次就诊政策范围外个人自费金额（AKC253）、大额医疗费用补助基金支付金额（AKE029）、户口性质（AAC009）、城镇职工基本医疗保险参保人员类别（AKC021）、本月划入基本医疗保险个人账户金额（AAE309）、参加大额医疗费用补助标识（AKC025）、参加一至六级残疾军人医疗补助标识（AKC027）、建床管理费（AKE090），参加公务员医疗补助标识（AKC026）。

（1）创建数据挖掘结构。

```
CREATE MINING STRUCTURE [OUTLIERDM]
    (P_ID LONG KEY, AAB301 TEXT DISCRETE, AAC004 TEXT DISCRETE,
    AKE043 TEXT DISCRETE, AAC006 INT DISCRETE, AKA078 TEXT, DISCRETE
    AKA101 TEXT DISCRETE, AKC021 TEXT DISCRETE, AKE029 TEXT DISCRETE,
…)
```

（2）创建数据挖掘模型。

在挖掘结构 OUTLIERDM 中创建数据挖掘模型 OUTLIERDM_Clustering。

```
ALTER MINING STRUCTURE [OUTLIERDM]
    ADD MINING MODEL OUTLIERDM_Clustering
    (P_ID , AAB301,AAC004,AKE043,AAC006,AKA078,AKC021,AKE029, AKE030
PREDICT,AKE040 PREDICT,AKE045 PREDICT,…)      USING Microsoft_Clustering
```

（3）训练数据挖掘模型。

```
INSERT INTO MINING STRUCTURE OUTLIERDM
    (P_ID, AAB301, AAC004, AKE043, AAC006, AKA078, AKC021, AKE029)
    OPENQUERY([EDStandard], SELECT[P_ID], [AAE043], [AAC028], [AKC021], [AKC028],
    [AKA078],[AKA101],[AKC198], [AKE065],[AKE040],[AKE066],[AKE045],[AKE087],
    [AKE030],[AKC254],…, FROM[dbo].[ FactMeasures])
```

（4）聚类分析预测。

```
SELECT
    [OUTLIERDM_Clustering].[AKE030],[OUTLIERDM_Clustering].[AKE040],
    [OUTLIERDM_Clustering].[AKE045],[OUTLIERDM_Clustering].[AKE065],
    [OUTLIERDM_Clustering].[AKE066],[OUTLIERDM_Clustering].[AKE087], t.[P_ID]
        From [OUTLIERDM_Clustering]
        PREDICTION JOIN   OPENQUERY([EDStandard], SELECT [P_ID], [AAE043],...)
```

5. 分析并取得异常数据

由于数据的分布近似服从正态分布，偏差检测方法根据正态分布原理，事件发生概率小于 99.7% 为小概率事件，即样品值与对应群体模型的预测值的差超过 3 倍标准差把它归为异常。对数据的分析采用如下步骤。

（1）采用聚类挖掘算法对各种费进行预测。

（2）计算出预测误差，真实值与预测值的差值。

（3）按照数据的分布，把数据分区间，使个区间数据近似服从正态分布。

（4）按区间计算标准差，并且与误差值进行比较确定该费用是否异常以及费用的异常程度。

（5）异常数据保存到 OUTLIER 表中。

完成以上数据挖掘流程后，把 SSAS 项目部署到 Analysis Services 服务器，即可快速查询数据立方体内的数据。

6. 实验结果

在 10 430 例冠心病记录中，药品费异常程度分为 10%、20%、30%、50%、70%、90%、100%。异常程度大于或等于 50% 表明事件发生的概率小于 99.7% 被归为异常。图 15-11 表示在本次分析的 10 430 条数据中药品费中有 34 条数据异常。另外检查费中有 17 条数据异常，手术费中共有 5 条数据异常，麻醉费中共有 43 条数据异常。

	AKE065 OUTLIER								
	0	10	20	30	50	70	90	100	总计
YEAR	AKE065	AKE065	AKE065	AKE065	AKE065	AKE065	AKE065	AKE065	AKE065
2005	6			1					7
2006	598	9	10	11	2				630
2007	2 990	40	23	11	8	1			3 073
2008	4 009	25	23	11	11	1	1	1	4 082
2009	2 620	3	5	3	3		2	2	2 638
总计	10 223	77	61	37	24	2	3	3	10 430

图 15-11 药品费总体异常程度

15.9 小结

数据库技术的发展，由层次、网状向关系型、分布式、云计算提升，无疑是需求推动的；数据、计算机硬件和数据库应用，三者推动着数据库技术与系统的发展。数据库是企业信息系统的核心和基础，应尽可能地满足“四高”（高可靠性、高性能、高科伸缩性和高安全）要求。从数据库的发展中我们还可以看出其中的一些新特点，即提供持续的数据可用性；用低成本实现系统的伸缩性；保证互联网架构下的安全；集成商业智能；简化数据库的管理等。不同的应用领域对数据库的需求有所不同，但关系型数据库仍是目前的主流；而具有 XML/RDBMS 混合数据管理的数据库将在未来得到快速的发展。NoSQL 数据库正在成为数据库领域的重要力量，恰当使用它会带来很多好处，而企业使用应小心谨慎，并注意这种数据库的限制与问题。NoSQL 是对关系型数据库的发展和补充，切不可认为是单纯地反 RDBMS，目前来说，两者互为补充。为从海量的数据中找到隐含其中的未知信息，发掘数据的潜在联系，人们提出了数据挖掘这门交叉学科。数据仓库有别于数据库，它是建立在对数据的分析，而不是对数据的操作之上的。

习题 15

1. 请解释下列术语。

计算机辅助设计	互联网应用系统
地理信息系统	云计算
计算机集成制造	分布式数据库系统
计算机辅助软件工程	分布式数据库
办公信息系统	数据分布

局部自治
全局参与
同构同质型 DDBS
同构异质型 DDBS
异构型 DDBS
消息传递
继承
长事务
多媒体数据库管理系统
事件知识库
事件监视器
一致性
可用性
分隔容忍性
数据仓库
数据挖掘

2. 请描述关系数据库系统有哪些不足和局限。
3. 请问与集中式数据库系统相比，分布式数据库系统有哪些特点？
4. 请问存储子系统由哪些模块组成？各模块具有哪些功能？
5. 请问对象子系统由哪些模块组成？各模块具有哪些功能？
6. 请简述面向对象数据库系统优越性。
7. 请简述组合型多媒体数据库组织结构的基本思想。
8. 请简述主从型多媒体数据库组织结构的基本思想。
9. 请简述主动数据库中的主要事件。
10. 请问一个主动数据库系统主要由哪几部分组成？
11. 请问一个主动数据库管理系统一般应有哪些主动性功能？
12. 请简述移动数据库的基本概念和适用领域。
13. 请简述工程数据库的基本概念和适用领域。
14. 请简述统计数据库的基本概念和适用领域。
15. 请简述空间数据库的基本概念和适用领域。
16. 请简述 NoSQL 的特长和主要应用。
17. 请简述 NoSQL 与 RDBMS 的主要区别。
18. 请简述 NoSQL 的基本概念和适用领域。
19. 请问什么是数据仓库？
20. 请简述数据仓库技术的基本思想。
21. 请简述数据仓库的主题。
22. 请问数据仓库的数据组织涉及哪几方面的问题？
23. 请问什么是元数据？数据仓库中的元数据包括哪几类？
24. 请简述建立多级数据仓库的基本思想。
25. 请问什么是 OLAP？ OLAP 的特点有哪些？
26. 请问数据仓库与传统数据库中的数据有何区别？
27. 请问数据仓库中的数据的主要特征是什么？
28. 请问数据仓库中的数据为什么是面向主题的？
29. 请问数据仓库中的数据为什么是集成的？
30. 请问数据仓库中的数据为什么是不可更新的？
31. 请问数据仓库中的数据为什么是随时间变化的？
32. 请问什么是数据挖掘？进行数据挖掘有哪些方法？
33. 请问数据挖掘的步骤及其完成的工作有哪些？

参考文献

[1] 郑阿奇 . SQL Server 教程从基础到应用［M］. 北京：机械工业出版社，2015.

[2] 王珊，等 . 数据库系统概论［M］. 4 版 . 北京：高等教育出版社，2006.

[3] 李俊山，等 . 数据库原理及应用（SQL Server 2005）［M］. 北京：清华大学出版社，2009.

[4] 王晓玲，等 . 数据库应用基础教程［M］. 北京：中国铁道出版社，2008.

[5] Abraham Silberschatz, Henry F Korth，等 . 数据库系统概论（Database System Concepts，Sixth Edition）［M］. 杨冬青，改编 . 北京：机械工业出版社，2013.

[6] 马荣邦 .Web 技术发展的三个阶段综述［J］. 煤炭技术，2003，22（9）：128.

[7] Microsoft. 命令提示实用工具参考［OL］.https://msdn.microsoft.com/zh-cn/library/ms162816（v=sql.110）.aspx.

[8] Microsoft. 表提示［OL］.https://msdn.microsoft.com/zh-cn/library/ms187373（v=sql.110）.aspx.

[9] Microsoft. 事务语句［OL］.https://msdn.microsoft.com/zh-cn/library/ms174377（v=sql.110）.

[10] 百度百科 . NoSQL［OL］. http://baike.baidu.com/link?url=VNOIQc9-oIhCtUOvLdOxSYhtvFzsqWvVu4nXzpJ8WYURg0Nexnq9RyY96w8bu8dtLXmsupTMEAzdRMzKAZDuoa.

[11] 崔毅 .NoSQL 与 RDBMS［OL］.http://www.blogjava.net/crazycy/archive/2014/01/13/408845.html.

[12] 王凯，等 . 数据挖掘技术在医疗费用异常检测中的应用［J］. 计算机与现代化，2012（3）：194-196.

[13] 魏善沛 . 电子商务网站开发与实现［M］. 2 版 . 北京：高等教育出版社，2015.